AF819041

Qu'est-ce que la biologie ?

Ernst Mayr

QU'EST-CE QUE LA BIOLOGIE ?

Traduit de l'anglais (États-Unis)
par Marcel Blanc

Ouvrage traduit avec le concours
du Centre national du livre

Fayard

Titre original : *This is Biology*
Éditeur original : Belknap Press of Harvard University Press
© Ernst Mayr, 1997. Tous droits réservés.
© Librairie Arthème Fayard, 1998, pour la traduction française.

À la mémoire de ma mère,
Helene Pusinelli Mayr,
à qui je dois tant.

Préface

Il y a quelques années, Valéry Giscard d'Estaing, alors président de la République française, a déclaré que le XXe siècle était le « siècle de la biologie ». Si cette observation ne s'applique pas vraiment à l'ensemble du siècle, elle en caractérise incontestablement la seconde moitié. De nos jours, la biologie est en effet un domaine de recherche en pleine expansion. Des avancées sans précédent ont été réalisées en génétique, en biologie cellulaire, en neurobiologie, et des progrès non moins spectaculaires ont été accomplis en biologie de l'évolution, en anthropologie physique et en écologie. Toute une industrie s'est constituée sur la base des avancées de la biologie moléculaire, dont on peut déjà voir les retombées dans des domaines aussi divers que la médecine, l'agriculture, l'élevage des animaux et l'alimentation humaine, pour n'en mentionner que quelques-uns.

Le statut de la biologie n'a pas toujours été aussi brillant. Depuis la révolution scientifique au XVIIe siècle jusque longtemps après la Seconde Guerre mondiale, pour la plupart des gens, le terme « science » désignait les « sciences exactes », c'est-à-dire la physique, la chimie, la mécanique, l'astronomie : autrement dit, il s'agissait de toutes les sciences largement fondées sur les mathématiques et faisant appel à des lois universelles. Pendant toute cette période, c'est la physique qui a été érigée en modèle de la science, et par comparaison, l'étude du monde vivant était regardée comme une recherche de moindre importance. De nos jours encore, on continue à entretenir des idées profondément erronées sur les sciences de la vie, comme on peut le voir à la façon dont les médias rendent compte de problèmes tels que l'enseignement de l'évolution dans les écoles, la mesure de l'intelligence, la possibilité de détecter la vie extra-terrestre, l'extinction des espèces ou les risques liés à la consommation de tabac.

De nombreux biologistes eux-mêmes adhèrent à une conception des sciences de la vie qui n'a plus cours. Tandis que les biologistes modernes tendent à une extrême spécialisation – ils sont susceptibles de tout savoir d'une espèce d'oiseau donnée, des hormones sexuelles, des comportements parentaux, de la neuro-anatomie ou de la structure moléculaire des gènes –, ils sont souvent mal informés de ce qui se passe dans les domaines extérieurs à leur spécialité, ils prennent rarement le temps de se détacher de leurs travaux en cours et d'appréhender les sciences de la vie en tant que totalité. Les généticiens, les embryologistes, les taxinomistes et les écologistes se considèrent tous comme des biologistes, mais la plupart d'entre eux ignorent ce que ces diverses spécialités ont en commun, ni en quoi elles diffèrent fondamentalement des sciences physiques. L'un des objectifs majeurs de ce livre est d'éclairer ces questions.

Je suis naturaliste pratiquement depuis que je sais marcher, et mon amour des plantes et des animaux m'a conduit à approcher le monde vivant de façon holistique. Par bonheur, l'enseignement de biologie au lycée que je fréquentais en Allemagne aux environs de 1920 était centré sur l'organisme dans sa totalité et sur ses interactions avec le monde inanimé et les autres êtres vivants. Nous dirions aujourd'hui que cet enseignement portait sur le mode de vie, le comportement et l'écologie des animaux. La physique et la chimie que j'ai également étudiées au lycée se présentaient comme quelque chose de totalement différent, qui n'avait que peu à voir avec les plantes et les animaux vivants.

Durant mes années d'études médicales, j'étais bien trop passionné par la médecine et bien trop occupé pour m'attacher à des questions aussi fondamentales que « qu'est-ce que la biologie ? » et « en quoi la biologie est-elle une science ? ». En fait, aucune des matières enseignées à cette époque, du moins dans les universités allemandes, n'était désignée du nom de biologie. Les sujets que recouvrirait aujourd'hui cette étiquette étaient traités dans les départements de zoologie et de botanique, lesquels mettaient surtout l'accent sur l'étude des types morphologiques structuraux et leur phylogenèse. Bien sûr, il y avait aussi des cours de physiologie, de génétique et d'autres disciplines plus ou moins expérimentales, mais il n'était pas proposé de vue synthétique sur ces questions, et le cadre conceptuel des expérimentalistes était largement incompatible avec celui des zoologistes et des botanistes, qui fondaient leur travail sur l'histoire naturelle.

Avant de faire l'internat de médecine, je décidai de changer d'orientation, et me dirigeai vers la zoologie (notamment vers l'étude des oiseaux), tout en suivant aussi des cours de philosophie à l'université de Berlin. Malheureusement, force fut de constater qu'il n'existait aucun pont entre les sujets étudiés par les sciences biologiques et ceux envisagés par la philosophie. Cependant, dans les années 1920 et 1930, une discipline était en train de se développer, qui allait plus tard s'appeler « philosophie des sciences. » Dans les années 1950, lorsque j'ai découvert ce que recouvrait cette discipline, j'ai été très déçu : ce n'était pas de philosophie des sciences qu'il s'agissait, mais de philosophie traitant de logique, de mathématiques et de sciences physiques, qui ne partageait pratiquement rien des préoccupations de la biologie. À peu près à cette époque, j'établis une liste des principes généraux de la biologie de l'évolution, tels qu'ils étaient formulés dans les livres et les articles publiés (j'avais alors moi-même contribué à en établir quelques-uns). Je constatai qu'aucun d'entre eux n'était véritablement envisagé dans la littérature philosophique ; la plupart n'étaient pas même mentionnés.

Cependant, à ce stade, je n'avais pas encore nourri le projet de travailler à l'histoire et à la philosophie des sciences. Les divers essais que j'écrivis alors dans ce domaine le furent à l'occasion d'invitations à des congrès et des colloques m'obligeant à m'écarter pour un temps de mes recherches en théorie de l'évolution et en systématique. Mon seul objectif était à ce moment-là de souligner en quels points la biologie différait de la physique. Ainsi, en 1960, je fus invité par Daniel Lerner du Massachusetts Institute of Technology à participer à une série de conférences traitant de la causalité. Je m'intéressais à ce problème dans le domaine de la biologie depuis mes articles de 1926 sur le serin et de 1930 sur l'origine de la migration chez les oiseaux. Aussi je fus très content de saisir cette opportunité pour mettre de l'ordre dans mes idées sur ce sujet. Je savais depuis longtemps qu'il existe une différence très nette entre le monde inanimé et celui de la vie. Si, dans ces deux sphères, les phénomènes obéissent aux lois universelles découvertes et analysées par les sciences physiques, les organismes vivants répondent de surcroît à une seconde série de causes : les instructions du programme génétique. Ce second type de causes n'existe pas dans le monde inanimé. Je n'étais pas le premier biologiste à découvrir cette double causalité à l'œuvre chez les organismes, mais l'article que j'ai publié en 1961, à partir de ma série de conférences, fut le premier qui fournissait une analyse détaillée de ce sujet.

En fait, mes divers articles sur les différences entre les sciences de la vie et les sciences physiques n'étaient pas tant rédigés à l'attention des philosophes et des physiciens qu'à celle de mes collègues biologistes, qui, à leur insu, adoptaient de nombreux concepts physicalistes dans leurs écrits. Par exemple, il me paraissait absurde d'affirmer, comme ils le faisaient, que toutes les caractéristiques des systèmes vivants complexes pouvaient être expliquées en étudiant leurs éléments de plus bas niveau (molécules, gènes, etc.). Les organismes vivants sont formés par tout un ensemble de systèmes de plus en plus complexes, organisé hiérarchiquement des molécules aux cellules et aux tissus jusqu'aux organismes entiers, aux populations et aux espèces. À chaque niveau, des propriétés nouvelles émergent, qu'on ne peut pas déduire des connaissances relatives aux éléments du niveau inférieur.

Au début, je pensais que ce phénomène d'émergence, comme on l'appelle aujourd'hui, était limité au monde vivant ; en fait, dans une conférence que je donnai au début des années 1950 à Copenhague, j'affirmai que l'émergence était une caractéristique propre au monde organique. Lorsque le physicien Niels Bohr, qui était dans l'assistance, se leva pour intervenir dans la discussion qui suivit ma conférence, je m'attendais à une réfutation en règle. Aussi quelle ne fut pas ma surprise de constater qu'il ne fit pas du tout d'objections concernant ce concept : il critiqua seulement ma proposition selon laquelle l'émergence était une caractéristique distinguant le monde vivant de celui de l'inanimé. Citant le cas de l'eau, dont le caractère « aqueux » ne pouvait pas être prédit à partir des caractéristiques des deux éléments qui la composent, l'hydrogène et l'oxygène, Bohr affirma que l'émergence est un phénomène extrêmement répandu dans tout le monde inanimé.

Outre le réductionnisme, une autre de mes « bêtes noires » était la pensée typologique, plus tard baptisée « essentialisme » par le philosophe Karl Popper, qui consistait à cataloguer les variations rencontrées dans la nature en types fixes, invariants et radicalement distincts des autres types. Cette conception, remontant à Platon et à la géométrie pythagoricienne, était particulièrement inadaptée à la biologie de l'évolution et des populations, dans la mesure où celle-ci traite non pas de types, mais de collections d'individus uniques en leur genre, autrement dit, de populations. Les personnes acquises aux principes du physicalisme ont eu beaucoup de mal à assimiler ce que l'on appelle la « pensée populationniste », qui explique en termes de populations les phénomènes du monde vivant se présentant sous forme de collection de variantes. À de nombreuses reprises j'ai débattu cette question avec le physicien Wolfgang Pauli, qui souhaitait vivement savoir ce que les biologistes avaient en tête. Il est finalement presque arrivé à me comprendre lorsque je lui ai suggéré de se représenter un gaz ne comprenant que 100 molécules, chacune différant de l'autre par la direction de son mouvement et sa vitesse. Il m'a alors déclaré qu'on pouvait donc dire de ce gaz qu'« il avait sa propre individualité ».

La biologie a également été mal comprise par un grand nombre des auteurs qui ont essayé de brosser une histoire générale des sciences. Lorsque l'ouvrage de Thomas Kuhn *The Structure of Scientific Revolutions* a été publié, j'ai été surpris par l'ampleur du choc qu'il a provoqué. Certes, Kuhn avait réfuté certaines des thèses les plus fragiles de la philosophie traditionnelle des sciences et attiré l'attention sur l'importance des facteurs historiques. Cependant ce qu'il proposait à la place me semblait tout aussi irréaliste. Ainsi, on pouvait se demander quelles étaient les révolutions cataclysmiques et les longues périodes de « science normale » dans l'histoire de la biologie, que postulait la théorie de Kuhn. En effet, d'après ce que je savais de l'histoire de la biologie, elles n'existaient pas. Sans doute l'ouvrage *De l'origine des espèces* de Darwin, publié en 1859, avait été révolutionnaire; mais les idées sur l'évolution étaient dans l'air depuis un siècle. En outre, il avait fallu encore attendre presque un siècle après sa publication pour que la théorie de la sélection naturelle de Darwin (le mécanisme crucial de l'adaptation évolutive) fût pleinement acceptée. Et si durant tout ce temps, des révolutions mineures se sont produites, il n'y a jamais eu de période de « science normale ». Aussi, indépendamment de savoir si la thèse de Kuhn était valable ou non dans les sciences physiques, le fait est qu'elle ne cadrait pas avec la biologie. Les historiens, dotés d'une formation de physiciens, ne semblaient pas saisir ce qui s'était passé dans le domaine de l'étude des êtres vivants, depuis le XVIIIe siècle jusqu'à aujourd'hui.

Je me suis progressivement rendu compte que la biologie diffère fondamentalement des sciences physiques par les sujets étudiés, son histoire, ses méthodes et sa philosophie. S'il est vrai que tous les processus biologiques sont compatibles avec les lois de la physique et de la chimie, les organismes vivants ne leur sont pas réductibles, et les sciences physiques sont incapables de rendre compte de nombreux aspects du monde matériel propres au monde vivant. Les sciences physiques traditionnelles, sur lesquelles est fondée la philosophie des sciences classique, sont dominées par un ensemble d'idées inappropriées à l'étude des organismes : il s'agit de l'essentialisme, du déterminisme, de l'universalisme et du réductionnisme. La biologie, de son côté, fait appel à des conceptions populationnistes, aux probabilités, au hasard, au pluralisme, à l'émergence et aux narrations historiques. Il s'agissait donc d'élaborer une nouvelle philosophie des sciences susceptible de prendre en compte les démarches des différentes sciences, y compris la physique et la biologie.

Cependant, lorsque j'ai projeté d'écrire le présent ouvrage, j'avais à l'esprit une tâche plus modeste. Je voulais écrire une « histoire naturelle » de la biologie qui permettrait au lecteur néophyte de saisir l'importance et la richesse de la biologie en tant que tout, tout en aidant le biologiste à affronter un problème qui est en train de devenir de plus en plus crucial : l'explosion de l'information. De nouveaux chercheurs rejoignent chaque année ceux qui sont déjà en activité et leurs contributions viennent grossir les publications déjà existantes. Presque tous les biologistes avec lesquels je me suis entretenu se sont plaints de ce qu'ils n'avaient plus le temps de se tenir à jour sur la littérature de leur discipline, moins encore sur celles des disciplines voisines. Pourtant, très souvent, ce sont les enseignements émanant des autres disciplines qui sont à la source de progrès décisifs dans les conceptions théoriques. De nouvelles directions de recherche apparaissent souvent dès lors qu'on parvient à se détacher quelque peu de sa propre discipline et à l'envisager au sein de cette vaste entreprise qui s'efforce d'expliquer le monde vivant dans toute sa merveilleuse diversité. J'espère que ce livre saura fournir un cadre conceptuel permettant aux biologistes en activité de situer leur recherche spécifique dans une perspective plus vaste.

Sans doute, plus que dans toute autre discipline, l'explosion de l'information se fait-elle sentir de la manière la plus aiguë en biologie moléculaire. On ne trouvera pas ici de présentation détaillée de cette discipline, non pas parce qu'elle serait un secteur moins important que les autres, mais précisément pour la raison opposée. Que l'on s'occupe de physiologie, de développement, de génétique, de neurobiologie ou d'éthologie, en dernier ressort, les processus moléculaires sont responsables de tous les phénomènes qui se produisent ; et les chercheurs font quotidiennement des découvertes dans tous ces domaines. Aux chapitres 8 et 9, j'ai signalé certains principes généraux (ou « lois ») parmi les plus importants que la biologie moléculaire a découverts. Cependant, dans cette discipline, j'ai l'impression que nous n'avons identifié que quelques arbres, masquant mal la forêt. Pour brosser un tableau complet de la biologie moléculaire, il faudrait des compétences que je ne possède pas.

Une autre discipline, extrêmement importante, suscite les mêmes remarques : la biologie des processus mentaux. Dans ce domaine, nous en sommes encore au stade de l'exploration locale, et je ne maîtrise tout simplement pas les connaissances requises en neurobiologie et en psychologie pour réaliser une vaste analyse de cette discipline. La génétique enfin ne fait pas non plus l'objet d'une étude détaillée dans le présent livre. Le programme génétique joue un rôle décisif dans tous les aspects de la vie de l'organisme : sa structure, son développement, ses fonctions et ses activités. Depuis l'essor de la biologie moléculaire, le secteur le plus en pointe de la génétique est la génétique du développement, qui est presque devenue une branche à part entière de la biologie moléculaire. Pour cette raison, je ne me suis pas aventuré à en donner un compte rendu complet. J'espère néanmoins que l'approche de la biologie en tant que telle, exposée dans le présent ouvrage, apportera un éclairage à toute personne qui souhaite faire l'analyse historique détaillée de ces disciplines importantes, ou d'autres qui n'ont pas été traitées à fond dans ce volume.

Si des biologistes, des physiciens, des philosophes, des historiens et d'autres lecteurs qui s'intéressent aux sciences de la vie décèlent d'utiles réflexions dans les chapitres qui suivent, ce livre aura atteint l'un des ces principaux buts. Il est également souhaitable que chacun soit en mesure de comprendre les concepts biologiques fondamentaux (l'évolution, la biodiversité, la compétition, l'extinction, l'adaptation, la sélection naturelle, la reproduction, le développement et toute une série d'autres notions développées dans cet ouvrage). La surpopulation, la destruction de l'environnement et la crise sociale sévissant dans les centres urbains sont des problèmes actuels qui ne pourront être résolus ni par des progrès technologiques, ni par la littérature, ni par l'histoire, mais seulement par des actions fondées sur la compréhension de leurs racines biologiques. Le « connais-toi toi-même », prôné par les anciens Grecs, impose, d'abord et avant tout, de connaître ses origines biologiques. L'un des objectifs majeurs de ce livre est d'aider le lecteur à mieux comprendre notre place au sein du monde vivant et notre responsabilité vis-à-vis du reste de la nature.

Cambridge, Massachusetts,
septembre 1996.

Chapitre 1

Quel est le sens du mot « vie » ?

Les premiers hommes vivaient en étroit contact avec la nature. Chasseurs, cueilleurs ou pasteurs, ils s'occupaient quotidiennement de plantes et d'animaux. Et la mort, celle des bébés et des vieillards, celle des femmes en couches et celle des hommes au combat, était constamment présente. Sans doute, cette éternelle question : « Qu'est-ce que la vie ? » devait déjà tourmenter nos plus lointains ancêtres.

Peut-être qu'à l'origine on ne faisait pas de claire distinction entre les êtres vivants et les objets de la nature inanimés, « habités » par des esprits. La plupart des peuples primitifs pensaient en effet que les esprits pouvaient résider aussi bien dans une montagne ou dans une source que dans un arbre, un animal ou un être humain. Cette conception animiste de la nature a finalement régressé, pour laisser place à une croyance qui s'est très largement répandue : celle que « quelque chose », au sein d'un être vivant, le distingue de la matière inanimée et quitte son corps après la mort. Dans la Grèce antique, on parlait de ce « quelque chose » comme d'un « souffle » au sein des êtres humains. Plus tard, et notamment dans la religion chrétienne, c'est le mot « âme » qui a prévalu.

À l'époque de Descartes et de la révolution scientifique, on considérait que les animaux (non plus que les montagnes, les rivières et les arbres) ne possédaient pas d'âme. On continuait cependant à admettre, pratiquement partout dans le monde, qu'existait une séparation dualiste entre le corps et l'âme chez les êtres humains – beaucoup de gens y croient encore de nos jours. La mort représentait un problème particulièrement embarrassant pour les dualistes. Pourquoi l'âme devait-elle soudain mourir ou quitter le corps ? Et dans ce second cas, migrait-elle vers quelque nirvana ou paradis ? Il fallut attendre que Charles Darwin développe sa théorie de l'évolution au moyen de la sélection naturelle pour qu'une explication scientifique et rationnelle de la mort devienne possible. August Weismann, disciple de Darwin, fut le premier à expliquer que la succession rapide des générations était à même de fournir le nombre de génotypes nouveaux nécessaire pour que l'espèce puisse s'adapter en permanence à un environnement changeant. Son ouvrage sur la mort a marqué le début d'une nouvelle ère dans la compréhension de ce phénomène.

Cependant, lorsque les biologistes et les philosophes évoquent la « vie », ils ne se réfèrent généralement pas à l'état qui est contraire à la mort, mais plutôt à celui contraire à l'état inanimé des objets physiques. Élucider sa nature a été jusqu'à aujourd'hui l'un des objectifs majeurs de la biologie. Le problème ici est que la « vie » suggère l'existence de quelque « substance » ou « force », et pendant des siècles, les philosophes et les biologistes ont essayé, mais en vain, de découvrir cette substance ou cette force vitales. Cependant, lorsqu'on emploie le mot « vie », on réifie quelque chose qui est en réalité un processus. La vie n'existe pas en tant qu'entité indépendante[1]. On peut ainsi faire l'étude scientifique du processus en question, mais non pas de l'idée abstraite de la « vie ». On peut décrire, et même tenter de définir, ce qu'est le fait de vivre ; on peut définir ce qu'est un organisme vivant ; et on peut s'essayer à établir la ligne de démarcation entre le vivant et le non-vivant. On peut même s'attacher à expliquer comment la vie, en tant que processus, peut résulter de molécules qui, elles-mêmes, ne sont pas vivantes[2].

À partir du XVIe siècle, la controverse n'a cessé de faire rage autour de la question de savoir ce qu'était la vie et comment on pouvait expliquer les processus du vivant. En bref, la situation était la suivante. D'un côté se trouvait un camp affirmant que les organismes vivants ne sont pas fondamentalement différents de la matière inanimée ; les partisans de ce point de vue ont parfois été appelés les mécanistes et, plus tardivement, les physicalistes. De l'autre côté, il y avait le camp des vitalistes, affirmant au contraire que les organismes vivants possédaient des propriétés que l'on ne pouvait pas observer dans la matière inerte, et que, par conséquent, les théories et les concepts de la biologie ne pouvaient se réduire aux lois de la physique et de la chimie. Durant certaines périodes et dans certains pays, les physicalistes semblent avoir triomphé, tandis qu'à d'autres moments, et en d'autres lieux, les vitalistes semblent avoir eu le dessus. On peut dire aujourd'hui que chacun des deux camps avait partiellement raison et partiellement tort.

Les physicalistes voyaient juste quand ils soulignaient que la vie ne présente pas de composante métaphysique et qu'au niveau moléculaire elle peut être expliquée en fonction des principes de la physique et de la chimie. Pour autant, les vitalistes n'avaient pas tort en soutenant que les organismes vivants ne sont pas semblables à la matière inerte, mais ont de nombreuses caractéristiques qui leur sont propres, notamment leur programme génétique historiquement acquis que l'on ne retrouve pas dans la matière inanimée. Les organismes sont des systèmes présentant une organisation à de nombreux niveaux, ce qui ne s'observe absolument jamais dans le monde inanimé. Une philosophie particulière a finalement repris, après en avoir écarté les aspects extrémistes négatifs, les principes les plus intéressants du physicalisme et du vitalisme : c'est l'organicisme, qui est devenu le point de vue aujourd'hui dominant.

Les physicalistes

Un certain nombre de penseurs grecs, tels que Platon, Aristote, Épicure et beaucoup d'autres, avaient déjà essayé d'expliquer le monde sur des bases naturelles, et non plus en invoquant des causes surnaturelles. Cependant, ces débuts prometteurs n'ont guère été exploités au cours des siècles qui ont suivi. Le Moyen Âge a été en effet marqué par une stricte adhésion aux enseignements des Écritures, quand celles-ci attribuaient tous les phénomènes de la nature à Dieu et à ses lois. Et la pensée médiévale s'est aussi caractérisée, particulièrement dans la culture populaire, par la croyance en toutes sortes de forces occultes. Finalement, ce mode d'interprétation animiste, magique, a été marginalisé, voire éliminé, par une nouvelle façon de regarder le monde qui a été fort justement appelée « la mécanisation de la vision du monde » (Maier, 1938)[3].

De nombreux facteurs ont été à l'origine de cette dernière manière de voir. Parmi ceux-ci, il faut invoquer non seulement les théories des philosophes grecs, transmises au monde occidental par les Arabes ou qui ont fait l'objet de redécouvertes, mais aussi certains progrès techniques, réalisés à la fin du Moyen Âge et au début de la Renaissance. On était à cette époque extrêmement fasciné par les horloges et par d'autres automates – en fait, pratiquement par toutes les sortes de machines. C'est ce mouvement d'idées qui a conduit à ce point culminant : la thèse de Descartes, selon laquelle tous les organismes, à l'exception de l'homme, ne sont *que* des machines.

Descartes (1596-1650) est en fait devenu le porte-parole de la révolution scientifique, qui, mettant à l'honneur la précision et l'objectivité, ne pouvait accepter des idées floues, teintées de métaphysique et de surnaturel, telle que la notion d'âme chez les animaux et chez les plantes. En déclarant que seuls les êtres humains possédaient une âme et que les animaux n'étaient rien d'autres que des automates, Descartes a coupé le nœud gordien, si l'on peut dire. Avec la mécanisation de l'âme animale, Descartes paracheva la mécanisation de la vision du monde[4].

On ne comprend pas très bien pourquoi le modèle de la machine appliqué aux organismes a pu prévaloir aussi longtemps. En réalité, on n'a jamais vu de machines s'autoconstruire, s'autorépliquer, s'autoprogrammer ou se procurer par elles-mêmes l'énergie dont elles ont besoin. La ressemblance entre un organisme et une machine est extrêmement superficielle. Cependant, ce n'est qu'assez récemment, au cours de ce siècle, que l'idée en a finalement été abandonnée.

Le brillant usage des mathématiques qu'ont fait Galilée, Kepler et Newton pour développer leurs conceptions du cosmos a également contribué à la mécanisation de la vision du monde. Galilée (1623) a bien résumé la valeur exceptionnelle accordée aux mathématiques, à la Renaissance, lorsqu'il a déclaré qu'« on ne peut pas pénétrer dans le livre de la nature, si l'on ne comprend pas d'abord son langage et si l'on n'apprend pas à lire les lettres avec lesquelles il est composé. Il est écrit dans le langage des mathématiques, et les triangles, les cercles et d'autres figures géométriques en sont les caractères, sans lesquels il est impossible d'en comprendre un seul mot ; sans eux, on erre au sein d'un labyrinthe obscur ».

Le rapide développement de la physique qui s'est produit ensuite a fait faire un pas en avant supplémentaire à la révolution scientifique, transformant la démarche mécaniste globale des premiers temps en un physicalisme plus spécifique, fondé sur un ensemble de lois concrètes décrivant le fonctionnement des cieux et de la Terre[5].

Le mouvement physicaliste a eu le grand mérite de réduire en grande partie à néant la pensée magique qui avait caractérisé les siècles précédents. En effet, en fournissant une explication naturelle aux phénomènes physiques, il a éliminé plus ou moins complètement l'invocation de causes surnaturelles qui avait été jusque-là acceptée par pratiquement tout le monde. Dans la mesure où il s'agissait d'un mouvement d'idées nouveau et plein de dynamisme, il est compréhensible que la philosophie mécaniste, en particulier dans sa version radicale, le physicalisme, soit allée trop loin sous certains aspects. C'est cependant cette démarche trop unilatérale et son incapacité à expliquer les phénomènes et les processus propres aux organismes vivants qui ont suscité une riposte, un contre-mouvement généralement décrit sous l'étiquette de vitalisme.

Depuis Galilée jusqu'aux temps modernes, on a assisté, en biologie, à un mouvement de va-et-vient entre des explications de la vie strictement mécanistes et d'autres davantage vitalistes. Le cartésianisme a atteint son apogée avec la publication de l'ouvrage de La Mettrie, *L'Homme machine* (1749). Il s'est ensuite produit un large épanouissement du vitalisme, particulièrement en France et en Allemagne, cependant que de nouveaux coups d'éclat en physique et en chimie ont déterminé un retour du physicalisme en biologie. Le physicalisme s'est alors confiné à l'Allemagne, ce qui n'est peut-être pas vraiment surprenant, dans la mesure où nulle part ailleurs la biologie ne s'était développée au XIXe siècle comme dans ce pays.

L'épanouissement du physicalisme

Le mouvement physicaliste du XIXe siècle s'est déployé en deux vagues. La première a été constituée par une réaction au vitalisme très modéré adopté par Johannes Müller (1801-1858), un biologiste qui, dans les années 1830, était passé de la pure physiologie à l'anatomie comparée. Il faut aussi signaler, comme composante de cette première vague, le travail de Justus von Liebig (1803-1873), scientifique bien connu pour ses critiques mordantes qui ont contribué à mettre fin au règne de l'inductivisme. La réaction aux positions de Müller a été l'œuvre de quatre de ses anciens étudiants : Hermann Helmholtz, Emil Du Bois-Reymond, Ernst Brücke et Matthias Schleiden. La seconde vague de physicalisme, qui a débuté vers 1865, a été associée aux noms de Carl Ludwig, Julius Sachs et Jacques Loeb. Sans conteste, les physicalistes ont beaucoup apporté à la physiologie. Helmholtz (en même temps que Claude Bernard en France) a éliminé les connotations vitalistes qui étaient attachées à la notion de « chaleur animale ». Et Du Bois-Reymond a dissipé la plus grande partie du mystère de la neurophysiologie en fournissant une explication physique (électrique) à l'activité nerveuse. Schleiden a fait progresser les disciplines de la botanique et de la cytologie, en soutenant que les plantes étaient entièrement formées de cellules et que les éléments structuraux extrêmement divers des plantes étaient des cellules ou des produits des cellules. Helmholtz, Du Bois-Reymond et Ludwig se sont montrés particulièrement brillants dans la mise au point d'instruments toujours plus perfectionnés destinés au recueil des mesures précises qui les intéressaient. Cela leur a permis, entre autres résultats, d'exclure l'existence d'une « force vitale », en montrant que le travail pouvait être intégralement transformé en chaleur, sans reliquat énergétique. Tous les traités d'histoire de la physiologie, depuis cette époque, soulignent cet apport, ainsi que d'autres.

Cependant, la philosophie sous-jacente à la démarche physicaliste était tout à fait naïve et ne pouvait que susciter une réaction de dédain chez les biologistes ayant une formation de base en histoire naturelle. Les historiens qui ont rendu compte des nombreux apports des physicalistes n'ont le plus souvent pas vu leur façon un peu simpliste d'expliquer les processus du vivant. Mais on ne peut pas comprendre la vive résistance des vitalistes aux points de vue exprimés par les physicalistes, si l'on ne sait pas ce qu'ont réellement proposé ces derniers.

De façon ironique, les physicalistes reprochaient aux vitalistes d'invoquer une « force vitale » inexpliquée, alors qu'eux-mêmes recouraient à des facteurs inexpliqués tels que l'« énergie » ou les « mouvements ». Ils donnaient des définitions de la vie et décrivaient les processus et les phénomènes du vivant au moyen de formules complètement creuses. Par exemple, le physico-chimiste Wilhelm Ostwald a défini l'oursin comme un morceau de matière, représentant « la somme agrégée et spatialement discrète d'un certain nombre d'énergies ». Pour de nombreux physicalistes, une explication irrecevable sous une forme vitaliste devenait acceptable si l'on remplaçait le concept de force vitale par celui d'énergie, pourtant tout aussi vague. Wilhelm Roux (1895), dont les travaux ont conduit au développement de l'embryologie expérimentale, a affirmé, par exemple, que le développement se ramenait à « la production de diversité par le biais d'une distribution inégale de l'énergie ».

Chez les physicalistes, le terme de « mouvement » était encore plus prisé que celui d'« énergie » pour expliquer les processus du vivant, y compris les phénomènes du développement et de l'adaptation. Du Bois-Reymond a écrit, par exemple, en 1872, que la compréhension de la nature « revenait à expliquer tous les changements s'opérant dans le monde comme résultat du mouvement des atomes », autrement dit, qu'il s'agissait de « réduire tous les processus naturels à des mécanismes atomiques [...]. Dès l'instant où l'on peut montrer que les changements s'opérant dans tous dans les corps naturels peuvent s'expliquer en tant que somme constante d'énergies potentielles et cinétiques, il n'y a rien d'autre à rechercher ». Ses contemporains n'ont pas remarqué que ce type de déclaration n'était, en fait, qu'un assemblage de mots creux, ne reposant sur aucune donnée précise et n'ayant guère de valeur explicative.

Les physicalistes n'étaient pas les seuls à croire en l'importance du mouvement des atomes ; cette idée était même partagée par certains de leurs opposants. Pour Rudolf Kölliker (1886), cytologiste suisse ayant montré que les chromosomes du noyau sont impliqués dans le phénomène de l'hérédité et que les spermatozoïdes sont des cellules, le développement était un phénomène strictement physique, résultant de l'hétérogénéité des processus de croissance : « Il suffit de postuler l'existence, dans le noyau, de mouvements réguliers et caractéristiques, contrôlés par la structure de l'idioplasme. »

Comme on peut le voir dans les déclarations du botaniste Karl Wilhelm von Nägeli (1884), une autre démarche très prisée des mécanistes était d'invoquer « le mouvement des plus petites parties » pour expliquer « la mécanique de la vie organique »[6]. Pour E. Strasburger, un éminent botaniste de cette époque, le noyau agissait sur le reste de la cellule (le cytoplasme) grâce à « la propagation de mouvements moléculaires [...] sur un mode comparable à la transmission de l'influx nerveux ». Cela ne supposait donc pas de transport de matériaux ; cette conception était, bien sûr, complètement erronée. Les physicalistes n'ont jamais remarqué que leur façon de parler d'énergie et de mouvement, en réalité, n'expliquait rien du tout. Les mouvements, à moins d'être dirigés, s'effectuent au hasard, comme dans le cas du mouvement brownien. Il faut que quelque chose leur impose une direction, et c'est exactement ce que leurs opposants vitalistes ont toujours souligné.

La faiblesse des explications purement physicalistes était particulièrement évidente dans le cas de la fécondation. Lorsque F. Miescher (qui fut l'élève de His et de Ludwig) découvrit l'acide désoxyribonucléique en 1869, il pensait que la fonction du spermatozoïde était purement mécanique et consistait à déclencher la division cellulaire. En raison de son adhésion au physicalisme, Miescher est donc complètement passé à côté de la signification de sa propre découverte. Jacques Loeb a affirmé que les facteurs véritablement déterminants de la fécondation n'étaient pas les nucléines des spermatozoïdes, mais les ions. On est consterné devant certaines déclarations de Loeb, comme la suivante, qui date de 1901 : « *Branchipus* est un crustacé d'eau douce qui, s'il est élevé dans une solution salée concentrée, devient plus petit et subit d'autres changements. On l'appelle alors *Artemia.* » S'il est vrai que l'on doit aux physicalistes des avancées essentielles en chimie, particulièrement en chimie physique, leurs connaissances en biologie n'étaient en revanche pas à la hauteur. Même Sachs, qui a pourtant soigneusement étudié les effets de divers facteurs extrinsèques sur la croissance et la différenciation, ne semble s'être jamais posé la question de savoir pourquoi de jeunes pousses de différentes espèces de plantes, élevées dans des conditions identiques de lumière, d'eau et de nourriture, se développent régulièrement en des espèces végétales totalement différentes.

L'école mécaniste la plus radicale, dans l'histoire récente de la biologie, a sans doute été celle de l'*Entwicklungsmechanik**, fondée dans les années 1880 par Wilhelm Roux. Cette approche de l'embryologie est née de la critique de la démarche très réductrice des partisans de l'embryologie comparée, qui ne s'intéressaient qu'aux questions de phylogenèse. Le collègue de W. Roux, l'embryologiste Hans Driesch, avait été, au départ, encore plus mécaniste, mais il a opéré une complète conversion, passant du physicalisme radical au vitalisme radical, après avoir constaté qu'en séparant les deux cellules d'un embryon d'oursin (au stade deux cellules), celles-ci ne conduisaient pas au développement de deux moitiés d'organisme, comme sa théorie mécaniste l'impliquait, mais réalisaient des phénomènes de compensation appropriée et se développaient en deux larves, un peu plus petites, mais, par ailleurs, parfaites.

Au bout d'un certain temps, comme cela était prévisible, la vacuité, et même l'absurdité, des explications purement physicalistes des phénomènes du vivant devint évidente aux yeux de la plupart des biologistes. Ces derniers cependant se contentèrent le plus souvent d'adopter la position agnostique

* Cette expression allemande signifie mot à mot : « mécanique du développement ». [N.d.T.]

selon laquelle les organismes et les processus du vivant ne pouvaient tout simplement pas être expliqués de façon exhaustive par le physicalisme réductionniste.

Les vitalistes

De l'époque de la révolution scientifique jusqu'au milieu du XIXe siècle, les vitalistes se sont efforcés d'expliquer la « vie ». Ils n'ont pu cependant l'exprimer en des termes scientifiques avant que la biologie ne prenne son essor, à partir des années 1820. Descartes et ses disciples n'avaient pas réussi à persuader les praticiens de l'histoire naturelle de l'absence de différences fondamentales entre les organismes vivants et la matière inanimée. Pourtant, après l'essor du physicalisme, ces naturalistes ont été obligés de reconsidérer la nature de la vie et ont avancé des arguments *scientifiques* (et non pas métaphysiques ou religieux) pour contester la conception « machinique » des organismes formulée par Descartes. C'est cette contrainte qui a conduit à la naissance de l'école vitaliste en biologie[7].

Les réponses des vitalistes aux explications physicalistes se sont déployées dans des directions variées, dans la mesure où le paradigme physicaliste comportait lui-même de nombreuses facettes, non seulement dans ses thèses (consistant à affirmer que les processus du vivant sont mécanistes et peuvent être réduits aux lois de la physique et de la chimie), mais aussi dans ses lacunes (omettant, par exemple, de voir les différences entre les organismes vivants et la matière inanimée; de signaler l'existence de propriétés adaptatives complexes chez les plantes et les animaux – que Kant appelait *Zweckmässigkeit**; et de mettre en avant des explications fondées sur la notion d'évolution). Chacune des thèses ou des lacunes du physicalisme a été attaquée par un adversaire précis. Certains vitalistes se sont attachés aux propriétés biologiques non expliquées; d'autres, à la nature holistique des êtres vivants; d'autres encore, au caractère adapté des organismes ou dirigé de certains processus (comme dans le cas du développement de l'œuf fécondé).

On a traditionnellement regroupé sous le nom de vitalisme tous les arguments avancés pour réfuter les divers aspects du physicalisme. Cela peut se justifier dans le sens où tous les antiphysicalistes défendaient l'idée de propriétés spécifiques à la vie chez les êtres vivants. Cependant, l'étiquette « vitaliste » masque l'hétérogénéité de ce groupe[8]. Par exemple, en Allemagne, certains biologistes (que Lenoir appelle les téléomécanistes) acceptaient d'expliquer de façon mécaniste les processus physiologiques, mais soulignaient

* Ce terme allemand peut se traduire par « adéquations ». [N.d.T.]

qu'on ne pouvait rendre compte ainsi de l'adaptation ou du caractère dirigé de certains phénomènes, comme le développement de l'œuf fécondé. De 1790 jusqu'à la fin du XIXe siècle, ces critiques légitimes ont été sans cesse soulevées par des philosophes et des biologistes distingués, mais elles ont eu bien peu d'impact sur les écrits des chefs de file du physicalisme tels que Ludwig, Sachs ou Loeb.

Le vitalisme, depuis son apparition au XVIIe siècle, a clairement constitué un mouvement d'opposition, caractérisé par la rébellion contre la philosophie mécaniste de la révolution scientifique et contre le physicalisme de Galilée à Newton. Il a vigoureusement contesté la doctrine affirmant que l'animal n'est rien d'autre qu'une machine et que tous les aspects de la vie pouvaient être exhaustivement expliqués dans la mesure où il s'agissait de matière en mouvement. Mais autant les vitalistes furent convaincants dans leur critique du modèle cartésien, autant ils se montrèrent peu crédibles dans leurs propres assertions expliquant le vivant : d'une grande diversité, elles n'atteignirent jamais à l'unité théorique.

Selon l'un des groupes de vitalistes, la vie était liée soit à une substance spéciale (qu'ils appelaient le protoplasme), ne figurant pas dans la matière inanimée ; soit à un état particulier de la matière (comme l'état colloïdal). Et les sciences physico-chimiques, affirmaient ces auteurs, n'étaient pas en mesure d'analyser cette substance ou cet état de la matière. Un autre groupe de vitalistes soutenait qu'il existe une force vitale spéciale (parfois appelée *Lebenskraft*, « entéléchie » ou « élan vital ») distincte des forces dont s'occupent les physiciens. Au nombre de ceux qui acceptaient l'existence de cette force figuraient aussi les adeptes de la téléologie, qui pensaient que la vie avait pour raison d'être quelque but final. D'autres auteurs invoquaient des forces mentales ou psychologiques (psychovitalisme, psycholamarckisme) pour rendre compte des aspects des organismes vivants que les physicalistes n'avaient pas réussi à expliquer.

Les partisans de l'existence d'une force vitale professaient des conceptions extrêmement diverses sur la nature de cette force. À partir du milieu du XVIIe siècle environ, on lui a le plus souvent attribué les caractéristiques d'un fluide (et non d'un liquide), par analogie avec la gravité de Newton ou avec le « calorique », le « phlogistique » et autres « fluides impondérables ». La gravité était invisible, de même que la chaleur transmise d'un corps chaud à un corps froid ; par conséquent, il n'apparaissait pas invraisemblable que le fluide vital fût également invisible, même si ce n'était pas nécessairement quelque chose de surnaturel. Par exemple, le naturaliste allemand de la fin du XVIIIe siècle J.F. Blumenbach, qui a exercé une grande influence et a beaucoup écrit sur l'extinction, la création, les catastrophes, la mutabilité, et la génération spontanée, estimait que ce fluide vital, bien qu'invisible, était néanmoins très réel et pouvait constituer un objet d'étude scientifique, à l'instar de la gravité[9]. Le concept de fluide vital a été finalement remplacé par celui de force vitale. Un scientifique aussi réputé que Johannes Müller était convaincu que cette notion était indispensable pour expliquer les phénomènes de la vie, qui, sans elle, demeureraient incompréhensibles.

En Angleterre, tous les physiologistes des XVIe, XVIIe et XVIIIe siècles ont adhéré aux idées vitalistes, et le vitalisme a imprégné encore très fortement les écrits de J. Hunter, J.C. Prichard et d'autres auteurs, dans la période 1800-1840. En France, où le cartésianisme a été très puissant, il n'est pas surprenant que le mouvement d'opposition des vitalistes ait été également vigoureux. Ses représentants les plus importants appartenaient à l'école de Montpellier (qui réunissait des médecins et des physiologistes). L'histologiste F.X. Bichat a également adhéré au vitalisme. Claude Bernard lui-même, qui se consacrait pourtant à des analyses fonctionnelles telles que l'étude de l'appareil digestif ou du système nerveux et se considérait comme un adversaire du vitalisme, a recouru à un certain nombre de notions vitalistes. En outre, la plupart des lamarckiens ont développé des conceptions largement imprégnées par le vitalisme.

C'est en Allemagne que cette école de pensée a connu son plus grand épanouissement et atteint sa diversité la plus large. Le premier véritable adversaire des mécanistes a été Georg Ernst Stahl, médecin et chimiste surtout connu pour sa théorie de la combustion fondée sur la notion de phlogistique. Il était d'ailleurs sans doute plus animiste que vitaliste, mais ses idées ont joué un grand rôle dans les théories défendues par l'école de Montpellier.

Le développement du mouvement vitaliste en Allemagne a été, dans un second temps, impulsé par la controverse opposant les tenants de la notion de préformation à ceux de la notion d'épigenèse, débat qui a dominé toute la biologie du développement dans la seconde moitié du XVIIIe siècle. Les préformationnistes pensaient que l'adulte existait déjà, avec tous ses organes, à l'état miniature, dès l'origine du développement. Les partisans de l'épigenèse soutenaient que les organes de l'adulte se formaient au cours du développement et n'étaient pas présents au tout début du processus. En 1759, lorsque l'embryologiste Caspar Friedrich Wolff a combattu la théorie de la préformation pour lui opposer celle de l'épigenèse, il s'est senti obligé d'invoquer quelque agent causal capable de convertir la masse complètement dépourvue de forme représentée par l'œuf fécondé en un organisme adulte appartenant à une espèce déterminée. Il a appelé cet agent *vis essentialis*.

J.F. Blumenbach a rejeté cette notion, qu'il trouvait vague, et proposé, pour la remplacer, une force « formatrice » spécifique, appelée *nisus formativus*, jouant d'après lui un rôle décisif non seulement dans le développement de l'embryon, mais aussi dans les phénomènes de croissance, de régénération et de reproduction. Il a invoqué encore d'autres forces, telles que l'irritabilité et la sensibilité, qui, selon lui, contribuaient au maintien de la vie. Blumenbach envisageait toutes ces forces de façon très pragmatique, considérant qu'il s'agissait d'une façon de parler de certains phénomènes dont on ne connaissait pas les causes. C'était en quelque sorte des boîtes noires, et non pas des principes métaphysiques.

La branche de la philosophie allemande que l'on a appelée la *Naturphilosophie**, défendue par F.W.J. Schelling et ses disciples au début du XIXe siècle, a représenté un vitalisme véritablement métaphysique. Mais les conceptions utilisées en pratique par des biologistes professionnels tels que Wolff, Blumenbach, et finalement Müller, étaient davantage antiphysicalistes que métaphysiques. On a accusé ce dernier d'avoir fait de la métaphysique et non pas de la science, mais cette critique est injuste. En tant que collectionneur de papillons et de plantes depuis l'enfance, il avait pris l'habitude – caractéristique des naturalistes – d'envisager les organismes de façon globale. Ses élèves ne suivaient pas ce type d'approche, ils étaient plutôt intéressés par les mathématiques et les sciences physiques. Müller s'aperçut que la formule «La vie consiste en un mouvement de particules» n'avait pas de sens et n'expliquait pas grand-chose. Il a donc recouru à un concept : la *Lebenskraft* ou force vitale, qui s'est révélé bien plus proche du concept de programme génétique que les explications physicalistes creuses de ses élèves en rébellion contre ses idées[10].

Un grand nombre des thèses avancées par les vitalistes avaient pour but de définir les caractéristiques spécifiques des organismes qui sont aujourd'hui expliquées par la notion de programme génétique. Ils ont réfuté la conception «machinique» des animaux de façon parfaitement exacte sur un certain nombre de points, mais en raison de l'état encore peu développé de la biologie à cette époque, ils ont été incapables de parvenir à l'explication correcte (celle-ci repose sur des processus biologiques qui n'ont finalement été découverts qu'au XXe siècle). Par conséquent, l'argumentation des vitalistes est restée en grande partie sur le mode négatif. À partir des années 1890, Driesch n'a cessé de soutenir, par exemple, que le physicalisme ne pouvait pas rendre compte des phénomènes de régulation dans les processus embryonnaires, ni de ceux de la régénération ou de la reproduction, ni de ceux de la sphère neuropsychologique tels que l'intelligence ou la mémoire. Cependant, il est tout à fait remarquable de constater que de nombreux écrits de Driesch prennent un tour parfaitement sensé si l'on remplace le mot «entéléchie» par «pro-

---

* Les dictionnaires bilingues donnent de cette expression allemande la traduction : «philosophie naturelle» ou «philosophie de la nature»; mais selon les spécialistes, «le concept germanique de *Naturphilosophie*, expression privilégiée du romantisme allemand, n'a pas d'équivalent linguistique en français ou en anglais. Les historiens préfèrent utiliser le terme original...» (G. Gusdorf, *Le Savoir romantique de la nature*, Payot, 1985). C'est d'ailleurs ce que fait E. Mayr dans l'édition anglaise du présent ouvrage. [N.d.T.]

gramme génétique». Non seulement les vitalistes savaient qu'il manquait quelque chose dans les explications physicalistes, mais, de surcroît, ils ont décri de façon détaillée des phénomènes et des processus que les mécanistes étaient incapables d'expliquer[11].

Étant donné les nombreux points faibles et même les contradictions des thèses vitalistes, il est surprenant de voir qu'elles ont été largement adoptées et ont perduré longtemps. L'une des raisons, comme nous l'avons vu, tient qu'à cette époque il n'y avait tout simplement pas d'autre alternative à la conception réductionniste et «machinique» de la vie, manifestement inadmissible pour de nombreux biologistes. Une autre raison est que le vitalisme s'accordait très bien à plusieurs autres idéologies qui étaient alors dominantes, comme la croyance en l'existence d'un dessein cosmique (téléologie ou finalisme). En Allemagne, Emmanuel Kant a exercé une forte influence sur le vitalisme, particulièrement sur l'école du téléomécanisme, influence dont les traces sont évidentes dans les écrits de Driesch. Le lien avec le finalisme est manifeste dans les écrits de la plupart des vitalistes[12].

Pour une part en raison de leurs penchants téléologiques, les vitalistes se sont vigoureusement opposés au sélectionnisme de Darwin. La théorie de l'évolution avancée par ce dernier niait l'existence de toute téléologie cosmique et remplaçait celle-ci par un «mécanisme» capable d'expliquer le changement évolutif : la sélection naturelle. Ainsi, E. Haeckel a écrit en 1866 : «Le processus découvert par Darwin, la sélection naturelle dans le cadre de la lutte pour l'existence prouve incontestablement que des causes purement mécanistes sont à l'œuvre dans l'ensemble de la biologie, et nous considérons que cette théorie réfute définitivement toutes les interprétations téléologiques et vitalistes qui ont été données des organismes.» Le sélectionnisme a rendu le vitalisme superflu dans le domaine de l'adaptation.

Driesch fut un anti-darwinien virulent, comme le furent aussi d'autres vitalistes. Cependant ses arguments contre la sélection ont été les plus ridicules, démontrant clairement qu'il ne comprenait absolument rien à cette théorie. Le darwinisme, en fournissant un mécanisme capable de rendre compte de l'évolution, en même temps qu'il niait toute interprétation finaliste ou vitaliste de la vie, a constitué la base d'un nouveau paradigme capable d'expliquer la vie.

Le déclin du vitalisme

Si le vitalisme a été largement adopté, c'est qu'il semblait constituer une réponse raisonnable à l'obsédante question : «Qu'est-ce que la vie?» En outre, il a alors paru représenter une alternative théorique légitime, non seulement à la philosophie mécaniste grossière de la révolution scientifique, mais aussi au physicalisme du XIXe siècle. Le vitalisme expliquait apparemment les phénomènes de la vie de façon beaucoup plus satisfaisante que les théories « machiniques » simplistes de ses adversaires.

Cependant, lorsqu'on constate à quel point le vitalisme a dominé la biologie et à quel point il a perduré, son effondrement rapide et complet ne laisse d'étonner. De nombreux facteurs différents ont contribué à cette chute, et le dernier argument à l'appui du vitalisme en tant que concept viable s'est éteint vers 1930.

Premièrement, le vitalisme a été de plus en plus regardé comme relevant de la métaphysique et non comme une théorie scientifique, dans la mesure où il n'existait pas de méthodes qui le mette à l'épreuve. Par la seule affirmation dogmatique de l'existence d'une force vitale, les vitalistes ont souvent fait obstacle à la recherche d'un réductionnisme de base, capable d'expliquer les fonctions fondamentales des organismes vivants.

Deuxièmement, l'hypothèse avançant que les organismes étaient construits à partir d'une substance spéciale très différente de la matière inanimée a peu à peu perdu toute crédibilité. Durant la plus grande partie du XIXe siècle, on croyait que cette substance était le protoplasme, le matériau cellulaire au-delà du noyau [13]. (Ensuite, ce dernier fut appelé cytoplasme, terme introduit par Kölliker.) Le protoplasme semblant avoir des propriétés dites colloïdales, une branche florissante de la chimie s'est développée : la chimie colloïdale. Cependant, la biochimie, avec la microscopie électronique, a finalement déterminé la véritable composition du cytoplasme et élucidé la nature de ses différents composants : organites cellulaires, membranes et macromolécules. On a constaté qu'il n'y avait pas de substance « protoplasmique » particulière, et le mot, ainsi que le concept, a alors disparu de la littérature biologique. De même, dès lors que la nature de l'état colloïdal a été expliquée biochimiquement, la « chimie colloïdale » a cessé d'exister. Ainsi, toutes les allégations fondant la spécificité de la matière vivante s'étant infirmées, il est devenu possible d'expliquer ses propriétés apparemment uniques en termes de macromolécules et de leur agencement. Or, comme on l'a montré, les macromolécules sont composées des mêmes atomes et des mêmes molécules que la matière inanimée. Lorsque Wöhler réussit, en 1828, à faire la synthèse en laboratoire de l'urée, une substance organique, cela fut la première preuve qu'il était possible de convertir artificiellement des composés inorganiques en une molécule organique.

Troisièmement, toutes les tentatives des vitalistes pour démontrer l'existence d'une force vitale non matérielle ont échoué. À partir du moment où les processus physiologiques et ontogénétiques ont trouvé une explication en termes physico-chimiques aux niveaux cellulaire et moléculaire, il n'est resté aucun phénomène résiduel sous-tendant l'interprétation vitaliste : le vitalisme est tout simplement devenu superflu.

Quatrièmement, de nouveaux concepts biologiques, expliquant les phénomènes apportés jusque-là comme preuves du vitalisme, ont été élaborés. Deux avancées scientifiques, en particulier, ont joué un rôle essentiel. Ainsi, l'essor de la génétique, en conduisant au concept de programme génétique, a permis d'interpréter, du moins en principe, tous les phénomènes du vivant dirigés vers un but comme des processus téléonomiques régis par un programme génétique. Les *Zweckmässigkeit* de Kant, ces phénomènes apparemment téléologiques, ont pu également être réinterprétés grâce au second apport scientifique : le darwinisme. Selon ce dernier, la sélection naturelle peut expliquer l'adaptation des organismes, qu'elle est capable de façonner en exploitant l'abondante variabilité fournie par la matière vivante. C'est ainsi que, deux grandes notions sous-tendant le vitalisme se sont effondrées : la téléologie et l'antisélectionnisme. La génétique et le darwinisme ont réussi à fournir des interprétations convaincantes à des phénomènes que les vitalistes jugeaient inexplicables, à moins d'invoquer une force ou une substance vitales.

À en croire les physicalistes, le vitalisme n'aurait représenté qu'une entrave au développement de la biologie. Selon eux, cette doctrine chassait les phénomènes de la vie hors du domaine de la science pour les faire accéder à celui de la métaphysique, ce qui en fait ne valait que pour les plus mystiques des vitalistes, mais non pour les scientifiques de grande réputation que furent Blumenbach ou, encore plus, Müller qui, même s'il en avait donné une interprétation fausse, avait parfaitement mis en évidence tous les aspects du vivant que les physicalistes laissaient inexpliqués.

Il existe beaucoup d'autres cas semblables dans l'histoire des sciences. L'interprétation téléologique de l'évolution qu'avait fournie Kant en est un exemple célèbre. On peut en fait soutenir que le vitalisme a représenté une étape nécessaire par laquelle devait passer l'histoire de la biologie pour que soit dénoncée l'inanité des thèses des physicalistes sur la nature de la vie. Comme François Jacob (1970) l'a dit en effet, c'est en grande partie aux vitalistes que l'on doit d'avoir reconnu la biologie comme une discipline scientifique autonome.

Avant de nous tourner vers le paradigme organiciste, qui a supplanté à la fois le vitalisme et le physicalisme, remarquons un phénomène assez particulier qui s'est produit au XXe siècle : récemment, certains physiciens se sont mis à exprimer des thèses vitalistes. Niels Bohr a apparemment été le premier à suggérer que pourraient opérer chez les organismes vivants des lois spéciales, qui n'aient pas d'équivalent dans la nature inanimée. Il les envisageait comme des analogues des lois de la physique, leur application étant, selon lui, restreinte aux organismes. Erwin Schrödinger et d'autres physiciens ont soutenu de semblables idées. Francis Crick (1966) a consacré tout un livre à réfuter les idées vitalistes des physiciens Walter Elsasser et Eugene Wigner. Il est curieux de constater qu'une certaine forme de vitalisme a survécu dans l'esprit de certains physiciens de grande réputation, longtemps après qu'il a disparu des cadres conceptuels des biologistes les plus éminents.

Autre ironie de l'histoire : de nombreux biologistes, après 1925, ont cru que les principes de la physique récemment découverts, comme la théorie de la relativité, le principe de complémentarité de Bohr, la mécanique quantique et le principe d'incertitude d'Heisenberg conduiraient à envisager les processus biologiques de façon nouvelle. En fait, aucun de ces principes de la physique ne s'applique à la biologie. Bien que Bohr ait cherché à fonder la notion de complémentarité en biologie, en recourant à des analogies approximatives, ce principe n'a pas réellement sa place dans cette discipline. Quant au principe d'incertitude d'Heisenberg, il n'a vraiment rien à voir avec les notions d'incertitude que l'on peut rencontrer en biologie.

Si le vitalisme a perduré plus dans les écrits des philosophes que dans ceux des physiciens, on n'a plus trouvé aucun vitaliste chez les philosophes de la biologie après 1965. Je ne connais pas non plus de biologiste vivant de haut niveau qui soutienne encore des thèses vitalistes : même si, dans les dernières décennies du XXe siècle, il existait encore un petit nombre de biologistes ayant des penchants pour le vitalisme (A. Hardy, S. Wright, A. Portmann), plus aucun n'est en vie aujourd'hui.

Les organicistes

Vers 1920, le vitalisme était totalement discrédité. Le physiologiste J. S. Haldane (1932) a déclaré, à juste titre, que « les biologistes ont presque unanimement abandonné le vitalisme en tant que doctrine reconnue ». Il a aussi affirmé qu'une interprétation purement mécaniste ne pouvait pas rendre compte des phénomènes de coordination, caractéristiques de la vie, s'étonnant notamment de la séquence parfaitement ordonnée des événements qui se déroulent au cours du développement. Après avoir montré que ni la démarche vitaliste, ni la démarche mécaniste ne pouvaient en rendre compte, Haldane a conclu qu'il fallait « trouver, pour la biologie, des fondements théoriques différents, capables de prendre en compte l'extrême coordination des phénomènes de l'embryogenèse, rappelant celle qui existe normalement chez l'organisme adulte ».

La chute du vitalisme ne s'est donc pas traduite par la victoire de la démarche mécaniste, elle a conduit, en fait, à un nouveau système explicatif. Dans le cadre de ce paradigme, on a dès lors admis que les processus se déroulant à l'échelle moléculaire peuvent être totalement expliqués par des mécanismes physico-chimiques, mais que ces derniers jouent un rôle de plus en plus mineur, voire négligeable, à des niveaux d'intégration de plus en plus élevés, où ils sont complétés ou remplacés par les propriétés émergentes que possèdent les systèmes organisés. Les caractéristiques uniques en leur genre des êtres vivants ne sont pas dues à leur composition, mais plutôt à leur organisation. On désigne aujourd'hui ce type de conception du nom d'« organicisme ». Celui-ci consiste à souligner les caractéristiques particulières que présentent les systèmes ordonnés extrêmement complexes et la nature historique des programmes génétiques qui sont apparus par évolution chez les organismes.

Selon W.E. Ritter, qui a forgé le terme d'organicisme en 1919 [14], « le tout est relié à ses parties de façon tellement étroite que, non seulement, l'existence du tout dépend de la coopération et de l'interdépendance réglées de ses parties, mais que le tout détermine ces dernières dans une certaine mesure » (Ritter et Bailey, 1928). J. C. Smuts (1926) a expliqué ses conceptions holistiques sur les organismes de la façon suivante : « Selon les vues qui sont présentées ici, un "tout" n'est pas simple, et est formé de parties. Un "tout" naturel, tel qu'un organisme, est [...] complexe ou composite, comportant de nombreuses parties en interrelations et interactions actives d'une sorte ou d'une autre ; et ces parties peuvent être elles-mêmes des "touts" plus petits, comme c'est le cas des cellules au sein d'un organisme. » Ses thèses ont été ultérieurement résumées par d'autres biologistes par la formule suivante : « Le "tout" est plus que la somme des parties [15]. »

Depuis les années 1920, les termes d'holisme et d'organicisme sont utilisés de façon interchangeable. Et si au départ le terme de holisme a été utilisé plus fréquemment, l'adjectif « holistique » est encore largement employé aujourd'hui. Cependant, l'holisme n'est pas un terme réservé à la biologie : des systèmes inanimés peuvent être aussi « holistiques », comme Niels Bohr l'a souligné à juste raison. Par conséquent, on utilise maintenant plus fréquemment le terme d'« organicisme » quand on se réfère directement à la biologie. Cette conception prend notamment en compte l'idée de programme génétique, en lui conférant le statut de notion fondamentale au sein du nouveau paradigme interprétatif.

Les organicistes reprochent à la démarche physicaliste non pas tant ses aspects mécanistes que son réductionnisme. Pour les adeptes du réductionnisme, le problème de l'explication était en principe résolu dès lors qu'on avait réduit un phénomène à ses plus petites parties. Ils affirmaient que, dès l'instant où l'on avait mené à bien l'inventaire de ces dernières et déterminé la fonction de chacune d'entre elles, il devenait facile d'expliquer les caractéristiques des niveaux plus élevés de l'organisation.

Les organicistes ont démontré que cette dernière affirmation était tout simplement fausse, le réductionnisme étant tout à fait incapable d'expliquer les caractéristiques qui émergent aux niveaux plus élevés de l'organisation. Curieusement, même les auteurs les plus mécanistes ont admis que les explications purement réductionnistes étaient insuffisantes. Le philosophe Ernst Nagel (1961), par exemple, a reconnu qu'« il existe de larges secteurs de la biologie dans lesquels les explications physico-chimiques ne jouent aucun rôle actuellement; on peut constater qu'un assez grand nombre de théories biologiques très importantes sont parfaitement satisfaisantes, alors qu'elles ne sont pas d'ordre physico-chimique». Il était déjà patent que des concepts purement biologiques comme «territoire», «parade», «tactique anti-prédateur», etc., ne pourraient jamais être réduits à la physique et à la chimie sans perdre totalement leur sens biologique[16].

Les pionniers de l'holisme (par exemple, E.S. Russell et J.S. Haldane) ont critiqué à juste titre la démarche réductionniste et montré de façon convaincante que l'approche holiste est bien adaptée aux phénomènes relevant du comportement ou du développement. Cependant, ils n'ont pas réussi à expliquer la véritable nature des phénomènes holistiques. Leurs tentatives d'explication de la nature du «tout» ou de l'intégration des parties dans le «tout» ont été infructueuses. Ritter, Smuts et d'autres auteurs parmi les premiers partisans de l'holisme n'ont proposé que des explications floues (relevant de la métaphysique). Certaines des conceptions avancées par Smuts avaient même une connotation largement téléologique[17].

Cependant, Alex Novikoff (1947) a exposé de façon extrêmement détaillée les raisons pour lesquelles l'explication des organismes vivants devait nécessairement être holistique : «Les structures considérées comme des "touts" à un certain niveau deviennent des parties par rapport à des niveaux de degré plus élevé. [...] Les parties, de même que les "touts", sont des entités matérielles, et l'intégration résulte de l'interaction des parties, en fonction de leurs propriétés.» L'holisme, dans la mesure où il rejette le réductionnisme, «ne considère pas les organismes vivants comme des machines constituées d'une multitude de parties distinctes (d'unités physico-chimiques), que l'on peut extraire comme les pièces d'un moteur et que l'on peut décrire sans prendre en considération le système dont on les a tirées». Étant donné leurs interactions, la description des parties à l'état séparé ne peut pas rendre compte des propriétés du système en tant que tout : c'est leur agencement qui régit la totalité du système.

L'intégration des parties s'opère à chaque niveau, depuis la cellule jusqu'aux tissus, puis aux organes, aux systèmes d'organes et aux organismes entiers. Elle intervient au niveau biochimique, au niveau des processus de développement, et, chez les organismes entiers, au niveau du comportement[18]. Tous les holistes sont d'accord pour admettre qu'aucun système ne peut être expliqué de façon exhaustive par les propriétés de ses parties, prises isolément. L'organicisme est fondé sur cette notion primordiale : les êtres vivants sont dotés d'une organisation. On ne peut pas les considérer comme des collections de caractéristiques ou de molécules, car leur fonctionnement dépend entièrement de l'agencement de ces dernières, de leurs interrelations, de leurs interactions et de leurs interdépendances.

L'émergence

Il est clair à présent que les premiers exposés de l'holisme souffraient de l'absence de deux principes explicatifs majeurs, qui depuis ont été fournis par la biologie moderne. L'un, le concept de programme génétique, n'avait pas encore été découvert. L'autre, le concept d'émergence, pose que, dans un système structuré, il apparaît, aux niveaux d'intégration plus élevés, de nouvelles propriétés non prévisibles d'après les propriétés des composantes des niveaux inférieurs. Or, ce concept était absent des premiers exposés de l'holisme, parce qu'on n'y avait pas encore pensé, ou parce qu'il avait été écarté comme non scientifique et métaphysique. En prenant finalement en compte les concepts de programme génétique et d'émergence, l'organicisme s'est révélé antiréductionniste, tout en restant mécaniste.

Jacob (1970) décrit ainsi l'émergence : « À chaque niveau, des unités de taille relativement bien définie et de structure à peu près identique s'unissent pour former une unité à l'échelon suivant. Chacune de ces unités constituées par l'intégration des sous-unités peut être désignée par le terme général d'*intégron*. Un intégron se forme par l'assemblage d'intégrons de niveau inférieur; il participe à la construction d'un intégron de niveau supérieur. » Chaque intégron possède des caractéristiques et des capacités nouvelles, qui ne sont présentes à aucun des niveaux inférieurs d'intégration; on peut dire de ces dernières qu'elles sont émergentes [19].

À l'origine, le concept d'émergence a été avancé dans le livre de Lloyd Morgan sur l'évolution émergente (1923). Les darwiniens qui ont adopté cette notion ont d'abord été très réservés à son sujet, craignant qu'elle n'ait un sens antigradualiste. En fait, certains des premiers partisans de l'émergence étaient aussi des saltationnistes, notamment dans la période du « mendélisme » (c'est-à-dire qu'ils pensaient que l'évolution se déroulait par grands sauts discontinus, appelés « saltations »). Les doutes des darwiniens ont été levés, quand on a compris que la population (ou l'espèce), et non pas le gène ou l'individu, représente l'unité de l'évolution; il peut exister différentes formes (des discontinuités phénétiques) au sein d'une population (en raison des recombinaisons naturelles de l'ADN), mais cette dernière, en tant que tout, ne peut évoluer que graduellement. Un évolutionniste moderne dirait que la genèse de tout système plus complexe, représentant l'émergence d'un niveau de degré plus élevé, dépend strictement de la variation génétique et de la sélection. Les intégrons apparaissent dans l'évolution par le biais de la sélection naturelle, et à chaque niveau ce sont des systèmes adaptés, car ils contribuent à l'efficience darwinienne des individus. Le concept d'émergence n'est ainsi nullement en contradiction avec les principes du darwinisme.

Pour résumer, on peut dire que l'organicisme repose sur deux thèses : premièrement, l'organisme est un « tout » ; deuxièmement, sa globalité ne doit pas être considérée comme mystérieuse et impossible à analyser, elle doit être étudiée en choisissant le bon niveau d'analyse. L'organiciste ne rejette pas cette dernière démarche, mais soutient qu'on ne doit pas la pousser en deçà du niveau où elle apporte des informations pertinentes et des éclairages nouveaux. Tout système, tout intégron perd certaines de ses caractéristiques lorsqu'on le considère séparément, et de nombreuses interactions importantes au sein d'un organisme n'interviennent pas au niveau des molécules, mais à un niveau plus élevé d'intégration. Enfin, c'est le programme génétique qui régit le développement et les activités des intégrons émergeant à chaque niveau d'intégration successivement plus élevé.

Les caractéristiques propres à la vie

De nos jours, aux yeux des biologistes ou des philosophes des sciences, il semble bien qu'un consensus existe sur la nature des organismes vivants. Au niveau moléculaire, toutes leurs fonctions sont intégralement explicables par les lois de la physique et de la chimie (au niveau cellulaire, c'est le cas de presque toutes). Il n'existe pas de reliquat demandant à être interprété par des principes vitalistes autonomes. Cependant, les organismes sont fondamentalement différents de la matière inerte. Ce sont des systèmes hiérarchiquement organisés, dotés de nombreuses propriétés émergentes que l'on ne trouve pas dans la matière inanimée ; et, plus important encore, leurs activités sont gouvernées par des programmes génétiques contenant de l'information historiquement acquise, ce qui, de nouveau, n'existe pas dans la nature inanimée.

Il en résulte que les organismes vivants relèvent d'une forme de dualisme remarquable. Il ne s'agit pas du dualisme du corps et de l'âme, ou du corps et de l'esprit, autrement dit, d'un dualisme en partie physique et en partie métaphysique. Le dualisme envisagé par la biologie moderne est purement matérialiste et traduit le fait que les organismes possèdent à la fois un génotype et un phénotype. Le génotype, matérialisé dans les acides nucléiques, appelle une analyse évolutionniste. Le phénotype, élaboré sur la base des informations fournies par le génotype, est construit au moyen de protéines, de lipides, et d'autres macromolécules. Il demande à être analysé au moyen d'explications fonctionnelles (immédiates). Il n'existe pas de dualité de ce genre dans le monde inanimé, il est nécessaire de recourir à différentes analyses pour rendre compte du génotype et du phénotype.

Il est possible de dresser la liste suivante des phénomènes spécifiques aux êtres vivants :

Programmes issus de l'évolution : les organismes sont le produit de 3,8 milliards d'années d'évolution. Toutes leurs caractéristiques rendent compte de cette histoire. Le développement, le comportement et toutes les autres activités des organismes vivants sont en partie régis par des programmes génétiques (et somatiques) issus de l'accumulation de l'information génétique tout au long de l'histoire de la vie. En fait, il existe un fil historique ininterrompu, qui relie l'origine de la vie et les plus simples des procaryotes aux arbres géants, aux éléphants, aux baleines et aux êtres humains.

Propriétés chimiques : bien que, fondamentalement, les organismes vivants soient formés des mêmes atomes que la matière inanimée, on ne trouve pas dans cette dernière le type de molécules responsable du développement et du fonctionnement des organismes vivants : il s'agit de macromolécules, c'est-à-dire d'acides nucléiques, de peptides, d'enzymes, d'hormones, d'éléments membranaires. La chimie organique et la biochimie ont montré que toutes les substances trouvées dans les organismes vivants peuvent être décomposées en molécules inorganiques plus simples et être, au moins en principe, synthétisées en laboratoire.

Mécanismes régulateurs : les systèmes vivants sont caractérisés par toutes sortes de mécanismes de contrôle et de régulation, comme, par exemple, des mécanismes de rétro-actions multiples, capables de maintenir un système donné dans un état constant. Il n'existe aucun mécanisme de cette sorte dans la nature inanimée.

Organisation : les organismes vivants sont des systèmes ordonnés complexes, capables de réguler et de piloter les activités médiées par leur génotype, et qui sont l'objet de contraintes dans les domaines de l'évolution et du développement.

Systèmes téléonomiques : les organismes vivants sont des systèmes adaptés, résultat des innombrables générations antérieures soumises à l'action de la sélection naturelle. Les systèmes de ce genre sont programmés pour exprimer des activités téléonomiques (c'est-à-dire dirigées vers un but), depuis le développement embryonnaire jusqu'aux activités physiologiques et éthologiques de l'adulte.

Ordre de grandeur limité : les dimensions des organismes vivants, des plus petits virus jusqu'aux plus grandes baleines et aux plus grands arbres, concernent une gamme limitée au sein du « monde moyen* ». Les unités fondamentales de l'organisation biologique, les cellules et les composantes cellulaires, sont très petites, ce qui confère aux organismes une grande flexibilité dans le domaine du développement et de l'évolution.

Cycles vitaux : les organismes, du moins ceux qui se reproduisent sexuellement, obéissent à des cycles vitaux bien déterminés, commençant par un zygote (œuf fécondé) et passant par divers stades embryonnaires ou larvaires avant d'atteindre l'âge adulte. Les cycles vitaux sont plus ou moins complexes, suivant les espèces, et chez certaines d'entre elles, ils comprennent l'alternance de générations sexuées et asexuées.

Systèmes ouverts : les organismes vivants tirent continuellement leur énergie et leurs matériaux de l'environnement externe et éliminent les produits finaux de leur métabolisme. Dans la mesure où ce sont des systèmes ouverts, ils ne sont pas soumis aux limitations imposées par la seconde loi de la thermodynamique.

Ces propriétés des organismes vivants leur confèrent un certain nombre de capacités qui n'ont pas d'équivalents dans le domaine des systèmes inanimés. Il s'agit de :

– la capacité d'évoluer ;

– la capacité de s'autorépliquer ;

– la capacité de croître et de se différencier par le biais d'un programme génétique ;

– la capacité de métaboliser (captage et libération d'énergie) ;

– la capacité de s'autoréguler, de façon à conserver un régime constant (homéostasie, rétroactions) ;

– la capacité (par le biais de la perception et des organes des sens) de répondre aux stimuli de l'environnement ;

– la capacité de changer à deux niveaux, celui du phénotype et celui du génotype.

Toutes ces caractéristiques des organismes vivants les distinguent fondamentalement des systèmes inanimés. Dans l'histoire des sciences, c'est la reconnaissance graduelle du caractère unique et distinct des êtres vivants qui a conduit à délimiter cette science qu'on appelle la biologie, et à reconnaître son autonomie, comme nous le verrons au chapitre 2.

---

* Le « monde moyen » ou mésocosmos est le monde des dimensions intermédiaires, au sein du cosmos : il va de celles des molécules à celle de notre galaxie. Voir chapitre 4, page 85. [N.d.T.]

CHAPITRE 2

Qu'est-ce que la science ?

La biologie comprend toutes les disciplines consacrées à l'étude des organismes vivants, qu'on désigne quelquefois sous le nom de « sciences de la vie », expression fort utile, puisqu'elle distingue la biologie des sciences physiques, lesquelles ont pour objet le monde inanimé. Par ailleurs, on sait qu'il existe des sciences sociales, des sciences politiques et des sciences militaires. On entend aussi parler de science marxiste, de science occidentale, de science féministe, et même de sciences aussi douteuses que la science chrétienne ou la science créationniste. Pourquoi toutes ces diverses disciplines portent-elles le nom de « science » ? Quelles sont les caractéristiques des vraies sciences qui les distinguent des autres systèmes de pensée ? La biologie possède-t-elle ces caractéristiques ?

On pourrait croire qu'il est facile de répondre à ces questions fondamentales. Tout le monde ne sait-il pas ce qu'est la science ? En réalité, c'est loin d'être le cas, comme on peut s'en rendre compte non seulement en étudiant les articles publiés dans les médias, mais aussi l'énorme littérature professionnelle traitant de cette question [1]. T.H. Huxley, qui fut l'ami de Charles Darwin et le promoteur de sa théorie auprès du grand public, a pu dire de la science qu'elle n'était « rien d'autre que le bon sens, affiné et systématisé ». Ce n'est hélas pas vrai. Le bon sens a souvent besoin d'être corrigé par la science. Par exemple, le sens commun nous dit que la Terre est plate et que le Soleil tourne autour d'elle. Et dans toutes les branches de la science, des points de vue issus du sens commun se sont révélés inexacts. On pourrait aller jusqu'à dire que l'activité scientifique a pour objet de réfuter ou de confirmer les opinions exprimées au nom du sens commun.

Un certain nombre de facteurs expliquent les difficultés que rencontrent les philosophes pour s'accorder sur une définition de la science, notamment que la science est à la fois une activité (celle que mènent les scientifiques) et un ensemble de connaissances (celles qu'accumulent les scientifiques). De nos jours, la plupart des philosophes, quand ils tentent de définir la science, mettent l'accent sur l'activité des scientifiques qui relève de travaux d'investigation, d'explication et de mise à l'épreuve. D'autres philosophes cependant la définissent comme un corps de connaissance en développement, autrement dit comme « l'organisation et la classification des connaissances, en fonction de principes explicatifs[2] ».

La propension à voir dans la science le recueil des données et le progrès des connaissances tient aux premiers temps de la révolution scientifique, qui posaient l'induction comme méthode privilégiée. Les partisans de l'induction se méprenaient très largement en pensant que l'accumulation d'observations non seulement permettrait de définir des principes généraux, mais de surcroît conduirait presque automatiquement, spontanément, à de nouvelles théories. En réalité, de nos jours, les philosophes sont généralement d'accord pour admettre que les faits seuls n'expliquent rien, ils débattent même largement de la question de savoir s'il existe des faits purs. « Toutes les observations ne sont-elles pas imprégnées de théorie ? » se demandent-ils. En fait, la question n'est pas nouvelle. En 1861 déjà, Charles Darwin écrivait : « Comme il est étrange que personne ne voie que toute observation doit confirmer ou infirmer une conception donnée pour être de quelque utilité. »

Bien entendu, la plupart des auteurs qui emploient le mot « connaissances » le font dans un sens qui ne se borne pas aux faits mais inclut aussi leur interprétation. Dans ce contexte précis, il vaut cependant mieux employer le terme de « compréhension ». D'où la définition suivante : « L'objectif de la science est de faire progresser notre compréhension de la nature. » Certains ajouteraient : « en résolvant des problèmes scientifiques »[3]. D'autres encore sont allés plus loin : « L'objectif de la science est de comprendre, de prédire et de maîtriser. » Cependant, dans de nombreuses branches de la science, la prédiction ne joue qu'un rôle très mineur ; et dans de nombreuses sciences non appliquées, la question de la maîtrise ne se pose jamais.

Il existe encore une autre raison qui permet de comprendre pourquoi les philosophes ont du mal à s'accorder sur une définition de la science : le contenu des recherches auquel nous donnons le nom de science a perpétuellement changé au cours des siècles. Par exemple, il y a environ cent cinquante ans, on considérait que la théologie naturelle (l'étude de la nature dans le but de comprendre les intentions de Dieu) était une branche légitime de la science. Par conséquent, en 1859, certains des auteurs qui critiquaient Darwin lui reprochaient d'avoir inclus un facteur « non scientifique » (c'est-à-dire le hasard) dans sa théorie explicative de l'origine des espèces et d'avoir laissé de côté des données qui, selon eux, indiquaient clairement que la main de Dieu avait façonné l'organisation de toutes les créatures, grandes et petites. Cependant, au XXe siècle, nous avons assisté à un renversement complet dans la prise en compte des phénomènes aléatoires par les scientifiques : dans les sciences biologiques, de même que dans les sciences physiques, on est passé d'une conception strictement déterministe du mode de fonctionnement du monde matériel à une autre, largement fondée sur le mode probabiliste.

Un autre exemple montre que le contenu de la science change graduellement au cours du temps : l'empirisme était prédominant à l'époque de la révolution scientifique, on mettait alors avant tout l'accent sur la découverte de nouveaux faits, et on ne se préoccupait guère du rôle pourtant important de l'élaboration de concepts. Or, de nos jours, certains de ces concepts, comme les notions de compétition, d'ancêtres communs, de territoire, d'altruisme, occupent une place aussi grande en biologie que les lois et les découvertes dans les sciences physiques, tandis que leur importance a curieusement été ignorée jusque récemment. Semblable méconnaissance est à l'œuvre dans la façon dont sont attribués les prix Nobel. Si un prix Nobel couronnait des travaux effectués en histoire naturelle (mais ce n'est pas le cas) et avait existé à l'époque de Darwin, le grand biologiste britannique n'aurait pas pu en bénéficier pour sa mise au point du concept de sélection naturelle (sans doute le plus grand progrès scientifique réalisé au XIXe siècle), dans la mesure où il ne s'agissait pas de la découverte d'un fait nouveau. Cette attitude qui consiste à privilégier les découvertes par rapport à l'élaboration de concepts perdure de nos jours, mais à un moindre degré.

Nul ne sait quels autres changements se produiront à l'avenir dans la conception de la science. Cependant, à défaut de le savoir, tentons de dépeindre le type de science qui prévaut à notre époque, en cette fin de XXe siècle.

L'origine de la science moderne

La science moderne a commencé avec la révolution scientifique, ce remarquable progrès dans l'entendement humain ponctué par les travaux de Copernic, Galilée, Kepler, Newton, Descartes et Leibniz. À cette époque, un grand nombre des principes fondamentaux de la méthode scientifique ont été mis au point, qui caractérisent encore largement la science d'aujourd'hui.

Les disciplines scientifiques qui ont donné naissance à la conception prédominante de la science à l'époque de la révolution scientifique étaient les mathématiques, la mécanique et l'astronomie. On n'a pas encore clairement déterminé dans quelle mesure la logique scolastique a contribué à fonder cette science physicaliste ; elle a certainement joué un rôle dans la pensée de Descartes. Les idéaux affichés par cette science nouvelle et rationnelle étaient l'objectivité, l'empirisme et l'inductivisme, ainsi que la volonté d'éliminer toute trace de métaphysique (autrement dit, de rejeter toutes les explications des phénomènes fondées sur la magie ou la superstition, qui n'étaient pas ancrées dans le monde matériel).

Pratiquement tous les artisans de la révolution scientifique étaient de fervents chrétiens. Il n'est donc pas surprenant qu'ils aient créé un type de science se présentant comme une branche de la religion chrétienne. Dans cette optique, le monde avait été créé par Dieu et ne pouvait donc pas être chaotique. Il était gouverné par Ses lois, qui, parce qu'elles étaient les lois divines, étaient universelles. On considérait que l'explication d'un phénomène ou d'un processus donné était convaincante, dès lors qu'elle était compatible avec l'une de ces lois. Puisque la marche du cosmos était ainsi parfaitement et absolument déterminée, il devait être finalement possible de tout prouver et de tout prédire. L'objectif de cette science au service de Dieu était donc d'identifier ces lois universelles, de trouver l'ultime vérité sur tout grâce à elles et de mettre à l'épreuve leur exactitude au moyen de prédictions et d'expériences.

En ce qui concernait la mécanique, les faits se conformaient assez bien à cet idéal. Les planètes tournaient autour du Soleil et les masses pesantes roulaient vers le bas des plans inclinés de façon attendue. Ce n'est peut-être pas un hasard si la mécanique, en tant que la plus simple des sciences, a été la première à mettre au point un ensemble de lois et de méthodes cohérentes. Mais à mesure que d'autres branches de la physique se sont développées, il s'est trouvé de plus en plus d'exceptions à l'universalité et au déterminisme de la mécanique, entraînant des modifications variées. En fait, dans la vie de tous les jours, les lois de la mécanique sont souvent complètement contrecarrées par des processus aléatoires, à tel point que le déterminisme y paraît totalement absent. Par exemple, en météorologie ou en océanographie, les mouvements des masses d'air ou d'eau s'accompagnent de telles turbulences que les lois de la mécanique ne permettent pas de réaliser des prévisions à long terme.

La façon dont les mécanistes envisageaient le monde matériel s'est appliquée encore moins bien dans le domaine des sciences biologiques. La méthode scientifique des mécanistes ne se prêtait absolument pas à la reconstitution de séquences historiques (comme il s'en est produit au cours de l'évolution de la vie), ni à la prise en compte de cette multiplicité des effets et des causes qui rend impossible toute prédiction du futur en biologie. Lorsqu'on a voulu apprécier le degré de « scientificité » de la biologie évolutionniste, elle a échoué à ce test.

Cela a notamment été le cas au regard de la méthode d'investigation privilégiée des mécanistes : l'expérience, tellement importante dans le domaine de la mécanique qu'elle fut considérée comme la *seule* méthode scientifique valable, toute science qui n'y recourait pas était jugée comme inférieure. Comme il n'était pas de bon goût d'appeler ses collègues de mauvais scientifiques, on a appelé « sciences descriptives » toutes les disciplines qui ne se fondaient pas sur des procédures expérimentales. Pendant des siècles, cette expression est restée attachée, avec une connotation péjorative, aux sciences de la vie.

En réalité, les connaissances de base, dans *toutes* les sciences, se fondent sur la description. Plus une science est récente, plus il lui faut recourir à la description pour pouvoir délimiter les faits qui lui servent de fondement. Même aujourd'hui, la plus grande partie des publications en biologie moléculaire sont essentiellement descriptives. Or, ce qu'on entend par le terme de « description », ce sont des « observations ». Toute description est, en effet, fondée sur des observations, effectuées soit à l'œil nu, soit au moyen d'autres organes des sens, soit encore par le biais de microscopes ou de télescopes simples, soit encore en faisant appel à des instruments très complexes. Même à l'époque de la révolution scientifique, les observations (bien davantage que les expériences) ont joué un rôle décisif dans le progrès de la science. Les grands principes cosmologiques de Copernic, de Kepler, et, pour la plus grande part, de Newton, ont été établis sur la base d'observations plutôt que sur celle d'expériences. De nos jours, les théories qui sous-tendent des disciplines telles que l'astronomie, l'astrophysique, la cosmologie, la planétologie et la géologie subissent fréquemment des bouleversements à la suite de nouvelles observations.

On peut dire aussi, d'une autre façon, que les découvertes de Galilée et de ses disciples ont résulté des expériences de la nature qu'ils ont pu observer. Les éclipses affectant les planètes et les étoiles sont en effet des expériences de la nature, de même que les tremblements de terre, les éruptions volcaniques, les cratères d'impact météoritique, les renversements de champ magnétique et les phénomènes d'érosion. Dans le domaine de la biologie évolutionniste, la réunion de l'Amérique du Nord et du Sud au Pliocène, grâce à l'isthme de Panama, qui a provoqué un énorme échange de faunes entre les deux continents, compte parmi l'une de ces expériences. La colonisation des îles et des archipels volcaniques, tels que Krakatau, les Galapagos et les îles Hawaï, de même que la décimation de la faune suivi du repeuplement de la plus grande partie de l'hémisphère Nord par suite des glaciations pléistocènes, ont constitué également des expériences de la nature. De nombreux progrès ont été effectués dans les sciences d'observation grâce au génie des scientifiques qui ont découvert et analysé de façon critique ce genre d'expériences de la nature, alors même que dans leurs propres disciplines des expériences de laboratoire étaient difficilement réalisables, voire impossibles.

Bien que la révolution scientifique ait représenté une véritable révolution intellectuelle – par le rejet de la superstition, de la magie et des dogmes de la théologie médiévale –, elle n'est pas allée jusqu'à englober la révolte contre la soumission à la religion chrétienne, et ce défaut idéologique a eu des conséquences néfastes pour la biologie. En effet, la réponse que l'on donne à certains problèmes fondamentaux dans l'étude des organismes vivants dépend de l'invocation de la main de Dieu ou de son rejet. C'est notamment le cas pour toutes les questions qui portent sur les origines (elles touchent particulièrement les créationnistes) et celles qui ont trait au dessein (elles intéressent particulièrement les partisans de la théologie naturelle). Lorsqu'on invoquait une représentation de l'univers dans laquelle ne figuraient que Dieu, les âmes humaines, la matière et le mouvement, cela convenait très bien aux sciences physiques; mais ce modèle a constitué un frein pour le progrès de la biologie[4].

Par suite, cette dernière est restée pour l'essentiel en sommeil jusqu'aux XIXe et XXe siècles. Certes, une quantité considérable de données factuelles ont été accumulées en histoire naturelle, en anatomie et en physiologie, tout au long des XVIIe et XVIIIe siècles; on considérait à cette époque que la biologie relevait du domaine de la médecine, et c'était vrai de l'anatomie et de la physiologie, même de la botanique, qui se bornait largement alors à identifier les plantes médicinales. Bien entendu, on a fait aussi un peu d'histoire naturelle, avant le XIXe siècle, mais elle était pratiquée comme un passe-temps, ou bien elle visait à soutenir la théologie naturelle. Rétrospectivement, il est évident qu'une grande part de ces travaux pionniers en histoire naturelle, effectués à cette époque, représentaient de la très bonne science; mais ils n'ont pas été reconnus en tant que tels durant cette période, et n'ont donc pas joué de rôle dans la philosophie des sciences avant le XIXe siècle.

En définitive, dans la mesure où l'on a considéré la mécanique comme l'exemple même de la science, cela a favorisé l'idée que les organismes ne différaient en rien de la matière inanimée. Et il en a logiquement découlé que l'objectif de la science était de réduire toute la biologie aux lois de la chimie et de la physique. Or, à partir d'un certain moment, les progrès réalisés en biologie ont rendu cette position intenable (voir chapitre 1). Le renversement final du point de vue mécaniste et de son antagoniste, le vitalisme, ainsi que l'adoption, au XXe siècle, du paradigme organiciste ont eu de larges conséquences sur la place à attribuer à la biologie au sein des sciences, des conséquences que n'ont pas encore clairement perçues de nombreux philosophes des sciences.

La biologie est-elle une science autonome?

Dans la seconde moitié du XXe siècle, trois conceptions très différentes prévalent sur la question de la place de la biologie au sein des sciences. La première, extrême, exclut complètement la biologie du domaine scientifique, dans la mesure où elle manquerait de l'universalité, de l'aptitude à être structurée par des lois et de la nature quantitative des « vraies sciences » (ce qui veut dire les sciences du type de la physique). Selon la deuxième opinion, extrême également, la biologie d'une part est dotée de tous les attributs d'une science authentique, et d'autre part diffère de la physique sur des points importants, de sorte qu'il faut la classer en tant que science autonome, à l'instar de la physique. Entre ces deux extrêmes, une troisième option soutient qu'il faut accorder à la biologie le statut de science « limitée à un domaine », parce qu'elle manque d'universalité et que ses résultats peuvent, en fin de compte, être réduits aux lois de la physique et de la chimie.

On peut reformuler la question : « La biologie est-elle une science autonome? » en deux sous-questions : « La biologie est-elle une science, à l'instar de la physique et de la chimie? » et « La biologie est-elle une science exactement comme la physique et la chimie? ». Pour répondre à la première question, nous pouvons nous intéresser aux huit critères définis par John Moore afin de décider si une discipline donnée peut être qualifiée de science. Selon Moore (1993) : 1) Cette discipline doit être fondée sur le recueil de données obtenues par l'observation de la nature ou par des expériences de laboratoire, sans invoquer de facteurs surnaturels. 2) Les données doivent être recueillies dans le but de répondre à des questions, et les observations doivent être faites afin de confirmer ou de réfuter des hypothèses. 3) Des méthodes objectives doivent être employées, afin d'éliminer au maximum toute déformation des conclusions. 4) Les hypothèses doivent être compatibles avec les observations et avec le cadre conceptuel général. 5) Toutes les hypothèses doivent être testées et, si possible, de nouvelles hypothèses alternatives doivent être formulées et leurs mérites respectifs (leur capacité à résoudre les problèmes) comparés. 6) Les généralisations doivent avoir valeur universelle au sein du domaine couvert par une science particulière. Les phénomènes uniques en leur genre doivent être explicables sans invoquer de facteurs surnaturels. 7) Afin d'éliminer les éventuelles erreurs, un fait ou une découverte ne doivent être pleinement acceptés qu'à la condition d'avoir été confirmés de façon répétée par d'autres chercheurs. 8) La science est caractérisée par l'amélioration constante des théories scientifiques, par le remplacement des conceptions incomplètes ou défectueuses par de nouvelles conceptions et par la résolution de problèmes antérieurement énigmatiques.

D'après ces critères, il faut accorder à la biologie le statut de science légitime, au même titre que la physique et la chimie. Mais la biologie est-elle une science « limitée à un domaine », ne pouvant donc prétendre être l'égale des sciences physiques? Lorsque, pour la première fois, l'expression de « science limitée à un domaine » a été introduite, elle avait pour sens d'être l'antonyme d'« universelle », ce qui voulait dire que la biologie ne se préoccupait que de phénomènes spécifiques et localisés, ne conduisant pas à des lois universelles. Les lois de la physique, disait-on, ne connaissaient pas de limites dans l'espace et dans le temps, elles étaient tout aussi valables dans la galaxie d'Andromède que sur la Terre. La biologie, en revanche, était limitée à un domaine, parce que le phénomène de la vie, tel que nous le connaissons, n'existe que sur la Terre, et seulement depuis 3,8 milliards d'années, alors que le big-bang aurait eu lieu il y a 10 milliards d'années.

Cet argument a été réfuté de façon convaincante par Ronald Munson (1975), qui a montré qu'aucun des lois, théories ou principes fondamentaux de la biologie n'est, implicitement ou explicitement, restreint dans son application à une certaine portion du temps ou de l'espace. Le monde de la vie est, sous de nombreux aspects, unique en son genre, mais on peut tirer toutes sortes de principes généraux à partir des phénomènes uniques en leur genre. Ainsi, chaque courant océanique est unique en son genre, mais il est possible d'établir des lois et des théories au sujet des courants océaniques. Examinons maintenant l'argument suivant : puisque le phénomène de la vie, tel que nous le connaissons, est limité à notre planète, cela interdirait aux principes biologiques toute prétention à l'universalité. Il faut ici se poser la question : « Que veut dire le terme "universel" ? » Puisqu'on sait que la matière inanimée existe hors de la Terre, toute science traitant de la matière inanimée est nécessairement applicable dans le domaine extraterrestre, et mérite donc le qualificatif d'universel. Jusqu'ici la vie n'a d'existence prouvée que sur la Terre ; cependant ses lois et ses principes, à l'instar de ceux de la matière inanimée, sont applicables dans tout l'univers, puisqu'ils sont valables sur notre planète. Dès lors, je ne vois pas de raison de ne pas leur attribuer le qualificatif d'universel.

Le plus souvent, lorsqu'on parle de la biologie comme d'une science « limitée à un domaine », on signifie qu'elle forme un sous-ensemble au sein de l'ensemble constitué par la physique et la chimie, et qu'en définitive les résultats de la biologie pourraient être réduits aux principes de ces deux sciences. Si l'on veut, au contraire, soutenir que la biologie est une science autonome, on peut faire valoir que de nombreux attributs des organismes vivants qui intéressent les biologistes ne peuvent être réduits à des lois physico-chimiques, et que, par ailleurs, de nombreux aspects du monde physique étudiés par les physiciens n'ont pas de rapport avec l'étude de la biologie (ni avec n'importe quelle autre science hors de la physique). En ce sens, la physique est une science tout aussi limitée à un domaine que la biologie. Il n'y a nulle raison de considérer la physique comme exemplaire, pour le simple fait qu'elle a été la première science développée, cette donnée historique ne lui confère pas davantage d'universalité qu'à la biologie. On ne pourra pas réaliser l'unité de la science tant qu'on n'aura pas accepté l'idée qu'elle recouvre un certain nombre de « domaines » distincts, dont l'un est la physique, un autre la biologie. Il serait vain d'essayer de « réduire » la biologie, l'une des sciences « limitées à un domaine », à la physique, une autre science « limitée à un autre domaine », ou vice versa[5].

La plupart des auteurs qui ont essayé de promouvoir l'idée de l'unité de la science, à la fin du XIXe et au début du XXe siècle, étaient des philosophes et non des scientifiques, ils ne se rendaient guère compte de l'hétérogénéité des sciences. Cette dernière caractéristique s'applique aussi bien aux sciences physiques (qui comprennent la physique des particules élémentaires, la physique du solide, la mécanique quantique, la mécanique classique, la théorie de la relativité, l'électromagnétisme, sans parler de la géophysique, l'astrophysique, l'océanographie, la géologie, etc.) qu'aux très nombreuses sciences de la vie. Au cours des soixante-dix dernières années, on n'a cessé de montrer qu'il était impossible de réduire tous ces domaines à un seul dénominateur commun.

Répétons-nous donc une fois de plus : oui, la biologie est une science, à l'instar de la physique et de la chimie. Mais ce n'est pas une science comme la physique et la chimie, c'est une science autonome, qui se situe sur un plan d'égalité avec les sciences physiques, elles-mêmes autonomes. Néanmoins, on ne parlerait pas de la science au singulier, si toutes les sciences, en dépit de caractéristiques uniques en leur genre et d'un certain degré d'autonomie, n'avaient pas aussi des traits communs. L'une des tâches des épistémologues de la biologie est d'établir quels traits communs la biologie a avec les autres sciences, non seulement sur le plan de la méthodologie, mais aussi sur celui des principes et des concepts. Ce sont ces traits communs qui pourraient servir de fondements à la définition d'une science unifiée.

Les visées de la science

On a dit des scientifiques qu'ils étaient à la recherche de la vérité, mais de nombreuses personnes, non scientifiques, peuvent affirmer la même chose. Le monde, avec tout ce qu'il contient, intéresse non seulement les scientifiques, mais aussi les théologiens, les philosophes, les poètes et les théoriciens de la politique. Comment peut-on distinguer leurs démarches respectives de celles des scientifiques ?

Comment la science diffère de la religion

Distinguer la science de la religion est peut-être le plus facile, car les scientifiques n'invoquent pas le surnaturel pour expliquer les mécanismes à l'œuvre dans le monde matériel, et ils ne font pas appel à la révélation divine pour le comprendre. Lorsque les premiers hommes tentaient de trouver des explications aux phénomènes naturels, en particulier aux désastres, ils invoquaient invariablement des forces et des êtres surnaturels ; même aujourd'hui, la révélation divine est, pour de nombreux chrétiens, une source de vérité tout aussi importante que la science. Quasiment tous les scientifiques que je connais personnellement sont religieux, dans le meilleur sens du terme, mais aucun n'invoque des causes surnaturelles, ni ne fait référence à la révélation divine, dans le cadre de sa profession.

Une autre caractéristique de la science qui la distingue de la religion est son ouverture d'esprit. Les religions sont relativement dogmatiques ; dans les religions révélées, une différence d'interprétation d'un seul mot dans le texte révélé fondateur peut conduire à une nouvelle religion. Cela contraste fortement avec ce qui vaut dans les différentes disciplines de la science, où pour toute théorie il existe de nombreuses versions. De nouvelles hypothèses sont continuellement proposées, tandis que les plus anciennes sont réfutées, et il existe une considérable diversité dans le domaine des idées. En fait, la science progresse au moyen d'un processus darwinien de variation et de sélection dans l'élaboration et la mise à l'épreuve des hypothèses (voir chapitre 5).

En dépit de l'ouverture d'esprit de la science face aux hypothèses et aux faits nouveaux, soulignons que pratiquement tous les scientifiques (un peu à la manière des croyants) adhèrent à une série de « principes premiers » qu'ils mettent en œuvre dans l'étude du monde naturel. L'un de ces axiomes pose qu'il existe un monde réel, qu'il soit ou non observé par l'homme. On pourrait l'appeler le principe d'objectivité (par opposition à l'approche subjective du monde) et considérer qu'il exprime un « réalisme du bon sens » (voir chapitre 3). Cela ne veut pas dire que les scientifiques, pris individuellement, sont toujours « objectifs », ni même que l'objectivité peut être pratiquée de façon absolue par les êtres humains. Ce principe affirme seulement qu'un monde objectif existe en dehors de toute action et de toute perception subjective de la part de l'homme. La plupart des scientifiques, mais pas tous, croient en ce postulat.

Deuxièmement, les scientifiques font l'hypothèse que le monde n'est pas chaotique, mais qu'il est structuré d'une certaine façon, et que la plupart de ses caractéristiques, voire la totalité, peuvent être mises au jour par la recherche scientifique. Cette dernière recourt très souvent à une procédure de mise à l'épreuve : toute découverte nouvelle et toute explication nouvelle doivent être testées de façon réitérée, de préférence par différents chercheurs employant différentes méthodes (voir chapitres 3 et 4). Toute confirmation renforce l'idée qu'un fait ou qu'une explication soient « vrais », et toute réfutation conforte la vraisemblance d'une théorie explicative concurrente. Accepter les remises en question est l'une des caractéristiques majeures de la science. Cette dernière se distingue, en effet, nettement des religions et de leurs dogmes par le fait qu'elle est prête à abandonner un mode d'explication en vigueur dès lors qu'une théorie nouvelle, meilleure, est proposée.

Les méthodes utilisées pour faire jaillir la « vérité » scientifique varient selon que l'on met à l'épreuve un fait nouveau ou une théorie nouvelle. L'existence d'un continent, appelé Atlantide, entre l'Europe et l'Amérique est devenue douteuse à partir du moment où les premières traversées transatlantiques entre la fin du XVe et le début du XVIe siècle n'en ont trouvé nulle trace. Lorsque l'exploration océanographique complète de l'océan Atlantique a été achevée, et de façon plus convaincante encore lorsque les satellites, à notre époque, eurent photographié la planète, on a été en mesure d'affirmer de façon définitive que ce continent n'existe pas. Il est fréquent, en science, que l'on puisse établir la vérité absolue des faits. Dans le cas des théories, c'est beaucoup plus difficile, et cela demande généralement beaucoup plus de temps. La théorie de l'évolution au moyen de la sélection naturelle n'a pas été regardée comme totalement vraie par les scientifiques pendant plus de cent ans; même de nos jours, dans certaines sectes religieuses, des personnes n'y croient pas.

Troisièmement, la plupart des scientifiques estiment que tous les phénomènes de l'univers matériel sont reliés par des liens de cause à effet ou des liens historiques, et que l'objectif légitime de la science est d'étudier tout ce que l'on sait exister ou se produire dans le cadre de cet univers. En revanche, ils n'envisagent pas d'analyser quoi que ce soit au-delà de ce monde matériel. Les croyants peuvent également s'intéresser au monde matériel, mais ils estiment généralement qu'un autre univers surnaturel existe, habité par les âmes, les esprits, les anges ou les dieux, et pensent que les « cieux » constituent le lieu de résidence future de tous les croyants après leur mort. Les conceptions de ce genre se situent au-delà des domaines étudiés par la science.

Comment la science diffère de la philosophie

La différence entre science et philosophie est plus difficile à établir qu'entre science et religion, et cette question a donné lieu à des frictions entre scientifiques et philosophes tout au long du XIXe siècle. Du temps des Grecs, la science et la philosophie ne faisaient qu'un, et ce jusqu'au moment de la révolution scientifique, même si Emmanuel Kant, William Whewell et William Herschel, ainsi qu'un grand nombre de ceux qui ont contribué au progrès de la science étaient aussi des philosophes. Plus récemment, des auteurs tels qu'Ernst Mach ou Hans Driesch étaient d'abord des scientifiques avant de se tourner vers la philosophie.

Peut-être n'existe-t-il pas de réelle démarcation entre science et philosophie. Si la recherche et la découverte de faits nouveaux représentent une démarche qui est propre à la science, pour tout le reste, les domaines de recoupement sont considérables. La plupart des scientifiques considèrent que leur travail comprend des tâches telles que la théorisation, l'établissement de lois et de principes généraux ainsi que l'élaboration de cadres conceptuels pour leur discipline, activités qui permettent de définir les scientifiques véritables. Or de nombreux philosophes des sciences n'ont cessé d'affirmer que la théorisation et l'élaboration des concepts sont des tâches propres à la philosophie. Pour le meilleur ou pour le pire, dans les récentes décennies, ces activités ont été prises en main par les scientifiques, et certains concepts fondamentaux élaborés par les scientifiques ont, par la suite, été repris par les philosophes et font à présent partie des concepts admis par la philosophie.

Pour remplacer leur ancien objet d'étude privilégié, les philosophes se sont spécialisés dans l'élucidation des principes conduisant à l'élaboration des théories et des concepts. Ils recherchent maintenant les règles auxquelles obéissent les scientifiques lorsqu'ils s'efforcent de répondre aux questions de type : « Quoi ? », « Comment ? » et « Pourquoi ? ». Le domaine d'étude majeur abordé par la philosophie des sciences porte actuellement sur la « logique de la justification » et sur la méthodologie de l'explication (voir chapitre 3). Ce type de philosophie peut éventuellement en arriver à ergoter sur le sens des mots, mais, dans certains cas, son rôle a au contraire été positif, en forçant les scientifiques à faire preuve de responsabilité et de précision.

Bien que les philosophes des sciences déclarent souvent que leurs règles méthodologiques sont simplement descriptives et non prescriptives, un grand nombre d'entre eux semblent considérer qu'il est de leur devoir de déterminer ce que les scientifiques *devraient normalement* faire. Les scientifiques ne suivent généralement pas leurs conseils et choisissent, en réalité, la démarche qui, ils l'espèrent, va les conduire le plus rapidement à des résultats ; le type de démarche choisi peut varier en fonction des cas.

Le plus grand défaut de la philosophie des sciences, jusque très récemment, a sans doute été de considérer la physique comme l'archétype de la science. Aussi la philosophie des sciences n'a peut-être été rien d'autre que la philosophie des sciences physiques. Cela a changé grâce à l'influence de jeunes philosophes, dont beaucoup se sont spécialisés dans la philosophie de la biologie. Le rapport intime qui existe aujourd'hui entre la philosophie et les sciences de la vie est bien mis en évidence par les nombreux articles publiés par le périodique *Biology and Philosophy*. Grâce aux travaux de ces jeunes philosophes, les concepts et les méthodes utilisés dans les sciences biologiques occupent désormais une place importante dans la philosophie des sciences.

Il s'agit là d'une évolution très bénéfique, à la fois pour la philosophie et pour la biologie. Tout scientifique devrait avoir pour objectif de parvenir à mettre ses conceptions de la nature en une forme générale, de telle sorte qu'elles puissent alimenter la philosophie des sciences. Tant que cette dernière s'est limitée aux lois et aux méthodes de la physique, les biologistes n'ont pu lui fournir nul apport : fort heureusement, ce n'est plus le cas aujourd'hui.

La prise en compte de la biologie au sein de la philosophie des sciences a entraîné des modifications dans un grand nombre de ses conceptions. Comme nous le verrons aux chapitres 3 et 4, le rejet du déterminisme strict, la prise en considération d'autres lois que les seules lois universelles, l'acceptation de recourir à de simples prédictions probabilistes et à des narrations historiques, la reconnaissance du rôle majeur des concepts dans l'élaboration des théories, la prise en compte du concept de population et du rôle des individus uniques en leur genre, ainsi que de nombreux autres aspects des conceptions des biologistes ont eu un impact fondamental sur la philosophie des sciences. Les raisonnements probabilistes étant maintenant prépondérants, toutes les analyses fondées sur des points de vue typologiques sont devenues extrêmement contestables. À la suite de Descartes, l'idéal des philosophes des sciences avait été de parvenir à des certitudes totales; c'est aujourd'hui un objectif de moins en moins important.

Comment la science diffère de la culture littéraire

Sur la démarcation entre la science et la culture littéraire*, de nombreuses conceptions erronées ont autrefois eu cours, essentiellement parce que les anciens auteurs ne se rendaient pas compte de l'hétérogénéité de l'un et l'autre domaine. Il y a davantage de différences entre la physique et la biologie évolutionniste (toutes deux des branches de la science) qu'entre la biologie évolutionniste (l'une des sciences) et l'histoire (l'une des disciplines relevant de la culture littéraire). La critique littéraire n'a pratiquement rien en commun avec la plupart des autres disciplines relevant de la culture littéraire, moins encore avec la science.

Dans son ouvrage *The Two Cultures*, publié en 1959, C.P. Snow soutenait qu'il existait un fossé entre la physique et la culture littéraire. Comme beaucoup d'autres auteurs à cette époque, il estimait naïvement que la physique était représentative de la science en général. Il soulignait, à juste raison, que ce fossé entre la physique et la culture littéraire était pratiquement infranchissable. Il n'y a quasiment aucun pont entre la physique et ces notions centrales

* L'auteur emploie ici le terme *humanities*. Le terme français « humanités », qui pourrait paraître équivalent possède un sens restreint à l'étude des langues et littératures grecque et latine. Dans les pays de langue anglaise, les *humanities* constituent un ensemble de disciplines qui comprend, outre l'étude des auteurs classiques grecs et latins, la littérature, la poésie, la grammaire, la rhétorique, l'histoire, la philosophie, etc. Cela correspond à peu près à ce que l'on enseignait autrefois en France dans les facultés de lettres. [N.d.T.]

dans la culture littéraire (et la culture en général) que sont l'éthique, la vie psychique, la libre volonté, etc. L'absence de toute référence à ces dernières dans la physique a contribué à introduire cette séparation entre les scientifiques et les écrivains que regrettait C.P. Snow. Or, toutes ces notions propres à la culture littéraire présentent d'importants points de rencontre avec les sciences de la vie.

Lorsque E.M. Carr (1961), auteur de culture littéraire, a comparé l'histoire aux « sciences », il a trouvé cinq points sur lesquels elles diffèrent : 1) L'histoire, a-t-il dit, ne s'occupe que du particulier, alors que la science traite du général. 2) L'histoire n'enseigne aucune leçon. 3) L'histoire, contrairement à la science, est incapable de prédire. 4) L'histoire est nécessairement subjective, tandis que la science est objective. 5) Et l'histoire, à l'inverse de la science, touche à des questions de religion et de morale. E.M. Carr n'a pas vu que ces différences ne valent que pour les sciences physiques et la plus grande partie de la biologie des fonctions. En ce qui concerne les points 1, 3 et 5, la biologie évolutionniste se range aux côtés de l'histoire, et, comme E.M. Carr l'a reconnu, certaines de ses conclusions (comme celle du point 2, par exemple) ne sont pas strictement vraies même pour l'histoire. En d'autres termes, la séparation nette entre « sciences » et disciplines « non scientifiques » n'a pas lieu d'être, dès lors que l'on prend en compte la biologie[6].

Très souvent, on attribue le fossé qui existe entre la science et la culture littéraire à l'incapacité des scientifiques à prendre en compte le « facteur humain » dans le cadre de leurs recherches. Cependant, les scientifiques ne sont pas les seuls responsables. Pour mener à bien la plupart des travaux relevant de la culture littéraire, il serait bien souvent utile de posséder un minimum de connaissances sur certaines découvertes de la science, notamment dans les domaines de la biologie évolutionniste, de l'éthologie, du développement humain et de l'anthropologie physique, tandis que de trop nombreux praticiens de la culture littéraire manifestent, dans leurs écrits, une gênante ignorance sur toutes ces questions. Beaucoup d'entre eux excusent leur méconnaissance de la science en disant : « Je ne comprends rien aux mathématiques. » En fait, il y a peu de mathématiques dans tous ces domaines de la biologie avec lesquels devraient être familiarisées les personnes de culture littéraire. Par exemple, il n'y a aucune formule mathématique dans *De l'origine des espèces* de Darwin ou dans mon ouvrage *The Growth of Biological Thought* (1989). Des connaissances de base en biologie humaine devraient obligatoirement être prises en compte dans le cadre des études relevant des disciplines littéraires. La psychologie, autrefois classée dans ces disciplines, est aujourd'hui considérée comme une science biologique. Et comment est-il possible d'écrire quelque étude en histoire ou en littérature, sans une importante compréhension du comportement humain ?

C.P. Snow a souligné ce point. Malheureusement, la plupart des gens ignorent jusqu'aux données scientifiques les plus simples. Par exemple, de nombreux auteurs aujourd'hui encore ne peuvent croire que l'œil a été le résultat d'une série de hasards. En fait, une telle déclaration révèle qu'ils ne comprennent absolument rien au mode d'action de la sélection naturelle, qui relève de l'*antihasard* et non de l'accidentel. Le changement évolutif se réalise parce que certaines des caractéristiques des individus sont mieux adaptées que d'autres aux conditions présentes de l'environnement rencontrées par une espèce donnée, et ces traits plus adaptés s'accumulent dans les générations successives grâce aux meilleurs taux de survie et de reproduction des individus qui en sont dotés (en d'autres termes, grâce à la sélection). Le hasard joue assurément un rôle dans l'évolution, comme Darwin le savait bien, mais la sélection naturelle (le mécanisme fondamental responsable du changement évolutif) n'est pas un processus qui fonctionne au hasard.

L'ignorance des acquis de la biologie constitue particulièrement un obstacle lorsque les personnes dotées d'une culture littéraire sont confrontées à des problèmes politiques tels que la surpopulation mondiale, la propagation des maladies infectieuses, l'épuisement des ressources non renouvelables, les changements climatiques catastrophiques, la nécessité d'augmenter la production agricole mondiale, la destruction des habitats naturels, l'augmentation de la criminalité ou les échecs du système éducatif. On ne peut aborder de manière satisfaisante aucun de ces problèmes sans prendre en compte les découvertes de la science, et en particulier de la biologie. C'est cependant trop souvent le cas des hommes politiques.

Les objectifs de la recherche scientifique

On demande souvent aux scientifiques pourquoi ils s'occupent de science, ou encore à quoi sert la science. Deux réponses très différentes ont été apportées à cette interrogation. Chez la plupart des scientifiques, l'intérêt pour la science est fondamentalement lié à l'insatiable curiosité de l'être humain et du désir de mieux comprendre le monde dans lequel il vit. Ces chercheurs sont convaincus qu'aucune des théories philosophiques ou purement idéologiques proposées pour expliquer le monde ne peut, à long terme, soutenir la comparaison avec la compréhension du monde qu'offre la science.

C'est une grande satisfaction pour un scientifique que de contribuer à mieux comprendre le monde. En fait, cela lui procure une véritable jubilation. On parle souvent de la joie de la découverte, dans laquelle le coup de chance joue parfois un rôle. Le plaisir cependant est peut-être plus grand encore lorsque le succès provient de la mise au point d'un nouveau concept, susceptible de rendre compte d'une masse de données jusque-là disparates ou de fournir de meilleures bases à une théorie scientifique. Néanmoins le travail scientifique compte aussi des tâches ingrates (telle l'accumulation incessante des données), et expose à des désappointements (voire à des sentiments de gêne) lorsque, par exemple, les théories que l'on défend se révèlent fausses, ainsi qu'à des contrariétés, notamment lorsque certains sujets de recherches n'aboutissent à rien, etc. Le travail scientifique suscite aussi bien d'autres insatisfactions[7].

La science peut répondre aussi à un objectif tout à fait différent, celui de dominer le monde, de maîtriser ses ressources et les forces de la nature. Ce second objectif revêt une importance toute particulière pour les chercheurs qui travaillent dans le domaine des applications de la science (y compris les médecins, les spécialistes de la santé publique et les agronomes), pour les ingénieurs, les hommes politiques et les citoyens en général.

Ces deux objectifs de la science (satisfaire la curiosité et promouvoir des améliorations) ne sont pas totalement distincts, dans la mesure où la science appliquée, notamment celle sur laquelle se fondent les mesures politiques d'intérêt général, s'appuie sur la science fondamentale. Le plus souvent, cependant, les scientifiques sont largement motivés par le simple désir de mieux comprendre les phénomènes mystérieux qui se manifestent dans le monde.

Dans les domaines de la science fondamentale et appliquée, les discussions portant sur les objectifs de la recherche scientifique mettent toujours en jeu des questions de valeurs. Dans quelle mesure la société peut-elle se permettre de financer des projets de recherche scientifique supposant des moyens énormes, tels que les super-accélérateurs de particules supraconducteurs ou les stations orbitales, étant donné que les résultats attendus seront très « pointus » ? Dans quelle mesure doit-on considérer certaines expériences comme contraires à l'éthique, notamment celles réalisées sur des mammifères comme les chiens ou les grands singes ? Faut-il craindre que le travail sur des tissus embryonnaires humains ne conduise à des pratiques contraires à l'éthique ? Quelles expériences de psychologie humaine ou de médecine clinique pourraient se révéler dangereuses pour les sujets testés ?

Tant que les sciences physiques dominaient, on avait tendance à estimer généralement que la science était neutre au regard des valeurs. Pendant les mouvements contestataires des années 1960, certains groupes, irrités par cette arrogance, ont lancé le slogan : « Finissons-en avec la notion de science neutre. » Depuis l'essor de la biologie, et particulièrement de la génétique et de la biologie évolutionniste, il est devenu clair que les résultats et les théories scientifiques ont un impact sur les valeurs (voir chapitre 12). Des adversaires de Darwin, comme Adam Sedgwick, ont accusé le darwinisme de détruire les valeurs morales. De nos jours encore, les créationnistes combattent la biologie évolutionniste, convaincus qu'ils sont qu'elle sape les valeurs de la religion chrétienne. Le mouvement eugéniste, au début de ce siècle, avait clairement tiré ses valeurs de la génétique humaine. Et la sociobiologie a été violemment attaquée dans les années 1970 parce qu'il semblait qu'elle promouvait certaines valeurs politiques incompatibles avec celles de ses adversaires. Presque toutes les grandes religions et les idéologies politiques soutiennent des valeurs qui selon elles proviennent de la science, et presque toutes les idéologies en soutiennent d'autres, incompatibles avec la science.

Paul Feyerabend (1970) est allé jusqu'à suggérer (avec d'autres auteurs contemporains) qu'on « vivrait peut-être mieux dans un monde dépourvu de science que dans le monde que nous connaissons aujourd'hui ». Je ne suis pas sûr que cela soit vrai. Il y aurait peut-être moins de pollution et de cancers provoqués par la pollution, moins de surpopulation et moins de nuisances dues à la société de masse, mais ce serait aussi un monde dans lequel il y aurait une mortalité infantile élevée, une espérance de vie de 35 à 40 ans, aucune possibilité d'échapper à la chaleur de l'été, ni de se protéger contre les rigueurs du froid hivernal. Il est trop facile d'oublier les immenses progrès autorisés par la science (y compris l'agronomie et la médecine) lorsqu'on critique ses retombées néfastes. Il est possible de remédier à la plus grande partie de ce que l'on appelle les « dégâts de la science et de la technologie » ; les scientifiques savent ce qu'il faudrait faire, mais des lois sont nécessaires pour traduire ce savoir dans la pratique, et, jusqu'ici, les hommes politiques et la plupart des citoyens qui votent ne se s'y sont pas résolus.

Personnellement, je suis assez d'accord avec cette déclaration de Karl Popper : « À côté de la musique et de l'art, la science est la plus grande, la plus belle et la plus enrichissante des réalisations de l'esprit humain. Je déteste cette bruyante mode intellectuelle d'aujourd'hui qui essaie de la dénigrer, et j'admire par-dessus tout les merveilleux résultats auxquels sont arrivés les biologistes et les biochimistes à notre époque, et qui ont été mis, par le biais de la médecine, à la disposition de tous ceux qui souffrent partout sur notre belle Terre. »

La science et le scientifique

Ce qu'on attribue à la science (ce qu'elle peut faire ou ne pas faire) relève en fait des scientifiques eux-mêmes. Idéalement, le scientifique devrait être consciencieux, extrêmement motivé, scrupuleusement honnête, généreux et coopératif. Pourtant, les scientifiques ne sont que des êtres humains comme les autres et ne se conforment pas toujours à ce modèle. Les raisonnements scientifiques ne devraient pas être affectés par des considérations politiques, religieuses ou financières, mais ils le sont souvent en réalité.

Les scientifiques possèdent leurs propres valeurs et traditions, qu'ils ont héritées d'un mentor, d'un collègue plus âgé ou d'un modèle. Il leur est demandé d'éviter la malhonnêteté ou la fraude, mais aussi d'admettre que leurs concurrents ont pu, le cas échéant, les devancer dans une découverte. Un bon scientifique défend généralement avec ténacité ses droits de priorité, mais, en même temps, il souhaite le plus souvent plaire aux chefs de file de sa discipline, peut même se plier à leur autorité, abandonnant ainsi toute attitude critique.

Toute fraude ou « invention » de données est exposée à être tôt ou tard mise au jour, sonnant alors le glas d'une carrière. Du reste, pour cette seule raison, la fraude n'est pas possible en science. L'incohérence dans les points de vue est une faute plus fréquente ; il se pourrait même qu'aucun scientifique n'y échappe tout à fait. Charles Lyell, dont l'ouvrage *Principles of Geology* a influencé la pensée de Darwin, prônait une théorie dite « uniformitariste » en géologie ; or, dès son époque, certains auteurs n'ont pas manqué de souligner que sa conception de l'apparition de nouvelles espèces ne répondait pas à l'uniformitarisme. Darwin lui-même a pu se montrer parfois incohérent ; il pensait en termes de populations lorsqu'il expliquait des phénomènes d'adaptation par le biais de la sélection naturelle ; mais il a recouru à un langage typologique dans certaines de ses analyses de la spéciation. Lamarck proclamait qu'il était un strict mécaniste, s'efforçant de tout expliquer en termes de causes et de forces mécaniques, cependant que sa conception d'un perfectionnement inéluctable au cours de l'évolution frappe le lecteur actuel, dans la mesure où elle paraît traduire l'adhésion inconsciente à un principe de perfectionnement (non mécaniste). A.R. Wallace a sans doute été l'un des partisans de Darwin qui ont le plus plaidé en faveur de la notion de sélection naturelle ; et pourtant, lorsqu'il s'est agi de considérer son application à l'homme, il a renoncé.

Certaines erreurs, commises dans les découvertes et les hypothèses scientifiques, l'ont été souvent par le désir de trouver ce que l'on espérait. Après qu'un premier chercheur eut observé 48 chromosomes dans l'espèce humaine, de nombreux autres chercheurs ont confirmé cette découverte parce que c'était le nombre qu'ils escomptaient trouver. Avant que le nombre exact de chromosomes (46) soit définitivement établi, il a fallu attendre l'introduction de trois nouvelles techniques.

Reconnaissant que l'erreur et l'incohérence sont des phénomènes très répandus en science, Karl Popper a proposé en 1981 de définir une éthique professionnelle du scientifique par le biais d'une série de règles. Le premier principe pose qu'il n'y a pas d'autorité ; les déductions scientifiques dépassent de loin les compétences d'une seule personne, même s'il s'agit d'un spécialiste. Deuxièmement, tous les scientifiques, à toutes les époques, commettent des erreurs; il semble que celles-ci soient inévitables. Il faudrait les déceler, en faire l'analyse dès lors qu'on les aurait repérées, et en tirer des enseignements; c'est une faute très grave que de dissimuler les erreurs. Troisièmement, quand bien même l'auto-critique est essentielle, elle doit être complétée par la critique des autres, qui peut aider à découvrir et à corriger ses propres erreurs.

La plus grande récompense d'un scientifique est le prestige qu'il connaît auprès de ses pairs. Cette « aura » est fonction du nombre des découvertes importantes qu'il a faites dans sa discipline et de ses contributions à l'élaboration conceptuelle au sein de cette dernière. Pourquoi le statut de « découvreur » et la reconnaissance par les pairs présentent-ils une telle importance pour la plupart des scientifiques? Pourquoi certains scientifiques essaient de dénigrer leurs pairs (ou leurs concurrents)? Comment un scientifique est-il récompensé au regard de ce qu'il a accompli? Comment les scientifiques se rapportent-ils les uns aux autres, ainsi qu'au reste de la société? Ce sont des questions de ce type que se sont posées les chercheurs en sociologie des sciences, notamment Robert Merton, qui a pratiquement fondé la discipline. Ainsi qu'il l'a montré, la science d'aujourd'hui se développe presque entièrement dans le cadre de groupes de recherches, et les alliances qui se nouent souvent entre chercheurs se placent sous la bannière de certains dogmes[8]. Mais, au-delà d'un certain degré de désaccord, ce qui impressionne le plus les observateurs extérieurs est le remarquable consensus qui prévaut chez les scientifiques dans la dernière moitié du XXe siècle.

Ce consensus trouve notamment son illustration dans le caractère international de la science. L'anglais devient aujourd'hui son « sabir », et dans des pays comme la Scandinavie, l'Allemagne et la France, d'importants périodiques scientifiques ont adopté des noms anglais et publient essentiellement des articles rédigés en anglais. Un scientifique qui voyage dans d'autres pays, comme un Américain en visite en Russie ou au Japon, se sent parfaitement chez lui lorsqu'il est en compagnie de ses collègues. De nos jours, beaucoup d'articles publiés dans les périodiques sont le fait de coauteurs provenant de différents pays. Il y a cent ans les articles et les livres scientifiques trahissaient souvent une connotation nationale très marquée, c'est de plus en plus rare aujourd'hui.

Tous les scientifiques qui visent des objectifs importants sont ambitieux et travaillent dur. Aucun scientifique ne connaît le régime du 9 à 5, beaucoup d'entre eux travaillent de quinze à dix-sept heures par jour, au moins pendant une certaine période de leur carrière. La plupart d'entre eux s'intéressent à beaucoup de choses, comme il apparaît clairement à la lecture de leur biographie. Bon nombre d'entre eux, par exemple, sont des musiciens amateurs. Par ailleurs, la variété des personnalités est aussi grande chez les scientifiques que dans n'importe quel autre groupe humain. Certains sont extravertis, d'autres introvertis, empreints de timidité. Certains sont extrêmement prolifiques, tandis que d'autres ne produisent qu'un petit nombre de grands articles ou livres. Je ne crois pas qu'il existe de type défini en matière de tempérament ou de personnalité qui caractériserait le scientifique.

Autrefois il était de tradition de devenir biologiste soit à la suite d'études médicales, soit parce qu'on avait été naturaliste durant sa jeunesse. Aujourd'hui, c'est souvent par le biais des médias que les jeunes se découvrent une passion pour les sciences de la vie, soit qu'ils ont été sensibilisés par des films sur le monde animal ou la nature, diffusés à la télévision, soit qu'ils ont été impressionnés par une visite à un muséum (et notamment par celle de la salle des dinosaures), soit qu'ils ont été stimulés par un enseignant passionné. Des milliers de jeunes s'intéressent aussi à l'observation des oiseaux, dont certains deviendront des biologistes professionnels (comme cela a été mon cas). Le plus important est d'avoir été fasciné par les merveilles du monde vivant. Et cette attitude perdure chez la plupart des biologistes toute leur vie. Ils n'abandonnent jamais leur passion de la découverte scientifique, tant pratique que théorique, ni leur goût de rechercher de nouvelles idées, de nouvelles façons de comprendre, de nouveaux organismes. C'est pourquoi, très souvent, le biologiste, avec ses propres valeurs, se sent personnellement impliqué dans sa recherche, qui ne représente pas pour lui un travail, mais bien plutôt un mode de vie[9].

CHAPITRE 3

Comment la science explique-t-elle le monde matériel ?

Les premières tentatives d'explication du monde invoquaient le surnaturel. De l'animisme le plus primitif aux grandes religions monothéistes, tout ce qui était déconcertant et apparemment inexplicable était attribué aux interventions des esprits et des dieux. Les anciens Grecs inaugurèrent une approche différente, en tentant d'expliquer les phénomènes par le biais de forces naturelles. La philosophie, qui se développa au VIe siècle av. J.-C., s'attacha de plus en plus à expliquer le monde et à définir l'idéal de la « connaissance ». Les Grecs fondaient leurs explications sur l'observation et la réflexion, tandis que la métaphysique continuait à jouer un rôle considérable. C'est à partir de ces premières recherches que s'est progressivement développée la philosophie des sciences que nous connaissons de nos jours.

Un troisième type de démarche explicative a été représenté par la science, qui a pris son essor avec la révolution scientifique. En fait, les explications surnaturelles, la philosophie et la science n'ont pas constitué trois stades successifs, mais plutôt des approches complémentaires du problème de la connaissance. L'histoire de la pensée humaine montre que ces différentes démarches sont nées les unes des autres et se sont succédé sans rupture brutale. Par exemple, de nombreux grands philosophes, Kant y compris, invoquaient Dieu dans leurs interprétations du monde. Avant Darwin, la plupart des biologistes admettaient également Dieu comme facteur d'explication. Après l'essor de la science, la philosophie a continué d'exister et de prospérer ; mais elle a changé d'objectif. En fait, au fur et à mesure que la science s'est émancipée de la philosophie, les philosophes se sont penchés sur le travail des scientifiques, afin de l'analyser.

L'objectif fondamental de la science est de faire progresser notre compréhension du monde; scientifiques et philosophes des sciences en sont d'accord. Le scientifique soulève des questions sur ce qui n'est pas connu ou pas compris, et tente d'y répondre. Sa première forme de réponse s'appelle une conjecture ou une hypothèse et fournit une explication provisoire. Mais qu'est-ce exactement qu'une explication? Lorsqu'on rencontre un phénomène déconcertant, dans notre monde quotidien, on l'« explique » le plus souvent en fonction de ce que l'on connaît ou de ce qui est rationnel. Par exemple, une éclipse de la Lune est très certainement due à l'ombre de la Terre projetée sur notre satellite; ou bien la faune et la flore des îles Galapagos ont sans doute été apportées par des courants marins, car ces îles volcaniques n'ont jamais été reliées au continent sud-américain. Pourtant il ne suffit pas de disposer d'une explication rationnelle. Il faut aussi s'assurer que la réponse est vraie, ou du moins aussi proche de la vérité que les connaissances existantes l'autorisent. Cet objectif du scientifique est précisément aussi celui du philosophe des sciences.

De l'époque des Grecs jusqu'aux temps modernes, une longue controverse, chez les philosophes, a porté sur la façon dont une explication relative au monde naturel devait être construite et mise à l'épreuve. Des dizaines de penseurs se sont efforcés de formuler les principes grâce auxquels on pouvait faire progresser notre compréhension du monde (ou, comme on l'a souvent dit, comment on pouvait trouver la vérité). Au nombre de ceux généralement cités figurent Descartes, Leibniz, Locke, Hume, Kant, Herschel, Whewell, Mill, Jevons, Mach, Russell et Popper. Curieusement, on inclut rarement Darwin dans cette liste, bien qu'il ait été manifestement l'un des plus grands philosophes de tous les temps[1]. En fait la philosophie moderne de la biologie a été fondée, dans une large mesure, par Darwin.

Ces philosophes des sciences ont-ils simplement essayé de décrire rigoureusement les méthodes employées par les scientifiques, telles qu'ils les observaient? Ou bien nourrissaient-ils l'ambition de dicter aux scientifiques comment élaborer leurs explications et leurs procédures de mise à l'épreuve, afin que leurs résultats soient réellement de la « bonne » science[2]? Si cette dernière option était l'objectif des philosophes, j'ai bien peur qu'elle n'ait pas eu grand effet jusqu'ici. Je ne connais pas un seul biologiste dont le travail de réflexion théorique ait été quelque peu modifié par les règles proposées par les philosophes des sciences. Généralement les scientifiques mènent leurs travaux de recherches sans accorder beaucoup d'attention aux petits détails de méthodologie. La seule proposition épistémologique qui fait exception est la thèse de Karl Popper sur la réfutabilité (voir ci-dessous) : celle-ci a été largement acceptée par les biologistes sur le plan théorique, mais a rarement été mise en pratique.

Pourquoi les philosophes des sciences se préoccupent-ils tellement, encore de nos jours, de la façon dont les scientifiques élaborent leurs explications et leurs procédures de mise à l'épreuve des hypothèses? En définitive, la science connaît une série presque ininterrompue de succès depuis la révolution scientifique. Bien entendu, il arrive de temps en temps qu'une théorie erronée soit adoptée, mais elle est rapidement réfutée, sous la pression de la compétition avec des théories concurrentes. Les cas de réfutation de grandes théories scientifiques sont extrêmement rares. Globalement, les assertions majeures de la science sont aujourd'hui indubitables. Giere (1988) suggère que les doutes constants des philosophes à propos de la science ont pour origine le scepticisme cartésien apparu à l'époque de la révolution scientifique.

Les médias annoncent chaque jour à grand bruit de nouvelles et grandes découvertes, ainsi que certaines remises en question de théories existantes. Ils tendent ainsi, à tort, à faire croire aux non-scientifiques que la science ne peut aboutir à aucune certitude (à aucune « vérité ») sur rien, tandis qu'au contraire, les théories scientifiques fondamentales, dont beaucoup comptent cinquante ou même cent cinquante ans, sont sans cesse reconfirmées. Même dans une discipline aussi controversée que la biologie évolutionniste, la base théorique fondamentale établie par Darwin en 1859 s'est révélée remarquablement solide. Toutes les tentatives effectuées au cours des cent trente dernières années pour réfuter le darwinisme (et il y en a eu des centaines) ont échoué, et il en est de même dans la plupart des autres domaines de la biologie.

Néanmoins, il est vrai que nos organes des sens sont faillibles, de même que notre raisonnement. Il est par conséquent légitime que les philosophes examinent de près les méthodes employées par les scientifiques pour développer les connaissances, et les conseillent sur la façon la plus sûre de formuler et de tester leurs théories. La branche de la philosophie qui traite des connaissances et de la manière dont elles sont acquises est appelée épistémologie, aujourd'hui au centre des préoccupations de la philosophie des sciences[3].

Une brève histoire de la philosophie des sciences

Il n'est guère surprenant que l'on ait commencé à s'intéresser à l'épistémologie au moment de la révolution scientifique, qui en a même favorisé la naissance. Dans la mesure où l'astronomie et la mécanique étaient les sciences les plus actives à cette époque, on accordait beaucoup d'importance à l'observation et aux mathématiques, dont Sir Francis Bacon (en ce qui concerne la méthode inductive) et Descartes (en ce qui concerne la géométrie) sont devenus les théoriciens les plus éminents.

À la suite de Bacon, l'induction devint la méthode scientifique de référence pendant deux siècles. Selon cette philosophie, le scientifique élabore ses théories par le simple fait de recueillir des données, de mesurer des paramètres et de décrire des observations, sans recourir à des hypothèses préalables ou des idées préconçues. Tandis que la méthode inductive était à la mode en Angleterre au début du XIXe siècle, Darwin affirmait qu'il était un fervent disciple de Bacon, alors même que dans la pratique, il mettait en œuvre une démarche assez proche de la méthode hypothético-déductive (voir ci-dessous[4]). Plus tard, il raillerait l'induction, disant qu'il ne croyait pas du tout en cette méthode et qu'elle revenait, entre autres, « à descendre dans une gravière, à en compter les cailloux et en décrire les couleurs ».

Liebig (1863) fut l'un des premiers scientifiques éminents à rejeter l'inductionnisme baconien, soutenant de façon convaincante qu'aucun scientifique n'avait jamais suivi, ni ne pourrait jamais suivre les méthodes décrites par Bacon dans son ouvrage *Novum Organum*. L'induction, par elle-même, ne peut pas engendrer de théorie nouvelle. La critique mordante de Liebig a contribué à mettre fin au règne de l'inductionnisme[5] et à partir de cette époque, il fut considéré comme péjoratif de qualifier tel ou tel scientifique d'inductionniste (cela équivalait à le traiter de « collectionneur de timbres »). Cependant, un grand nombre des critiques de cette démarche empirique n'ont pas compris que le recueil des données reste indispensable à toute recherche et que la critique de Liebig ne visait pas ce travail en lui-même, mais la façon dont on l'exploitait pour formuler des théories. Dans le cas de certaines sciences (notamment la biologie) qui dépendent de l'élaboration de narrations historiques, la méthode scientifique de base est aujourd'hui fondamentalement inductive.

Plus tard, au cours du XIXe siècle, en particulier sous l'influence de l'œuvre de Frege (1884) et d'autres logiciens et mathématiciens, la logique a exercé une influence prépondérante en philosophie des sciences. Cela a représenté un apport positif pour certaines sciences, telles que la physique, dans lesquelles des lois universelles, mathématiquement formulées, jouent un grand rôle. Cela a moins compté pour la biologie, où les phénomènes dépendent d'une multiplicité de causes, mettant en jeu des probabilités, et sont de nature purement qualitative ou historique. Autrement dit, la philosophie des sciences qui s'est développée à partir de cette époque s'est révélée appropriée aux sciences physiques, mais guère à la biologie.

Confirmation et réfutation

Au cours du XXe siècle, la philosophie qui a longtemps dominé la science anglo-américaine a été l'empirisme logique, issu des travaux des théoriciens du positivisme logique regroupés au sein du Cercle de Vienne (Reichenbach, Schlick, Carnap, Feigl) dans les années 1920 et 1930. L'empirisme logique émane de trois sources : 1) les travaux d'un certain nombre de mathématiciens et de logiciens du XXe siècle ; 2) l'empirisme classique de David Hume, transmis à Russell et Mach par l'intermédiaire de Mill ; et 3) les sciences physiques, en particulier sous leur forme classique, avant que n'apparaissent la théorie de la relativité et la mécanique quantique.

Le mode de confirmation scientifique prôné par les théoriciens du positivisme logique était celui de la méthode bien connue dite « hypothético-déductive ». Ils considéraient que la vérification au moyen de mises à l'épreuve répétées était la meilleure façon de s'assurer de la valeur d'une hypothèse. Si les tests confirmaient cette dernière, ils considéraient qu'elle avait été vérifiée. La procédure de vérification permet de consolider les propositions théoriques et quelquefois conduit à les modifier dans un sens constructif. Il ne faut pas croire, cependant, que la vérification « prouve » indiscutablement qu'une proposition théorique donnée est vraie. Cette méthode a parfois conduit à soutenir des propositions théoriques qui, en définitive, se sont révélées fausses[6].

Popper s'est montré d'accord avec les positivistes logiques pour reconnaître qu'une proposition théorique « peut être considérée comme d'autant plus satisfaisante qu'elle a triomphé des tests indépendants les plus rigoureux », mais il a souligné que la réfutation était la seule façon d'éliminer, en dernière analyse, une hypothèse inexacte. Dès qu'une proposition théorique échoue lors d'un test particulier, on peut dire qu'elle a été réfutée. Cependant, la réfutation n'est pas quelque chose de simple, ce n'est pas comme prouver que 2 + 2 ne font pas 5. Cette procédure est notamment mal adaptée à la mise à l'épreuve de propositions théoriques reposant sur des probabilités, ce qui est très souvent le cas en biologie. Lorsqu'on trouve des exceptions à l'une des propositions théoriques de ce type, cela n'en constitue pas nécessairement une réfutation. Dans des disciplines telles que la biologie évolutionniste, pour lesquelles il faut élaborer des narrations historiques afin d'expliquer certaines observations, il est souvent très difficile, sinon impossible, de réfuter de façon décisive une proposition théorique inexacte. Affirmer qu'une hypothèse réfutée une seule fois doit être abandonnée vaut sans doute pour les sciences physiques dont les propositions théoriques sont fondées sur des lois universelles, mais cela n'a souvent pas de sens pour les propositions théoriques en vigueur dans le cadre de la biologie évolutionniste[7].

De nouveaux modèles d'explication scientifique

La philosophie moderne de la science a été inaugurée en 1948 par un article rédigé par Carl Hempel et Paul Oppenheim, puis approfondie par

Hempel en 1965. Dans ces textes, cet auteur a proposé un nouveau modèle d'explication scientifique qu'il a appelé le modèle « déductif-nomologique », qui a connu son heure de gloire durant les années 1950 et 1960 : on lui a également donné le nom de « conception classique ».

L'idée sous-jacente à ce type d'explication est la suivante : une explication scientifique est une thèse dans laquelle un énoncé décrivant le phénomène à expliquer est présenté sous la forme d'une déduction tirée d'une ou de plusieurs lois universelles, en même temps que sont énoncés des faits particuliers (règles de correspondance). Selon cette conception, une théorie scientifique est un « système déductif axiomatique », dont les prémisses sont fondées sur une loi.

Le modèle déductif-nomologique originel était très typologique et déterministe, aussi fut-il rapidement modifié pour tenir compte des lois probabilistes ou statistiques. D'année en année, de nouveaux articles ont été publiés qui suggéraient de nouvelles façons de corriger les défauts réels ou apparents de la « conception classique ». Certaines d'entre elles ont été présentées comme s'il s'agissait de théories authentiquement nouvelles, alors qu'elles découlaient, en dernière analyse, du modèle de Hempel.

L'une de ces propositions de modification a connu une certaine renommée sous le nom de « conception sémantique de la structure des théories[8] ». Pour Beatty (1981, 1987), l'un des promoteurs de ce nouveau modèle explicatif, une théorie consiste à définir un système, et les applications d'une théorie correspondent à des concrétisations particulières de cette théorie. De telles applications peuvent être restreintes ou non dans l'espace et dans le temps. Les théories ne sont ni générales, ni permanentes et donc compatibles avec des solutions multiples, et avec le changement évolutif. Ce dernier point est important dans la mesure où il existe peu de généralisations en biologie qui ne soient pas limitées spatio-temporellement. L'aptitude de la « conception sémantique » à rendre compte rigoureusement des démarches théoriques en biologie évolutionniste a poussé Beatty, Thompson et Lloyd à l'adopter[9].

Bien que cette théorie échappe à plusieurs des reproches adressés à la « conception classique », elle présente deux difficultés pour les biologistes. La première de ces difficultés est la question de la définition, extrêmement variable. Et deuxièmement, comment la « conception sémantique » peut-elle être appliquée par le biologiste dans le cadre de son travail ? En réalité, les philosophes proposent une description des théories développées par les scientifiques, mais cette description n'est pas suffisamment normative pour que le biologiste sache comment développer de *nouvelles* théories ; du moins, c'est ce qu'il me semble. Dans quelles circonstances une théorie ne se conforme-t-elle pas aux spécifications de la « conception sémantique » ? C'est peut-être parce que cette question est restée sans réponse que cette démarche n'a pas vraiment été adoptée en biologie, en dépit de ses mérites par rapport à la « conception classique » (laquelle est considérée comme plus ou moins définitivement dépassée). On s'est en tout cas aperçu que, pour juger de la valeur d'une théorie, les règles logiques ne suffisent pas, et que la rationalité doit être interprétée en des termes plus larges que ne l'autorisent les logiques inductive ou déductive.

Chacun des différents modes d'explication proposés au cours de ce siècle a été mis à l'honneur pendant environ une dizaine d'années, puis a été remplacé par une version améliorée ou une thèse totalement nouvelle[10]. Les années 1980 ont été particulièrement productives dans le domaine de la philosophie des sciences, cela n'a pas pour autant conduit les philosophes à un consensus sur la meilleure façon d'élaborer et de tester une explication scientifique. Dans sa récente étude sur ce sujet, Salmon (1988) écrit : « Il me semble qu'existent actuellement trois grandes écoles de pensée : les pragmatistes, les déductivistes et les mécanistes. Et il ne semble pas qu'elles puissent arriver à s'entendre quelque peu dans un proche avenir. »

Découverte et justification

La plupart des scientifiques et des philosophes semblent s'accorder pour reconnaître que la science est un processus en deux étapes. La première porte sur la *découverte* de faits nouveaux, d'irrégularités, d'exceptions, d'apparentes contradictions dans le monde matériel, et sur l'élaboration de conjectures, d'hypothèses ou de propositions théoriques pour en rendre compte. La deuxième étape concerne la *justification* de ces hypothèses ou explications théoriques, autrement dit les méthodes par lesquelles ces dernières sont mises à l'épreuve et reconnues valables ou non.

Pour la plupart des philosophes, l'élaboration d'une nouvelle théorie commence par le désir de résoudre une énigme, en formulant une conjecture ou une hypothèse; cette dernière est ensuite soumise à une rigoureuse mise à l'épreuve. En réalité, le scientifique entame ce processus bien plus tôt encore au cours de son travail. Pendant la phase consacrée aux découvertes, il se livre à de nombreuses observations simples et descriptions des faits. Lorsqu'il rencontre, parmi ces derniers, une irrégularité inexpliquée ou une anomalie, cela l'incite à se poser une question, qui le conduit à formuler une hypothèse ou une conjecture.

Il arrive à tout scientifique de « soupçonner » à l'avance l'explication ou la signification de telle ou telle observation. Mais c'est seulement la confirmation de ces « soupçons » qui fait accéder la découverte scientifique au stade de la « vérité ». Le processus de justification (la façon dont on met à l'épreuve des conjectures, des hypothèses ou des propositions théoriques) est devenu l'une des préoccupations majeures des philosophes des sciences, en grande partie parce qu'il peut se prêter à l'analyse logique. Il est rare qu'une découverte découle « logiquement » d'une situation précédente, et c'est pourquoi la plupart des philosophes ont traditionnellement considéré que le processus de découverte ne relevait pas de leur compétence. En fait, ils ont généralement attribué les découvertes au hasard, à des facteurs psychologiques, à « l'esprit du temps » (*Zeitgeist*), ou, ce qui est pire, aux conditions socio-économiques dominantes.

Popper (1968), par exemple, a affirmé : « Savoir comment une nouvelle idée se présente à l'esprit de tel ou tel homme [...] n'est pas une question qui relève de l'analyse logique de la recherche scientifique. Car l'analyse en question n'a pas pour vocation de porter sur les faits, mais concerne la justification ou la validation des propositions théoriques. » Cependant, aux yeux d'un scientifique, la méthode utilisée pour réfuter une hypothèse est généralement d'un intérêt secondaire, tandis que la découverte d'un fait nouveau ou la formulation d'une nouvelle théorie revêt fréquemment une importance fondamentale [11].

Facteurs internes et externes dans l'élaboration d'une théorie

Aucun scientifique ne vit isolé. Il participe d'un environnement intellectuel, spirituel, économique et social aussi bien que scientifique. Comment ces paramètres influencent-ils la nature des théories ? Les historiens des idées tendent à considérer que l'apparition de théories et de concepts nouveaux est fondamentalement liée à des facteurs internes (autrement dit, à des changements conceptuels intervenant au sein de la science). Les historiens sociaux, en revanche, mettent l'accent sur des facteurs externes (autrement dit, sur des phénomènes relevant du milieu socio-économique). Globalement, ce dernier type d'interprétation n'a jamais remporté de grand succès [12]. On peut constater que les facteurs externes ont peu d'importance en observant que Charles Darwin et Alfred Russel Wallace, qui avaient vécu à l'origine dans des conditions socio-économiques totalement différentes, sont parvenus indépendamment à la même théorie de l'évolution. En fait, je ne connais pas un seul exemple qui verrait des facteurs socio-économiques jouer un rôle sur l'élaboration d'une théorie biologique spécifique [13]. L'inverse est en revanche quelquefois vrai : des théories scientifiques ou pseudo-scientifiques ont fréquemment été utilisées par des hommes politiques pour promouvoir leurs objectifs particuliers [14].

Parmi les facteurs externes, il faut distinguer entre les facteurs socio-économiques et « l'esprit du temps » (*Zeitgeist*), qui représente le contexte intellectuel d'une époque donnée. Si ce contexte ne semble jouer qu'un rôle mineur dans la formulation de théories nouvelles, il intervient en revanche de façon très importante dans la résistance aux changements de conception en conflit avec les croyances établies. C'est la raison pour laquelle la théorie de la sélection naturelle de Darwin a rencontré une opposition massive; dans la vision du monde défendue par Cuvier ou par Agassiz, il était impossible de prendre en compte une théorie de l'évolution [15].

La mise à l'épreuve

Comment un scientifique détermine si une nouvelle hypothèse est bonne? En la soumettant à certains tests. Le philosophe qui souhaite s'assurer de la valeur d'une théorie scientifique fait de même, mais la procédure de mise à l'épreuve adoptée par les scientifiques est parfois très différente de celle choisie par les philosophes, qui tendent à appliquer des règles beaucoup plus rigides que les premiers [16]. La nature de ces règles peut varier, cependant, en fonction de l'école à laquelle le philosophe appartient.

Par exemple, les philosophes des sciences, depuis l'époque du positivisme logique, insistent beaucoup sur l'aptitude des théories à conduire à des prédictions. Plus une théorie est bonne, plus elle permet de faire des prédictions justes. Cependant, il s'agit de prédictions sur le plan de la logique : étant donné telle ou telle constellation de facteurs, on peut s'attendre à voir se réaliser tel ou tel phénomène. Cet emploi de la prédiction dans le domaine de la logique diffère de son usage dans la vie quotidienne, où il signifie «prédire l'avenir». La prévision du futur s'appelle en termes techniques une *prédiction chronologique*. De nombreux auteurs (cela a été mon cas par le passé) ont confondu les deux sortes de prédictions. La science (et c'est également souvent le cas de la physique) n'est que rarement capable de faire des prédictions chronologiques. Par exemple, le cours que peut prendre l'évolution dans l'avenir est imprévisible au plus haut point. Les dinosaures constituaient le groupe de vertébrés terrestres le plus prospère au début du Crétacé; on ne pouvait absolument pas prévoir qu'ils seraient éteints à la fin de cette période, à la suite de la collision d'un astéroïde avec notre planète.

Le biologiste, tout comme le physicien, fait usage du test de prédiction et recherche des exceptions, mais lorsqu'une prédiction ne se vérifie pas, il est moins troublé, parce qu'il sait que les lois en biologie ont rarement l'universalité des lois physiques. L'utilité de la prédiction dans la mise à l'épreuve des théories biologiques est extrêmement variable. Certaines de ces théories, particulièrement dans le domaine de la biologie fonctionnaliste, se prêtent particulièrement bien à la prédiction, tandis que d'autres dépendent d'un ensemble de facteurs tellement complexe qu'elles ne peuvent, en général, conduire à aucune prédiction. Dans le meilleur des cas, la prédiction est, en biologie, de nature probabiliste : en effet, la plupart des phénomènes biologiques sont dotés d'une grande variabilité; de plus, beaucoup de circonstances ont un caractère contingent en biologie, et le cours des événements y est conditionné par une grande quantité de facteurs interagissants. Pour un biologiste, il n'est pas très important que sa théorie se prête au test de prédiction; ce qui compte davantage est qu'elle permette de résoudre des problèmes[17].

Dans les sciences traitant des fonctions, la valeur des théories est testée grâce à des expériences. Mais dans les sciences, où ces expériences ne sont pas possibles et où la prédiction n'a qu'une valeur limitée (et c'est généralement le cas pour les sciences de type historique), il est nécessaire de procéder à des observations additionnelles. Par exemple, la théorie de la descendance d'ancêtres communs affirme que les animaux et les plantes des périodes géologiques les plus récentes sont les descendants de ceux qui existaient lors des périodes géologiques plus anciennes. Ainsi, la girafe et l'éléphant sont les descendants de groupes taxinomiques qui vivaient au début de l'ère tertiaire. On ne pourrait plus tenir pour vraie la théorie de la descendance si l'on trouvait des girafes et des éléphants fossiles au début du Crétacé. De même, les dinosaures sont apparus au Mésozoïque, et la théorie de la descendance serait contredite si l'on trouvait des dinosaures fossiles au Paléozoïque.

Une autre façon de mettre à l'épreuve une théorie est de rechercher des ensembles de données totalement différents. Par exemple, supposons que j'aie établi l'arbre phylogénétique d'un groupe donné d'organismes, sur la base de faits morphologiques. Je peux alors établir une phylogenèse complètement indépendante, en me fondant sur des données moléculaires (biochimiques) d'un type ou d'un autre, et je peux essayer de voir jusqu'à quel point les deux arbres ainsi obtenus concordent. Si l'on constate une discordance à un niveau ou à un autre, il est alors nécessaire de faire appel à d'autres données indépendantes, à titre de vérification supplémentaire. En biogéographie, les hypothèses relatives aux connexions passées entre masses continentales ou insulaires ou aux capacités de dispersion de différents groupes taxinomiques peuvent être testées de plusieurs façons différentes et c'est de cette manière qu'on réfute ou confirme les propositions théoriques dans cette discipline. Afin de prouver que les dinosaures se sont vraiment éteints en totalité à la fin du Crétacé, il faut examiner des strates supplémentaires datant du début du Tertiaire dans des régions du monde très reculées. Selon les problèmes, la nature des observations et des tests requis est différente, bien que les spécialistes soient en général largement d'accord sur les tests ou les observations qui doivent être considérés comme acceptables dans une discipline donnée.

Le biologiste

Les nombreuses variantes de la philosophie des sciences proposées au cours de notre siècle se sont largement fondées sur des lois et sur la logique. Aucune d'entre elles ne s'est montrée très utile pour l'élaboration de théories dans le domaine de la biologie évolutionniste. Cette constatation a conduit, en 1974, Karl Popper à déclarer, non pas que la méthode scientifique employée dans cette discipline est erronée, mais que « le darwinisme n'est pas une théorie scientifique pouvant être mise à l'épreuve ; il s'agit d'une recherche à visée métaphysique ». D'autres philosophes, ayant également reçu une formation en physique ou en mathématiques, ont porté des jugements analogues. Popper s'est rétracté quelques années plus tard, et l'empirisme logique, qui avait dominé pendant plus de quarante ans, a été abandonné, en raison des critiques de Kuhn, Lakatos, Beatty, Laudan, Feyerabend, et d'autres philosophes. En définitive, tout ce que l'empirisme logique a réussi à faire, dans les sciences de la vie, c'est alimenter chez les biologistes la méfiance à l'égard de la philosophie des sciences.

Néanmoins, le biologiste moyen, me semble-t-il, ne se préoccupe guère de l'état de l'art dans le domaine de la philosophie des sciences à tel ou tel moment. Lorsque, dans les années 1950 et 1960, Popper était en vogue, tous les biologistes que je connaissais se présentaient comme des poppériens, tout en faisant en réalité ce que bon leur semblait. Les étiquettes sont quelquefois « politiquement » commodes, mais ne signifient pas souvent grand-chose. (Cela me rappelle l'histoire du père qui avait deux vrais jumeaux qu'il n'arrivait jamais à distinguer. Aussi envoya-t-il l'un à l'université Harvard, l'autre à l'université Yale. Au bout de quatre ans, le fils qui avait été envoyé à Harvard était devenu un « intellectuel raffiné de Boston », comme on dit, tandis que l'autre était devenu un « battant de Yale », selon la formule consacrée ; et le père n'arrivait toujours pas à les distinguer.)

Le biologiste, dans le cadre de son travail, ne se demande pas s'il doit suivre les prescriptions de telle ou telle école de philosophie. Lorsqu'on étudie l'histoire de diverses théories scientifiques, on se sent volontiers en accord avec Feyerabend (1975) qui a décrit la stratégie épistémologique du chercheur par la formule : « Faire flèche de tout bois. » En fait, cette attitude semble bien être celle qui guide le biologiste dans la plus grande partie de son travail théorique. Il met en pratique dans sa recherche ce que François Jacob (1977) a appelé le « bricolage » (dans le domaine du mode d'action de la sélection naturelle). Autrement dit, le biologiste recourt à la méthode susceptible de le conduire le plus commodément possible à la solution de son problème.

Cinq stades d'explication

En biologie, où le hasard, la multiplicité des causes et des effets, l'histoire et les phénomènes uniques en leur genre jouent un rôle très important (voir chapitre 4), une démarche de ce type, très souple, rend sans doute mieux compte de l'élaboration des propositions théoriques et de leur mise à l'épreuve que des démarches faisant appel à des principes rigides. On peut décrire une telle démarche au moyen de cinq énoncés. 1) Le scientifique fait des *observations* sur les phénomènes naturels tels qu'ils se présentent à l'état brut, ou bien tels qu'ils apparaissent durant des expériences spécifiquement programmées. Certaines de ces observations peuvent se révéler inexpliquées au regard des théories en vigueur, ou bien se trouver en conflit avec les points de vue généralement soutenus. 2) Ces observations conduisent le scientifique à formuler des *questions* de type « Comment ? » et « Pourquoi ? ». 3) Pour répondre à ces questions, le chercheur élabore une *conjecture* à titre d'essai, autrement dit, une hypothèse de travail. 4) Afin de déterminer si cette conjecture est correcte, il la *met à l'épreuve* de façon rigoureuse au moyen de différents tests, et leur résultat renforcera l'idée que l'hypothèse est correcte, ou bien au contraire l'affaiblira ; en fait, ces tests consistent à réaliser des observations supplémentaires, de préférence en utilisant différentes stratégies ainsi que des expériences soigneusement mises au point. 5) *L'explication* qui sera finalement retenue correspondra à l'hypothèse qui a été le plus souvent confirmée au cours de la procédure de tests.

Le réalisme du « bon sens »

Les philosophes ont spéculé sans fin sur la question de savoir s'il existe un monde réel en dehors de nous, comme le laissent penser les stimuli reçus par nos organes des sens, et si ce monde est exactement comme nous le disent ces derniers et la science. Un point de vue extrême est celui exprimé par l'évêque Berkeley, selon lequel le monde extérieur est simplement la projection vers l'extérieur de nous-mêmes[18]. Par contraste, les biologistes que je connais professent un réalisme du « bon sens ». Ils acceptent comme un fait incontestable qu'un « monde réel » existe hors de nous. On peut aujourd'hui mettre à l'épreuve, au moyen d'instruments, les impressions fournies par nos sens de tant de façons différentes, et les prédictions fondées sur ces observations sont confirmées de façon tellement constante qu'il ne semble guère y avoir d'intérêt à mettre en doute le réalisme du « bon sens » (ou réalisme pragmatique) à partir duquel les biologistes conduisent normalement leurs recherches.

Le « bon sens » est peu apprécié des philosophes, qui préfèrent de beaucoup se référer à la logique. Cependant, la plupart des syllogismes paraissent être des équations pratiquement identiques, pour toute personne qui n'est pas une spécialiste de la logique. Le néophyte se sentira, en fait, plus à l'aise avec le « bon sens ». De même, lorsqu'il s'agit de déterminer la nature d'une cause, la démarche fondée sur le sens commun est souvent la plus aisée et la plus fructueuse. La démarche rigoureuse du logicien aurait peut-être convenu dans un monde essentialiste, déterministe, gouverné par des lois universelles ; mais elle semble peu appropriée à un monde probabiliste, régi par la contingence et le hasard, un monde dans lequel on doit sans cesse expliquer des phénomènes uniques en leur genre. Il ne semble pas vraiment judicieux de faire appel à une démarche logique pour interpréter l'existence de corbeaux blancs, pie ou bruns, de même que celle des cygnes noirs ou des cygnes blancs à cou noir (tous ces animaux existent réellement !).

Le langage de la science

Chaque branche de la science possède sa propre terminologie pour désigner les faits, les processus et les concepts relevant de son domaine. Lorsqu'un terme se réfère à un objet concret ou à un organisme individuel (comme mitochondrie, chromosome, noyau, loup gris, scarabée japonais, séquoïa chinois), cela ne pose généralement aucun problème. Mais toute une série de termes renvoient à des phénomènes ou à des processus plus hétérogènes : en biologie, il s'agit par exemple de compétition, d'évolution, d'espèce, d'adaptation, de niche, d'hybridation ou de variété. Lorsque ces termes sont compris exactement de la même manière par tous les chercheurs, ils sont utiles et même nécessaires[19]. Cependant, et l'histoire des sciences le montre, c'est souvent le contraire qui se produit, d'où il résulte incompréhension et controverse.

Le scientifique rencontre dans le cadre de son travail trois types de problèmes en matière de langage. Premièrement, le sens d'un terme peut changer lorsque se développent les connaissances sur un sujet donné. Ces changements ne sont pas surprenants, dans la mesure où les termes scientifiques sont généralement empruntés au langage de la vie quotidienne, et sont donc au départ caractérisés par l'imprécision et les imperfections propres à cette forme d'expression. Des termes tels que « force », « champ », « chaleur », etc., utilisés dans le cadre de la physique moderne, possèdent des sens tout à fait différents de ceux qu'ils ont eus antérieurement. Pour les biologistes moléculaires d'aujourd'hui, le gène est une entité composée d'introns, d'exons et de séquences flanquantes. Cette notion de gène est complètement différente de celle qu'on avançait jadis, évoquant une « perle au sein d'un collier », et même de celle, plus complexe, de H.J. Muller ; cependant, le mot « gène », qui a été pour la première fois introduit par Johannsen en 1909, est encore utilisé de nos jours pour décrire l'entité envisagée par les biologistes moléculaires. Dans la mesure où presque tous les termes scientifiques subissent un certain changement, on aboutirait à une situation très confuse si, à chaque altération mineure de sens, il fallait introduire un terme nouveau ; ce dernier cas devrait être réservé aux changements véritablement importants. En fait, il est nécessaire que les termes techniques soient assez larges pour permettre la prise en compte de découvertes ultérieures.

Le deuxième problème de langage rencontré par le scientifique dans le cadre de son travail est que certains termes se sont trouvés dotés par mégarde d'un sens complètement différent du sens initial. Cela s'est produit par exemple lorsque T.H. Morgan a repris le terme de « mutation », défini originellement par de Vries, pour l'appliquer à tout changement soudain dans le matériel génétique. Or, de Vries avait désigné du nom de mutation tout changement évolutif qui produisait instantanément une nouvelle espèce. Il s'agissait d'un concept relevant davantage de la biologie évolutionniste que de la génétique. Il a fallu aux non-généticiens près de trente à quarante ans pour comprendre que la mutation de Morgan n'était pas la même chose que la mutation de De Vries[20]. Un principe fondamental du langage de la science doit donc être le suivant : lorsqu'un terme est plus ou moins universellement utilisé pour désigner une entité particulière, il ne doit pas être affecté à la désignation d'une autre entité, au risque d'un véritable imbroglio.

L'emploi d'un même terme pour désigner plusieurs phénomènes différents est peut-être ce qui se rencontre le plus souvent et ce qui suscite le plus de problèmes. Dans la littérature philosophique, on s'applique souvent à analyser certains termes en fonction de considérations logiques complexes ; mais, de façon étonnante, on accorde généralement peu d'attention aux éventuelles variations de sens d'un terme donné[21]. C'est le cas, par exemple, de « téléologique », terme employé dans le cas d'au moins quatre processus entièrement différents ; c'est aussi celui de « groupe » (dans « sélection de groupe », par exemple), qui se réfère également à quatre sortes de phénomènes différents ; ou bien celui d'« évolution », appliqué à trois processus ou concepts très distincts ; ou encore celui de « darwinisme », qui a continuellement changé de sens[22].

L'ambiguïté terminologique a eu des conséquences néfastes à certains moments dans l'histoire de la biologie. Dans la mesure où Darwin n'avait pas vu que le terme « variété » était employé différemment par les zoologistes et par les botanistes, il s'est trompé sur la nature de l'espèce et de la spéciation[23]. Quelque chose de comparable s'est produit dans le cas de Gregor Mendel. Il ne connaissait pas avec certitude la nature des variétés de pois qu'il croisait, et comme la plupart des agronomes, il appelait les hétérozygotes des « hybrides ». Lorsqu'il a essayé de confirmer les lois qu'il avait trouvées chez le pois en travaillant sur d'autres « hybrides » qui étaient, en réalité, de vrais hybrides inter-espèces, ses expériences ont échoué. L'utilisation du même terme (« hybride ») pour deux phénomènes biologiques entièrement différents a donc compromis ses recherches ultérieures à ses travaux sur le pois[24].

La solution la plus pratique pour résoudre les cas d'homonymie est d'adopter des termes différents pour des notions différentes. Et lorsque des ambiguïtés gênantes se produisent, il est bon de proposer des définitions précises pour chacun des termes en question. Si le concept ou le phénomène désigné par un terme change de sens, il s'agit de réviser la définition correspondante en conséquence. En fait, la définition de la plupart des termes utilisés en science est perpétuellement modifiée au fur et à mesure du progrès des connaissances. Presque tous les termes fondamentaux des sciences physiques ont, par exemple, sans cesse été redéfinis[25].

La plupart des philosophes sont réticents à fournir des définitions, et cela explique peut-être qu'il existe de nombreuses ambiguïtés dans leurs textes. La raison en est que la « définition », dans la littérature philosophique classique, possédait une signification spéciale, c'était une survivance de la tradition scolastique, qui traduisait les principes de l'essentialisme[26]. Il semble que de nombreux philosophes emploient le terme d'« explication » pour désigner la notion que les scientifiques professionnels appellent « définition ».

Pour ma part, je trouve que le besoin de définitions claires est à ce point évident que je n'ai jamais compris pourquoi de si nombreux philosophes se sont refusés à en donner. Popper, l'un des adversaires les plus virulents des définitions, a révélé dans son autobiographie *Unended Quest* (1974) pourquoi il soutenait ce point de vue. Il a dit qu'il avait appris durant sa jeunesse qu'il ne fallait « jamais discuter des mots et de leur signification, car les discussions de ce genre sont spécieuses et n'ont pas beaucoup d'importance ». Il avait été étonné de découvrir dans les études qu'il avait faites ultérieurement « la croyance presque universellement répandue en l'importance du sens des mots, et en particulier, des définitions ». Il y avait vu, disait-il, l'évidente influence de l'essentialisme. Lorsqu'il avait lu Spinoza, il avait trouvé que ses écrits « regorgeaient de définitions qui [lui] avaient semblé arbitraires, inutiles, et soulevant plein de questions ». Popper révèle donc ici la raison profonde de son attitude : il a voulu rejeter le jeu des logiciens qui avancent des définitions, à partir desquelles ils élaborent des syllogismes[27].

Cependant, Popper n'a pas vu que le désir du scientifique de disposer d'une définition très précise répond à un tout autre objectif : il s'agit d'éliminer toute ambiguïté. Lorsque le progrès de la recherche montre que la définition d'un concept ou d'un processus est incomplète ou erronée, elle doit être abandonnée, et, en général, elle l'est. Sans définition précise disponible à tout moment, aucun progrès n'est possible dans la clarification des concepts et des théories. En tant que scientifique je pense que les philosophes feraient mieux d'abandonner leur réticence à l'égard des définitions et de vérifier, au contraire, au moyen de définitions précises si les termes qu'ils emploient ne se réfèrent qu'à un seul concept ou à une série hétérogène de concepts, ce qui mettrait fin à un nombre considérable de controverses dans la littérature philosophique[28].

La définition des vérités scientifiques, des propositions théoriques, des lois et des concepts

Dans la littérature philosophique, il existe toute une discussion sur la signification de termes tels qu'hypothèse, conjecture, proposition théorique, vérité scientifique et loi. Par exemple, les philosophes soulignent qu'il est nécessaire de faire la distinction entre hypothèse et proposition théorique, mais je ne connais pas de définition de cette dernière qui permette une distinction aussi tranchée, surtout dans les sciences de la vie. En tout état de cause, le scientifique sur le terrain ou à sa paillasse emploie généralement ces termes de façon moins précise que ne le souhaiterait le philosophe à son bureau. Lorsqu'une idée lumineuse surgit dans l'esprit d'un scientifique, celui-ci s'écriera peut-être : « Je viens de découvrir (ou d'inventer) une nouvelle proposition théorique », alors qu'un philosophe qualifierait plutôt sa trouvaille du nom d'hypothèse ou de conjecture.

Un autre terme qui a été mis à l'honneur dans la période récente est celui de « modèle ». À ma connaissance, ce terme n'a pas été utilisé une seule fois dans l'ensemble de la littérature sur l'évolution ou en systématique avant les vingt dernières années environ. Quelle est exactement la différence entre un modèle et une hypothèse de travail ? Un modèle doit-il être formulé sous forme mathématique ? Quelle est sa différence avec un algorithme ? C'est de façon délibérée que je pose ces questions naïves, pour mieux signifier aux philosophes qu'ils doivent préciser davantage leurs explications. Tous ces termes – conjecture, hypothèse, modèle, algorithme, proposition théorique – sont quelquefois employés de façon interchangeable par les scientifiques au cours de leur travail. (Moi aussi, j'utilise souvent les termes de « théorie » ou de « proposition théorique » de cette façon un peu vague.)

Réalité *versus* propositions théoriques

Pour être plausible, une proposition théorique doit être fondée sur des faits réels. Mais où passe la ligne de démarcation entre proposition théorique et vérité scientifique ? À partir de quel moment une proposition universellement soutenue et bénéficiant de confirmations répétées est-elle considérée comme une vérité? Par exemple, un évolutionniste moderne pourrait dire que la théorie de l'évolution n'est plus une proposition, mais une vérité scientifique. Pour être rigoureux, disons qu'une proposition théorique ne se convertit jamais en une vérité scientifique; en fait, une vérité scientifique remplace une proposition théorique. Lorsqu'on a constaté que les planètes les plus éloignées du Soleil, Uranus et Neptune, présentaient des irrégularités dans leurs orbites, on a proposé théoriquement l'existence d'une neuvième planète; et, en temps voulu, on a effectivement découvert Pluton. Dès lors, l'existence de cette dernière n'a plus été une proposition théorique, mais une vérité scientifique ou une réalité. De même, après la découverte de la structure de l'ADN et de son rôle dans la synthèse des protéines, diverses propositions théoriques ont été avancées, stipulant qu'il existerait un code assurant la traduction de l'information contenue dans l'ADN. Assez rapidement, l'une d'entre elles s'est avérée la bonne, et le code génétique, aujourd'hui universellement reconnu comme valable, n'est plus considéré comme une proposition théorique, mais comme une réalité. En 1859, les idées de Darwin sur la non-fixité des espèces et sur la descendance commune passaient pour des propositions théoriques. La masse des preuves en leur faveur et l'absence de données les contredisant, ont depuis conduit les biologistes à les accepter comme des vérités scientifiques.

On peut donc poser qu'une vérité scientifique est une proposition théorique qui a été confirmée de nombreuses fois et n'a jamais été réfutée. Les propositions théoriques qui n'ont pas encore été converties en, ou remplacées par, des vérités scientifiques représentent néanmoins d'utiles stratagèmes heuristiques, notamment dans les secteurs de la science où les organes des sens sont insuffisants, comme dans les domaines microscopiques et biochimiques, ou dans les sciences, telles que la cosmologie ou la biologie évolutionniste, qui reposent sur la reconstitution historique des événements du passé.

Les lois universelles dans les sciences physiques

Quel rapport y a-t-il entre les propositions théoriques, les vérités scientifiques (ou les réalités) et les lois universelles? Les lois se réfèrent à des processus qui ont un résultat prévisible, mais de nombreuses lois de la physique, comme la loi de la gravité ou les lois de la thermodynamique, pourraient tout aussi bien être considérées comme des vérités scientifiques. Le fait que les oiseaux possèdent des plumes, bien qu'universellement vérifié, n'est pas une loi, mais une réalité.

Les auteurs qui privilégient avant tout la notion de lois naturelles pensent surtout aux régularités qui se manifestent dans la nature. Les chronologies élaborées par l'homme sont fondées sur les régularités qu'on y observe effectivement. Nous savons que l'été est régulièrement suivi de l'hiver, et que les arbres, chaque année, sont dotés d'un nouvel anneau de croissance. La théorie uniformitariste de Lyell était fondée sur des observations de ce genre. On peut s'attendre à ce que les phénomènes qui se sont produits dans le passé se produisent aujourd'hui et dans l'avenir. Pour défendre l'idée que leurs théories pouvaient être tenues pour certaines, les physiciens ont généralement souligné qu'elles étaient fondées sur des lois universelles qui ne souffraient aucune exception, ni aucune limitation dans l'espace et dans le temps.

Il existe aussi de très nombreuses régularités dans le monde vivant, mais la plupart ne sont pas universelles et possèdent des exceptions ; elles sont probabilistes et très limitées dans l'espace et dans le temps. Smart (1963), Beatty (1995) et d'autres philosophes ont soutenu qu'il n'y avait que peu, voire pas du tout, de lois universelles en biologie. Bien entendu, de nombreuses lois de la chimie et de la physique sont valables au niveau des systèmes d'interactions moléculaires qui sous-tendent de nombreuses fonctions biologiques. Mais, parmi les régularités observées dans les systèmes biologiques complexes, il n'y en a presque pas, voire aucune, qui satisfassent à la définition rigoureuse des lois adoptée par les physiciens et les philosophes.

La plupart du temps, les biologistes qui emploient le terme de « loi » parlent simplement d'un énoncé logique général qui est, directement ou indirectement, ouvert à la confirmation ou à la réfutation au moyen d'observations, et qui peut être employé dans les explications et les prédictions. On trouve de telles « lois » à la base de toute analyse ou explication scientifique. Mais si l'on modifie le concept de « lois » au point qu'il devienne applicable à toute régularité ou généralisation observable en biologie, on peut se demander dans quelle mesure il peut encore aider à l'élaboration de théories. Lorsque ces théories sont de nature probabiliste et reposent sur de prétendues « lois » de ce genre, elles ne donnent que rarement le type de certitude qu'implique habituellement le terme de « loi ».

Les concepts dans les sciences de la vie

En biologie, les concepts jouent un rôle bien plus grand que les lois dans l'élaboration des théories. Les deux facteurs majeurs qui contribuent, dans les sciences de la vie, à la formation de nouvelles théories sont la découverte de faits nouveaux (par le biais de l'observation) et le développement de concepts nouveaux. Lorsqu'on se penche sur un dictionnaire pour lire le sens que possède le terme de « concept », on ne trouve qu'une définition très générale : un concept peut être n'importe quelle représentation mentale. Selon cette définition, lorsque je pense au nombre 3, j'évoque le concept de 3, et il en va de même pour tout autre chiffre. En fait, toujours selon cette définition, tout objet que je peux me représenter sous forme d'une image mentale est un concept. Mais lorsqu'un chercheur parle de concept, il se réfère à une définition beaucoup plus précise. Cependant, il ne semble pas qu'il existe de bonne définition du terme « concept » dans ce dernier sens. Mais un biologiste n'a pratiquement jamais d'hésitation sur les concepts importants de sa discipline. Dans le domaine de la biologie évolutionniste, il s'agit par exemple des notions de sélection, de choix exercé par les femelles, de territoire, de compétition, d'altruisme, de population biologique, etc.

Bien entendu, il n'y a pas qu'en biologie que l'on a recours à des concepts ; on les rencontre aussi dans les sciences physiques. La notion que Gerald Holton (1973) appelle *themata* correspond, semble-t-il, à ce que les biologistes appellent des concepts. J'ai l'impression, cependant, que le nombre des concepts fondamentaux est assez limité dans les sciences physiques ainsi que dans les disciplines de la biologie fonctionnaliste telles que la physiologie. Toutes ces sciences ont pour caractéristique commune que la découverte de faits nouveaux y est un facteur important. En fait, certains chefs de file de ces sciences ont déclaré qu'ils considéraient la découverte de faits nouveaux comme la seule source du progrès dans leurs disciplines. D'un autre côté, dans la plupart des sciences biologiques, les concepts jouent un grand rôle. Tous les concepts nouveaux n'ont pas eu d'impact aussi révolutionnaire que celui de la sélection naturelle en biologie évolutionniste, mais la plupart des récents progrès dans les sciences biologiques complexes, telles que l'écologie ou la biologie du comportement, sont issus de la mise en avant de nouveaux concepts.

Curieusement, la philosophie classique des sciences a peu mentionné le rôle important des concepts dans l'élaboration des théories. Cependant, plus j'étudie cette question, plus j'ai l'impression que les théories en vigueur dans les sciences physiques sont généralement fondées sur des lois, tandis que celles en cours en biologie le sont sur des concepts. On peut essayer d'atténuer ce contraste, en posant que les concepts peuvent être formulés à l'instar de lois et que les lois peuvent être énoncées à la manière des concepts. Mais lorsqu'on définit rigoureusement les termes de « lois » et de « concepts », il semble bien qu'on ne puisse pas aisément faire un tel échange. Il s'agit là d'un problème que la philosophie des sciences, essentiellement centrée sur la physique, a globalement négligé d'étudier.

Au chapitre suivant, nous examinerons de plus près les facteurs uniques en leur genre que les biologistes doivent prendre en compte lorsqu'ils veulent formuler et mettre à l'épreuve leurs explications du monde vivant.

CHAPITRE 4

Comment la biologie explique-t-elle le monde vivant ?

Lorsqu'un biologiste essaye de répondre à des questions du type « Pourquoi n'y a-t-il pas d'oiseaux-mouches dans l'Ancien Monde ? » ou bien « Où l'espèce *Homo sapiens* a-t-elle fait son apparition ? », il ne peut s'appuyer sur des lois universelles, dans la mesure où il s'agit de phénomènes qui ne se sont produits qu'une seule fois. Il lui faut étudier tous les faits se rapportant à ce cas, déduire toutes les conséquences possibles des conditions qui existaient jadis, telles qu'il peut les reconstruire, et ensuite échafauder des scénarios. En d'autres termes, il lui faut élaborer des narrations historiques.

Cette démarche se distinguant fondamentalement de la recherche de lois déterministes, les praticiens de la philosophie classique des sciences – formés à la logique, aux mathématiques ou aux sciences physiques – la considéraient naguère comme irrecevable. Cependant, des auteurs récents ont vigoureusement contesté cette position et ont montré non seulement que l'élaboration de narrations historiques est une méthode correcte, mais que c'est peut-être la seule démarche scientifiquement et philosophiquement envisageable pour expliquer des phénomènes qui ne se sont produits qu'une seule fois [1].

Bien sûr, il n'est jamais possible de prouver qu'une narration historique est « vraie. » Plus le système que l'on étudie est complexe, plus les interactions se déroulant en son sein sont nombreuses et plus il est difficile de les observer directement. Le plus souvent, on ne peut qu'en supposer l'existence. La nature de ce genre de déductions dépendra alors de la formation et de l'expérience antérieure de la personne qui les formule. Par conséquent, il n'est pas étonnant que surviennent fréquemment des controverses sur la « meilleure » des narrations appliquées à un cas particulier. Cependant, toutes ces narrations peuvent se prêter à des tests de réfutation et être mises à l'épreuve de façon répétée.

Par exemple, la fin des dinosaures a été autrefois attribuée à l'irruption d'une maladie mortelle à laquelle ces animaux auraient été particulièrement sensibles ou bien à un changement de climat très important engendré par des phénomènes géologiques. Mais aucune de ces hypothèses n'était étayée par des preuves incontestables et toutes deux soulevaient quantité d'autres problèmes. Cependant, lorsqu'en 1980 Walter Alvarez a avancé son hypothèse sur la collision de la Terre avec un astéroïde, et, notamment, après que l'on a découvert dans le Yucatan la trace du cratère provoqué par l'impact, toutes les théories antérieures ont été abandonnées, dans la mesure où les faits découverts cadraient parfaitement bien avec le scénario envisagé.

Les narrations historiques jouant un rôle important sont les sciences suivantes : la cosmogenèse (l'étude de l'origine de l'univers), la géologie, la paléontologie, la phylogénie, la biogéographie, et d'autres disciplines relevant de la biologie évolutionniste. Toutes ces sciences sont caractérisées par le fait qu'elles traitent de phénomènes uniques en leur genre. C'est, en effet, le cas de n'importe quelle espèce d'êtres vivants, et, sur le plan génétique, de n'importe quel individu. Mais il n'y a pas seulement dans le règne vivant que l'on trouve des phénomènes uniques en leur genre. C'est le cas aussi de chacune des neuf planètes du système solaire. Sur la Terre, chaque bassin hydrographique et chaque chaîne de montagnes possèdent aussi des caractéristiques uniques en leur genre.

Les philosophes sont depuis longtemps irrités par les phénomènes qui n'existent qu'en un seul exemplaire. Hume avait déclaré que « la science ne peut rien dire de satisfaisant sur les causes des phénomènes véritablement singuliers ». S'il voulait signifier ainsi que les phénomènes uniques en leur genre ne peuvent être pleinement expliqués par des lois déterministes, il avait raison. Cependant, si l'on élargit la méthodologie de la science aux narrations historiques, on peut souvent expliquer de manière satisfaisante de tels phénomènes, et quelquefois même faire des prédictions susceptibles d'être mises à l'épreuve[2].

Il existe une raison pour laquelle les narrations historiques ont une valeur explicative : dans une séquence historique, les phénomènes qui viennent en premier conditionnent généralement les phénomènes plus tardifs. Par exemple, l'extinction des dinosaures à la fin du Crétacé a vidé un grand nombre de niches écologiques, et mis ainsi en place les conditions qui ont permis la spectaculaire radiation des mammifères au Paléocène et à l'Éocène, dans la mesure où ceux-ci ont alors envahi les niches inoccupées. L'objectif le plus important d'une narration historique est de découvrir les facteurs déterminants qui ont contribué à la survenue des événements postérieurs dans une séquence historique. Établir une séquence historique ne signifie pas qu'il faut abandonner le règne de la causalité ; mais il s'agit de découvrir, de façon strictement empirique, une causalité particulariste. Celle-ci ne renvoie à aucune loi, elle explique un seul cas, unique en son genre[3].

La causalité en biologie

On considère très souvent qu'une explication scientifique est vraie si elle met en lumière la cause d'un phénomène observé, et notamment d'un phénomène inattendu[4]. La causalité, dans les interactions simples, permet souvent de faire des prédictions avec une grande certitude. Dans les cas de ce genre (par exemple, dans certaines réactions chimiques), on peut identifier sans ambiguïté des causes précises. La plupart des analyses de la causalité, dans la littérature philosophique, sont fondées sur des problèmes rencontrés en physique, où l'invocation de lois comme celles de la gravité ou de la thermodynamique est en mesure de donner une réponse certaine à la question « Quelle est la cause de... ? ».

Cependant, ce genre de solution simple est rarement possible en biologie, sauf aux niveaux moléculaire et cellulaire. Le problème est particulièrement aigu lorsqu'on envisage le résultat final de toute une chaîne d'événements. Peut-être sous l'influence d'un reliquat de pensée téléologique, nous nous efforçons de trouver dans les premiers stades d'un processus une cause capable d'expliquer de façon prévisible le résultat final. Mais en biologie, cette démarche n'aboutit généralement à rien ; en fait, elle conduit même souvent à des erreurs. Il peut être difficile, voire impossible, de déterminer *une* cause *déterminée*, lorsque des systèmes complexes interagissent, et que le résultat final constitue la dernière étape d'une longue réaction en chaîne. Il est ici nécessaire d'adopter un mode de pensée différent.

Une interaction entre deux individus, avant qu'elle ne soit achevée, passe par toute une série d'étapes, à l'occasion desquelles chacun des individus impliqués peut envisager différentes options. L'option finalement choisie n'est pas strictement déterminée, mais va dépendre d'un certain nombre de facteurs et de conditions accidentelles. On ne peut apercevoir une stricte causalité dans le choix des options à chaque étape que lorsqu'on regarde rétrospectivement la chaîne des actions. En fait, *a posteriori*, on peut considérer que la totalité du processus a été gouverné de façon causale, même dans ses composantes aléatoires. On peut donc dire, de façon quelque peu paradoxale, que la causalité dans les phénomènes complexes est une reconstruction *a posteriori*, autrement dit, que la causalité, dans ce genre de situation, consiste en une série d'étapes qui, considérées ensemble, peuvent être appelées la cause du résultat final observé.

Causes immédiates et causes lointaines

En matière de causalité, il existe en biologie une complication supplémentaire. Chez les organismes vivants, tout processus ou phénomène est le résultat de deux catégories de causes distinctes, généralement appelées causes immédiates (fonctionnelles) et causes lointaines (évolutives). Toutes les activités et tous les processus mettant en jeu les instructions d'un programme sont des causes immédiates. C'est notamment le cas des mécanismes responsables des processus physiologiques, ontologiques et éthologiques gouvernés par des programmes génétiques et somatiques. La description de ces mécanismes répond à des questions de type « Comment ? ». Les causes lointaines ou évolutives sont celles qui président à l'apparition de nouveaux programmes génétiques ou à la modification de ceux qui existaient déjà. En d'autres termes, il s'agit de toutes les causes responsables des changements qui se produisent durant le processus de l'évolution. On peut dire encore que les causes lointaines sont les processus ou les phénomènes survenus dans le passé et qui ont modifié le génotype. Ils ne peuvent être analysés au moyen des méthodes de la chimie ou de la physique, mais doivent être reconstruits par des déductions historiques (en mettant à l'épreuve des narrations historiques). Leur description répond généralement à des questions de type « Pourquoi ? ».

Il est presque toujours possible de trouver à la fois une cause immédiate et une cause lointaine pour expliquer un phénomène biologique donné. Par exemple, l'existence du dimorphisme sexuel peut être expliqué par une cause physiologique immédiate (hormones, gènes déterminant le sexe, etc.) et par une cause évolutive (sélection sexuelle, évitement des prédateurs, etc.). De nombreuses controverses célèbres dans l'histoire de la biologie sont survenues du fait que certains des protagonistes n'avaient envisagé que des causes immédiates, et d'autres que des causes évolutives. L'une des caractéristiques du monde vivant est qu'il présente ces deux sortes de causes. Dans le monde inanimé, au contraire, il n'y a qu'un seul type de cause, correspondant aux lois naturelles (souvent en combinaison avec des processus aléatoires).

Pluralisme

Lorsqu'on examine avec précision un problème biologique, on peut généralement lui trouver plus d'une explication en termes de causes. Darwin, par exemple (nous le verrons au chapitre 9), croyait que la diversité au sein du monde vivant s'expliquait à la fois par la spéciation sympatrique et par la spéciation allopatrique. Il pensait également que le changement évolutif trouvait son explication à la fois dans la sélection naturelle et dans l'hérédité des caractères acquis. Et, en matière de transmission des caractères de génération en génération, il invoquait à la fois l'hérédité particulaire (dans les cas de retour à l'état ancestral) et l'hérédité par mélange. Ce pluralisme des explications causales pose un problème pour les procédures de confirmation ou de réfutation. Si l'on peut fournir des preuves en faveur de la sélection naturelle, cela ne constitue pas nécessairement une réfutation de l'hérédité des caractères acquis ; et si l'on peut apporter cette dernière réfutation, cela ne prouve pas nécessairement que la sélection naturelle est la seule autre cause possible du changement évolutif.

Curieusement, les naturalistes de l'ancien temps savaient bien mieux que les spécialistes modernes admettre que les explications biologiques sont susceptibles d'être plurielles. Les biogéographes, dès l'époque de Zimmermann (au XVIIIe siècle), avaient parfaitement compris que les discontinuités peuvent être primaires (dispersion par saut) ou secondaires (vicariance), mais aujourd'hui les partisans de la vicariance se comportent non seulement comme si cette dernière était la seule solution possible, mais aussi comme s'ils étaient les premiers à le penser ! Certains partisans enthousiastes de la théorie des équilibres ponctués font comme si c'était la seule théorie envisageable en matière de changement évolutif, tandis que les auteurs plus anciens dans ce domaine étaient favorables à des solutions pluralistes. En fait, il est tout à fait possible qu'en biologie la majorité des phénomènes et des processus doivent être expliqués par plusieurs théories. Une philosophie des sciences qui ne peut envisager le pluralisme ne peut pas convenir à la biologie.

Dans les sciences du vivant, il est souvent très difficile, sinon impossible, de déterminer *la* cause d'un phénomène donné, dans la mesure où règnent une pluralité des facteurs déterminants et une part d'aléatoire dans les chaînes d'événements. Par exemple, les organismes que l'on trouve sur une île peuvent avoir colonisé cette dernière lorsqu'elle était reliée au continent à une époque plus ancienne ; ou bien ils ont pu y parvenir plus récemment par moyen de dispersion à la surface de l'eau ; ou bien leur présence sur l'île s'explique par les deux mécanismes. Toute discontinuité dans la répartition géographique d'une espèce peut avoir été engendrée par l'interruption d'une distribution originellement continue (principe de vicariance) ; ou bien elle peut avoir résulté d'une dispersion sur un terrain qui ne lui convenait pas. Une espèce peut s'être éteinte en raison de la concurrence d'une autre espèce, ou bien de sa persécution par les êtres humains, ou bien d'un changement de climat, ou bien de la chute d'un astéroïde, ou bien encore d'une combinaison de tous ces facteurs. Dans beaucoup de cas, peut-être dans la plupart des cas, il n'est pas possible de déterminer avec certitude la cause particulière ou la combinaison de causes responsable d'une extinction donnée, survenue dans le passé lointain.

Dans presque toutes les controverses classiques en biologie, les adversaires soutenant deux points de vue opposés ont généralement négligé d'envisager une troisième option. Par exemple, les explications réductionnistes des physicalistes ne pouvaient pas rendre compte des phénomènes biologiques qui n'avaient pas d'équivalent dans le domaine de l'inorganique, tandis que les contre-propositions vitalistes étaient également erronées. L'organicisme, troisième point de vue, qui a combiné les meilleures thèses des deux précédents, s'est finalement imposé (voir chapitre 1). Dans la controverse sur le rôle du hasard et de la nécessité, la sélection naturelle est apparue comme une troisième solution qui a mis fin au débat. Et dans la vieille querelle entre préformation et épigenèse, la solution s'est révélée être la notion de programme génétique. Presque toutes les controverses de longue durée en biologie ont conduit au rejet *simultané* des deux points de vue antagonistes, et à l'adoption d'une nouvelle façon de voir.

Probabilisme

À l'époque du strict physicalisme, où l'on pensait que toute chose dépendait de causes identifiables, il était considéré comme non scientifique que le résultat d'un processus pût aussi dépendre du hasard ou d'événements accidentels. Par suite, le mécanisme de la sélection naturelle de Darwin (qui, bien qu'il ne fonctionnât pas au hasard, incluait néanmoins une bonne part d'aléatoire) fut appelé par le physicien Herschel la « loi de la pagaille ». En réalité, dès Laplace, certains scientifiques s'étaient aperçus que les processus stochastiques (aléatoires) jouaient un rôle.

De nombreuses théories biologiques sont probabilistes. La raison en est qu'elles invoquent l'action simultanée de plusieurs facteurs différents, dont beaucoup sont aléatoires ; cette multiplicité de causes empêche que n'importe quel facteur soit à lui seul responsable à 100 % d'un résultat. Si nous disons d'une mutation donnée qu'elle est aléatoire, cela signifie qu'elle survient sans aucun rapport avec les besoins actuels de l'organisme où elle se manifeste ; ou bien qu'elle n'est, en aucune autre façon, prévisible.

Quelques exemples dans le domaine des explications biologiques

Quand les philosophes des sciences discutent de l'élaboration des hypothèses et des théories scientifiques, presque tous les exemples cités se rapportent aux sciences physiques. Cependant, nous l'avons vu, les explications avancées en biologie, et notamment en biologie évolutionniste, peuvent être assez différentes de celles formulées dans les sciences physiques. Aussi peut-il être utile d'étudier quelques exemples qui mettent bien en évidence cette spécificité[5].

Commençons par le cas très simple de la famille des camélidés. Elle n'est aujourd'hui représentée qu'en Asie, en Afrique du Nord et en Amérique du Sud. Comment expliquer ce mode de distribution discontinu? Louis Agassiz avait fait appel à sa théorie de la création et postulé simplement que Dieu avait créé les camélidés à deux reprises : les chameaux et dromadaires dans l'Ancien Monde; et les lamas en Amérique du Sud. Lorsque, après 1859, cette solution devint irrecevable, l'hypothèse fut avancée que les camélidés avaient dû exister à des époques plus reculées en Amérique du Nord, puis s'étaient éteints dans cette région. Depuis, la paléontologie a confirmé cette proposition : une riche faune fossile de camélidés a été trouvée en Amérique du Nord.

Un problème un peu plus délicat, dont Darwin avait déjà pris la mesure, était représenté par la discontinuité des archives fossiles. L'une des thèses majeures de la théorie de l'évolution de Darwin était la notion de continuité. L'évolution procédait par changement graduel. Cependant, lorsque l'on regardait le monde biologique, on ne trouvait que des discontinuités. C'était particulièrement évident dans les archives fossiles. De nouvelles espèces et, plus important encore, des types d'organismes totalement inédits, apparaissaient de façon soudaine dans les strates géologiques sans aucun intermédiaire entre eux et leurs ancêtres présumés. Certes, on pouvait occasionnellement retrouver un «chaînon manquant», comme l'*Archaeopteryx* entre les oiseaux et les reptiles, mais, même dans le cas de ce dernier fossile, il était séparé par une large discontinuité tant de ses ancêtres reptiliens que des véritables oiseaux, ses descendants. Darwin soutint obstinément (et à juste titre, comme on le pense à présent) que la continuité avait bel et bien existé, mais que lès archives fossiles étaient bien trop éparses pour le montrer. Pendant plus de cent ans après la publication de *De l'origine des espèces*, sa thèse, sur ce point, fut loin d'emporter la conviction de tout le monde.

Une contribution à la solution de ce problème fut fournie par mon article de 1954 sur la spéciation. J'y proposais qu'une population fondatrice, isolée à la périphérie de l'aire de distribution d'une espèce, pouvait subir un changement de contexte écologique considérable ainsi qu'un important remaniement génétique, et devenir alors un point de départ parfait pour une nouvelle lignée phylogénétique. Cependant il y avait très peu de chances qu'une petite population de ce genre soit préservée dans les archives fossiles. Cette théorie de la spéciation géographique fut adoptée et remodelée par Eldredge et Gould (1972) pour former la théorie des équilibres ponctués[6]. Cet exemple met en évidence un important changement conceptuel, représentant le passage d'un mode de pensée essentialiste à un autre, fondé sur la notion de population. En fait, j'ai l'impression très nette que tous les grands changements de théorie en biologie ont été engendrés par des changements de concepts.

Dans de nombreux cas, une cause totalement nouvelle peut être postulée, tandis que la plus grande partie de la nouvelle hypothèse reste remarquablement semblable à l'ancienne. Par exemple, Darwin, en 1839, a expliqué ce que l'on appelait les « pistes parallèles » de Glen Roy en Écosse, en affirmant qu'il s'agissait d'anciennes traces de rivage qui s'étaient trouvées surélevées lors d'une surrection marquée du continent. Dans la mesure où il avait trouvées des coquillages marins à des altitudes élevées dans les Andes et observé une élévation importante de la côte chilienne après un tremblement de terre, Darwin, s'appuyant sur d'autres observations encore, ne jugeait pas invraisemblable que cette zone de l'Écosse ait pu être l'objet d'une forte surrection, notamment parce qu'il n'y avait pas d'autre théorie raisonnable disponible. Cependant, quelques années seulement après la publication de Darwin, Agassiz a avancé sa théorie de l'« âge glaciaire », et il devint tout à fait clair que les « pistes parallèles » étaient les traces de rivage d'un ancien lac glaciaire. Bien que Darwin lui-même ait qualifié sa propre interprétation de « grande bévue », elle était, en réalité, très proche de la véritable solution. L'observation essentielle était que les « pistes parallèles » étaient des traces de rivage. Avant que la théorie de l'âge glaciaire n'ait été formulée, la seule façon d'expliquer ce type de traces de rivage était de leur attribuer l'océan pour origine ; en outre, il était bien établi, dans la littérature géologique, que d'importants soulèvements de terres continentales s'étaient produits, comme cela avait été notamment démontré par le maître de Darwin, Charles Lyell. Expliquer ces mêmes traces de rivage par l'existence de lacs glaciaires ne représentait pas un profond changement.

Un cas analogue s'est posé à propos de cette littérature, vaste et à de nombreux égards magnifique, écrite par les adeptes de la théologie naturelle et qui portait sur le dessein. La quasi-totalité de ses thèmes ont pu être repris au sein du darwinisme, en remplaçant simplement le facteur explicatif : ce n'était pas Dieu qui avait façonné les structures anatomiques des organismes, mais la sélection naturelle. On pourrait certainement trouver des dizaines d'exemples analogues, dans lesquels la structure fondamentale d'une hypothèse est restée inchangée, dans le même temps où l'on est passé à un autre facteur explicatif.

L'épistémologie évolutive cognitive

L'épistémologie pose le problème du contenu des connaissances et des modalités de leur acquisition. Au cours des vingt-cinq dernières années, une discipline particulière, appelée l'épistémologie évolutive, a pris son essor qui propose une façon qui se veut nouvelle d'envisager l'acquisition des connaissances. L'un de ses plus éminents promoteurs l'a décrite en des termes extravagants (ce serait, selon lui, une « nouvelle révolution copernicienne »), tandis que ses détracteurs estiment que les apports réels de cette discipline sont assez insignifiants.

Le terme d'épistémologie évolutive a, en réalité, été appliqué à deux processus entièrement différents, que j'appellerai l'épistémologie évolutive darwinienne (analysée de façon détaillée au chapitre 5) et l'épistémologie évolutive cognitive. Cette dernière affirme que notre cerveau contient certaines « structures » (apparues dans l'évolution par le processus de sélection darwinienne), qui permettent aux êtres humains d'appréhender le réel, représenté par le monde extérieur. Autrement dit, selon cette hypothèse, nos ancêtres n'auraient pas pu affronter le monde extérieur sans ces structures et tous les individus qui auraient fait preuve d'une faible aptitude dans ce domaine auraient été, tôt ou tard, éliminés, sans descendants.

Les scientifiques actuels savent qu'il existe de nombreuses possibilités différentes de percevoir le « monde réel », et que les sens de l'homme ne lui permettent d'appréhender qu'un échantillon limité de ses caractéristiques. Les spécialistes de l'étude des protozoaires (depuis Jennings) nous ont révélé à quoi pouvait ressembler le monde pour un organisme unicellulaire. Von Uexküll nous a montré de façon très pittoresque que le monde perçu par un chien diffère considérablement du nôtre. Nous nous rendons compte à présent que les êtres humains ne voient qu'une petite partie des longueurs d'onde lumineuses, du rouge au violet, au sein de la vaste gamme des ondes électromagnétiques. Nous savons parfaitement qu'il existe des rayonnements infra-rouges (se manifestant par la sensation de chaleur) et des rayonnements ultra-violets, que certaines fleurs ont une coloration ultra-violette, perçue par les abeilles et par d'autres insectes, mais pas par nous. D'autres animaux perçoivent des informations magnétiques et agissent en fonction d'elles, ou entendent des sons situés en dessus ou en dessous de la gamme accessible à l'homme. Nous savons qu'il existe un vaste monde des odeurs, dont une grande partie est accessible aux mammifères et probablement aux insectes, mais pas à nous.

Les aspects de l'environnement perçus par un être humain ont été sélectionnés au sein de la gamme totale des caractéristiques existant dans le monde. Comment s'est réalisée cette sélection ? L'hypothèse la plus plausible est que, de façon générale, les espèces, au cours de l'évolution, sont capables de survivre et de se reproduire, dans la mesure où elles sont dotées de la capacité de percevoir certains des aspects de l'environnement les plus importants pour leur survie. Et, bien entendu, cela a été également vrai dans le cas des ancêtres de l'espèce humaine. Cette façon de raisonner suppose qu'il existe de nombreux « mondes » susceptibles d'être perçus, un seul d'entre eux nous étant accessible. On désigne parfois du nom de *monde moyen* (mésocosmos) la partie du monde importante pour l'homme, qu'il peut percevoir : autrement dit, le monde des dimensions intermédiaires (lesquelles vont de celles des molécules à celles de notre galaxie). Le monde en dessous est celui des particules élémentaires, et celui qui est au-dessus, le monde transgalactique de l'espace et du temps.

Le bois dont est fait une table peut nous paraître un matériau plein, mais, « en réalité », nous disent les physiciens, il n'est pas du tout plein, il est formé de noyaux atomiques et d'électrons, très éloignés les uns des autres. La plupart des biologistes que je connais acceptent cette explication, ainsi que beaucoup d'autres, fournies par la science, allant des gènes et des quarks jusqu'au quasars, aux trous noirs et à la masse invisible, ainsi qu'aux relations particulières unissant le monde des particules subatomiques à celui du cosmos ultragalactique. Ces phénomènes ne peuvent pas être perçus par les organes des sens humains. Les partisans du réalisme scientifique, comme on appelle quelquefois les personnes soutenant ce type de point de vue, estiment que dès l'instant où une théorie est vérifiée, cela autorise à croire en l'existence réelle d'une entité théorique postulée et à affirmer que cette dernière est aussi réelle que toute autre que l'on peut directement observer grâce à nos sens. Le réalisme scientifique est un point de vue partagé par tous les scientifiques que je connais.

Mais, dans leur vie quotidienne, la plupart des gens ni d'ailleurs la plupart des physiciens ne considèrent une table de cette façon. En outre, les progrès des connaissances effectués dans les mondes de l'infiniment petit et de l'infiniment grand n'affectent en rien la façon dont nous comprenons les phénomènes intervenant dans le « monde moyen », qui est le « monde réel » tel que nous le percevons. Bien que les instruments fournis par les physiciens et les ingénieurs aient ouvert les fenêtres du fascinant monde subatomique, de même que celles du monde transgalactique, aucun de ces autres mondes ne fait partie de notre monde sensoriel normal, et aucun ne contribue en quoi que ce soit à notre réalisme du « bon sens ». Et le fait de les comprendre n'est pas essentiel à notre survie.

Mais, alors, comment se peut-il que nous puissions concevoir des idées sur des sujets aussi fondamentaux que l'espace et le temps, si nous ne pouvons les percevoir directement ? Sur ce point, de nombreux épistémologues ont repris à leur compte la philosophie de Kant. Si je comprends bien cette dernière, Kant pensait que le cerveau humain est structuré de telle façon que tout homme naît doté de certaines connaissances sur ces caractéristiques de l'univers que sont l'espace et le temps. Rappelons que ce philosophe a exprimé un point de vue essentialiste dans la plus grande partie de son œuvre, et qu'il était convaincu que les phénomènes variés du monde sensible étaient représentés dans notre entendement par des « noumènes » (un pour chaque classe de phénomènes), qu'il appelait *Ding an sich**, qui existaient *a priori*, c'est-à-dire avant toute expérience, donc avant la naissance.

Lorsque Konrad Lorenz a occupé la chaire de Kant à l'université de Königsberg en 1941, il a avancé une théorie, en matière d'épistémologie évolutive, qu'il a fondée sur les conceptions de Kant, selon lesquelles « les perceptions et la pensée de l'homme possèdent des structures fonctionnelles qui précèdent toute expérience individuelle ». Pour être en mesure de faire face au monde, a déclaré Lorenz, un nouveau-né humain doit posséder dans son cerveau des structures cognitives particulières, de la même manière que le nouveau-né chez les baleines possède des nageoires pour nager. Lorsque nos ancêtres hominidés sont passés d'une zone adaptative à une autre, des structures mentales appropriées ont été sélectionnées, exactement de la même façon que l'ont été les adaptations anatomiques. Autrement dit, les structures innées qui fondent nos capacités de perception et de réflexion ont été, selon Lorenz, l'exact équivalent d'adaptations morphologiques ou physiologiques. Il me semble que l'hypothèse de Lorenz n'est pas invraisemblable, dans la mesure où l'on peut en rapprocher l'observation suivante : les yeux sont formés chez l'embryon longtemps avant qu'ils ne servent à voir[7]. Même les protistes les plus primitifs possèdent un appareil sensoriel qui leur permet de détecter et de faire face aux dangers ou aux occasions favorables survenant dans leur environnement. Plus d'un milliard d'années de sélection naturelle ont façonné le programme génétique des espèces, menant de celui d'un simple protozoaire à celui de l'homme. Ainsi, la nouvelle façon biologique de comprendre la raison d'être des programmes génétiques donne finalement sens à ce qui était depuis si longtemps un grand mystère pour les philosophes.

Je pense qu'il faut accepter l'idée selon laquelle, au cours de l'évolution qui a fait surgir l'homme parmi les primates, il est apparu rapidement un cerveau capable de résoudre des problèmes se situant considérablement au-delà des capacités même d'un chimpanzé. Mais cela laisse encore sans réponse la question : « Jusqu'à quel point le cerveau de l'homme moderne est-il structuré de façon spécifique ? »

Programmes ouverts et clos

De nombreux indices laissent penser que le cerveau humain a atteint physiquement sa capacité actuelle il y a près de 100 000 ans, à une époque où nos ancêtres étaient encore culturellement à un niveau très primitif (voir chapitre 11). Le cerveau d'il y a 100 000 ans était le même cerveau actuellement capable de mettre au point des ordinateurs. Les activités mentales extrême-

* Chose en soi. [N.d.T.]

ment spécialisées mises en œuvre par les êtres humains d'aujourd'hui ne semblent pas requérir de structures cérébrales sélectionnées pour cela. Toutes les grandes réalisations accomplies par l'intelligence humaine l'ont été au moyen d'un cerveau qui n'a pas été spécifiquement sélectionné pour ces tâches par le processus décrit par Darwin.

Bien entendu, les différentes aires du cerveau humain sous-tendent différentes aptitudes. Mais, dans la mesure où l'on sait encore peu de choses du fonctionnement du cerveau humain, il serait pour le moment erroné de formuler des hypothèses trop précises sur l'existence de structures cérébrales spécifiques permettant à l'homme de connaître et de reconnaître le monde. Cependant, sur la base de ce que nous savons actuellement, il semble qu'on puisse décrire trois sortes d'aires cérébrales.

Premièrement, le cerveau paraît contenir des aires qui, dès le début, sont rigidement programmées. Les instincts chez les animaux inférieurs, de même que les réflexes et la plupart des activités motrices stéréotypées, aussi bien chez les animaux inférieurs que supérieurs, sont des exemples de « programmes clos ». Mais l'on ne sait pas si des comportements humains plus complexes (et si oui, lesquels ?) relèvent de cette catégorie. Les recherches dans le domaine du comportement des bébés et de la caractérologie indiquent qu'il pourrait y avoir, à ces niveaux, des comportements plus rigidement programmés qu'on ne le pensait généralement[8].

Le cerveau semble aussi contenir des aires se prêtant à des « programmes ouverts », qui assurent un traitement de l'information qui n'est pas rigide comme dans le cas des instincts, et ont pour caractéristique de fonctionner d'autant mieux que l'information en question se présente très tôt dans l'environnement du jeune organisme. De nombreux éléments de notre équipement cognitif, comme l'apprentissage des langues ou des normes éthiques, sont apparemment plus facilement acquis lors de certaines périodes précoces du développement, et ne sont pas facilement modifiés ni oubliés par la suite. Ce type d'apprentissage ressemble beaucoup à ce qui se passe dans le cadre de l'« empreinte » étudiée par les éthologistes. On sait que les petits de l'oie, au cours d'une période critique précoce, « s'imprègnent » de la forme (ou *Gestalt*) représentée par leur mère. Celle-ci constitue en quelque sorte un « objet-à-suivre », dont l'image neurobiologique « s'imprime » dans une aire cérébrale de l'oison, aire qui est, à l'évidence, prête à recevoir cette information. De même, toute expérience nouvelle chez un jeune être humain en cours de développement est enregistrée dans des aires cérébrales adéquates et vient y renforcer les expériences du même ordre antérieurement inscrites dans le cerveau[9]. La notion de « programme ouvert » permet peut-être de rendre compte de ces structures innées appropriées à la connaissance du monde qu'ont décrites Kant ainsi que Lorenz et d'autres adeptes de l'épistémologie évolutive.

Troisièmement, le cerveau semble contenir des aires « généralistes » qui permettent de stocker (mémoriser) toutes les sortes d'informations acquises tout au long de la vie. À l'heure actuelle, nous ne savons pratiquement rien des éventuelles subdivisions cérébrales qui pourraient être réservées à différentes catégories de ces informations générales. La mémoire à court terme et la mémoire à long terme pourraient représenter un exemple de ce genre de subdivisions.

Dans cette liste, c'est la seconde classe de structures cérébrales qui intéresse particulièrement l'épistémologie évolutive cognitive. Il s'agit donc d'aires cérébrales apparues par le biais de la sélection afin de fournir au nouveau-né les « programmes ouverts » appropriés, permettant de traiter et de stocker d'importantes informations cognitives spécifiques. De telles aires cérébrales n'ont rien de métaphysique ou d'essentialiste ; ce sont simplement des produits de l'évolution darwinienne. On ne sait pas jusqu'à quel point elles sont spécifiques. Il paraît probable qu'une grande partie de leur spécificité soit acquise après la naissance, comme l'indique le fait qu'il est relativement facile, chez un jeune, d'obtenir que de nouvelles aires prennent en charge les fonctions desservies par de grandes régions du cerveau ayant été détruites.

Que déduire de tout cela concernant la valeur de l'épistémologie évolutive cognitive ? Pour ma part, j'estime qu'il n'est pas nécessaire que des structures cérébrales extrêmement spécifiques existent pour permettre la perception et la compréhension de notre monde. Globalement, il semble que le perfectionnement évolutif du système nerveux central ne se soit pas nécessairement opéré en mettant en place des structures neurales extrêmement spécifiques, mais qu'il ait plutôt consisté en l'amélioration continue de la structure générale du cerveau. En conséquence, non seulement ce dernier est, dans notre espèce, capable de faire face aux problèmes qu'ont réellement rencontrés les hommes primitifs, mais il possède aussi des capacités, telles que celles requises pour jouer aux échecs, auxquelles il n'était pas fait appel à l'époque où ces perfectionnements du cerveau ont été sélectionnés. Globalement, je pense que l'épistémologie évolutive cognitive n'a rien de révolutionnaire, elle découle de l'application de la théorie darwinienne à la neurologie et à l'épistémologie.

La recherche de la certitude

On dit souvent que l'objectif de la science est de parvenir à la vérité ; mais qu'est-ce que la vérité ? Les adversaires chrétiens de Darwin n'ont jamais mis en doute le moindre mot de la Bible, ce qui les a conduits à admettre que toute chose dans ce monde avait été créée par Dieu. Les notions qui, à d'autres époques, étaient tenues pour des hérésies (comme, par exemple, celle de la rotation de la Terre autour du Soleil) sont aujourd'hui considérées comme des vérités absolues. Aucune personne raisonnable ne conteste de nos jours que la Terre est ronde et non pas plate (comme on l'avait antérieurement cru). L'historien des sciences sait que de nombreuses « vérités incontestées » des périodes antérieures ont, par la suite, été démystifiées et dénoncées comme erreurs. Avant Kepler, les astronomes posaient comme une certitude que les orbites de tous les corps célestes étaient des cercles parfaits. Avant Darwin, la plupart des philosophes étaient convaincus que les espèces étaient fixes. Jusque dans les années 1880, il était universellement admis que les caractéristiques acquises au cours de la vie pouvaient être transmises aux descendants. Nul ne sait quelles sont les thèses tenues pour vraies aujourd'hui qui seront en définitive réfutées par le progrès des connaissances.

Tous les scientifiques considèrent, de nos jours, comme une vérité irréfutable que la séquence des fossiles figurant dans les strates géologiques représente l'évolution telle qu'elle s'est réellement déroulée. Mais de nombreuses autres découvertes scientifiques ne sont encore que des explications plausibles. Elles ont peut-être un degré élevé de certitude, mais le bouleversement ne serait pas tel si elles étaient, au bout du compte, remplacées par de nouvelles explications légèrement ou même largement révisées. Les scientifiques ne s'attachent plus à la « vérité absolue ». Ils sont satisfaits dès lors qu'une hypothèse donnée a soutenu avec succès tous les tests de réfutation et qu'elle explique tout ce qu'elle est censée expliquer. Pendant des siècles, on a pensé que les équations de Newton étaient la vérité ultime. Cependant, les différentes théories de la relativité d'Einstein révélèrent que, dans certaines conditions, ces équations n'étaient pas exactes, même si elles paraissaient convenir dans les conditions terrestres normales.

Selon un point de vue de « bon sens » que tout le monde peut sans doute admettre, il semble que la plupart des assertions avancées par la science sont si bien établies qu'elles peuvent être considérées comme des certitudes, tandis que d'autres ne sont que des vérités provisoires, possédant des degrés variés de certitude. Lorsqu'on se trouve en présence de deux explications en concurrence et que l'on ne peut clairement établir laquelle des deux est la « plus vraie », Laudan (1977) suggère d'adopter celle qui résout le mieux les problèmes ou qui en a résolu le plus.

Cependant, la vérité des explications est souvent susceptible d'être remise en question. Par exemple, il est presque certainement vrai que les oiseaux ont acquis leurs plumes sous l'action de la sélection naturelle, mais, à l'instar de la plupart des phénomènes survenus dans un lointain passé, on ne pourra vraisemblablement jamais l'établir sans ambiguïté (autrement dit, le prouver). Il est même encore plus difficile d'expliquer *pourquoi* l'acquisition de plumes a constitué un avantage sélectif : était-ce parce qu'elles offraient une protection contre le froid pour ces vertébrés à sang chaud? ou bien était-ce une protection contre un rayonnement solaire excessif[10]?

Dans toutes les branches de la science, il existe des observations encore inexpliquées. Pourquoi le phénotype de certains invertébrés (particulièrement de ceux que l'on appelle les fossiles vivants) est resté pratiquement inchangé pendant plus de cent millions d'années, alors que les animaux qui leur étaient associés dans les mêmes faunes ou bien se sont éteints, ou bien ont évolué considérablement? Pourquoi deux espèces d'oiseaux semblent réussir aussi bien l'une que l'autre, quand, chez l'une, le mâle prend activement part à l'élevage des jeunes, tandis que, chez l'autre, il ne s'en occupe pas? (La réponse se situe sans doute au niveau de la nourriture donnée aux jeunes : des insectes, dans un cas; des fruits, dans l'autre.) Le nombre des énigmes de ce genre était beaucoup plus grand il y a cinquante ou cent ans, et depuis, on en a expliqué de façon satisfaisante une proportion remarquablement élevée (comme, par exemple, le fait que les membres de la caste stérile chez les insectes sociaux se dévouent énormément pour élever les rejetons de la reine[11]). La biochimie a permis d'élucider presque toutes les énigmes physiologiques. Les problèmes plus importants qui restent à éclaircir se rapportent aux processus les plus complexes de la vie organique : d'une part, le développement de l'œuf fécondé jusqu'au stade adulte; et, d'autre part, le fonctionnement du système nerveux central. La plus grande partie des processus élémentaires au sein de ces deux domaines est déjà raisonnablement bien comprise, mais la façon dont ils s'intègrent au sein d'une synthèse holistique n'est pas encore bien expliquée.

Dans la mesure où certains phénomènes n'ont pas encore reçu d'explication, quelques auteurs non scientifiques ont adopté une position extrémiste, affirmant que la science n'avait *rien* trouvé qui ait quelque degré de certitude. Et certains philosophes ont même mis en doute que la vérité dernière sur tout puisse être atteinte. Cette incertitude a conduit à la question que nous allons étudier au chapitre 5 : « Est-ce que la science progresse? »

CHAPITRE 5

Est-ce que la science progresse ?

Pratiquement tous les scientifiques, et en fait la plupart des non-scientifiques qui s'intéressent à la science, sont convaincus que la compréhension du monde matériel est en constante progression, à mesure que les chercheurs, au cours des siècles, décryptent de plus en plus de chapitres de la « véritable » histoire de son fonctionnement. Selon cette vision du monde, on ne pourra peut-être jamais résoudre certaines questions (« Pourquoi notre monde est-il là ? », « Pourquoi est-il construit de cette façon ? »), mais on peut en recenser un très grand nombre, dans toutes les branches de la science, auxquelles les recherches à venir pourront sans doute répondre.

Cependant, la conviction selon laquelle la science, jusqu'ici, n'a pas cessé de progresser et continuera à le faire n'est nullement partagée par tout le monde. Au cours des cinquante dernières années, on est passé, dans la philosophie des sciences, d'un strict déterminisme et de la croyance en la vérité absolue à une position affirmant qu'on ne pourra jamais qu'*approcher* la vérité (ou la vérité supposée). Certains commentateurs ont alors tiré argument de cette nouvelle conception pour affirmer que la science ne progresse pas. Cela a conduit les personnes hostiles à la science à soutenir que cette dernière est une activité inutile, puisqu'elle ne conduit, pour finir, à aucune vérité sur le monde qui nous entoure.

À parcourir la littérature biologique actuelle, on comprend mieux comment cette vision négative a pu prendre naissance. En effet, pour des observateurs extérieurs, certaines controverses paraissent sans fin, comme c'est le cas, par exemple, dans le domaine des équilibres ponctués ou dans celui du rôle de la compétition dans les écosystèmes et de la dispersion en biogéographie, ou dans celui de la régulation de la diversité biologique, ou dans celui du programme adaptationniste, ou encore dans celui de la définition de l'espèce (pour ne mentionner que quelques-unes des questions étudiées dans les chapitres suivants). Cela pourrait aisément faire accroire qu'aucun consensus n'est envisageable, ni aucun espoir de progrès réel. Il existe même un petit nombre de scientifiques qui estiment que nous sommes peut-être en train d'atteindre la limite des questions auxquelles la science est susceptible de répondre[1].

Dans de nombreux ouvrages de philosophie des sciences, de nos jours, la notion de progrès scientifique est souvent mise en question. Par exemple, Kitcher (1993) l'a qualifiée de « légende ». Selon lui, en effet, elle consiste à affirmer que la science a « parfaitement atteint ses objectifs [...] et que les scientifiques, génération après génération, ont réussi à décrypter de plus en plus de chapitres de la véritable et complète histoire du monde [...]. Ainsi, les promoteurs de la "légende" pensent que l'on tend globalement à [...] approcher de plus en plus près de la vérité. » J'avoue adhérer à ce que ces critiques appellent la « légende », et, sans doute, ces derniers me considéreront-ils comme « vieux jeu ». Mais j'aimerais bien savoir de quelle science ils parlent. Pour ma part, je me sens obligé d'admettre que le cours des événements, dans les sciences que je connais le mieux, obéit remarquablement bien à ce qu'ils appellent la « légende ».

Considérons, par exemple, l'histoire de la géologie, depuis Werner et Lyell jusqu'à la tectonique des plaques d'aujourd'hui, ou bien l'histoire de la théorie de l'évolution, depuis Lamarck jusqu'à la synthèse évolutionniste des années 1940. Force est de reconnaître qu'il y a eu, dans ces domaines, un progrès par rapport aux conceptions antérieures pour lesquelles le monde ne changeait pas. De même, de Ptolémée à Copernic, Kepler, Newton et l'astrophysique moderne, la compréhension du cosmos s'est continuellement améliorée. Une autre saga du progrès continu est représentée par les changements apparus dans la pensée scientifique, d'Aristote à Galilée, Einstein et la mécanique quantique.

On peut citer de semblables progrès dans les domaines de la morphologie, de la physiologie, de la systématique, de la biologie du comportement et de l'écologie. L'essor de la biologie moléculaire depuis les années 1940 représente une succession ininterrompue de coups d'éclat. Là où il n'y avait pratiquement rien avant les années 1940, nous avons à présent une mégascience bien établie. Tous les grands progrès de la médecine reposent sur les avancées de la biologie ou sur celles d'autres sciences fondamentales. Je pourrais prendre les problèmes de la biologie les uns après les autres et montrer comment des théories successives ont expliqué de plus en plus complètement les faits connus.

Mais que faut-il entendre exactement par «avancées scientifiques» ou «progrès scientifique»? On fait par là allusion à l'établissement de théories scientifiques qui rendent mieux compte de davantage de faits que les précédentes et sont moins susceptibles d'être réfutées. Dans la plupart des sciences, on peut dire des théories qu'elles sont meilleures lorsqu'elles permettent des prédictions plus fiables, et risquent moins d'être supplantées par de nouvelles conceptions. Les controverses scientifiques ont souvent pour objet de déterminer laquelle de deux théories est la meilleure. Or, l'histoire des sciences montre que, à un moment donné, les querelles de ce genre trouvent d'une façon ou d'une autre une solution, et que l'une des théories en présence est effectivement reconnue par tout le monde comme la meilleure. Ajoutons que la solution de nombreuses controverses historiques a également consisté à rejeter *à la fois* deux théories antagonistes pour les remplacer par une troisième.

Très souvent, une théorie connaît des succès tels qu'en définitive elle n'a plus de concurrentes. Cependant, ce n'est pas parce qu'une théorie donnée, à un certain moment, est la seule à expliquer un processus ou un phénomène particulier qu'elle constitue le point final dans le domaine en question. La notion de progrès scientifique trouve une confirmation supplémentaire dans le fait qu'un très grand nombre de théories jadis universellement acceptées ont été, par la suite, totalement réfutées, au point qu'elles sont aujourd'hui considérées, de façon unanime, comme erronées. Ces dernières se comptent littéralement par centaines, mais on n'en mentionnera que quelques-unes parmi les plus connues : la théorie de Schwann sur la formation des nouvelles cellules à partir des noyaux des cellules déjà existantes; l'hérédité par mélange; les rapports quinquénaristes entre les taxa; l'hérédité des caractères acquis; et d'innombrables hypothèses en physiologie. Toutes ces théories aujourd'hui réfutées ont généralement représenté, lorsqu'elles ont été proposées pour la première fois, la meilleure explication possible, fondée sur les données existant à l'époque et sur les schémas conceptuels qui régnaient alors dans la discipline en question. Mais les scientifiques sont rarement satisfaits de quelque théorie que ce soit; ils cherchent toujours à l'améliorer ou à la remplacer par une autre, meilleure ou plus globale. Les théories qui se sont définitivement implantées ont résisté à de nombreuses tentatives de réfutation et sont compatibles avec les données disponibles jusqu'ici.

Certains auteurs ont vu leurs théories résister de façon remarquable. Charles Darwin en est sans doute l'exemple le plus brillant, mais même lui a proposé des explications scientifiques qui ont été réfutées depuis, comme la pangenèse et la spéciation sympatrique dans le cadre du principe de divergence. L'histoire de la génétique fournit de très bons exemples pour montrer que la plus grande partie des progrès scientifiques s'effectuent grâce à la réfutation de théories erronées.

Bien entendu, tout changement de théorie en science ne représente pas nécessairement un progrès. En fait, lorsque, vers la fin des années 1890, on a abandonné la thèse selon laquelle la « nucléine » était le matériel génétique, pour une autre soutenant qu'il s'agissait de protéines, cela a constitué un pas en arrière. On peut en dire autant des théories évolutionnistes saltationnistes-typologiques avancées par les « mendéliens », Bateson et De Vries : ceux-ci avaient rejeté le concept darwinien, alors dominant, d'évolution graduelle au sein des populations. L'histoire de la biologie abonde en exemples de mouvements rétrogrades temporaires de ce genre. De telles mésaventures nous apprennent qu'il ne faut pas abandonner totalement une théorie apparemment réfutée tant qu'on ne l'a pas exhaustivement testée et qu'on n'a pas prouvé qu'elle est incontestablement erronée.

Le chemin conduisant aux nouvelles conceptions n'est en aucune façon linéaire. C'est en fait souvent une approche en zig-zag, qui s'appuie sur des élucidations successives. Toute solution d'une question scientifique, petite ou grande, suscite de nouvelles questions ; il reste généralement un résidu non expliqué, correspondant à ce que l'on appelle une « boîte noire », c'est-à-dire une proposition quelque peu arbitraire qui exigera ultérieurement des analyses et des explications plus complètes. Dans ces conditions, il est clair que la science n'aura jamais de fin.

Certaines activités auxquelles se consacrent les scientifiques ne mènent pas nécessairement à des découvertes scientifiques. Dans toutes les disciplines, il existe des individus dont la tournure d'esprit « comptabilisatrice » les porte à dresser des listes ou des inventaires, à établir des banques de données et à se livrer à des activités généralement utiles à d'autres chercheurs, mais pas à leur discipline. La plupart des chercheurs – peut-être non sans de bonnes raisons – craignent de s'attaquer aux grands problèmes non résolus de leur propre secteur scientifique. Ils se mettent plutôt à reproduire ce qui a déjà été fait par d'autres. Par exemple, ils vont étudier chez *Drosophila virilis* ce qui a déjà été bien établi chez *Drosophila melanogaster*. D'autres chercheurs, de leur côté, accumulent quantité de faits nouveaux, mais sans parvenir à en tirer des enseignements généraux.

Certains se limitent à des problèmes extrêmement spécialisés et ne parviennent pas à établir des contacts intellectuels, notamment sur le plan théorique, avec les chercheurs des disciplines voisines. Les explications scientifiques s'appuient souvent sur des informations et des concepts empruntés à un certain nombre de disciplines adjacentes, et les progrès théoriques dans une discipline donnée entraînent souvent des répercussions dans plusieurs disciplines apparentées. Les progrès en science consistent parfois, non pas simplement à réfuter une théorie donnée, mais à élargir les bases explicatives qui réunissent plusieurs disciplines.

La plupart des auteurs qui ont critiqué la notion de progrès scientifique ont été des philosophes ou des non-scientifiques dépourvus des compétences requises pour apprécier s'il y a eu ou non de réels progrès dans les connaissances. Tout ce que je sais de la science me conduit à désapprouver les points de vue avancés par ces critiques. La plupart des principes généraux et des théories en vigueur au sein de la science actuelle sont incontestés depuis trente, cinquante, cent et même deux cents ans, pour certains. Notre compréhension actuelle du monde est remarquablement solide.

Il existe un nombre restreint de cas où les progrès ont marqué le pas, par exemple, dans le domaine de la compréhension du cerveau ou dans celui de la cohésion du génotype; mais soulignons qu'il s'agit là d'exceptions. Cependant, en dehors des milieux scientifiques, on entend encore souvent dire que la science ne progresse pas, et il n'est donc pas inutile de démontrer qu'un progrès a réellement eu lieu dans différentes disciplines, notamment en biologie. C'est l'objet de l'étude de quelques cas concrets présentée ci-dessous.

Le progrès scientifique en biologie

La cytologie (l'étude de la cellule) se prête particulièrement bien à cette démonstration [2]. Cette discipline a été fondée par l'invention du microscope. Les premiers travaux de cytologie ont été publiés en 1667 par Robert Hooke, sous le titre de *Micrographia*, œuvre dans laquelle le terme de « cellule » a été utilisé pour la première fois. Bien que, dans les cent cinquante années qui ont suivi, de nombreux objets microscopiques aient été décrits par trois microscopistes de grande valeur, Grew, Malpighi et Van Leeuwenhoek, ce type d'étude a relevé alors davantage de l'amusement et de la distraction que de la science sérieuse. Peu de choses nouvelles ont été décrites entre 1740 et 1820. On s'intéressait de temps en temps aux cellules, mais cela se rapportait surtout aux fibres et à d'autres structures allongées.

De grands progrès ont été réalisés entre 1820 et 1880 grâce aux améliorations techniques apportées aux lentilles (on doit à Abbe les plus importantes) et grâce à la découverte de la technique dite du « bain d'huile ». En outre, l'éclairage des objets examinés est devenu meilleur, ainsi que les méthodes de fixation des tissus et de tous les matériaux vivants. Enfin, le recours à toutes sortes de colorants a permis de bien voir des structures telles que les membranes cellulaires, le noyau et les organites intracellulaires. D'importantes découvertes, initiées par des chercheurs tels que Brown, Schleiden et Schwann, ont été réalisées au moyen de microscopes remarquablement primitifs qu'ils avaient eux-mêmes fabriqués. Cependant, au début du XIXe siècle, un certain nombre de fabricants d'appareils d'optique ont produit des microscopes de plus en plus perfectionnés, facilitant ainsi l'étude des cellules et contribuant à mettre la cytologie à l'honneur. La médiocre qualité des premiers instruments avait souvent conduit à des observations erronées, donnant lieu à certaines controverses en cytologie.

La plupart des histoires de la biologie font commencer l'étude des cellules avec Schleiden et Schwann. Cependant, avant eux, F.J.F. Meyen (1804-1840) a publié une monographie sur les cellules des plantes, remarquablement précise et bien informée[3]. Il a décrit la multiplication des cellules par division, utilisé l'iode pour colorer les inclusions d'amidon au sein des cellules végétales et donné une description exacte des chloroplastes. S'il n'était pas mort si jeune, il ne fait pas de doute que son nom aurait occupé une grande place dans l'histoire de la biologie. Meyen n'était pas seul; cette même période a compté une demi-douzaine d'autres chercheurs qui ont contribué de façon importante à la description précise des cellules.

En novembre 1831, Robert Brown a annoncé la découverte d'un organite présent dans toutes les cellules, qu'il a appelé le noyau. Il n'a cependant émis aucune hypothèse sur sa signification. C'est M.J. Schleiden qui, dans un article publié en 1838, a affirmé que les nouvelles cellules naissaient à partir d'un processus de croissance du noyau auquel il a donné un nouveau nom : le cytoblaste. Selon lui, le noyau lui-même se formait *de novo* à partir du liquide contenu dans la cellule. À l'évidence, cette explication de la formation des nouvelles cellules était une théorie épigénétique, qui cadrait parfaitement avec l'esprit de l'époque, hostile à toute idée de préformation. Meyen a aussitôt publié une réplique à Schleiden, dans laquelle il répétait que, selon ses observations, les cellules nouvelles se formaient par la division de vieilles cellules, processus qui rappelait à Schleiden probablement trop la préformation. Cependant, le point de vue de Meyen était assorti par ailleurs d'un certain nombre d'idées erronées sur le noyau cellulaire, ce qui explique sans doute qu'il n'ait pu s'imposer.

Schleiden était botaniste, et ses recherches cytologiques portaient sur les cellules végétales, dont les parois cellulaires sont très apparentes. Il a confirmé une conclusion à laquelle Meyen était déjà parvenu, à savoir qu'une plante n'est composée que de cellules, même si certaines d'entre elles sont considérablement modifiées. Mais qu'en était-il des animaux? Étaient-ils eux aussi formés de cellules? C'est ce qu'a démontré Theodor Schwann en 1839 : celui-ci fut capable de prouver que tous les tissus, même très différents les uns des autres, étaient composés d'unités élémentaires qui n'étaient rien d'autre que des cellules plus ou moins modifiées. Dans une étude très détaillée, Schwann a aussi confirmé la théorie erronée de Schleiden sur la formation des nouvelles cellules à partir des noyaux, à laquelle il a ajouté d'ailleurs une thèse supplémentaire : d'après lui, les nouveaux noyaux se formaient à partir de matériel intercellulaire encore non formé.

La magnifique monographie de Schwann a eu un impact rarement atteint depuis en biologie. Elle démontrait que les animaux et les plantes étaient formés des mêmes matériaux de construction : les cellules. L'ensemble du monde organique présentait donc une unité. Autrement dit, cela signifiait que l'on pouvait analyser les animaux et les plantes en termes des mêmes composantes élémentaires. C'était là un puissant argument en faveur des thèses réductionnistes.

Schleiden a publié ensuite une explication détaillée de sa vision de la science, dans laquelle il mettait l'accent sur l'induction et critiquait sévèrement les conceptions de Schelling et Hegel au sujet de la science, conceptions alors en vogue. Cependant, il est tout à fait clair que Schleiden ne se fondait pas sur l'induction et sur l'empirisme autant qu'il le pensait, et ses conclusions fondamentales étaient téléologiques. Il a manifestement fondé sa conception de la science sur Kant, par le biais de Fries. Schwann, catholique fervent, a également mis en avant une vision du monde téléologique.

La théorie de Schleiden-Schwann sur la formation des nouveaux noyaux à partir du cytoplasme ou de substances organiques dépourvues de formes s'accordait non seulement avec les conceptions épigénétiques des embryologistes de leur temps, mais aussi avec la théorie de la génération spontanée encore largement répandue à cette époque. Une fois de plus, cela illustre bien le fait que les idéologies exercent une grande influence sur l'acceptabilité des théories. C'est Robert Remak qui, en 1852, a complètement réfuté l'explication de la formation des nouvelles cellules et des nouveaux noyaux à partir de matériel organique dépourvu de forme. Il a montré que dans l'embryon de grenouille en cours de développement, dès sa première division, toutes les cellules de tous les tissus proviennent de la division des cellules préexistantes. En 1855, il a prolongé ce travail par une monographie plus développée et bien illustrée dans laquelle il a réfuté plus complètement encore la théorie de Schleiden-Schwann. La même année, Virchow s'est rangé aux conclusions exprimées par Remak et a forgé la célèbre formule *omnis cellula e cellula* (« toute cellule provient d'une cellule »). On ne s'étonnera pas non plus que Virchow ait été un adversaire résolu de la théorie de la génération spontanée.

Il n'est pas très facile de déterminer les facteurs qui ont conduit à changer de théorie en matière de formation des nouvelles cellules. Sans doute l'amélioration des microscopes et des techniques microscopiques a joué, de même que le choix par Remak d'un matériel d'observation approprié : l'embryon de grenouille en cours de développement. D'un autre côté, la nouvelle théorie s'opposait apparemment à l'épigenèse et à la théorie de la génération spontanée, toutes deux encore dominantes à l'époque. Il semble qu'au moins dans ce cas les découvertes empiriques ont tout simplement balayé les réticences que suscitait l'apparente violation des idées largement dominantes.

L'interprétation du noyau

Au départ, la nouvelle théorie sur l'origine des cellules n'a eu aucun impact sur celle du noyau, même si Remak avait montré clairement que la division du noyau précédait la division de la cellule; cette observation avait été catégoriquement récusée par d'autres chercheurs, y compris par le botaniste Hofmeister, pourtant par ailleurs si novateur. Par suite, il fallut encore trente ans avant qu'on n'en arrive à la formule de Fleming : *omnis nucleus e nucleo* (« tout noyau provient d'un noyau »).

En fait, c'est le processus de la fécondation qui a fourni les indications les plus importantes. D'abord, Kölliker, pour l'ovule, et Gegenbaur, pour le spermatozoïde, ont montré que ces deux types d'éléments reproducteurs étaient des cellules. Au début, la controverse a cependant porté sur leur rôle dans la fécondation et le développement. Pour les physicalistes, la fécondation n'était rien d'autre qu'un phénomène physique, transmettant à l'intérieur de l'œuf le stimulus produit par le contact du spermatozoïde avec l'ovule. La fécondation pour eux était simplement le signal initiant la division de la cellule-œuf. Pour leurs adversaires, c'était le « message » que le spermatozoïde apportait à l'œuf qui était l'aspect vraiment important de la fécondation.

Avant que cette dernière conception ne l'emporte finalement, un certain nombre d'idées erronées sur le développement ont dû être écartées, dont la plus importante était celle de la préformation, autrement dit la notion selon laquelle un organisme miniature était contenu soit dans l'œuf, soit dans le spermatozoïde. À partir de Blumenbach, à la fin du XVIIIe siècle, cette idée avait été impitoyablement tournée en ridicule, de sorte qu'elle avait cédé la place à la théorie de l'épigenèse, selon laquelle le développement partait d'une masse totalement dépourvue de forme, à laquelle une morphologie déterminée était ensuite imposée grâce à l'intervention de quelque force extérieure.

Il a fallu qu'une seconde idée soit acceptée : celle de l'égale contribution de l'ovule et du spermatozoïde à la détermination des caractéristiques de l'embryon en cours de développement; en d'autres termes, on a envisagé les aspects génétiques de la fécondation. Cette preuve a été fournie pour la première fois, en 1760, par Kölreuter grâce à ses expériences d'hybridation. Bien que son travail soit demeuré largement ignoré, des résultats comparables aux siens ont été obtenus dans les années suivantes par beaucoup d'autres chercheurs, et on est finalement parvenu à accepter l'idée que, dans la fécondation, le spermatozoïde jouait un rôle bien plus important que le simple déclenchement de la division de l'œuf fécondé. Curieusement, certains chercheurs ont encore adhéré à l'interprétation physicaliste jusque dans les années 1870 (cela a été le cas de Miescher, qui avait découvert les acides nucléiques)[4].

Entre les années 1850 et 1876, on a observé de façon répétée la pénétration du spermatozoïde dans l'œuf, et quelquefois même la fusion de son noyau avec celui de l'ovule. Cependant, ces observations furent mal interprétées en raison des préconceptions théoriques erronées auxquelles adhéraient alors les chercheurs. C'est Oskar Hertwig (1876) qui a montré clairement que la fécondation consistait en la pénétration du spermatozoïde dans l'ovule. Il a prouvé que le gamète mâle fournissait un noyau qui fusionnait avec le noyau du gamète femelle, et que le développement de l'embryon commençait par la division du noyau nouvellement formé. Ces observations ont été complètement confirmées et développées par H. Fol en 1879.

L'idée, très répandue dans les décennies précédentes, selon laquelle le noyau cellulaire se dissolvait avant chacune des divisions d'une cellule, se trouvait maintenant clairement réfutée, au moins dans le cas du processus de fécondation. Grâce à l'amélioration des techniques microscopiques, il fut bientôt démontré que toutes les divisions cellulaires commençaient également par la mitose du noyau cellulaire.

À cette époque, on ne comprenait pas tout à fait le double rôle du spermatozoïde dans la fécondation. On sait aujourd'hui qu'il apporte le matériel génétique du père dans l'œuf fécondé, et donne aussi le signal du développement du zygote. Il s'agit de deux rôles totalement différents, et les physicalistes ne s'en rendaient pas compte. Lorsque Loeb avait réussi, par des moyens chimiques, à déclencher le développement d'œufs non fécondés, il avait décrit cette parthénogenèse artificielle d'une façon telle qu'on voyait qu'il ne comprenait pas du tout les aspects génétiques de la fécondation.

Dans les années 1870, les chercheurs les plus en pointe de la discipline avaient compris que la fusion du noyau du spermatozoïde et de celui de l'ovule avait un sens génétique, même s'il demeurait obscur, de même que la façon dont les deux noyaux pouvaient transmettre les caractéristiques génétiques des parents. Il s'agissait désormais que soit découvert et décrit le processus de division réductionnelle au cours de la méiose chez les gamètes en cours de maturation; et donc de comprendre que les organites essentiels du noyau étaient les chromosomes. Tout cela fut accompli par Weismann, Van Beneden et Boveri.

La plupart des biologistes du XIXe siècle, qui ont réalisé de magnifiques études cytologiques grâce au microscope, se sont comportés en empiristes et ont souvent négligé d'interpréter correctement leurs résultats simplement parce qu'ils ne disposaient pas d'arrière-plan théorique solide. Roux s'est en revanche montré exemplaire. Il a posé la très judicieuse question : pourquoi le processus de la mitose est-il si complexe? Ce phénomène apparemment sans utilité semblait représenter un gaspillage de temps. Pourquoi le noyau ne se divisait-il pas simplement en deux, chaque moitié étant attribuée ensuite à chacune des deux cellules filles? Roux a expliqué la complexité du processus de la mitose par la raison suivante : le matériel nucléaire devait être extrêmement hétérogène et impliquait qu'un mécanisme précis assure la répartition exacte, dans chacun des deux noyaux fils, des différentes composantes qualitativement différentes du noyau de départ.

Cette fin du XIXe siècle est une période particulièrement intéressante pour l'histoire des sciences, car de nombreuses observations et théories d'alors, correctes, ont été ensuite oubliées, pour n'être redécouvertes que bien plus tard. En quelque sorte, leur « véritable sens » n'a été découvert que tardivement. Par exemple, Roux a plus ou moins abandonné sa propre théorie sur la mitose, par ailleurs exacte, parce qu'elle lui semblait être contredite par certaines des observations faites sur le développement de l'œuf fécondé. De son côté, Van Beneden avait constaté fort justement que les chromosomes du noyau du spermatozoïde ne fusionnaient pas avec ceux du noyau de l'ovule, ce qui donnait une base concrète aux résultats de Mendel ; mais avant 1900 pratiquement personne n'a accordé d'attention à l'observation du cytologiste belge.

Aucune des hypothèses avancées par les philosophes des sciences sur l'élaboration des théories n'est en mesure de rendre compte des épisodes extrêmement complexes qui se sont produits durant cette période, tissée d'observations erronées et de fausses déductions. Les progrès ont consisté parfois en des observations nouvelles, parfois en des théories nouvelles. Dans certains cas, ces progrès ont pu être réalisés grâce à un nouveau matériel d'étude, comme dans le cas de l'œuf d'oursin d'Oskar Hertwig ou de l'embryon de grenouille de Remak ; ou bien encore, grâce à de nouvelles techniques, comme les colorants à l'aniline utilisés avec beaucoup de succès par les cytologistes ultérieurs. Une seule chose est évidente : une grande quantité d'observations et de théories nouvelles ont été nécessaires pour que puisse opérer sur elles un processus de sélection darwinienne. Tôt ou tard, l'une d'entre elles allait se révéler incontestable et être acceptée comme « vraie ». De même, telle observation ou hypothèse se trouverait réfutée : cela a été le cas de la proposition selon laquelle le matériel génétique est constitué par des protéines, pourtant reçue comme vraie pendant trente ou quarante ans. Elle était, en fait, solidement ancrée dans l'opinion des biologistes, au point que, lorsqu'on a démontré que l'ADN est la substance de l'hérédité, certains généticiens éminents, comme Goldschmidt, ont refusé d'y croire.

Au cours des quarante années qui ont suivi 1880, les améliorations apportées aux techniques de microscopie ont permis de décrire de façon de plus en plus précise le noyau et les modifications qu'il subit au cours des cycles mitotiques et méiotiques, et d'interpréter ces changements. L'acquisition de ces connaissances s'est donc réalisée selon une histoire extrêmement complexe : certains apports ont été le fait d'excellents observateurs qui ont donné de magnifiques descriptions des divers aspects des processus de maturation des gamètes et de la fécondation; et d'autres apports ont été fournis par de brillants théoriciens[5].

L'interprétation des chromosomes

Une autre série de spéculations a eu pour point de départ l'observation suivante : on pouvait apercevoir des corpuscules de chromatine (appelés plus tard des chromosomes) bien nets au cours de la division cellulaire, mais qui semblaient remplacés par une masse granuleuse ou un réseau de fins filaments durant le stade de repos du noyau. Quel sens cela avait-il qu'une masse diffuse de matériel chromatique se convertisse en des chromosomes bien définis? Ce problème est devenu particulièrement pressant après que l'on a établi que chaque espèce possédait un nombre fixe de chromosomes visibles à la mitose. Il a d'abord été difficile d'élaborer une hypothèse qui rende compte de ces faits, dans la mesure où l'on n'avait pas la moindre idée du rôle biologique de la chromatine. Bien que l'on ait affirmé très tôt que cette dernière n'était rien d'autre que de la nucléine, cette interprétation n'a pas été acceptée de façon générale, et elle n'avait d'ailleurs pas beaucoup d'intérêt, puisque personne ne connaissait la fonction de la nucléine.

C'est alors que Weismann est intervenu : il a soutenu que le matériel génétique était localisé dans les chromosomes, et bien que sa théorie de l'hérédité ait été, dans le détail, inexacte, elle a attiré l'attention dans la bonne direction. La personne qui a le plus contribué à la compréhension des chromosomes est Boveri. Il a commencé par observer qu'il y avait un nombre fixe de chromosomes au cours de la mitose, et, dans les cas favorables, sur certains matériels, il a pu démontrer que chacun de ces chromosomes était individuellement reconnaissable grâce à des caractéristiques diagnostiques. Boveri a réussi à démontrer qu'après la « dissolution » des chromosomes dans la matière nucléaire, au cours de la phase de repos du noyau, le même nombre exactement de chromosomes se reformait, lors de la mitose suivante, et qu'en outre ces derniers avaient, de nouveau, les mêmes caractéristiques individuelles. Cela l'a conduit à formuler la théorie de la continuité des chromosomes, selon laquelle ces derniers ne perdent jamais leur identité au cours de la phase de repos du noyau, mais perdurent tout au long de la vie de la cellule. Bien que cette théorie ait été sévèrement attaquée par les autres chefs de file de la cytologie, y compris par Hertwig, elle a fini par servir de base à la théorie chromosomique de l'hérédité dite de Sutton-Boveri.

La théorie de la continuité était fondée sur des déductions. Il n'était pas possible d'observer directement la persistance physique des chromosomes. Boveri s'est-il appuyé, en arrière-plan, sur un concept ou une idée générale?

Est-ce que ses adversaires se fondaient eux aussi sur quelque autre concept ou idée générale leur conférant la certitude que Boveri avait tort? Malheureusement, sur la base de la littérature existante, je n'ai pu parvenir à une conclusion sur ce point. Je pense pourtant qu'il y a eu quelque chose, dans les arrière-plans conceptuels de Boveri et de Hertwig, qui les a conduits à leur opinion radicale. Aucun des deux n'a invoqué de loi biologique pour soutenir son point de vue, fondé sur des observations et sur une déduction logique à partir de ces observations. Se pourrait-il que la querelle sur la continuité des chromosomes ait été un écho tardif de la controverse « préformation *versus* épigenèse », Hertwig partisan de l'épigenèse et Boveri préformationniste?

Après 1900, les progrès dans l'interprétation de la cellule n'ont pas ralenti. La génétique et la physiologie cellulaire ont été les premières disciplines à fournir de nouvelles connaissances; puis cela a été le cas de l'exploration de la structure fine de la cellule au moyen de la miscroscopie électronique; puis, finalement, celui de l'étude de tous les organites présents dans le cytoplasme grâce à la biologie moléculaire. Bien que les observations aient presque invariablement conduit à de nouvelles interprétations, il est clair qu'en cytologie l'élaboration des théories n'a pas obéi au modèle de la simple induction. Le processus a plutôt été le suivant : les observations ont soulevé des questions, qui ont suscité des hypothèses, qui selon qu'elles ont été confirmées ou réfutées ont fourni de nouvelles théories et de nouvelles explications.

L'histoire de la cytologie illustre particulièrement bien la façon dont se sont ici effectués le progrès graduel de la science, le rejet des théories erronées, la lutte entre théories concurrentes et la victoire de la théorie revêtant la plus grande valeur explicative. Et il est évident qu'aujourd'hui l'interprétation de la cellule et de ses éléments est infiniment supérieure à ce qu'elle pouvait être il y a cent cinquante ans.

La science progresse-t-elle par le biais de révolutions?

On peut donc déduire de cette étude de cas, ainsi que d'autres cas comparables, que la science fait progresser continuellement nos connaissances sur le monde matériel. On peut cependant se demander comment ces avancées se réalisent. Cette question extrêmement controversée occupe aujourd'hui une grande partie de la littérature en philosophie des sciences. On peut distinguer deux grandes écoles : 1) la théorie de Thomas S. Kuhn sur l'alternance des révolutions scientifiques et du cours normal de la science; et 2) l'épistémologie évolutive darwinienne.

L'ouvrage de Kuhn, paru en 1962, *The Structure of Scientific Revolutions* a soulevé un grand émoi que peu de publications en philosophie des sciences ont égalé. Selon la thèse originale de Kuhn formulée dans la première édition, la science progresse au moyen d'occasionnelles révolutions scientifiques, séparées par de longues périodes de « science normale ». Lors d'une révolution scientifique, une discipline donnée adopte un « paradigme » totalement nouveau, qui domine alors pendant la période suivante.

Les révolutions (les changements de paradigme) et les périodes de science normale ne représentent que deux aspects de la théorie de Kuhn. Un autre point est défendu, selon lequel il n'y aurait aucune commune mesure entre l'ancien et le nouveau paradigme. L'un des philosophes qui ont critiqué Kuhn a affirmé que cet auteur utilisait le terme de paradigme d'au moins vingt façons différentes dans la première édition de son ouvrage. Ultérieurement, Kuhn a remplacé le concept de « paradigme » par celui de « matrice propre à une discipline ». Cette « matrice » est davantage qu'une théorie ; selon Kuhn, il s'agit d'un système de croyances, de valeurs et de généralisations symboliques. La notion de Kuhn sur les « matrices propres à des disciplines » ressemble beaucoup à celle de « traditions de recherche », employée par d'autres philosophes[6].

De nombreux auteurs ont accepté le point de vue exprimé par Kuhn ; d'autres en revanche, peut-être encore plus nombreux, l'ont récusé. En fait, on ne peut discuter véritablement de sa thèse qu'en étudiant des cas concrets de changements de théorie, pour voir s'ils ont obéi ou non au modèle proposé. C'est donc dans cet esprit que j'ai passé en revue un certain nombre de grands changements de théories en biologie, dont je livre l'analyse ci-dessous.

Les progrès en systématique

Dans la science de la classification des plantes et des animaux (autrement dit, la systématique ; voir chapitre 7), on peut parler d'une période initiale allant des herborisateurs du XVIe siècle à Linné. Au cours de cette période, la plupart des classifications ont été élaborées sur la base de la division logique, et lorsqu'on était amené à changer de classification, c'était en raison du nombre des espèces envisagées et de l'importance relative donnée aux différentes sortes de caractères, ces classifications reposant, en effet, sur une méthodologie dite de *classification descendante*.

Au bout d'un certain temps, on s'est aperçu que ce mode de classification était, en fait, une méthode de détermination des espèces, et on l'a doublé d'une méthode de classification très différente, appelée *classification ascendante*, consistant à ranger de façon hiérarchique, au sein de classes des groupes toujours plus vastes d'espèces apparentées. Cependant, la méthode de classification descendante a continué à exister parallèlement, fournissant des clés d'identification dans tous les travaux de révision taxinomique et dans les monographies, ainsi que dans les guides d'identification des animaux et des plantes dans la nature. La classification ascendante a d'abord été utilisée par certains herborisateurs, puis plus tard par Magnol (1689) et par Adanson (1763), mais il a fallu attendre le dernier quart du XVIIIe siècle pour que cette méthode commence à être adoptée de manière générale. Il n'y a pas eu de remplacement révolutionnaire d'un paradigme par un autre, puisque les deux modes de classification ont continué à exister, bien que, désormais, avec des objectifs différents.

On aurait pu penser que l'adoption de la théorie de Darwin sur la descendance d'ancêtres communs en 1859 entraîne une grande révolution en taxinomie, mais cela n'a pas été le cas. En effet, dans la méthode de classification ascendante, on forme des groupes sur la base du plus grand nombre de caractères partagés. Dans ces conditions, il n'est pas surprenant que les taxa ainsi délimités consistent généralement en descendants de l'ancêtre commun le plus proche. Dès lors, la théorie de Darwin a apporté une justification à la méthode de la classification ascendante, mais n'a pas provoqué de révolution scientifique en systématique.

Cent ans plus tard, après 1950, deux nouvelles écoles de macrotaxinomie sont apparues : la phénétique numérique et la cladistique. Cela a-t-il constitué des révolutions? La phénétique a donné lieu à des classifications assez insatisfaisantes; aussi n'a-t-elle pas eu de grand impact. En outre, si elle a fourni une nouvelle méthodologie, elle n'a pas réellement représenté une nouvelle conception théorique. En revanche, au regard du volume de la littérature actuelle, il semble que la cladistique a réellement représenté une révolution majeure. En réalité, la méthode consistant à reconnaître les taxa par les caractères dérivés communs était déjà pratiquée antérieurement, comme Hennig lui-même le souligne (1950). Cependant, l'analyse cladistique pratiquée de plus en plus fréquemment, on peut dire qu'incontestablement elle a eu un grand impact.

Mais si l'on doit parler à son propos de révolution scientifique, il faut reconnaître qu'elle ne s'est pas pour autant déroulée de la façon décrite par Kuhn. Il n'y a pas eu de remplacement soudain d'un paradigme par un autre, parce que les deux systèmes ont continué à coexister : autrement dit, il y a eu, d'une part, le système de mise en ordre de Hennig (détermination de clades ou cladification) et, d'autre part, la méthodologie darwinienne traditionnelle (classification évolutionniste). En fait, ces deux systèmes diffèrent non seulement par leur méthodologie, mais aussi par leur objectif : le système cladistique vise seulement à découvrir la phylogénie et à lui donner une représentation, tandis que la méthodologie évolutionniste cherche à délimiter des taxa regroupant les espèces les plus semblables et les plus étroitement apparentées, approche particulièrement utile à l'écologie et aux études portant sur l'histoire de la vie. Les deux démarches peuvent donc continuer à coexister, leurs objectifs diffèrent totalement.

Les progrès en biologie évolutionniste

La biologie évolutionniste offre un autre domaine qui met à l'épreuve la théorie des révolutions scientifiques. Dès la fin du XVIIe siècle, on avait commencé à douter du tableau naïf représenté par la création biblique. Au XVIIIe siècle, à partir du moment où l'on s'est rendu compte de l'ampleur des durées mises en jeu en géologie et en astronomie, où l'on a établi que les différentes parties du monde étaient peuplées par des faunes et des flores différentes et où l'on a décrit de plus en plus de fossiles, divers scénarios nouveaux ont été proposés, tels que des créations répétées (chacune d'entre elles repartant de zéro). Ces nouvelles théories étaient avancées parallèlement au récit biblique de la Création, encore soutenu par la grande majorité des auteurs. Le premier penseur qui a sérieusement ébranlé toutes ces conceptions a été Buffon, dont nombre d'idées se trouvaient en totale contradiction avec la vision du monde créationniste-essentialiste de son époque. En fait, c'est à partir des idées de Buffon que Diderot, Blumenbach, Herder, Lamarck et d'autres auteurs ont élaboré leurs propres conceptions évolutionnistes. Lorsque Lamarck, en 1800, a proposé la première théorie authentique d'une évolution graduelle, il a fait peu d'adeptes et n'a pas initié de révolution scientifique. En outre, ceux qui l'ont suivi, comme Geoffroy et Chambers, se sont largement distingués de lui – et aussi l'un de l'autre – sur de nombreux points. Il est clair que Lamarck n'a pas effectué le remplacement d'un paradigme par un autre.

En revanche, personne ne peut nier que *De l'origine des espèces* de Darwin a représenté une authentique révolution scientifique. En fait, on dit souvent qu'il s'est agi de la plus importante de toutes les révolutions scientifiques. Cependant, elle ne s'est pas du tout conformée aux règles mises en avant par Kuhn. L'analyse de la révolution darwinienne est très délicate, parce que son paradigme comporte, en réalité, toute une série de thèses, dont cinq majeures (voir chapitre 9)[7]. Pour être plus clair, considérons que Darwin a été l'auteur de deux révolutions.

La première a correspondu à la théorie de l'évolution par descendance d'ancêtres communs. Cette thèse s'est montrée révolutionnaire sur deux points. Premièrement, elle a remplacé le concept de création spéciale par celui d'évolution graduelle : autrement dit, elle a remplacé une explication faisant appel au surnaturel par une explication matérielle, naturelle. Et deuxièmement, elle a remplacé le modèle d'une évolution rectilinéaire, adopté par les évolutionnistes antérieurs, par un modèle de descendance avec des branchements, supposant que la vie n'est apparue qu'une seule fois. C'était enfin une solution convaincante, correspondant à ce que de nombreux auteurs, depuis Linné et même d'autres avant lui, avaient essayé d'établir : un système « naturel ». Elle écartait toute explication surnaturelle. En outre, elle dépossédait l'homme de sa position unique et lui aménageait une place au sein de l'ensemble des animaux. La descendance d'ancêtres communs a été adoptée très rapidement, et a suscité les recherches les plus actives et peut-être les plus fructueuses de la période immédiatement post-darwinienne. Elle s'accordait en effet très bien aux intérêts des morphologistes et des systématiciens, dans la mesure où elle fournissait une explication théorique aux données empiriques antérieurement découvertes, comme la hiérarchie linnéenne et les archétypes d'Owen et de von Baer. Elle n'a correspondu à aucun changement spectaculaire de paradigme. En outre, si l'on considère la période allant de Buffon (1749) à la publication de *De l'origine des espèces* (1859) comme une période de « science normale », cela implique qu'on ne peut pas attribuer le statut de « révolution » à un certain nombre d'avancées durant cette période, qui ont pourtant constitué de notables remises en question. Il s'agit de la découverte du grand âge de la Terre, de celle des extinctions, de celle du remplacement de la *scala naturae* par la notion de types morphologiques, de celle des régions biogéographiques, de celle du caractère concret de l'espèce, etc. Toutes ces découvertes ont été des préalables nécessaires à la théorie de Darwin et pourraient être comptées au nombre des éléments de la première révolution darwinienne, ce qui ferait débuter celle-ci, non plus en 1859, mais en 1749[8].

La seconde révolution darwinienne a correspondu à la théorie de la sélection naturelle. Bien que proposée et complètement expliquée en 1859, cette théorie a rencontré une opposition vigoureuse, dans la mesure où elle contredisait cinq idéologies dominantes (le créationnisme, l'essentialisme, la téléologie, le physicalisme et le réductionnisme). Il a fallu attendre la réalisation de la synthèse évolutionniste dans les années 1930 et 1940, pour de la voir acceptée par la majorité des biologistes. En France, en Allemagne et dans quelques autres pays, il existe aujourd'hui encore une résistance à l'encontre de cette théorie.

À quelle date peut-on considérer que cette seconde révolution darwinienne s'est accomplie : lorsqu'elle a été proposée en 1859 ou bien lorsqu'elle a été largement acceptée dans les années 1940 ? La période allant de 1859 aux années 1940 est-elle une période de science normale ? En fait, un nombre considérable de plus petites révolutions en biologie sont intervenues dans cet intervalle de temps, comme, par exemple, la réfutation de l'hérédité des caractères acquis (Weismann, 1883), le rejet de l'hérédité par mélange (Mendel, 1866, et de nombreux auteurs ultérieurs), la mise au point du concept biologique de l'espèce (Poulton, Jordan, Mayr), la découverte des mécanismes sous-tendant la variation génétique (mutation, recombinaison génétique, diploïdie), la prise de conscience de l'importance des processus stochastiques dans l'évolution (Gulick, Wright), le principe de la population fondatrice, l'identification de nombreux processus génétiques ayant des conséquences sur le plan de l'évolution, etc. Nombre de ces acquisitions ont, en fait, eu un impact révolutionnaire sur la réflexion théorique des évolutionnistes, mais sans revêtir aucun des attributs reconnus par Kuhn à la notion de révolution scientifique.

Après l'acceptation générale de la théorie synthétique, *grosso modo* à partir de 1950, des modifications de presque tous les aspects du paradigme ont été proposées et certaines adoptées. Néanmoins, il ne fait guère de doutes que de 1800 à aujourd'hui, il y a eu des périodes de calme relatif en biologie évolutionniste, et d'autres périodes durant lesquelles des changements importants et de vigoureuses controverses sont survenus. En d'autres termes, la conception kuhnienne de révolutions rapides et bien définies se produisant au terme de longues périodes de «science normale» n'est pas exacte; mais celle d'un progrès lent et continu de la science ne l'est pas non plus.

Bien que cela n'ait pas encore été fait, il serait intéressant d'étudier les percées effectuées dans d'autres disciplines en biologie, de voir dans quelle mesure on peut les qualifier de révolutions, si elles ont conduit au remplacement d'un paradigme par un autre, et, si oui, combien de temps il a fallu avant que le remplacement ne soit achevé. Par exemple, est-ce que l'apparition de l'éthologie (initiée par Lorenz et Tinbergen) ou celle de la théorie cellulaire (Schwann et Schleiden) ont constitué des révolutions scientifiques? Il se pourrait que le phénomène le plus révolutionnaire qui se soit produit en biologie au XXe siècle ait été l'essor de la biologie moléculaire. Cela a conduit à une nouvelle discipline, et, partant, de nouveaux scientifiques, de nouveaux problèmes à résoudre, de nouvelles méthodes expérimentales, de nouveaux journaux, de nouveaux manuels et de nouveaux personnages légendaires; mais, sur le plan conceptuel, cette nouvelle discipline n'a rien été d'autre que la continuation en droite ligne des progrès en génétique réalisés avant 1953; il n'y a pas eu de révolution au cours de laquelle la science antérieure a été rejetée[9]. Il n'y a pas eu de remplacement d'un ancien paradigme par un nouveau, le second n'ayant aucune commune mesure avec le premier. En fait, on a plutôt assisté au remplacement d'analyses effectuées à des niveaux assez larges par des analyses effectuées à des niveaux bien plus fins, ainsi qu'au développement de méthodes entièrement nouvelles. L'essor de la biologie moléculaire a été révolutionnaire, mais n'a pas représenté une révolution kuhnienne.

Le gradualisme dans les avancées de la biologie

Pratiquement tous les auteurs qui ont tenté de voir si la thèse de Kuhn s'appliquait aux changements de théories intervenus en biologie ont conclu que ce n'était pas le cas. Même lorsque se sont produits des changements assez révolutionnaires, cela ne correspondait pas aux critères de Kuhn. Avant tout, il n'y a pas eu en biologie de différence très nette entre les moments de révolution et les périodes de « science normale ». On constate plutôt une gradation complète entre des changements théoriques mineurs et majeurs. Un certain nombre de révolutions mineures se sont produites même dans des périodes où Kuhn ne voit que le cours normal de la science. Jusqu'à un certain point, cet auteur l'admet maintenant, mais cela ne l'a pas pour autant conduit à abandonner sa distinction entre révolutions et « science normale » [10].

Sur la base de l'histoire de la biologie, on peut donc dire que l'introduction d'un nouveau paradigme ne se traduit en aucune façon par le remplacement systématique et immédiat de l'ancien. Par suite, la nouvelle théorie révolutionnaire peut avoir cours parallèlement à l'ancienne. En fait, jusqu'à trois ou quatre paradigmes peuvent coexister simultanément. Par exemple, après que Darwin et Wallace ont proposé la sélection naturelle comme mécanisme de l'évolution, le saltationnisme, l'orthogenèse et le lamarckisme ont concurrencé le sélectionnisme au cours des quatre-vingts années qui ont suivi [11]. Il a fallu attendre la synthèse évolutionniste des années 1940 pour que ces paradigmes concurrents perdent leur crédit.

Kuhn ne fait pas de distinction entre les changements théoriques provoqués par de nouvelles découvertes et ceux qui résultent de l'élaboration de concepts totalement nouveaux. Les changements provoqués par de nouvelles découvertes ont généralement beaucoup moins d'effet sur les paradigmes que les bouleversements conceptuels. Par exemple, le lancement de la biologie moléculaire à la suite de la découverte de la structure en double hélice de l'ADN n'a eu que de faibles conséquences sur le plan conceptuel, et, de ce fait, il n'y a pratiquement pas eu de changements de paradigme durant la transition qui a mené de la génétique à la biologie moléculaire.

Une même théorie nouvelle peut être beaucoup plus révolutionnaire pour certaines sciences que pour d'autres. La tectonique des plaques en est un bon exemple. Il est évident que cette théorie a eu un impact révolutionnaire, presque cataclysmique, sur la géologie. Or qu'en a-t-il été de la biogéographie? En matière de distribution des oiseaux, l'analyse historique mise au point avant la tectonique des plaques n'a presque pas eu besoin d'être changée après que celle-ci a été adoptée (la seule exception étant la prise en compte d'un contact nord-atlantique entre masses continentales au début du Tertiaire) [12]. Certes, la distribution aviaire dans la région malayo-polynésienne ne coïncidait pas du tout avec les reconstructions données par la tectonique des plaques, mais des recherches ultérieures en géologie ont montré que ces premières reconstitutions géologiques étaient inexactes : les nouvelles qui ont été proposées se sont parfaitement bien accordées avec les analyses de la biologie[13]. Bien avant la tectonique des plaques, les paléontologistes avaient postulé l'existence d'une Pangée à l'époque permo-triassique. En d'autres termes, l'interprétation de l'histoire de la vie sur la Terre n'a pas été affectée par la prise en compte de la tectonique des plaques de la même façon, ni dans les mêmes proportions, que l'a été la géologie.

La conséquence majeure de l'introduction d'un nouveau paradigme dans un domaine précis est sans doute l'accroissement important des recherches dans ce secteur. Cela est particulièrement bien illustré par l'explosion des recherches phylogénétiques, après que Darwin a proposé la théorie de la descendance d'ancêtres communs. En anatomie comparée, de même qu'en paléontologie, une grande partie des recherches effectuées après 1860 ont eu pour objectif de déterminer la position phylogénétique de taxa particuliers, notamment ceux qui paraissaient primitifs et aberrants. En revanche, on connaît de nombreux autres cas où de remarquables découvertes n'ont eu qu'un impact relativement faible sur la structure théorique d'une discipline. Lorsque, de façon inattendue, Meyen et Remak ont trouvé que les nouvelles cellules naissaient de la division des cellules déjà existantes et ne résultaient pas de la conversion de noyaux préexistants en nouvelles cellules, cela n'a eu que peu d'effets. De même, en ce qui concerne la théorie génétique, la découverte établissant que le matériel génétique était formé par des acides nucléiques et non par des protéines n'a pas conduit à un changement majeur de paradigme.

Le tableau est quelque peu différent si l'on considère l'élaboration de nouveaux concepts. Lorsque la prise en compte de la théorie de Darwin a obligé d'inclure l'homme dans l'arbre phylogénétique des espèces animales, cela a véritablement induit une révolution dans le domaine idéologique. En revanche, comme Popper (1975) l'a fort justement souligné, le nouveau paradigme de Mendel sur l'hérédité n'a pas eu le même effet. On ne dira jamais assez que les changements dans le domaine des concepts ont bien plus d'impact que les nouvelles découvertes. Par exemple, le remplacement de la pensée essentialiste par une démarche fondée sur la notion de « populations » a eu un impact révolutionnaire dans les domaines de la systématique et de la biologie évolutionniste et même dans des domaines extra-scientifiques (comme la politique). Ce changement a en effet eu de profondes répercussions sur l'interprétation du gradualisme, de la spéciation, de la macro-évolution, de la sélection naturelle et du racisme. Le rejet de la téléologie cosmique et de l'autorité de la Bible a également modifié de façon considérable l'appréhension de l'évolution et de l'adaptation.

Dans la mesure où l'on ne trouve pratiquement aucune confirmation de la thèse de Kuhn lorsqu'on étudie les changements de théorie intervenus en biologie, on peut se demander ce qui a incité cet auteur à avancer cette conception. Puisque les explications formulées dans les sciences physiques font souvent appel à des lois universelles, contrairement à la biologie, on pourrait supposer que c'est le propre des explications scientifiques impliquant des lois universelles d'être sujettes à des révolutions kuhniennes. Mais il faut également se rappeler que Kuhn était un physicien et que sa thèse, du moins sous la forme présentée dans ses plus anciens écrits, reflétait des conceptions essentialistes-saltationnistes très répandues chez les physiciens. Pour Kuhn, à cette époque, chaque paradigme se présentait à la façon d'une « idée » (*eidos* ou essence) platonicienne et ne pouvait changer que par le biais de son remplacement par une nouvelle « idée ». Une évolution graduelle était impensable dans son mode de pensée. Les variations présentées par une « idée » n'étaient que des « accidents », comme les philosophes scolastiques les appelaient, et, par conséquent, les variations pouvant intervenir dans la période séparant les changements de paradigmes n'avaient pas fondamentalement d'importance, et représentaient seulement le cours de la « science normale ».

La science progresse-t-elle au moyen d'un processus darwinien ?

Le tableau du processus de changement théorique brossé par Kuhn en 1962 s'accordait parfaitement avec le mode de pensée essentialiste des physicalistes, mais il était incompatible avec le mode de pensée des darwiniens. Il n'est donc pas surprenant que ces derniers se soient prononcés en faveur d'une conception totalement différente du processus de changement de théorie en biologie, généralement qualifiée d'épistémologie évolutive darwinienne. Comme le souligne Feyerabend (1970), il s'agit, en réalité, d'une conception philosophique très ancienne : « L'idée que la connaissance peut progresser par le biais d'une lutte entre des thèses alternatives et qu'elle dépend d'un processus de propagation a, pour la première fois, été avancée par les présocratiques (comme cela a été souligné par Popper lui-même), et elle a été développée sous la forme d'une philosophie générale par Mill (notamment dans *On Liberty*). L'idée qu'une lutte entre des alternatives est décisive pour la science a également été proposée par Mach (*Erkenntnis und Irrtum*) et Boltzmann (*Populärwissenschaftliche Vorlesungem*), principalement sous l'influence du darwinisme. »

La principale thèse de l'épistémologie évolutive darwinienne est que la science progresse pratiquement à la façon du monde organique, c'est-à-dire par le biais d'un processus darwinien. Le progrès épistémologique est ainsi caractérisé par la variation et la sélection. Plus précisément : « Les idées les plus solides ou bien les idées qui ont le plus grand degré de vraisemblance ou le plus grand pouvoir explicatif ou la plus grande capacité à résoudre les problèmes, etc., survivent mieux d'une génération à l'autre dans la lutte pour se faire accepter» (Thompson, 1988 : 235). On peut montrer qu'un tel processus existe bien, en se fondant sur des exemples. Ainsi, considérons la façon dont Darwin a lui-même élaboré sa propre théorie de l'évolution des espèces. Lorsqu'il était encore jeune, il a envisagé toutes sortes de théories de l'évolution, les rejetant les unes après les autres, jusqu'à ce qu'il parvienne enfin à sa théorie de la descendance par le biais de la sélection naturelle [14]. Ou bien, dans la période post-darwinienne, on peut faire état, initialement, d'une grande diversité des théories de l'évolution concurrentes de celle fondée sur la sélection naturelle (lamarckisme, saltationnisme, orthogenèse) ; puis, finalement, seule cette dernière est restée en lice, en tant que survivant victorieux. Il faut reconnaître qu'il y a, en effet, une grande ressemblance avec le processus de la sélection naturelle dans cette compétition entre différentes théories, l'une d'entre elles triomphant finalement, au moins temporairement. À un niveau superficiel, il ne fait guère de doutes que la progression dans les théories scientifiques au cours de l'histoire ressemble fort au processus darwinien de changement évolutif.

Cependant, lorsqu'on l'analyse de plus près, le changement de théories s'opère en fait d'une façon qui diffère en de nombreux points du changement évolutif authentique [15]. Ainsi, les variantes présentées par les diverses théories en concurrence ne sont pas dues au hasard, comme dans le cas de la variation génétique, mais résultent du raisonnement des promoteurs de chacune d'entre elles. Il est vrai que ce n'est pas un argument décisif, car l'origine de la variation n'a pas beaucoup d'importance pour le processus darwinien. Darwin, par exemple, considérait certains processus dits lamarckiens (discrédités depuis) comme «l'effet de l'usage et du non-usage» et l'action directe de l'environnement dans la genèse de nouvelles variations. Et dans la théorie synthétique des années 1940, il était admis que la variation ait de nombreuses origines : mutations, recombinaisons, variations infléchies, transferts horizontaux, hybridations, et autres processus. Il n'est donc pas important que la variation soit due ou non au hasard.

Dans l'épistémologie évolutive, la transmission de génération en génération se fait sur le plan culturel, et c'est un processus qui est donc très différent de celui de la transmission génétique, pour ne mentionner encore qu'un type de différences avec le darwinisme, parmi beaucoup d'autres. On peut également dire que les grandes avancées théoriques (les «révolutions kuhniennes») sont peut-être d'une ampleur plus grande que les changements génétiques compatibles avec la nature des populations biologiques.

Même s'il est donc tout à fait évident que les changements de théorie ne sont pas strictement comparables, point par point, avec les changements évolutifs darwiniens, il n'en est pas moins vrai qu'ils s'accomplissent selon le modèle darwinien fondamental de variation et de sélection. Dans une série de théories en compétition, celle qui triomphe finalement des autres est celle qui soulève le moins de difficultés et est capable d'expliquer le plus grand nombre de faits de manière satisfaisante : en d'autres termes, il s'agit de celle qui est la « meilleure ». Il s'agit bien d'un processus darwinien. Dans l'évolution des théories, à l'instar de ce qui se passe dans les populations biologiques, il existe une production continuelle de nouvelles variantes, autrement dit de nouvelles hypothèses. Certaines d'entre elles satisfont à la situation bien mieux que d'autres; autrement dit, elles réussissent mieux et seront acceptées jusqu'à ce qu'elles soient modifiées ou remplacées par des explications encore meilleures. Il existe une grande variabilité dans la dimension des changements théoriques : beaucoup d'entre eux sont très mineurs, et d'autres suffisamment énormes pour mériter le nom de révolutions. À titre d'exemple, parmi les avancées à l'impact le plus révolutionnaire, on peut citer la notion de descendance avec branchements, celle de sélection naturelle, ou bien celle de l'information génétique portée par des acides nucléiques et non par des protéines.

À partir de ces constatations, on peut tirer les conclusions suivantes : 1) Il y a eu, en fait, des révolutions majeures et des révolutions mineures dans l'histoire de la biologie. Cependant, même les révolutions majeures n'ont pas correspondu nécessairement à des changements de paradigme soudains et considérables. 2) Les paradigmes anciens et nouveaux ont pu coexister pendant de longues périodes et n'ont pas nécessairement été différents au point de n'avoir aucun point commun. 3) Les branches actives de la biologie semblent n'avoir connu aucune période de « science normale ». Il y a toujours eu une série de révolutions mineures entre les révolutions majeures. On ne trouve de périodes dépourvues de toute révolution que dans les branches de la biologie inactives; mais il est inapproprié de dire de ces périodes de calme qu'elles ont correspondu à des périodes de « science normale ». 4) L'épistémologie évolutive darwinienne semble beaucoup mieux rendre compte des changements de théorie en biologie que la description donnée par Kuhn des révolutions scientifiques. Dans les branches actives de la biologie, de nouvelles hypothèses ont sans cesse été proposées (c'est le processus darwinien de variation, transposé à l'épistémologie), et certaines d'entre elles ont connu plus de succès que d'autres. On peut dire qu'elles ont été retenues par « sélection » jusqu'à ce qu'elles aient été remplacées par d'autres, encore meilleures; ou bien l'on peut dire que les hypothèses ou théories inférieures ou erronées ont été éliminées jusqu'à ce que, finalement, la seule théorie restant ait été celle donnant les explications les plus satisfaisantes. Et 5) on peut constater, dans l'histoire de la biologie, que les paradigmes en vigueur ont généralement été remis en question par l'invention de nouveaux concepts plutôt que par de nouvelles découvertes.

Pourquoi le consensus scientifique est si difficile à atteindre

Les non-scientifiques s'imaginent souvent, de façon naïve, que dès l'instant où une nouvelle explication ou théorie scientifique est proposée, elle est rapidement adoptée. En réalité, il n'est arrivé que très rarement qu'une nouvelle conception soudainement apparue ait fait progresser toute une discipline de façon immédiate et révolutionnaire. La plupart des grandes théories sur lesquelles la science se fonde aujourd'hui ont dû surmonter des années de résistance, à la fois à l'intérieur et à l'extérieur de la science. Comme nous l'avons vu, de 1859 jusqu'à environ 1940, la théorie de la sélection naturelle de Darwin et Wallace n'a pas été retenue par la majorité des scientifiques. La dérive des continents a été proposée pour la première fois par Wegener en 1912 (en fait, un certain nombre de précurseurs en avaient déjà avancé des ébauches). Les géophysiciens s'y sont opposés de façon quasi unanime, soutenant qu'il n'existait pas de force connue capable de faire bouger des continents entiers à la surface de la planète, et que cette théorie ne pouvait pas rendre compte de la géologie du plancher océanique. Certains exemples biogéographiques cités par Wegener pour soutenir sa théorie de la dérive (les modes de distribution faunistiques du Pléistocène) étaient mal choisis, ils ont été facilement réfutés. Cependant, les preuves en faveur de la dérive des continents se sont accumulées au cours du temps, notamment grâce aux recherches paléontologiques, de sorte que, lorsqu'au début des années 1960 on a découvert l'expansion des fonds océaniques et les phénomènes magnétiques qui leur sont associés, la dérive continentale a été acceptée en quelques années [16].

La spéciation géographique (se traduisant par la multiplication des espèces) est un autre exemple de théorie qui a été longue à être acceptée. Sur la base des observations qu'il avait réalisées aux Galapagos, dans un premier temps (dans les années 1840) Darwin avait pensé que la spéciation géographique était la seule façon dont se formaient les nouvelles espèces. Mais, plus tard (dans les années 1850), il a aussi admis la notion de spéciation sympatrique, jusqu'à la reconnaître enfin comme le processus le plus fréquent et le plus important [17]. La conception de Moritz Wagner (1864, 1889), selon laquelle la spéciation est généralement géographique, est demeurée minoritaire jusqu'en 1942 [18]. Au cours des quatre-vingts années qui ont suivi 1859, l'étude de la distribution géographique des sous-espèces, des espèces naissantes et des espèces étroitement apparentées chez les oiseaux, les mammifères, les papillons et les escargots, a conduit à convaincre pratiquement tout le monde que la spéciation géographique était le mode de spéciation majeur, et peut-être presque exclusif, chez les organismes se reproduisant sexuellement. Depuis cette époque, de nombreux arguments nouveaux ont été avancés en faveur de la spéciation sympatrique ou en faveur de formes non géographiques de la spéciation, de sorte qu'on est encore en pleine controverse pour savoir si ces autres modes de spéciation existent vraiment et, si oui, quelle est leur importance relative. Il est clair que des différences conceptuelles sont en jeu dans cette querelle, certains auteurs approchant le problème du point de vue de la distribution géographique des populations, tandis que d'autres s'appuient sur des notions d'écologie locale.

De nombreuses raisons permettent d'expliquer pourquoi certaines théories doivent batailler pendant près d'un siècle avant d'être acceptées, alors qu'un petit nombre d'idées nouvelles parviennent à s'imposer presque immédiatement; citons-en six[19].

L'une d'elles est que des ensembles différents de preuves conduisent à des conclusions différentes. Par exemple, les chercheurs dans le domaine de la spéciation géographique sont généralement impressionnés par le caractère graduel du processus de la spéciation qu'ils considèrent comme une preuve très convaincante de l'évolution graduelle. De leur côté, de nombreux paléontologistes ont également été frappés par l'existence universelle, dans les archives paléontologiques, de lacunes entre les espèces, de même qu'entre les taxa de niveau supérieur; et ils ont estimé qu'il y avait là une preuve convaincante en faveur de l'évolution par saltation. Il en découle donc le problème suivant : comment réconcilier l'apparence discontinue des archives fossiles avec le processus graduel de la spéciation? Une solution a été proposée par Mayr, par Eldredge et Gould, ainsi que par Stanley[20].

Une deuxième raison est que les scientifiques appartenant à des camps adverses adhèrent à des idéologies sous-jacentes différentes, ce qui rend certaines théories acceptables pour un groupe donné, mais non pour un autre. Par exemple, la théorie de la sélection naturelle était inacceptable en 1859 (et dans les années qui ont suivi) pour les créationnistes, les adeptes de la théologie naturelle, les partisans de la téléologie et les physicalistes partisans d'un strict déterminisme. Le remplacement d'une idéologie (d'un « paradigme fondamental ») par une autre suscite bien plus de résistance que celui d'une théorie erronée par une théorie satisfaisante. Pour les auteurs qui soutenaient des conceptions telles que le vitalisme, l'essentialisme, le créationnisme, la téléologie et la théologie naturelle, ces idées faisaient partie intégrante de leur vision du monde et c'est pourquoi ils ne les ont pas abandonnées facilement. Les conceptions contraires n'ont pu donc se diffuser que lentement, en s'attachant des esprits qui n'avaient pas encore de vision du monde bien déterminée.

Une troisième raison est qu'à un moment donné plusieurs explications semblent rendre compte avec une égale efficience du même phénomène. C'est par exemple le cas de la faculté de s'orienter sur les longues distances chez les oiseaux que l'on a attribuée à la perception de l'orientation solaire, à celle du magnétisme terrestre, à l'olfaction et encore à d'autres aptitudes sensorielles.

Dans certains cas, il existe réellement une pluralité de réponses possibles. Par exemple, la spéciation peut se réaliser grâce à l'acquisition de mécanismes d'isolement pré- ou post-copulatoires; ou bien elle peut s'opérer sur le plan géographique de façon relativement rapide, soit par le biais d'une population fondatrice, soit par celui d'une population-relique; ou bien encore le niveau de l'espèce peut être atteint grâce à une réorganisation chromosomique.

Quelquefois, le consensus ne peut s'établir parce que certains biologistes se préoccupent de causes immédiates et d'autres de causes lointaines. Pour T.H. Morgan, le dimorphisme sexuel s'expliquait par les chromosomes sexuels et par les hormones (causes immédiates), tandis que, pour les chercheurs dans le domaine de l'évolution, il s'expliquait par la sélection en faveur du succès reproductif (cause lointaine ou évolutive).

Certains facteurs qui s'opposent à l'acceptation de nouvelles idées ne sont pas strictement d'ordre scientifique. Tel auteur n'était pas très apprécié des «autorités» du moment, ou les avait peut-être choquées; tel autre, parce qu'il appartenait à une coterie détenant beaucoup de pouvoir, a connu un succès inattendu lorsqu'il a avancé une théorie qui devait pourtant être réfutée ultérieurement. Lorsque les scientifiques impliqués dans une controverse appartiennent à des écoles ou des pays différents, au mode d'explication distinct, il est encore plus difficile d'arriver à un consensus. Dans ce dernier cas, l'une des cinq autres raisons énumérées ci-dessus prévaut; mais aussi, et c'est la sixième raison, lorsqu'une tradition est établie, elle tend à résister opiniâtrement, même face à toutes sortes de preuves contraires. Cela a été le cas, par exemple, de la préférence durable de nombreux auteurs français pour une interprétation lamarckienne de l'évolution, alors que, dans la plupart des autres pays, le sélectionnisme avait déjà triomphé. Les autorités scientifiques d'un pays ont en général tendance à accepter plus facilement le travail d'un auteur de leur propre pays, ou qui a au moins publié dans leur langue, que les écrits d'auteurs étrangers. Il est très probable que d'importants travaux publiés en russe, en japonais ou même dans des langues de l'Europe occidentale autres que l'anglais, sont largement négligés, voire complètement ignorés. Et si les idées émanant de ces publications seront finalement adoptées un jour, ce sera souvent parce qu'elles auront été redécouvertes ultérieurement par quelqu'un d'autre, la publication originale étant oubliée.

Les limites de la science

Dans son célèbre essai *Ignoramus, ignorabimus* («Nous ne savons pas, nous ne saurons jamais»), Du Bois-Reymond, en 1872, a dressé la liste d'un certain nombre de problèmes scientifiques que la science, il en était convaincu, ne saurait jamais résoudre. Cependant, en 1887, il a dû admettre que certains d'entre eux avaient déjà été résolus. Certains de ses critiques ont même affirmé que *tous* avaient été résolus en principe ou bien étaient en voie de l'être.

De temps à autre, on lit des déclarations très optimistes selon lesquelles la science trouvera un jour la solution à tous nos problèmes. Tous les bons scientifiques savent que ce n'est pas vrai[21]. Certaines limites pesant sur la science sont d'ordre pratique, tandis que d'autres découlent de questions de principe. Tout le monde s'accorde à reconnaître que certaines expériences sur des sujets humains sont inenvisageables, dans la mesure où elles violent les normes de la morale, voire le sens moral proprement dit. Par ailleurs, certaines expériences relevant du domaine des « super-accélérateurs » sont tout simplement beaucoup trop chères pour être réalisées. Ici encore, il existe donc une limite précise, bien que de nature pratique.

Un autre obstacle sérieux, et également d'ordre pratique, au progrès de la science est représenté par la difficulté à expliquer de façon exhaustive le fonctionnement de systèmes extrêmement complexes. Je suis convaincu qu'en temps voulu nous parviendrons à comprendre, en théorie, le fonctionnement du programme génétique de développement, celui du cerveau ou celui d'un écosystème. Mais dans la mesure où il y a plus de dix milliards de neurones dans le cerveau, il se pourrait que l'analyse complète d'un processus de pensée particulier demeure à jamais trop complexe pour se prêter à une analyse détaillée.

On peut également mettre en avant des difficultés d'ordre pratique pour que l'analyse complète des mécanismes de régulation au sein du génome puisse être menée à bien, lesquels sont extrêmement complexes et actuellement loin d'être compris. Quelle est la fonction (s'il en a) de l'ADN non codant qui existe en grandes quantités et répond à des types nombreux et différents ? Chez certains organismes, il représente bien plus d'ADN que celui dévolu aux gènes codants. L'hypothèse que cet ADN est simplement le sous-produit « involontaire » (autrement dit, le « rebut ») de toutes sortes de processus moléculaires n'est pas très satisfaisante aux yeux des darwiniens. Certaines hypothèses non darwiniennes ont été avancées, mais elles ne sont pas très convaincantes. Nous sommes manifestement ici devant un problème que la science n'a pas encore résolu. Je soupçonne qu'une partie de cet ADN est effectivement un sous-produit sélectivement neutre (ou n'ayant pas encore été contre-sélectionné) de certains processus moléculaires, mais que le reste joue un rôle dans les mécanismes régulateurs complexes du génome.

La plupart des problèmes relevant des questions du type « Quoi ? » et « Comment ? » sont, du moins en principe, susceptibles d'être scientifiquement élucidés. Il en va différemment des questions de type « Pourquoi ? ». Il est impossible de répondre à nombre de ces questions, notamment en ce qui concerne les propriétés fondamentales des molécules. Pourquoi l'or a-t-il la couleur de l'or? Pourquoi les ondes électromagnétiques d'une certaine fréquence induisent-elles, dans notre système visuel, la sensation de rouge? Pourquoi les rhodopsines sont-elles les seules molécules ayant la capacité de traduire les ondes lumineuses en impulsions nerveuses? Pourquoi les masses sont-elles sensibles aux forces de gravité? Pourquoi les noyaux atomiques sont-ils composés de particules élémentaires?

Certaines de ces questions peuvent probablement être résolues par la chimie, la mécanique quantique ou la biologie moléculaire. On ne pourra en revanche jamais trouver de réponses à d'autres questions « fondamentales », en particulier celles se rapportant aux valeurs. Il s'agit notamment de questions souvent posées par les non-scientifiques : « Pourquoi est-ce que j'existe? », « Est-ce que le monde a un but? », « Qu'y avait-il avant le commencement de l'univers? ». Toutes ces questions relèvent de problèmes qui se situent hors du domaine de la science.

On s'interroge quelquefois sur l'avenir de la science. Étant donné la soif inextinguible de l'homme pour la connaissance, le caractère incomplet de notre présente compréhension du monde et les succès éclatants de la technologie (fondée sur la science), il ne fait pas de doute que la science continuera à s'épanouir et à progresser comme elle le fait depuis deux cent cinquante ans. Comme Vannevar Bush l'a dit fort justement, les frontières de la science sont sans cesse en train de reculer.

CHAPITRE 6

Comment les sciences de la vie sont-elles structurées ?

La biologie, telle qu'elle se présente aujourd'hui, est une science extrêmement diversifiée. La raison en est, en partie, qu'elle traite d'organismes très variés : des virus et des bactéries aux champignons, aux plantes et aux animaux. Elle porte également sur des niveaux hiérarchiques très nombreux : des macromolécules organiques et des gènes jusqu'aux cellules, aux tissus, aux organes et aux organismes entiers, et envisage les interactions de ces derniers et leur intégration au sein d'ensembles d'organismes représentés par les familles, les communautés, les sociétés, les populations, les espèces et les biota. Chaque niveau d'organisation fait l'objet d'une discipline désignée d'un nom particulier : la cytologie, l'anatomie, la génétique, la systématique, l'éthologie ou l'écologie, pour n'en mentionner que quelques-unes. En outre, la biologie présente une large gamme d'applications pratiques auxquelles elle a donné naissance ou auxquelles elle contribue, comme la médecine, l'épidémiologie, l'agriculture, la sylviculture, la zootechnie, la lutte contre les parasites, la pisciculture, l'océanographie biologique, etc.

Bien que la biologie, en tant que science moderne, soit apparue très récemment, c'est-à-dire au milieu du XIXe siècle, ses racines, comme nous l'avons vu, remontent aux anciens Grecs. Elle est issue de deux démarches traditionnelles anciennes, apparues il y a plus de deux mille ans, et encore reconnaissables aujourd'hui : la tradition médicale, représentée par Hippocrate, ses précurseurs et ses disciples ; et la tradition naturaliste. La première, qui, dans le monde antique, a culminé avec le travail de Galien (env. 130-200), a contribué au développement de l'anatomie et de la physiologie, tandis que la tradition de l'histoire naturelle, qui a connu son apogée, dans le monde antique, avec *L'Histoire des animaux* d'Aristote et ses autres œuvres biologiques, a conduit à la systématique, à l'anatomie comparée, à l'écologie et à la biologie de l'évolution.

La séparation de la médecine et de l'histoire naturelle a continué durant le Moyen Âge et la Renaissance. Elles sont cependant restées liées par la botanique, dans la mesure où, bien qu'étant une branche de l'histoire naturelle, elle se préoccupait surtout des plantes aux propriétés médicinales supposées ou réelles. En fait, tous les chefs de file de la botanique, du XVIe siècle jusqu'à la fin du XVIIIe siècle, c'est-à-dire depuis Césalpin jusqu'à Linné, ont été des médecins, à l'exception de John Ray. Les branches plus strictement biologiques de la médecine sont devenues à un moment donné : l'anatomie et la physiologie; celles de l'histoire naturelle : la botanique et la zoologie; la paléontologie, de son côté, a été associée à la géologie. Cette classification des sciences de la vie a dominé, de la fin du XVIIIe siècle jusqu'à très avant dans le XXe siècle [1].

La révolution scientifique n'a eu qu'une influence très faible sur la biologie. L'événement le plus décisif a été la découverte, aux XVIIe et XVIIIe siècles, d'une diversité presque inimaginable de faunes et de flores, dans les différentes parties du monde. Le riche butin rapporté par les missions officielles d'exploration et les explorateurs individuels (comme les disciples de Linné qui ont recueilli des plantes partout dans le monde) a permis l'établissement de collections d'histoire naturelle et de muséums, et poussé la systématique sur le devant de la scène (voir chapitre 7). En fait, la biologie, à l'époque de Linné, se limitait pratiquement à cette discipline, mis à part l'étude de l'anatomie et de la physiologie dispensée dans les facultés de médecine.

La plus grande partie des travaux réalisés dans les sciences de la vie à cette époque, c'est-à-dire aux XVIIIe et début du XIXe siècle, étaient descriptifs. Cependant, cette période de la biologie n'a pas été conceptuellement stérile. Par le biais de l'histoire naturelle de Buffon, de la physiologie de Bichat et de Magendie, de la morphologie «idéaliste» de Goethe, de l'œuvre de Blumenbach et de ses disciples : Cuvier, Oken et Owen, et des spéculations de la *Naturphilosophie*, les bases d'une grande partie des percées théoriques à venir ont été posées. Cependant, étant donné l'énorme diversité du monde vivant et les particularités uniques en leur genre caractérisant les organismes, la biologie demandait l'accumulation d'une masse de faits beaucoup plus importante que celle dont avait eu besoin la physique. En pratique, cela s'est réalisé non seulement dans le cadre de la systématique, mais aussi dans celui de l'anatomie comparée, de la paléontologie, de la biogéographie et des sciences apparentées.

Le terme «biologie» a été introduit dans la littérature, dès 1800, par Lamarck, Treviranus et Burdach [2]. Il n'y avait d'abord aucun véritable domaine de recherche digne de ce nom, mais son introduction indiquait cependant que l'on visait désormais un nouvel objectif : il s'agissait de s'éloigner des préoccupations strictement descriptives et taxinomiques et de se tourner davantage vers l'étude des organismes vivants en tant que tels. Treviranus (1802 : 4) a proposé cette définition : « Le sujet de nos recherches sera les diverses formes et manifestations de la vie, les lois et les conditions déterminant leur existence, ainsi que les mécanismes par lesquels celles-ci sont mises en œuvre. Nous désignerons la science qui traite de ces sujets du nom de biologie ou science de la vie. »

L'essor de la science biologique telle que nous la connaissons s'est produit entre 1828 et 1866 : il est associé aux noms de von Baer (embryologie), Schwann et Schleiden (théorie cellulaire), Müller, Liebig, Helmholtz, Du Bois-Reymond, Bernard (physiologie), Wallace et Darwin (phylogénie, biogéographie et théorie de l'évolution) et Mendel (génétique). Le bouillonnement de cette période a été couronné par la publication *De l'origine des espèces* en 1859. Les découvertes réalisées au cours de ces trente-huit années ont conduit à la plupart des sous-disciplines de la biologie qui existent aujourd'hui.

L'expérimentation et la comparaison en biologie

Depuis la notion de *kosmos* des Grecs jusqu'aux temps modernes, les philosophes et les scientifiques ont privilégié deux grandes approches dans leur quête d'un ordre sous-jacent dans la nature. La première a consisté à rechercher des lois qui puissent rendre compte des régularités qu'ils observaient. La seconde a été la recherche de « relations », non au sens de « relations phylogénétiques », mais simplement à celui d'« éléments communs présentés par des phénomènes distincts ». Et cela ne pouvait être établi qu'au moyen de la comparaison.

Cette méthode a atteint son apogée avec l'œuvre de Cuvier et de ses collègues, lorsqu'ils ont mis au point la morphologie comparée. À l'origine, il s'agissait d'une recherche purement empirique; mais après que Darwin eut publié, en 1859, sa théorie de la descendance d'ancêtres communs, elle s'est érigée en méthode scientifique de plus en plus rigoureuse. La méthode d'analyse comparée s'est révélée si fructueuse qu'elle a été appliquée à d'autres disciplines biologiques, aboutissant à la physiologie comparée, à l'embryologie comparée, à la psychologie comparée, etc. La macrotaxinomie moderne est presque exclusivement comparée.

Le développement de cette nouvelle science, la biologie, a été principalement initié par l'invention de nouveaux instruments. Ceux mis au point par Müller et ses élèves ou par Claude Bernard ont joué un rôle décisif dans l'essor de la physiologie. Cependant, ce sont les techniques sans cesse améliorées de la microscopie qui, plus que toute autre, ont contribué à l'épanouissement de la biologie. Elles ont conduit au développement de deux nouvelles disciplines biologiques : l'embryologie et la cytologie[3].

Après 1870, une scission de plus en plus nette s'est opérée en biologie, dont on n'a pas clairement compris les raisons à l'époque. D'un côté, on a vu se développer une biologie invoquant des causes évolutives (s'intéressant presque exclusivement à la phylogénie), fondée sur la comparaison et sur des déductions tirées d'observations (raisonnements que les adversaires de l'évolutionnisme appelaient des spéculations). D'un autre côté, la biologie des causes immédiates (en premier lieu, la physiologie et l'embryologie expérimentale) a mis en œuvre des démarches fondées sur l'expérimentation. Les représentants de ces deux écoles se sont violemment disputés pour savoir laquelle des deux était la « bonne ». Aujourd'hui il est clair que ces démarches sont toutes deux légitimes.

Une fois que l'on eut découvert l'identité des structures et des fonctions cellulaires des animaux et des plantes, et constaté également l'identité de la transmission héréditaire des caractéristiques individuelles chez ces deux catégories d'organismes, la vieille division entre botanique et zoologie a paru ne plus avoir grand sens. Cela s'est confirmé après que l'on a établi la grande ressemblance, en fait la quasi-identité de tous les processus moléculaires dans les deux règnes, et que l'on a montré que les champignons et les procaryotes différaient aussi bien des plantes que des animaux. Il est apparu de plus en plus évident que toute classification des concepts utilisés en biologie devait être désormais fondée sur de nouveaux principes, indépendants des types d'organismes.

Après le développement de la biologie cellulaire et moléculaire, certains chercheurs ont soutenu qu'il n'y avait désormais nul besoin de parler de botanique et de zoologie. Cependant, dans certains domaines, tels que la taxinomie et la morphologie, il demeure nécessaire d'envisager séparément les plantes et les animaux. De même, le développement embryonnaire et la physiologie sont assez différents chez les végétaux et les animaux, tandis que le comportement ne concerne que ces derniers. Si brillants qu'aient été les progrès en biologie moléculaire, une biologie qui prenne en compte les organismes complets est toujours indispensable, bien qu'il serait bon de l'organiser d'une façon très différente que traditionnellement.

Mais à part ces exceptions, tous les problèmes biologiques concernent d'une manière égale les plantes et les animaux. Il est intéressant de remarquer que les chercheurs en botanique ont contribué autant que les chercheurs en zoologie à la genèse des diverses nouvelles disciplines biologiques. Robert Brown, qui a découvert le noyau cellulaire, était botaniste, de même que

Matthias Schleiden, qui a proposé la théorie cellulaire, en association avec le zoologiste Theodor Schwann, et cette théorie a été approfondie par Rudolf Virchow, formé à la zoologie et à la médecine. De même, le problème de la fécondation a été résolu grâce à une série de découvertes réalisées aussi bien par des botanistes que par des zoologistes, et cela a été également le cas de la cytologie, et plus tard de la génétique.

De nombreuses tentatives ont été lancées pour mettre au point une classification rationnelle de toutes les disciplines biologiques, afin de prendre en compte l'énorme diversité des phénomènes regroupés sous l'étiquette « biologie » ; mais jusqu'ici aucune d'entre elles n'a été entièrement satisfaisante. Examinons celle qui reconnaissait trois branches à la biologie : la descriptive, la fonctionnelle, et l'expérimentale. Cette classification était extrêmement trompeuse; non seulement, elle excluait des pans entiers de la biologie (comme une grande partie de la biologie évolutionniste), mais de surcroît elle ne tenait pas compte du fait que la description est une nécessité dans tous les secteurs de la biologie, et que l'expérimentation ne constitue un outil d'analyse important que dans le domaine de la biologie fonctionnaliste, de façon presque exclusive. En outre, les expériences sont intéressantes, moins comme moyen de recueillir des données que comme moyen de mettre à l'épreuve des hypothèses.

Driesch a trahi sa méconnaissance de la structure de la biologie, lorsqu'il s'est félicité que les chaires des universités allemandes soient désormais attribuées uniquement à la biologie expérimentale, et plus aucune à la taxinomie. Il incluait donc dans le même groupe la biologie évolutionniste, l'éthologie et l'écologie, ainsi que la taxinomie, et considérait que toutes les branches de la biologie s'occupant des organismes étaient des sciences purement descriptives, parce que non expérimentales. La déclaration de Gillispie selon laquelle la taxinomie n'intéresse pas l'historien est un autre exemple qui montre à quel point les différentes disciplines biologiques sont mal comprises.

Les nouvelles tentatives de structuration de la biologie

En 1955, le Biology Council a organisé un symposium consacré à l'analyse des concepts utilisés en biologie et à la meilleure façon de représenter la structure de cette science[4]. Les critères au nom desquels divers auteurs ont proposé de diviser la biologie en disciplines ont présenté une excessive variété. L'une des solutions privilégiées a été celle de Mainx, reconnaissant : la morphologie, la physiologie, l'embryologie, et quelques autres disciplines classiques, souvent subdivisées hiérarchiquement sur la base de considérations morphologiques. Une autre classification largement acceptée a été celle de

P. Weiss, obéissant à une conception plus ou moins hiérarchique : biologie moléculaire, biologie cellulaire, biologie génétique, biologie du développement, biologie des régulations, biologie des groupes d'organismes et de l'environnement[5]. Un grand nombre des comités d'évaluation de la Fondation nationale des sciences sont constitués d'après cette dernière classification. Il est intéressant de constater (et ce n'est pas surprenant) que Weiss, qui était un expérimentateur, avait regroupé toutes les disciplines relevant de la biologie des organismes (systématique, biologie de l'évolution, écologie et éthologie) au sein de la même catégorie : « biologie des groupes d'organismes et de l'environnement », tout en instituant cinq catégories d'égale importance pour les niveaux hiérarchiquement situés en dessous des organismes entiers.

De manière générale, les critères de classification suggérés par un auteur donné sont très largement influencés par la formation qu'il a reçue. S'il vient des sciences physiques, ou a été fortement influencé par elles, il est probable qu'il mettra l'accent sur l'expérimentation, le réductionnisme et l'étude des composantes élémentaires et se concentrera sur les processus fonctionnels[6]. Au contraire, les biologistes qui ont eu une formation de naturalistes tendent à privilégier la diversité, les caractéristiques uniques en leur genre, les populations, les systèmes, les déductions tirées des observations et les études évolutionnistes.

En 1970, le Comité sur les sciences de la vie de l'Académie nationale a établi douze catégories, les trois dernières étant des disciplines appliquées : 1) la biologie moléculaire; 2) la génétique; 3) la biologie cellulaire; 4) la physiologie; 5) la biologie du développement; 6) la morphologie; 7) la biologie de l'évolution et la systématique; 8) l'écologie; 9) la biologie du comportement; 10) la nutrition; 11) les mécanismes pathologiques et 12) la pharmacologie[7]. Cela a constitué un progrès par rapport aux autres classifications proposées précédemment. Quelques problèmes sont cependant demeurés, comme le fait de regrouper la systématique et la biologie de l'évolution dans une seule discipline.

Finalement, on s'est aperçu que le type de question auquel telle ou telle recherche s'efforce de répondre peut contribuer à une classification plus logique des disciplines biologiques. Il y a en fait trois grands types de questions guidant les recherches en biologie : « Quoi ? » « Comment ? » et « Pourquoi ? ».

Les questions de type « Quoi ? »

On ne peut pas faire de science (de quelque nature qu'elle soit) sans amasser d'abord une collection suffisante de données – autrement dit, sans faire des observations qui serviront à fonder des hypothèses. La description est donc un aspect très important de toute discipline scientifique.

Singulièrement, qualifier une science de « descriptive » a toujours eu, et continue d'avoir, une connotation péjorative. Les physiologistes tendaient à dire des morphologistes que leur travail était descriptif, même si, en réalité, le leur l'était tout autant. Certains biologistes moléculaires ont avoué leur gêne de voir que de nombreuses publications récentes de leur discipline ne font rien d'autre que rapporter des faits (il s'agit donc de descriptions). Embarras bien inutile : la biologie moléculaire est une discipline nouvelle, et à ce titre, comme toute autre branche de la science, elle doit nécessairement passer par une phase descriptive.

Ce serait une erreur de délimiter une discipline à part qui formerait la biologie descriptive. La description représente une première étape dans n'importe quelle branche de la biologie. La taxinomie, dont l'objet est d'identifier les espèces et les taxa de rang plus élevé, n'est pas plus descriptive qu'une grande partie de la biologie cellulaire et moléculaire ou, d'ailleurs, qu'une grande partie des études portant sur le décryptage du génome humain. Il ne faut jamais discréditer la description, car elle constitue la base indispensable de toute tentative d'explication et d'interprétation en biologie[8].

Il est assez surprenant de voir que les taxinomistes eux-mêmes, avant Rensch, Mayr, Simpson et Hennig, n'avaient guère conscience de la valeur réelle de leur discipline. Dans un article de discussion intitulé « Les tendances actuelles en biologie théorique » (1929 : 192), le taxinomiste W.M. Wheeler, éminent spécialiste des fourmis, avait déclaré que la taxinomie « est une science biologique qui ne possède aucune théorie et se contente simplement d'établir des diagnostics et de dresser des classifications ». Les publications de Hennig, Simpson, Ghiselin, Mayr, Bock, Ashlock et Hull ont, par la suite, bien montré à quel point une telle idée est erronée[9].

Toutes les sciences traitent à la fois de phénomènes et de processus, mais, dans certaines d'entre elles, l'étude des phénomènes prédomine, alors que dans d'autres, c'est celle des processus. Les physiologistes, qui s'intéressent à l'explication des mécanismes de la vie ne s'occupent presque exclusivement que de processus. Cependant, les biologistes évolutionnistes s'occupent, eux aussi, de processus : ceux qui conduisent aux changements évolutifs, notamment aux nouvelles adaptations et aux nouveaux taxa. Mais l'une des principales préoccupations des naturalistes est depuis toujours l'étude de la diversité de la vie. Et c'est effectivement l'un des objectifs prioritaires de nombreuses disciplines biologiques d'aujourd'hui, notamment de la taxinomie et de l'écologie. La diversité organique repose sur l'interaction de systèmes complexes, et son étude requiert une stratégie assez différente de celle mise en œuvre, par exemple, pour analyser au laboratoire des processus physiologiques simples.

L'étude de la diversité demande invariablement que soit menée en premier lieu une description précise et complète. C'est particulièrement vrai pour la taxinomie (y compris en paléontologie et en parasitologie), la biogéographie, l'autécologie, et toutes les branches de la biologie comparée (y compris la biochimie comparée). Les données fournies par ces descriptions permettent les comparaisons, lesquelles conduisent aux généralisations prises en compte au sein des diverses sous-disciplines de la biologie évolutionniste. On peut à juste titre critiquer cette activité descriptive dès lors que les scientifiques qui la pratiquent ne dépassent pas ce stade. L'objectif prioritaire de la science est en effet d'établir des principes généraux et de formuler des théories, grâce aux déductions tirées de l'observation des faits bruts.

La phase de collecte des données n'est pratiquement jamais achevée dans aucune discipline. S'il est vrai que les frontières de la science en général sont sans cesse en train de reculer, c'est également le cas pour chacune de ses nombreuses subdivisions. À chaque fois que de nouvelles méthodes de collecte des données font leur apparition, de nouveaux horizons s'ouvrent. Cela a été le cas, par exemple, avec l'avènement de la microscopie électronique en cytologie, du scaphandre autonome de plongée pour les recherches océanologiques en bordure des côtes, ou des canons à insecticide pour la collecte de la faune habitant la canopée des forêts tropicales. La zoologie des invertébrés a fait de grands pas en avant lorsqu'ont été mises au point des techniques permettant de recueillir des échantillons de la faune de petites dimensions vivant sur le plancher océanique, ou bien des échantillons de la faune pélagique aussi bien que benthique vivant en pleine mer; ou encore des échantillons de la faune vivant à proximité des évents volcaniques dans les grandes fosses océaniques.

L'histoire de la biologie montre combien ont été négligés tous les organismes qui n'étaient pas des animaux ou des plantes supérieurs. Par exemple, lorsqu'un être vivant n'était pas clairement un animal, on considérait traditionnellement qu'il appartenait au domaine de la botanique. Ce n'est que très récemment que les biologistes ont compris à quel point les champignons sont différents des plantes (en fait, ils sont plus étroitement apparentés aux animaux) et, encore plus récemment, qu'ils se sont rendu compte que les procaryotes (bactéries et leurs apparentés) étaient très différents des eucaryotes (lesquels comprennent les protistes, les champignons, les plantes et les animaux). On admet à présent que les procaryotes forment un super-règne distinct. Cela prouve bien que les frontières sont sans cesse en train de reculer en biologie, même au niveau descriptif.

Les questions de type « Comment ? » et « Pourquoi ? »

Nous avons vu que les réponses aux questions de type « Quoi ? » ne sont pas, à elles seules, parvenues à fournir une solution satisfaisante au problème de savoir comment classer les subdivisions de la biologie. Il nous faut donc nous tourner vers les questions de types « Comment ? » et « Pourquoi ? » [10]. Dans le domaine de la biologie fonctionnaliste, c'est-à-dire dans toutes les subdivisions de la physiologie, du niveau moléculaire à celui du fonctionnement des organes entiers, les recherches ont fondamentalement pour objectif de répondre aux questions de type « Comment ? ». On se demande, par exemple, comment une molécule particulière accomplit sa fonction, ou bien quelles sont les modalités de fonctionnement d'un organe entier. Les recherches de ce genre, visant à répondre à des questions concernant l'« ici » et le « maintenant », ont été qualifiées d'étude des causes immédiates. Du niveau moléculaire jusqu'à celui des organismes entiers, elles portent fondamentalement sur l'analyse de processus.

Dans les sciences physiques, ce sont les questions de type « Comment ? » auxquelles on cherche le plus fréquemment à répondre, qui ont conduit à la découverte des grandes lois de la nature. Elles ont été également dominantes en biologie jusqu'au début des années 1800 parce que les disciplines biologiques alors en pointe, la physiologie et l'embryologie, étaient imprégnées du mode de pensée physicaliste. Ces deux disciplines se préoccupaient presque exclusivement de l'étude de causes immédiates. Bien entendu, on posait également, à cette époque, des questions de type « Pourquoi ? » ; mais le christianisme étant alors l'idéologie dominante du monde occidental, elles conduisaient inévitablement à des réponses faciles, invoquant le Dieu-Créateur (créationnisme), le Dieu-auteur-des-lois (physicalisme) et le Dieu-Ingénieur (théologie naturelle).

Les questions de type « Pourquoi ? » visent tous les facteurs historiques et évolutifs qui rendent compte de tous les aspects des organismes existant actuellement ou ayant existé dans le passé. Pourquoi ne trouve-t-on d'oiseaux-mouches que dans le Nouveau Monde ? Pourquoi les animaux du désert sont-ils généralement de la même couleur que le sol ? Pourquoi les oiseaux de la zone tempérée mangeurs d'insectes migrent-ils à l'automne dans des régions subtropicales ou tropicales ? On a traditionnellement qualifié d'études des causes lointaines ces recherches visant à répondre aux questions de ce type, et portant généralement sur des adaptations ou sur la diversité organique. Les questions de type « Pourquoi ? » ne sont devenues scientifiques qu'après l'apparition de la notion d'évolution et plus particulièrement après que Darwin a proposé un mécanisme concret pour expliquer le changement évolutif : la sélection naturelle.

Très peu de personnes savent que Darwin est le biologiste qui a rendu scientifiquement légitimes les questions de type « Pourquoi ? ». Et en permettant de poser ce type de questions, il a permis à toute l'histoire naturelle de s'ériger en science. Des physicalistes tels que Herschel et Rutherford l'avaient exclue du domaine de la science, parce qu'elle ne se conformait pas aux principes méthodologiques de la physique. On ne pouvait élucider la nature des objets inanimés au moyen de questions de type « Pourquoi ? » puisqu'ils ne possédaient pas de programme génétique historiquement acquis. Darwin a, en fait, introduit une nouvelle méthodologie en science.

Les termes de « cause lointaine » et de « cause immédiate » ont une longue histoire, qui remonte peut-être à l'époque de la théologie naturelle, où le terme de « lointaine » se référait à la main de Dieu. Certains exégètes ont dit que Herbert Spencer avait parlé de causes immédiates et de causes lointaines, mais la référence la plus ancienne à ces notions que j'ai été en mesure de retrouver figure dans une lettre que G.J. Romanes (1897 : 98) a écrite à Darwin en 1880 : « Affirmer [...] que les mouvements moléculaires [...] constituent l'explication complète de l'hérédité me semble être du même ordre que de dire, par exemple, qu'une maladie énigmatique comme le diabète résulte de la persistance d'une force. Cela peut sans doute en être la cause lointaine ; mais le pathologiste a besoin de quelque cause plus immédiate, s'il veut que sa science ait quelque utilité. »

Dans cette déclaration, comme on le voit, les termes en question sont utilisés de façon assez vague, et il n'est pas surprenant qu'il ait fallu attendre encore près de soixante ans pour qu'un emploi mieux défini apparaisse dans la littérature scientifique. On le doit à John Baker (1938 : 162). Il est intéressant de citer *in extenso* le passage où il utilise ces termes : « Les animaux ont acquis par évolution la capacité de se reproduire uniquement en une saison particulière de l'année, lorsque se manifestent certains stimuli. Dans les climats froids et tempérés, il est généralement clair que la saison adoptée pour la reproduction permet ensuite aux jeunes de croître dans des conditions climatiques favorables, et on peut dire, en un certain sens, que ces dernières conditions représentent les causes lointaines déterminant le moment de la saison de reproduction. Il n'y a, bien sûr, aucune raison de supposer que les conditions d'environnement favorables aux jeunes soient celles qui constituent la cause immédiate du comportement sexuel, stimulant les parents à se reproduire. Ainsi, l'abondance des insectes pour nourrir les jeunes pourrait constituer la cause lointaine, et la longueur du jour la cause immédiate du comportement reproducteur. »

David Lack (en 1954) a emprunté cette terminologie à Baker, et je l'ai moi-même (en 1961) reprise de ces deux auteurs (bien qu'après Darwin la notion de « causalité lointaine » figurait déjà dans la littérature et voulait simplement dire « cause évolutive »). Cette manière de voir a rapidement été développée et approfondie par Orians (1962) et certains éthologistes. Cependant, avant 1961, les biologistes les plus perspicaces avaient déjà parfaitement compris que la biologie présentait deux facettes. Weiss (1947 : 524), par exemple, a déclaré : « Tous les systèmes biologiques ont un double aspect. Ce sont des mécanismes régis par des causes en même temps que des produits de l'évolution [...]. On peut estimer que la physiologie doit continuer à s'occuper des phénomènes répétables et contrôlables et laisser à d'autres disciplines le soin d'étudier les causes uniques et non répétitives qui sont celles de l'évolution historique. » Mais ni Weiss, ni aucun autre auteur n'ont essayé d'approfondir ces remarques, avant que je n'aie moi-même formellement défini le double aspect de la biologie en 1961.

Les causes immédiates se rapportent au fonctionnement d'un organisme donné dans son milieu, à celui de ses organes et à son développement. Leur étude est l'objet de disciplines qui vont de la morphologie fonctionnelle à la biochimie. Elles ont trait au décodage des programmes génétique et somatique. Les causes évolutives (historiques ou lointaines), d'un autre côté, expliquent l'origine et l'histoire des programmes génétiques. On peut généralement identifier les causes immédiates d'un phénomène biologique donné en cherchant à répondre à des questions de type « Comment ? », tandis qu'on identifie les causes évolutives en essayant de répondre à des questions de type « Pourquoi ? ».

Malheureusement, au cours de la plus grande partie de l'histoire de la biologie des cent trente dernières années, des scientifiques se sont efforcés d'expliquer les phénomènes biologiques en fonction de causes exclusivement d'un type ou d'un autre. Les expérimentalistes affirmaient que le développement résultait entièrement de processus physiologiques siégeant dans l'embryon ; de leur côté, les évolutionnistes soulignaient qu'un œuf de poisson se développait toujours en un poisson, celui de grenouille en une grenouille, et que des phénomènes comme la récapitulation n'avaient de sens que si on les envisageait sous l'angle de l'évolution. Un grand nombre des controverses du passé en biologie, comme celle entre l'inné et l'acquis en matière d'hérédité et de comportement, ou comme la rébellion des partisans de l'*Entwicklungsmechanik* contre ceux de l'embryologie comparée haeckelienne [11], sont nées d'une volonté d'expliquer les causes de façon unilatérale.

Dans les écrits de ceux que l'on a appelés les structuralistes et les morphologistes idéalistes, il est particulièrement évident qu'ils ont continuellement confondu les questions relatives aux causes immédiates et celles relatives aux causes lointaines. Leur démarche était fondamentalement antisélectionniste et même, en fait, téléologique ; ils voyaient de la logique, de l'ordre et de la rationalité partout à l'œuvre dans la sphère de la biologie [12]. Ils repoussaient toute invocation du hasard, en tant que principe explicatif, et le considéraient comme opposé aux processus sélectivement orientés au lieu de le voir comme facteur conjugué. Selon eux, la prise en compte de causes « historiques » (évolutives) dans l'explication des phénomènes biologiques devait être écartée autant que possible [13]. Les structuralistes n'ont pas vu qu'il fallait envisager les deux types de causes dans la plupart des explications biologiques, hormis celles purement physicochimiques.

À partir du moment où l'on a compris que l'on devait distinguer ces deux types de questions dans les recherches en biologie, on a pu résoudre diverses controverses théoriques, et cela a conduit à une clarification méthodologique (quelle méthode employer et quand) et à une délimitation plus claire des diverses disciplines biologiques. Cela a aussi attiré l'attention sur l'aspect historique des causes lointaines et sur les mécanismes physiologiques mis en jeu dans les causes immédiates ; il est apparu que la plupart des biologistes se consacrent soit à la recherche des causes lointaines, soit à celle des causes immédiates, en fonction de la discipline dans laquelle ils ont choisi de travailler. Cependant, et je n'ai jamais cessé de le souligner, aucun phénomène biologique n'est totalement expliqué tant qu'on n'a pas éclairci à la fois ses causes immédiates et ses causes lointaines.

Précisons ce point en prenant le cas de la biologie moléculaire. Une molécule donnée possède un rôle fonctionnel au sein d'un organisme. Il s'agit de savoir comment elle accomplit cette fonction ; comment elle interagit avec d'autres molécules ; comment elle compte dans l'équilibre énergétique de la cellule, etc. Toutes ces questions correspondent à l'étude des causes immédiates. Mais dès que nous nous demandons pourquoi la cellule contient cette molécule, quel rôle elle a joué dans l'histoire de la vie, comment elle a peut-être changé au cours de l'évolution, comment et pourquoi elle diffère de molécules homologues chez d'autres organismes, etc., nous situons notre recherche au niveau des causes lointaines. L'étude de chacun des deux types de causes est, dans une égale mesure, légitime et indispensable.

L'étude du comportement animal est un autre domaine dans lequel on peut apercevoir le rapport particulièrement étroit qui existe entre les deux types de causalité. Pourquoi tel organisme exprime tel comportement particulier est un résultat de l'évolution. Mais pour expliquer la neurophysiologie sous-jacente à ce comportement, il faut en étudier les causes immédiates, grâce à des études neurophysiologiques.

Les causes immédiates portent sur le phénotype, c'est-à-dire sur la morphologie et le comportement ; les causes lointaines permettent d'expliquer le génotype et son histoire. Les causes immédiates sont largement mécanistes ; les causes lointaines, probabilistes. Les premières interviennent ici et maintenant, à un moment particulier ou à un stade particulier du cycle vital d'un individu, ou bien au cours de la vie d'un individu ; les secondes agissent sur de longues périodes, plus spécifiquement dans l'histoire évolutive de l'espèce. Les causes immédiates reposent sur le décodage du programme génétique ou somatique existant ; les causes lointaines sont responsables de l'apparition de nouveaux programmes génétiques et de leur changement. L'identification des causes immédiates est généralement facilitée par l'expérimentation ; celle des causes lointaines, par des déductions tirées de narrations historiques.

Une nouvelle classification fondée sur le « Comment ? » et le « Pourquoi ? »

À quelle classification des sciences de la vie aboutit-on, si l'on décide de les ranger en fonction de leur principal objectif : l'étude des causes immédiates ou celle des causes lointaines ? Toute la physiologie (celle des organes, celle des cellules, la physiologie sensorielle, la neurophysiologie, l'endocrinologie, etc.), la plus grande partie de la biologie moléculaire, la morphologie fonctionnelle, la biologie du développement et la génétique physiologique se rapportent manifestement à la recherche de causes immédiates. La biologie de l'évolution, la génétique de la transmission héréditaire, l'éthologie, la systématique, la morphologie comparée et l'écologie ont évidemment trait à la recherche de causes évolutives.

La structuration de la biologie, telle qu'elle est suggérée ici, soulève immédiatement des problèmes : on voit, par exemple, que la génétique est scindée en deux sous-disciplines, chacune étant attribuée à l'une des deux grandes divisions, c'est-à-dire, d'un côté, la génétique de la transmission héréditaire (et des populations), et, de l'autre, la génétique physiologique. Un autre exemple de ce genre de problème est constitué par la scission de la morphologie en deux sous-disciplines également attribuées à chacune des deux grandes divisions : la morphologie fonctionnelle et la morphologie comparée. Cependant, ces différentes disciplines (la morphologie ou la génétique) sont déjà démembrées depuis longtemps sur le plan conceptuel, même si une même étiquette regroupe leurs différents secteurs. Par exemple, les spécialistes de la morphologie comparée font souvent des études de morphologie fonctionnelle ; et les chercheurs en phylogénie font souvent appel aux méthodes de biologie moléculaire. L'écologie est difficile à classer ; elle traite largement de systèmes complexes, et par conséquent, la plupart des problèmes écologiques portent à la fois sur des causes immédiates et sur des causes lointaines. Lorsque, au XIXe siècle, Schwann, Schleiden et Virchow ont mis au point la théorie cellulaire, la cytologie était manifestement une branche de la morphologie, et c'était encore le cas au moment de l'essor de la microscopie électronique ; mais la biologie cellulaire moderne est largement devenue une branche de la biologie moléculaire.

Les luttes de pouvoir au sein de la biologie

La restructuration de la biologie ne pouvait pas se faire sans conflits, controverses et bouleversements. À chaque fois qu'une sous-discipline est apparue, elle s'est battue pour s'octroyer une place privilégiée, et a tenté d'attirer le plus possible l'attention et les ressources jusque-là consacrées aux sciences établies. Il est parfois arrivé qu'une discipline instaure un quasi-monopole. Après que j'ai soutenu ma thèse de doctorat à Berlin en 1926, plusieurs zoologistes bien informés m'ont conseillé de me tourner vers l'*Entwicklungsmechanik* pour faire carrière dans la zoologie à l'université. « Toutes les chaires vacantes sont garnies par Spemann », m'ont-ils dit. Du Bois-Reymond n'a jamais caché son dédain pour la « zoologie descriptive » de son maître Johannes Müller, même si, rétrospectivement, les résultats apportés par ses propres recherches n'ont, par comparaison, pas été si importants. À toutes les époques, une discipline qui a atteint une position dominante a généralement essayé d'écarter les disciplines concurrentes et de s'attribuer le plus de postes possible. La dernière fois, cela s'est produit à l'occasion du premier épanouissement de la biologie moléculaire. Le biochimiste George Wald a alors proclamé bien fort qu'il n'existait qu'une seule biologie : la biologie moléculaire. La totalité de la biologie est moléculaire, a-t-il affirmé. Dans plusieurs universités des États-Unis, la plupart des biologistes s'occupant d'organismes ont été, à cette époque, remplacés par des biologistes moléculaires.

Dans la mesure où les sciences physiques ont traditionnellement bénéficié d'un traitement de faveur en matière de prix Nobel, dans les nominations à l'Académie nationale, dans les postes de conseiller du gouvernement, et dans l'industrie, les secteurs de la biologie les plus proches des sciences physiques, par leur objet d'étude et leurs modes de raisonnement, ont fait l'objet d'attentions privilégiées de la part des autorités, tandis que d'autres secteurs, comme l'étude de la biodiversité, ont été négligés. Avant la synthèse évolutionniste, la génétique ne s'est pratiquement jamais occupée de l'origine de cette diversité, bien que cela soit l'un des deux principaux problèmes de la biologie évolutionniste. La biologie sous-tendant la médecine a, pour d'évidentes raisons, toujours connu un traitement de faveur de la part des services attribuant des subventions. Des projets de recherches équivalents reçoivent généralement un financement bien plus élevé lorsqu'ils sont soutenus par les instituts nationaux de la santé que lorsqu'ils le sont par la Fondation nationale des sciences.

La botanique a particulièrement souffert de cette redistribution des disciplines. À l'époque de Linné, elle était la *scientia amabilis*, et jusqu'au début du XXe siècle, de nombreux botanistes ont figuré parmi les chefs de file de la biologie. Cela a été notamment le cas en cytologie et en écologie. Les trois redécouvreurs (comme on les appelle) des lois de Mendel étaient des botanistes (il s'agit de De Vries, Correns et Tschermak). Mais une série de déconvenues a alors commencé. L'étude des champignons (la mycologie) a été retirée de la botanique et est devenue une discipline indépendante; plus important encore, il en a été de même pour l'étude des procaryotes. La plupart des zoologistes, après 1910 environ, se sont spécialisés en cytologie, en génétique, en neurophysiologie, en éthologie, etc. Estimant qu'ils étudiaient des phénomènes biologiques fondamentaux, ils ont souhaité être appelés biologistes et non pas zoologistes (terme qui, à tort ou à raison, leur semblait rappeler la morphologie ou la taxinomie). Le terme « biologique » fut de plus en plus souvent utilisé pour désigner globalement la combinaison de la botanique et de la zoologie. Par exemple, en 1931, à l'université Harvard, on a instauré un département de biologie réunissant tous les laboratoires biologiques. Dans ce nouveau département, des professeurs enseignaient encore strictement des matières relevant de la botanique, comme la morphologie des plantes, la physiologie végétale, la taxinomie végétale et la biologie de la reproduction des plantes ; mais, dès lors, ils ont côtoyé d'autres biologistes spécialisés dans des domaines zoologiques équivalents.

Lorsque, en 1947, l'Institut américain des sciences biologiques a été fondé, il comprenait la botanique, la zoologie, et toutes les autres disciplines biologiques. Les botanistes, cependant, ont craint (non sans raisons) qu'on oublie les caractéristiques botaniques, si l'intégration de leur discipline au sein de la biologie était trop grande. Lorsqu'en 1975 l'Académie nationale a réorganisé ses subdivisions, la section de zoologie a été abolie et remplacée par une section intitulée « Biologie des populations, évolution et écologie ». Les botanistes ont été invités à faire de même, mais ils ont préféré garder leur section. Ils ont soutenu que l'abandon de la section de biologie végétale pourrait conduire à ne pas tenir compte des propriétés des plantes uniques en leur genre. Cependant, un certain nombre de botanistes ont quitté la section de biologie végétale et rejoint des sections de biologie générale, comme la section de génétique ou celle de la biologie des populations[14].

Mais la botanique n'a nullement disparu. Par exemple, elle joue un rôle éminent dans l'étude de la biologie tropicale. Les herbiers et les journaux botaniques continuent à fournir d'importants apports à la biologie, et les départements de botanique sont toujours actifs dans de nombreuses universités. En fait, dans le sillage du mouvement en faveur de la conservation des espèces qui a récemment pris son essor, la botanique est de nouveau une discipline qui cumule progrès et découvertes.

Presque invariablement, les partisans d'une nouvelle approche ou les fondateurs d'une nouvelle discipline estiment que les subdivisions antérieures de la biologie deviennent désuètes. En réalité, même les branches les plus traditionnelles – comme la systématique, l'anatomie, l'embryologie, et la physiologie – demeurent toujours nécessaires, pas simplement en tant que banques de données, mais aussi parce qu'en leur sein les frontières de la connaissance sont sans cesse repoussées, et qu'elles sont encore utiles pour que nous puissions parfaire notre vision du monde vivant. Chaque discipline semble passer par un âge d'or, beaucoup en ont connu plusieurs. Mais même dans une période de moindres découvertes, il n'y a pas de raison de faire disparaître une discipline sous prétexte qu'elle appartiendrait à une époque révolue de l'histoire[15].

La biologie, une science diversifiée

Les chapitres 1 et 2 ont souligné les traits et les concepts qui distinguent la biologie des sciences physiques, de la religion, de la philosophie et de la culture littéraire. Les différences conceptuelles au sein de la biologie sont presque aussi importantes. Chaque branche de la biologie a sa propre collection de faits, son propre ensemble de théories, son propre cadre conceptuel, ses propres manuels, journaux et sociétés scientifiques. Bien entendu, il existe des ressemblances entre les disciplines qui traitent des causes immédiates, de même qu'il en existe entre celles qui sont spécialisées dans les causes lointaines, mais, malgré tout, au sein de chacune des deux grandes divisions de la biologie, les disciplines diffèrent remarquablement les unes des autres dans la nature de leurs théories dominantes et de leurs concepts fondamentaux.

Procéder à une analyse pour toutes les disciplines particulières de la biologie aurait demandé beaucoup plus de place que ce volume n'en recèle, et dépassé de loin mes compétences. Dans les chapitres qui vont suivre, je vais simplement tenter de faire, à titre d'échantillon, l'analyse de quatre disciplines (la systématique, la biologie du développement, l'évolution et l'écologie), afin de montrer la nature des affrontements qui existent entre concepts et la relative maturité de leurs cadres théoriques respectifs.

Cependant, avant de commencer cette analyse, il serait peut-être bon de revenir sur l'un des points avancés dans ma préface : j'ai en effet délibérément laissé de côté certaines disciplines dans mon analyse. Certaines d'entre elles se rapportent à des phénomènes qui concernent tous les êtres vivants. Cela vaut particulièrement pour la génétique. Le programme génétique est un facteur sous-jacent à toutes les activités que présentent les organismes. Il joue un rôle décisif dans la détermination de la structure d'un organisme, dans son développement, ses fonctions et ses activités. Sur un plan didactique, la façon la plus intéressante d'aborder les concepts de la génétique est de recourir à l'histoire de cette discipline. C'est ce que j'ai tenté de faire dans mon *Histoire de la biologie*, en ce qui concerne l'hérédité. Étant donné l'essor de la biologie moléculaire, le domaine le plus important de la génétique est aujourd'hui la génétique du développement, qui est pratiquement devenue à elle seule une branche de la biologie moléculaire.

Les problèmes posés par cette science sont redoutables, voire insurmontables. Que l'on envisage la physiologie, le développement, la génétique, la neurobiologie ou l'éthologie, les processus moléculaires sont, en dernière analyse, responsables des phénomènes qui s'y déroulent. Des notions unificatrices y ont déjà fait leur apparition, comme les homéoboîtes. On commence également à en apercevoir d'autres, faiblement. Mais, à chaque fois que j'ai voulu faire un résumé de la situation en biologie moléculaire, j'ai été submergé par la masse des détails. Pour cette raison, on ne trouvera pas de chapitre de ce livre consacré à cette discipline, bien qu'aux chapitres 8 et 9 j'aie essayé de mettre en lumière certaines des grandes règles générales (« lois ») qu'elle a découvertes. Si je n'ai pas consacré plus de place à la biologie moléculaire, ce n'est pas que je la considère comme moins importante que d'autres disciplines de la biologie, bien au contraire ; mais j'ai estimé que son analyse excédait mes compétences. Il en est de même de la neurobiologie et de la psychologie, qui sont aussi extrêmement importantes. Cependant, j'espère que mon analyse de la biologie, considérée globalement, éclairera celles de ses branches qui ne sont pas détaillées dans ce volume.

Chapitre 7

Les questions de type « Quoi ? » : l'étude de la biodiversité

L'aspect le plus frappant du monde vivant est sa diversité. Dans les populations se reproduisant sexuellement, aucun individu ne ressemble à un autre, ni aucune population ou espèce à une autre, ni aucun taxon supérieur à un autre. Où que l'on regarde dans la nature, on trouve la singularité.

Nos connaissances sur la diversité n'ont cessé de croître de façon exponentielle durant les trois cents dernières années. Elles ont commencé à s'accumuler à l'occasion des voyages d'exploration et du travail des explorateurs individuels, qui ont rapporté des observations et des spécimens montrant que les faunes et les flores étaient différentes à chaque fois que l'on explorait un nouveau continent ou une nouvelle île. Puis l'étude des organismes vivant dans les eaux douces et les océans, y compris les animaux et les plantes pélagiques, a révélé une dimension supplémentaire de la biodiversité. Les recherches sur les plantes et les animaux microscopiques, les parasites et les fossiles, ont à leur tour mis en lumière d'autres aspects des singularités qui existent ou ont existé dans l'ensemble des faunes et des flores de la planète. Finalement la découverte et l'étude scientifique des procaryotes (les bactéries et leurs apparentés), aussi bien vivants que fossiles, sont venues compléter ces connaissances. La discipline qui a pour tâche de décrire et de classer l'immense diversité de la nature est appelée taxinomie.

Après une première période de grand intérêt pour la classification, manifesté dans les écrits d'Aristote et de Théophraste, vers 330 av. J.-C., la taxinomie a connu un long déclin jusqu'à la Renaissance. Elle s'est épanouie de nouveau grâce à l'œuvre de Linné (1707-1778), avant de subir une autre éclipse jusqu'à la publication par Darwin *De l'origine des espèces* en 1859 [1]. Cet ouvrage s'est appuyé fondamentalement sur les résultats de recherches taxinomiques, et la taxinomie a continué à jouer un rôle important dans l'histoire de la théorie de l'évolution, fournissant la base du concept de l'espèce biologique et des grandes théories de la spéciation et de la macro-évolution (voir ci-dessous).

S'étant rendu compte que l'étude de la biodiversité recouvrait bien davantage que des inventaires et des descriptions, Simpson a suggéré que le terme de « taxinomie » soit réservé aux aspects traditionnels du travail de classification, et que le terme de « systématique » soit appliqué à « l'étude scientifique des différentes sortes d'organismes, de leur diversité et de leurs inter-relations ». La systématique était ainsi présentée comme la science de la diversité, et cette conception élargie a été adoptée par l'ensemble des biologistes [2].

La systématique s'occupe non seulement de l'identification et de la classification des organismes, mais aussi de l'étude comparée de toutes les caractéristiques des espèces, ainsi que de l'analyse du rôle des taxa inférieurs et supérieurs dans l'économie de la nature et de l'histoire évolutive. De nombreuses branches de la biologie dépendent entièrement de la systématique : il s'agit de la biogéographie, de la cytogénétique, de l'océanographie biologique, de la stratigraphie et de certains secteurs de la biologie moléculaire [3]. La systématique représente la synthèse de toutes sortes d'observations, de théories et de méthodes, appliquées à tous les aspects de la classification. En fait, la tâche du systématicien ne consiste pas simplement à décrire la diversité du monde vivant ; elle vise aussi à sa compréhension [4].

La classification en biologie

Dans la vie quotidienne, on ne peut appréhender un grand nombre de choses ou d'objets différents qu'en les classant. On recourt à une classification lorsqu'on désire ranger des outils, des médicaments ou des objets d'art, ou lorsqu'on veut mettre en ordre une série de thèses, de concepts ou d'idées. Lorsqu'on réalise une classification, on regroupe les objets en classes, en fonction des caractéristiques qu'ils partagent. Autrement dit, une classe est une collection d'entités qui sont semblables ou apparentées les unes aux autres.

Tout système de classification a deux fonctions majeures : permettre de retrouver facilement des informations et servir de base à des comparaisons. Dans tout champ de recherche, la classification est la clé qui détermine la qualité du stockage de l'information. En biologie, ce dernier est représenté par les collections des muséums et la vaste littérature scientifique des livres, journaux et autres publications. On peut juger de la valeur d'une classification d'après son aptitude à faciliter le stockage de l'information au sein de divisions relativement homogènes et à permettre de retrouver rapidement cette information. Les classifications sont des systèmes heuristiques.

Alors qu'on considère que la classification est une activité humaine qui a commencé avec nos ancêtres humains les plus primitifs, il est surprenant de voir à quel point l'incertitude et les désaccords sur sa nature persistent. Et si l'on se rend compte que l'activité de classification est importante dans tous les domaines de la science, il est curieux que les philosophes des sciences, après Whewell (1840), aient largement négligé ce sujet. Pourtant, toute personne qui souhaite classer des organismes peut établir quelques règles élémentaires, en se rappelant la façon dont on procède dans la vie quotidienne, pour ranger des livres dans une bibliothèque ou des marchandises dans un magasin : 1) Les objets doivent être placés dans des classes qui soient aussi homogènes que possible. 2) Tout objet individuel doit être rangé dans la classe dont les membres possèdent le plus grand nombre de caractères communs avec lui. 3) Il faut créer une classe distincte pour tout objet trop différent pour être inclus dans l'une des classes précédemment établies. 4) Pour mettre en valeur le degré de différence entre les classes, il faut les agencer en une série organisée hiérarchiquement. Chaque niveau de catégorie dans la hiérarchie représente une certain niveau de différence. Ces règles s'appliquent aussi à la classification d'organismes, même si, pour le monde vivant, des règles additionnelles sont requises.

Alors qu'on sait à quel point la recherche taxinomique est indispensable à de nombreuses branches de la biologie, sinon à toutes, on est surpris de constater qu'elle a été négligée et n'a bénéficié que d'un faible prestige dans les récentes années. Dans de nombreuses disciplines biologiques, la méthode majeure est la comparaison : or aucune comparaison ne peut conduire à des conclusions importantes, si elle n'est pas fondée sur des données taxinomiques incontestables. En fait, on ne trouvera aucune branche de la biologie comparée (de l'anatomie comparée à la psychologie comparée) qui ne soit, en dernière analyse, entièrement fondée sur les résultats de la taxinomie.

On peut dresser la liste des multiples rôles que joue la taxinomie au sein de la biologie : 1) C'est la seule science qui brosse le tableau de la diversité organique existant sur la Terre. 2) Elle procure la plus grande partie de l'information nécessaire à la reconstruction de la phylogenèse des êtres vivants. 3) Elle révèle de nombreux phénomènes évolutionnistes intéressants, les soumettant aux autres branches de la biologie qui pourront en étudier les mécanismes. 4) Elle fournit, presque à elle seule, l'information dont des branches entières de la biologie (comme la biogéographie et la stratigraphie) ont besoin. 5) Elle donne des classifications qui ont une grande valeur heuristique et explicative pour la plupart des branches de la biologie, comme la biochimie évolutionniste, l'immunologie, l'écologie, la génétique, l'éthologie, et la géologie historique. 6) Grâce à ses auteurs les plus éminents, la systématique a fourni d'importants apports sur le plan conceptuel; elle a, par exemple, incité les biologistes à penser en termes de populations (voir chapitre 8). Sans elle, les biologistes expérimentalistes ne seraient pas facilement venus à ce mode de réflexion. Cet apport conceptuel a élargi considérablement les assises théoriques de la biologie et conduit à un meilleur équilibre entre les sciences du vivant.

Le taxinomiste met de l'ordre au sein de l'incroyable diversité du vivant en procédant en deux étapes, la première consistant à discriminer les espèces, type de recherche appelé *microtaxinomie*, la seconde consistant à classer ces espèces en groupes apparentés, type de recherche appelé *macrotaxinomie.* C'est pourquoi Simpson (1961) a défini la taxinomie, qui combine ces deux démarches, comme «la théorie et la pratique de l'identification des différentes sortes d'organismes et de leur classification».

La microtaxinomie : la délimitation des espèces

La reconnaissance, la description et la délimitation des espèces constituent une tâche très différente de toutes celles que doit assurer le taxinomiste. C'est un domaine d'activité qui abonde en difficultés d'ordre sémantique et conceptuel, constituant ce que l'on appelle généralement le «problème de l'espèce». Le terme d'«espèce» signifie simplement «sorte d'organisme», mais, étant donné que le phénomène de variation est extrêmement répandu dans le monde vivant, il est nécessaire de définir précisément ce qu'il faut entendre par «sorte». Un mâle et une femelle représentent aussi différentes sortes d'organismes, de même que des bébés et des adultes. Aussi longtemps qu'on a cru que toutes les espèces avaient été créées séparément, on estimait que chacune d'elles était formée par les descendants de la première paire de son genre façonnée par Dieu.

Les naturalistes s'occupant d'organismes supérieurs, tels que des oiseaux et des mammifères, ont rarement eu des doutes en matière de délimitation des espèces. Pour eux, une espèce était simplement un groupe d'organismes différent des autres groupes, le terme «différent» se référant à des dissemblances dans les caractéristiques morphologiques visibles. Cette façon de concevoir l'espèce a été très généralement, en fait quasi universellement, acceptée, jusqu'au dernier tiers du XIXe siècle. Les organismes qui différaient un peu moins que des espèces avérées étaient appelés des variétés par Linné, et Darwin faisait encore de même. On a désigné ce concept de l'espèce du nom de «concept essentialiste» ou «typologique» de l'espèce (on l'a également appelé, improprement, concept morphologique de l'espèce).

Le concept typologique de l'espèce reposait sur quatre postulats : 1) une espèce est formée d'individus semblables, possédant la même «essence»; 2) chaque espèce est séparée de toutes les autres par une discontinuité très nette; 3) chaque espèce est constante dans l'espace et dans le temps; 4) l'ampleur de la variation autorisée au sein de chaque espèce est extrêmement réduite. Les philosophes disaient des espèces ainsi conçues de façon essentialiste qu'elles étaient des «formes naturelles».

Au cours du XIXe siècle, il est devenu de plus en plus apparent que cette conception typologique ou essentialiste de l'espèce était inadéquate. Darwin a réfuté de façon concluante la notion selon laquelle les espèces sont constantes. L'étude de la variation géographique, et en particulier l'analyse des populations locales, a confirmé que les espèces sont formées de populations qui varient de lieu en lieu, et que les individus varient au sein de chaque population. Il n'existe pas de «types» ou d'«essences» dans le monde vivant.

Outre ces objections théoriques adressées au concept typologique de l'espèce, il était également clair que, sur un plan pratique, ce concept n'était souvent d'aucun secours pour délimiter les taxa du niveau de l'espèce. Les variations morphologiques au sein des populations se reproduisant sexuellement, et d'une population à l'autre au sein de la même «forme», étaient souvent plus grandes que les différences entre populations morphologiquement similaires, mais ne se croisant pas. Par conséquent, le critère purement morphologique ne permettait pas de délimiter les espèces de façon fiable, et moins encore lorsqu'on a découvert le cas des espèces jumelles : il s'agit de populations naturelles, reproductivement isolées (c'est-à-dire qui ne se croisent pas, en raison de barrières physiologiques ou éthologiques), mais qui ne peuvent être distinguées l'une de l'autre sur le plan de la morphologie. Aujourd'hui, on a trouvé des espèces jumelles dans presque tous les embranchements animaux, et elles existent aussi chez les plantes. Il a donc fallu chercher un autre critère pour délimiter les espèces, que l'on a trouvé dans la notion d'isolement reproductif des populations.

C'est à partir de ce critère d'incapacité à se croiser que le concept biologique de l'espèce a été élaboré. Selon ce concept, une espèce est un groupe de populations naturelles interfécondes se distinguant d'autres groupes délimités de la même façon, grâce à un isolement reproductif (génétique) déterminé par des barrières physiologiques ou éthologiques. La seule façon de comprendre le caractère approprié du concept biologique de l'espèce est de poser des questions darwiniennes du type «Pourquoi?» : pourquoi y a-t-il des espèces? pourquoi ne trouvons-nous pas simplement dans la nature une série ininterrompue d'individus semblables ou plus largement divergeants, en principe capables de se croiser les uns avec les autres? L'étude des hybrides fournit la réponse. Si les parents n'appartiennent pas à la même espèce (comme dans le cas du cheval et de l'âne, par exemple), leurs descendants (mules et mulets, par exemple) seront des hybrides plus ou moins complètement stériles et ayant une viabilité réduite, au moins à la seconde génération. Par conséquent, un avantage sélectif sera donné à tout mécanisme capable de favoriser le croisement d'individus étroitement apparentés (dits « conspécifiques ») et d'empêcher celui d'individus plus distants. C'est précisément ce qu'assurent les mécanismes d'isolement reproductif des espèces. Une espèce biologique est donc un système protégeant les génotypes harmonieux et bien équilibrés.

Le concept « biologique » de l'espèce est ainsi appelé, parce qu'il vise la raison biologique de l'existence des espèces, autrement dit la prévention du croisement entre individus incompatibles. C'est seulement par accident qu'une espèce peut également présenter d'autres propriétés, comme l'occupation d'une niche écologique particulière et certaines caractéristiques morphologiques et éthologiques propres, qui la distinguent des autres espèces [5].

Si le concept biologique de l'espèce est quasi universellement accepté, c'est avant tout parce qu'il est très utile dans la plupart des secteurs de la recherche biologique. Les spécialistes de l'écologie ou du comportement, les chercheurs étudiant les biota locaux, et même les physiologistes et les biologistes moléculaires, fondent leurs recherches sur les types de populations qui peuvent coexister sans se croiser. Dans de nombreux cas, les scientifiques étudiant les organismes vivants reconnaissent les espèces, non sur la base de critères morphologiques comme le feraient les typologistes, mais en se référant à certains traits de comportement, à certaines caractéristiques évolutives ou à certaines molécules.

La définition biologique de l'espèce peut s'appliquer sans problème lorsque des populations se reproduisant sexuellement coexistent dans les mêmes localités. Cependant, elle rencontre des difficultés dans deux types de circonstances. La première est le cas des organismes à reproduction uniparentale (asexuelle). On ne peut évidemment leur appliquer le concept biologique de l'espèce. On ne sait pas encore très bien quels sont exactement les meilleurs critères permettant de discriminer les espèces chez les organismes à reproduction asexuée, ne comportant pas de populations et ne se croisant pas avec d'autres organismes. Des chercheurs ont suggéré de se fonder sur certains degrés de différence morphologique entre clones, ou sur des différences dans l'utilisation de leur niche écologique, mais ces suggestions n'ont pas encore été testées de façon adéquate. Néanmoins, sur la base d'une combinaison de ces différents critères, les espèces agames peuvent être rapportées à la catégorie de l'espèce au sein de la hiérarchie linnéenne.

Le second problème que l'on rencontre lorsqu'on veut mettre en œuvre le concept biologique de l'espèce pour délimiter une espèce donnée est que les populations au sein d'une espèce sont rarement confinées dans une zone géographique limitée. En fait, elles sont généralement distribuées sur une étendue plus ou moins vaste. Lorsque les différentes populations d'une espèce sont visiblement dissemblables, on dit qu'elles représentent des sous-espèces, qui constituent souvent une série continue de populations, et, de ce fait, se croisent librement les unes les autres, échangeant des gènes. Mais de nombreuses sous-espèces sont géographiquement isolées et n'ont jamais l'occasion d'échanger des gènes. Par suite, elles divergent morphologiquement. Avec le temps, ces sous-espèces peuvent finalement atteindre le statut de la véritable espèce, dès lors qu'elles acquièrent une nouvelle série de mécanismes d'isolement. Une espèce comprenant un certain nombre de sous-espèces est dite « polytypique ». Une espèce qui n'est pas subdivisée en sous-espèces est dite « monotypique ».

Lorsque certaines des populations les plus éloignées d'une espèce donnée sont, géographiquement, complètement isolées de toutes les autres populations de l'espèce considérée, la question se pose alors de savoir si elles en font encore partie. Quels critères peut-on employer pour décider lesquelles de ces populations doivent être reconnues comme de véritables espèces et lesquelles doivent être rangées au sein d'une espèce polytypique ? Pour des populations géographiquement isolées, leur éventuel statut d'espèce ne peut être déterminé que par le biais de déductions, en se fondant notamment sur le degré de différence morphologique[6].

Il a fallu beaucoup de temps pour parvenir au concept biologique de l'espèce. Buffon en avait compris la substance[7], et Darwin, dans son « carnet sur la transmutation », avait écrit que le statut d'espèce « découlait d'une pulsion instinctive à rester séparé ». Il avait parlé d'une « répugnance réciproque » des espèces à se croiser et souligné que des espèces véritables pouvaient « différer à peine au niveau des caractères morphologiques » (en d'autres termes, le statut d'espèce n'avait que peu à voir avec le degré de différence morphologique). Curieusement, dans ses écrits ultérieurs, Darwin a abandonné cette conception biologique et est revenu à une notion largement typologique.

Dans la seconde moitié du XIXe siècle et le premier tiers du XXe siècle, de plus en plus de naturalistes ont parlé des espèces en se référant à leurs caractéristiques biologiques. Même s'ils n'ont pas proposé de définition formelle, des auteurs comme Poulton, K. Jordan et Stresemann ont manifestement employé une conception biologique de l'espèce. Cependant, cette dernière n'était pas universellement adoptée avant que je propose une définition formelle en 1940 et que je fournisse de substantielles preuves en sa faveur dans mon livre *Systematics and the Origin of Species*, publié en 1942.

Le concept biologique de l'espèce a été finalement largement accepté, dans la mesure où tous les autres concepts concurrents étaient fragiles. Il s'agissait des concepts de l'espèce dits « nominaliste », « évolutif », « phylogénétique », ou « fondé sur la reconnaissance ». Bien que chacun d'eux possède encore aujourd'hui un certain nombre de partisans, aucun ne revêt une valeur pratique aussi grande que le concept biologique pour délimiter une espèce.

Les concepts de l'espèce concurrents

Selon le concept nominaliste de l'espèce, il n'existe que des êtres vivants individuels dans la nature ; la notion d'espèce est un produit arbitraire de la pensée de l'homme ; autrement dit, c'est l'homme (et non la nature) qui institue les espèces en regroupant des organismes individuels sous un même nom. Mais cette façon arbitraire de concevoir l'espèce est contredite dès que l'on explore le monde naturel. Un naturaliste, qui voit par exemple les quatre espèces courantes de mésanges dans un bois de Grande-Bretagne, ou l'espèce courante du pouillot siffleur dans une forêt de Nouvelle-Angleterre, sait que la délimitation des espèces n'a rien d'arbitraire, et que les espèces sont des produits de la nature. Plus qu'aucune autre, une observation m'a fondamentalement convaincu de la justesse de ce point de vue : les indigènes des montagnes de Nouvelle-Guinée, qui vivent dans les conditions de l'âge de la pierre, discriminent les mêmes espèces qu'un naturaliste occidental. Il faut vraiment tout ignorer du monde des organismes vivants et de l'ethnologie pour adhérer au concept nominaliste de l'espèce.

Le concept évolutif de l'espèce a été particulièrement mis en avant par les paléontologistes qui observent les espèces dans le cadre de la dimension temporelle. Selon la définition de Simpson (1961 : 153) : « Une espèce évolutive est une lignée (comprenant des populations ancestrales et des populations de descendants) qui évolue indépendamment d'autres lignées et possède son propre rôle évolutif particulier et ses propres tendances évolutives. » Le principal défaut de cette définition est qu'elle s'applique à presque n'importe quelle population isolée. Et une lignée n'est pas assimilable à une population. En outre, elle esquive la question cruciale de savoir ce qu'est un « rôle particulier » et pourquoi les lignées phylétiques ne se croisent pas les unes avec les autres. Enfin, elle ne permet pas d'atteindre son objectif, délimiter les taxa du niveau de l'espèce dans le cadre de la dimension temporelle, car, au sein d'une seule lignée phylétique évoluant graduellement, le concept évolutif ne peut pas déterminer en quel point commence une nouvelle espèce et en quel point elle se termine, ni quelle est la partie de cette lignée qui possède un « rôle particulier ». La définition « évolutive » de l'espèce ne tient pas compte du noyau central de la notion d'espèce : le maintien des discontinuités entre les espèces vivant dans le même temps. Elle vise en fait à discriminer des taxa représentant des espèces fossiles, mais n'y parvient même pas.

La définition « évolutive » de l'espèce ne tient pas compte du fait qu'il existe deux processus distincts pouvant conduire à la naissance d'une espèce : 1) le changement graduel d'une lignée phylétique conduisant à une nouvelle espèce sans qu'il y ait de changement dans le nombre des espèces ; et 2) la multiplication des espèces par le biais de l'isolement géographique (à la façon de ce que Darwin avait vu aux îles Galapagos.) Les difficultés que rencontre le taxinomiste sont presque toujours provoquées par ce deuxième processus, autrement dit la multiplication des espèces dans la dimension horizontale (l'espace), et non par le premier, c'est-à-dire le changement des espèces dans la dimension verticale (le temps). La définition biologique de l'espèce prend spécialement en compte le problème de la multiplication des espèces, tandis que la définition de l'espèce « évolutive » passe à côté, ne s'occupant que de l'évolution phylétique. Or, de façon courante, lorsqu'on parle de spéciation, on se réfère à la multiplication des espèces.

Selon le concept phylogénétique de l'espèce, adopté par de nombreux cladistes (voir ci-dessous), une nouvelle espèce prend naissance lorsque apparaît un nouveau caractère « apomorphe » dans une population. Ce dernier peut être très petit et ne consister qu'en un seul gène muté. Ayant constaté que les poissons, dans presque tous les affluents des rivières d'Amérique centrale, possédaient des gènes localement endémiques, Rosen a proposé que toutes ces populations soient élevées au rang d'espèce[8]. L'un de ses critiques a fait remarquer, à juste titre, qu'étant donné la fréquence élevée des mutations génétiques neutres, tout individu est susceptible de différer de ses parents au niveau au moins d'un gène. Dès lors, à partir de quel moment va-t-on considérer qu'une population est assez différente pour être regardée comme une espèce distincte ? Cette remarque montre clairement qu'il est absurde de vouloir appliquer les concepts cladistiques de la macrotaxinomie au problème de l'espèce (pour en savoir plus sur la cladistique, voir ci-dessous).

Le concept de l'espèce fondé sur la reconnaissance, proposé par H. Paterson, n'est rien d'autre qu'une version différente du concept biologique de l'espèce, mal compris par Paterson[9].

Le concept de l'espèce, la catégorie de l'espèce et les taxa du niveau de l'espèce

Le mot « espèce » est susceptible d'être employé dans trois sens très différents : 1) en tant que concept ; 2) en tant que catégorie ; 3) en tant que taxon. Jusqu'à aujourd'hui, un certain imbroglio n'a cessé de régner dans la littérature, parce que certains auteurs n'ont pas réussi à faire clairement la différence entre ces trois sens bien distincts du mot « espèce ».

En tant que concept, l'espèce a une signification biologique, qui la définit.

En tant que catégorie, elle correspond à un certain rang dans la hiérarchie linnéenne (la hiérarchie traditionnelle dans laquelle on range les organismes). Chaque niveau de cette hiérarchie (comme l'espèce, le genre, l'ordre, etc.) est appelé une catégorie. Pour déterminer si une population peut être assignée à la catégorie de l'espèce, on se demande si elle répond à la définition biologique de l'espèce. Les taxa du niveau de l'espèce sont des populations particulières, ou des groupes de populations, qui satisfont au concept biologique de l'espèce. Ce sont des «objets» concrets individualisables; ils ne doivent donc pas être définis abstraitement, mais décrits de façon à être distingués les uns des autres.

À l'époque de Linné, seul le taxinomiste se souciait d'identifier les espèces; il n'en est plus ainsi aujourd'hui. Les biologistes évolutionnistes savent que l'espèce est l'entité cruciale de l'évolution. Chaque espèce est une expérience biologique, et on ne peut absolument pas prédire, lorsque se forme une nouvelle espèce, si la nouvelle niche dans laquelle elle pénètre est un cul-de-sac ou l'entrée dans une nouvelle et vaste zone adaptative. Même si les évolutionnistes parlent de grands phénomènes tels que les tendances, les adaptations, les spécialisations et les régressions, ceux-ci ne sont pas séparables de l'évolution des entités qui les expriment : les espèces. En raison de l'isolement reproductif de ces dernières, tout processus évolutif qui prend place dans une espèce est restreint à celle-ci et à ses descendants. C'est pourquoi l'espèce est l'unité de base du changement évolutif.

Elle est aussi, dans une large mesure, l'unité de base de l'écologie. Il est impossible de comprendre un écosystème tant qu'on ne l'a pas disséqué en ses composantes élémentaires, les espèces. Chacune d'entre elles, indépendamment des individus dont elle est composée, interagit en tant qu'unité avec les autres espèces qui partagent le même milieu qu'elle.

Chez les animaux, les espèces constituent aussi d'importantes unités dans le cadre des sciences du comportement. Les membres d'une espèce donnée possèdent en commun de nombreux types de comportements caractéristiques, en particulier tous ceux qui concernent les rapports sociaux. Les individus qui appartiennent à la même espèce possèdent ainsi le même système de signaux utilisés au cours des parades sexuelles, et les systèmes de communication sont largement spécifiques de l'espèce. Chez les espèces qui se fondent sur l'olfaction, cela concerne aussi les phéromones spécifiques.

L'espèce représente un niveau important dans la hiérarchie des systèmes biologiques. C'est une base extrêmement utile pour mettre de l'ordre dans de nombreux et importants phénomènes biologiques. Même s'il n'existe pas de nom pour la «science de l'espèce» (comparable au nom de «cytologie» pour désigner la science de la cellule), une telle science existe bien, et il s'agit de l'une des plus actives de la biologie moderne.

La macrotaxinomie : la classification des espèces

La branche de la taxinomie qui s'occupe de la classification (de l'arrangement en groupes) des organismes au-dessus du niveau de l'espèce s'appelle la macrotaxinomie. Fort heureusement, la plupart des espèces semblent se ranger au sein de groupes naturels plus élevés, aisément définissables, comme les mammifères, les oiseaux, les papillons ou les coléoptères. Mais comment procéder avec les espèces intermédiaires entre des groupes ou qui ne semblent appartenir à aucun groupe ?

Dans l'histoire de la taxinomie, de nombreuses méthodes ou de nombreux principes de classification des organismes ont été proposés. Les classifications qui en ont résulté ont parfois eu des objectifs très différents, et c'est peut-être la raison pour laquelle, même de nos jours, il n'y a pas de consensus chez les taxinomistes sur la « meilleure » méthode de classification.

La classification descendante

La classification descendante a été la méthode dominante lorsque la botanique médicinale a connu son plus grand épanouissement, pendant et après la Renaissance. Son objectif fondamental était d'identifier les différents types d'animaux et de plantes. À cette époque, on connaissait encore très mal les espèces en botanique et en zoologie, tandis qu'il était d'une importance cruciale d'identifier correctement les plantes aux propriétés thérapeutiques désirées.

La classification descendante consiste à diviser de grands ensembles en sous-ensembles, en employant la méthode de division logique d'Aristote. Les animaux ont ou n'ont pas le sang chaud ; soit deux groupes. Ensuite, les animaux à sang chaud possèdent soit des poils, soit des plumes, et chacune des classes résultantes (mammifères et oiseaux) peut de nouveau être subdivisée par ce processus de dichotomie, jusqu'à ce que, en définitive, on aboutisse à l'espèce particulière à laquelle appartient le spécimen que l'on désire identifier.

Les principes de la classification descendante ont dominé la taxinomie jusqu'à la fin du XVIIIe siècle, et on peut encore en déceler l'écho dans les clés de détermination et les classifications proposées par Linné. Cette méthode est encore utilisée de nos jours dans les guides de détermination des espèces sur le terrain, ainsi que dans les clés des révisions taxinomiques. Mais on ne la considère plus comme un moyen de classification ; c'est seulement un mode d'identification, ce qui est sa véritable fonction.

Les systèmes d'identification présentaient un certain nombre de points faibles qui les empêchaient d'être utiles en tant que véritables moyens de classification. Ils reposaient entièrement sur des caractères uniques (en biologie, un « caractère » est un trait distinctif, qu'on pourrait appeler, dans le langage de tous les jours, une « caractéristique »), et la série de caractères arbitrairement retenue par le taxinomiste déterminait les classes engendrées par les divisions dichotomiques. Il était pratiquement impossible d'améliorer graduellement une telle classification, et le choix de certains caractères conduisait quelquefois à délimiter des groupes extrêmement hétérogènes (« non naturels »).

De longue date, bien sûr, on a reconnu des groupements naturels tels que les poissons et les reptiles, ou les fougères, les mousses, et les conifères. Vers la fin du XVIIIe siècle, divers auteurs se sont efforcés de remplacer le système assez artificiel de Linné par un système plus naturel, fondé sur des ressemblances et des relations couramment observées. Mais la plus grande incertitude régnait quant aux critères à retenir.

La classification ascendante

À partir de 1770 environ, Linné lui-même, ainsi que d'autres taxinomistes (comme Adanson), ont pratiqué de préférence la classification ascendante, en tant que procédure plus appropriée. Elle consistait à rassembler les espèces, sur la base d'une observation soigneuse, en des groupes (ou taxa) formés d'espèces semblables ou apparentées. Les taxa les plus semblables, parmi ceux qui étaient ainsi nouvellement constitués, étaient ensuite rassemblés en des taxa de niveau juste supérieur, etc., jusqu'à ce qu'une hiérarchie complète de taxa fût formée. Pour former des groupes d'espèces données d'organismes, cette procédure ne faisait qu'employer des méthodes courantes de classification utilisées dans la vie de tous les jours.

Mais les promoteurs de la classification ascendante, au début, ne sont pas parvenus à mettre au point une méthodologie rigoureuse. Ils ont eu fortement tendance à accorder une importance particulière à des caractères uniques très apparents, et ils ne disposaient d'aucune théorie pour rendre compte de l'existence de groupes bien définis, ni de l'existence d'une hiérarchie de taxa. Chaque taxinomiste a plus ou moins développé sa propre méthodologie.

Une période de transition a prévalu de 1770 à 1859. La méthode de classification descendante a été abandonnée, mais la classification ascendante a souffert du manque d'une méthodologie bien nette, et a souvent été employée de façon arbitraire. Une sous-catégorie de la classification ascendante s'est développée à cette époque, consistant en classifications dites « à but particulier », qui n'étaient pas fondées sur la totalité des caractères, mais, en raison d'un objectif particulier, sur un caractère seulement ou un nombre restreint de caractères. Par exemple, on classait ainsi les champignons, dans un but culinaire, en comestibles et en non comestibles (ou vénéneux). Les classifications « à but particulier » remontent au moins à Théophraste, qui distinguait les plantes en fonction de leur type de croissance, en arbres, arbustes, grandes herbes, petites herbes. Ce genre de classification est encore utile en écologie. Par exemple, un limnologiste peut diviser les organismes planctoniques en autotrophes, herbivores, prédateurs et mangeurs de détritus. Tous les systèmes de ce genre sont moins riches en information que le système de classification darwinien.

La classification darwinienne ou évolutionniste

Dans son brillant treizième chapitre *De l'origine des espèces*, Darwin a mis fin à toutes les errances des taxinomistes en montrant qu'une classification sensée des organismes devait être fondée sur deux critères : la généalogie (représentant la descendance d'ancêtres communs) et le degré de ressemblance (représentant l'ampleur du changement évolutif). Cette classification est dite darwinienne ou évolutionniste.

Depuis longtemps, les philosophes et les praticiens des classifications se sont rendu compte de l'importance du point suivant : s'il existe des raisons théoriques capables de fonder la réunion de certains objets en groupes définis, il faut alors les prendre en considération pour délimiter des groupes de ce genre. C'est sur cette base que les classifications des maladies humaines du XVIIIe siècle ont été remplacées aux XIXe et XXe siècles par des classifications fondées sur l'étiologie de ces maladies. Ces dernières ont été classées en pathologies provoquées soit par des agents infectieux, soit par des gènes défectueux, soit par le vieillissement, soit par les processus cancéreux, soit par des substances toxiques, soit encore par des radiations nocives. Toute classification qui se fonde sur des raisons causales est sujette à de sévères contraintes, l'empêchant de devenir un système purement artificiel.

Dès que Darwin a mis au point sa théorie de la descendance d'ancêtres communs, il s'est rendu compte que chaque « taxon » naturel (autrement dit, chaque groupe distinct d'organismes) est formé des descendants de l'ancêtre commun le plus proche; un tel taxon est dit monophylétique [10]. À partir du moment où un système de classification est fondé strictement et exclusivement sur la monophylie des taxons qu'il prend en compte, il équivaut à un système d'arrangement généalogique.

Mais Darwin avait vu très clairement que la généalogie « par elle-même ne donne pas une classification ». Si l'on classe les organismes exclusivement sur la base de la généalogie, cela revient, d'une certaine façon, à faire une classification « à but particulier ». Pour Darwin, le critère de la descendance ne remplaçait pas le critère de la ressemblance ; il s'agissait plutôt d'une contrainte sur le type de ressemblance qui pouvait être acceptée comme preuve de connexité. La raison pour laquelle on ne pouvait pas négliger la notion de ressemblance était que les branches divergentes de l'arbre phylogénétique « subissent différents degrés de modification », et que « cela se traduit par des formes animales assignées à différents genres, familles et ordres » (Darwin, 1859 : 420). En d'autres termes, la différenciation qui survient au cours de la divergence phylogénétique doit être expressément prise en compte dans la délimitation des taxa de niveau supérieur à l'espèce et leur assignation aux différents niveaux de la classification, si l'on veut que celle-ci soit crédible. Une classification darwinienne sensée doit ainsi être fondée sur la prise en compte équilibrée de la généalogie et de la ressemblance (degré de différence).

Pour comprendre le rôle de la ressemblance dans une classification darwinienne, il est nécessaire de comprendre le concept d'homologie. L'apparentement entre espèces ou entre taxa de rang supérieur est indiqué par l'existence de caractères homologues. Un trait figurant dans deux taxa (ou plus) est homologue, dès lors qu'il provient du même trait (ou d'un trait équivalent) existant chez le plus proche ancêtre commun. Pour invoquer l'homologie, on peut recourir à différents types de preuves. Il s'agit, par exemple, de la position de la structure envisagée par rapport aux structures voisines ; de l'existence d'un stade intermédiaire chez une forme apparentée, stade qui relie deux stades dissemblables chez les formes que l'on étudie ; de la ressemblance au cours de l'ontogenèse ; de l'existence de configurations intermédiaires chez des ancêtres fossiles ; et de l'étude comparée de taxa monophylétiques apparentés [11].

Mais toutes les ressemblances entre des organismes ne sont pas forcément dues à l'homologie. Au cours de l'évolution, certains caractères peuvent subir des changements qui miment l'homologie. Trois types de changements peuvent ainsi conduire à cette fausse homologie, que l'on appelle l'homoplasie : il s'agit de la convergence, du parallélisme et de la réversion. La convergence est l'acquisition indépendante du même trait par des lignées non reliées phylogénétiquement, comme l'acquisition d'ailes par les oiseaux et par les chauves-souris. Le parallélisme est l'expression indépendante d'un caractère au sein de deux lignées apparentées, en raison d'une prédisposition génétique, alors qu'il n'était pas exprimé phénotypiquement chez l'ancêtre commun. Un exemple bien connu est l'acquisition indépendante d'yeux pédonculés dans un groupe de mouches acalyptères. La réversion est la perte indépendante d'un caractère évolué dans plusieurs lignées d'un arbre phylogénétique. Une analyse généalogique peut permettre de démêler les ressemblances au sein d'un groupe donné d'organismes et de retirer d'un taxon les espèces (ou les taxa de niveau supérieur) dont les ressemblances ne sont pas dues à la descendance d'ancêtres communs.

La raison pour laquelle Darwin a pris en compte le degré de ressemblance parmi les critères de classification est que la formation de nouvelles branches et la divergence ne sont pas corrélées de façon absolue. Il existe des « arbres » dans lesquels toutes les branches divergent presque au même rythme. C'est, par exemple, à peu près le cas pour les arbres des familles de langues (bien que cela ne soit pas tout à fait vrai dans l'absolu). La raison en est que les facteurs responsables de l'évolution des langues ne sont pas adaptatifs, mais stochastiques. Lorsque les Anglo-Saxons ont franchi la mer du Nord et colonisé l'Angleterre, ils n'ont pas été obligés d'adapter leur langue au climat britannique ou à des changements politiques. Cependant, lorsqu'une branche de reptiles (les dinosaures) a conquis la niche aérienne, il lui a fallu s'adapter à un nouveau mode de vie, et cela a conduit à une modification drastique de son phénotype. Les branches apparentées de dinosaures qui sont restées dans la niche ancestrale n'ont pratiquement pas changé. Cette prise en compte des facteurs écologiques et de leur impact sur le phénotype caractérise la classification darwinienne.

Jusqu'en 1965, cette classification a été employée de façon presque universelle, et elle connaît aujourd'hui encore un grand succès [12]. Elle commence toujours par une première étape consistant à délimiter les espèces et à regrouper celles qui sont apparentées en se fondant sur leur ressemblance ; puis, dans une seconde étape, elle demande que soit vérifié le caractère monophylétique des groupes ainsi constitués et que ceux-ci soient arrangés généalogiquement. C'est seulement de cette manière que l'on peut obtenir une classification sensée, satisfaisant aux deux critères de Darwin [13].

L'une des difficultés que rencontre le taxinomiste est l'évolution discordante de différentes séries de caractères. On peut arriver à des classifications totalement distinctes si l'on se fonde, par exemple, sur des caractères relatifs à différents stades des cycles vitaux (comme les stades larvaire ou adulte). Lors de l'étude d'un groupe d'abeilles, Michener (1977) a obtenu quatre sortes de classifications distinctes en regroupant les espèces considérées en différentes classes de ressemblance sur la base des caractères : 1) des larves ; 2) des pupes ; 3) de la morphologie externe des adultes ; 4) des organes génitaux des mâles. Presque toujours, lorsqu'un taxinomiste se tourne vers une nouvelle série de caractères, cela le conduit à délimiter les taxa de façon nouvelle ou à changer le niveau de leur assignation. Les diverses caractéristiques d'un seul stade du cycle vital peuvent, en effet, changer à des vitesses très différentes au cours de l'évolution.

Par exemple, lorsqu'on compare l'homme à son plus proche parent, le chimpanzé, on constate que *Homo* est plus semblable à *Pan* au niveau de certains caractères moléculaires que certaines espèces du genre *Drosophila* ne le sont entre elles. Pourtant, comme nous le savons tous, l'homme se distingue de son plus proche parent au sein des grands singes anthropoïdes, de façon très importante au niveau de certains caractères traditionnellement envisagés (le système nerveux central et ses capacités) et par le fait qu'il occupe une zone adaptative extrêmement différente. Au sein d'une lignée phylétique, presque tout système d'organes ou presque toute famille de molécules présente un rythme de changement assez différent de tous les autres. Ces rythmes ne sont pas constants, mais peuvent accélérer ou ralentir au cours de l'évolution. Certains changements au niveau de l'ADN sont, par exemple, cinq fois plus rapides chez les rongeurs que chez les primates. Puisque les différentes composantes du phénotype sont susceptibles d'évoluer à des rythmes distincts, il faut donc être très prudent lorsqu'on choisit les caractères sur lesquels on va fonder une classification. Le recours à des séries différentes de caractères peut conduire à des classifications très dissemblables.

Chacun des niveaux (espèce, genre, ordre, etc.) de la hiérarchie linnéenne traditionnelle est appelé catégorie[14]. Plus le niveau d'un taxon (groupe) donné d'organismes est bas, plus les espèces qui en font partie, en général, se ressemblent, et plus leur ancêtre commun est récent. Il n'existe pas de critères permettant de définir objectivement les catégories de plus haut niveau. De nombreux taxa supérieurs sont extrêmement bien délimités et peuvent être décrits sans hésitation et avec une grande précision (par exemple, les oiseaux ou les manchots), mais la catégorie dans laquelle ils peuvent être placés est souvent affaire de subjectivité et implique un élément d'appréciation. Tel ensemble de genres peut être appelé « tribu » par certains auteurs, tandis que d'autres l'appelleront « sous-famille » ou « famille ».

La plupart des classifications actuelles ont été élaborées au cours de l'épanouissement de l'anatomie comparée dans la période immédiatement post-darwinienne. À cette époque, lorsqu'on envisageait un ancêtre commun, on se le représentait non pas comme une seule espèce-souche ancestrale, mais comme un taxon entier. Par exemple, en appliquant cette façon de voir, l'ancêtre commun le plus proche, de même rang ou de rang inférieur, dans le cas des mammifères est le groupe des reptiles thérapsides, et, dans le cas des oiseaux, les dinosaures (ou un certain autre groupe de reptiles). En raison de cette conception de la monophylie, tous les taxa dans la classification traditionnelle (lorsqu'ils étaient correctement délimités) étaient monophylétiques, et aucun groupe n'était paraphylétique. Pour un cladiste, un groupe est paraphylétique s'il comprend le clade-souche d'un taxon dérivé. Mais le concept de paraphylétisme n'a pas de sens dans une classification darwinienne. Donc, pour Darwin, un taxon était monophylétique si tous ses membres descendaient du plus proche taxon ancestral commun de même rang ou de rang inférieur, et cette définition est encore reconnue comme valable par les taxinomistes darwiniens aujourd'hui.

Une hiérarchie linnéenne typique est caractérisée par d'importantes discontinuités. Parmi les organismes vivants, il n'y a pas d'intermédiaire entre les reptiles et les mammifères, ni entre les procellariiformes et les manchots, ni entre les turbellariés et les trématodes. Pendant longtemps, l'existence de ces discontinuités a représenté une énigme et a été à l'origine d'un certain nombre de théories saltationnistes non darwiniennes. Cependant, les recherches évolutionnistes ont permis de comprendre la forme sous laquelle se présente la diversité.

La plupart des nouveaux types d'organismes ne prennent pas naissance par la transformation graduelle d'une lignée phylétique, autrement dit, d'un type existant. Le scénario est, en fait, le suivant : une espèce fondatrice pénètre dans une nouvelle zone adaptative et connaît le succès dans ce nouvel environnement grâce à de rapides ajustements adaptatifs qui lui assurent une adéquation darwinienne optimale. Passé ce stade, la nouvelle lignée peut entrer dans une période de stase au cours de laquelle de nombreuses spéciations peuvent se produire, mais pas de modification importante du type structural (bauplan). C'est ce que montre bien le cas de la drosophile, avec plus de deux mille espèces. Les passereaux, avec plus de cinq mille espèces, ne représentent également que des variations sur un seul thème.

Les deux processus évolutifs qui engendrent les espèces – le changement phénotypique au cours du temps et l'accroissement de la diversité (la spéciation) – ne sont que faiblement corrélés. Dans la hiérarchie linnéenne traditionnelle, les discontinuités entre les taxa et les grandes variations dans la dimension des taxa supérieurs s'expliquent par ce manque de corrélation. Lorsqu'une espèce fondatrice arrive dans une zone adaptative extrêmement adéquate, elle peut donner lieu à de très nombreuses spéciations, sans que se manifestent des pressions sélectives obligeant à changer de type structural fondamental[15]. Le système de classification darwinien est particulièrement apte à rendre compte de taxa de dimensions extrêmement inégales et à refléter les discontinuités entre taxa ancestraux et dérivés.

Mais le praticien de la classification darwinienne se heurte à des problèmes, lorsqu'il s'agit d'étendre la classification « horizontale » des taxa vivants, de façon à inclure les biota éteints. Les espèces qui existent actuellement correspondent aux extrémités d'innombrables branches de l'arbre évolutif. Les taxa supérieurs sont séparés les uns des autres par des discontinuités résultant de l'évolution divergente et de l'extinction. Cependant, une classification complète des organismes doit comprendre les groupes éteints, lesquels sont tous reliés les uns aux autres et aux biota actuels, par le biais de la descendance. La classification des taxa fossiles soulève de nombreux problèmes, pour lesquels on n'est pas encore arrivé à un consensus. Comment faut-il traiter les taxa fossiles, intermédiaires entre des taxa actuellement vivants ? Presque toujours, les nouveaux taxa naissent par « bourgeonnement » latéral, le taxon ancestral continuant à s'épanouir. Les archives fossiles sont généralement trop incomplètes pour fournir l'« espèce-souche » d'un nouveau taxon dérivé.

La méthode de classification darwinienne, fondée sur deux critères (la généalogie et la ressemblance), n'a pratiquement pas été remise en question de 1859 jusqu'à la moitié du XXe siècle. Bien sûr, de nombreux taxinomistes n'ont pas toujours consciencieusement vérifié la monophylie de leurs classifications, ni soigneusement jaugé les ressemblances qu'ils invoquaient. Cependant, il a fallu attendre les années 1960 pour que soient proposées des méthodes entièrement nouvelles, fondées sur l'un, seulement, des deux critères de Darwin : la phénétique numérique a pris pour base la ressemblance ; et la cladification (l'analyse hennigienne) s'est fondée sur la généalogie.

La phénétique numérique

L'objectif des partisans de la phénétique numérique est d'éviter toute subjectivité et tout arbitraire dans la classification en répartissant les espèces, au moyen de méthodes numériques, dans des groupes fondés sur la concordance d'un grand nombre de caractéristiques communes. Ces scientifiques estiment que les descendants d'un ancêtre commun partagent habituellement un nombre tellement élevé de caractères qu'ils ne peuvent que former automatiquement des taxa bien définis.

On a adressé un certain nombre de critiques importantes à la phénétique numérique : il s'agit d'une méthode lourde, demandant que soient analysés des multitudes de caractères (plus de cinquante, et, si possible, plus de cent) ; elle n'attribue pas de poids distinct aux caractères d'importance taxinomique différente ; elle ne propose pas de méthode pour assigner les taxa aux différents niveaux de la hiérarchie linnéenne ; elle ne prend pas en compte les vitesses d'évolution distinctes de différentes séries de caractères ; elle conduit à des classifications dissemblables, lorsqu'elle se fonde sur des séries de caractères différents ; elle ne peut être améliorée progressivement.

Tant qu'on ne disposait que de caractères morphologiques, la phénétique numérique était insatisfaisante, dans la mesure où ils n'étaient pas assez nombreux. Lorsqu'on a eu accès à un grand nombre de caractères moléculaires, la situation a considérablement changé. La technique d'hybridation de l'ADN est réellement une technique phénétique ; et elle évite la plupart des défauts de l'analyse phénétique provenant de la prise en compte d'un très grand nombre de caractères. Certaines des techniques de calcul des « distances », mises en œuvre dans le cadre de la taxinomie informatisée, sont aussi des méthodes phénétiques. On est encore loin d'être arrivé à un consensus général sur la valeur qu'il convient d'accorder à toutes ces méthodes, relativement à d'autres démarches (telles que la méthode de la parcimonie).

La cladification

L'autre option de l'alternative à la classification darwinienne qui a été récemment avancée est un système de classement reposant entièrement sur la généalogie. En 1950, Willi Hennig avait publié en allemand un ouvrage dans lequel il exposait une méthode qui, selon lui, permettait d'établir une classification généalogique dépourvue de toute ambiguïté. Fondamentalement, il procédait de la façon suivante : il ne prenait en compte que les groupes fondés exclusivement sur la possession incontestable d'« apomorphies », c'est-à-dire de caractères dérivés partagés; il laissait de côté les caractères ancestraux (« plésiomorphes »). En outre, dans son système, chaque taxon était formé par une branche de l'arbre phylogénétique comprenant l'espèce-souche et tous ses descendants, y compris les groupes extrêmement modifiés (comme les oiseaux et les mammifères par rapport aux reptiles). Le système de base de Hennig consistait donc simplement en branches de l'arbre phylogénétique (clades), sans tenir compte de la notion de ressemblance (autrement dit, du degré de changement évolutif).

Dans la méthode de classification darwinienne, il est fait appel à cette notion, et, pour juger du degré de ressemblance, on se fonde sur le plus grand nombre possible de caractères, pas seulement sur les apomorphies. Par conséquent, les caractères ancestraux sont pris en compte, à juste titre, parce qu'ils contribuent souvent fortement à l'aspect d'un taxon, et donc à la détermination de sa place dans la classification. Il en va de même pour la prise en compte des autapomorphies dans l'assignation de groupes-frères aux niveaux adéquats de la classification. Le fait de recourir à des caractères aussi nombreux que possible donne à la classification darwinienne un avantage supplémentaire : « L'assignation d'un objet donné à une place particulière dans une classification devrait normalement nous renseigner au maximum sur cet objet. Idéalement, une classification correcte serait en mesure de nous révéler absolument tout d'un objet » (Dupré, 1993 : 18).

La classification darwinienne partage avec le cladisme, par opposition à la stricte phénétique numérique, l'idée qu'il est nécessaire de s'appuyer sur des raisons précises pour effectuer les regroupements. C'est ainsi que ces deux écoles de macrotaxinomie soutiennent qu'elles ne prennent en compte que des taxa monophylétiques. Suivant la définition traditionnelle, à laquelle les taxinomistes darwiniens adhèrent encore, un taxon donné est monophylétique si tous ses membres descendent du taxon ancestral le plus proche. De son côté, Hennig a proposé un principe complètement différent. Pour lui, un groupe est « monophylétique » dès lors qu'il comprend tous les descendants de l'espèce-souche. Puisque cette définition conduit à une façon totalement différente de délimiter les taxa, Ashlock (1971) a proposé le terme d'« holophylétique» pour le nouveau concept de Hennig. Le terme traditionnel de monophylétique est un adjectif qualifiant un taxon, tandis que le concept d'holophylie de Hennig désigne une méthode de délimitation des taxa. Même si les taxa délimités par la méthode traditionnelle peuvent différer des cladons délimités par la méthode de Hennig, les deux classifications de taxa sont strictement généalogiques.

Un clade du système hennigien ne correspond pas à un taxon de la classification darwinienne, et il est donc normal de lui donner un terme technique différent : «cladon» [16]. Dans ce système, on fait remonter chaque cladon à l'«espèce-souche» (et celle-ci en fait d'ailleurs partie). L'espèce-souche est celle qui montre le premier caractère apomorphe de la branche (ou clade). Puisque le système de Hennig est fondé sur des clades, et non sur des classes, on peut le distinguer des véritables classifications par le terme de «cladification».

La méthodologie consistant à distinguer les caractères dérivés particuliers par rapport aux caractères ancestraux (autrement dit l'analyse cladistique) représente une excellente méthode d'analyse phylogénétique. Elle convient parfaitement pour vérifier la monophylie des taxa. Quiconque s'intéresse aux aspects phylogénétiques des caractères peut constater que la cladification est une excellente méthode pour ranger les espèces et les taxa dans l'ordre de leur phylogenèse. Cependant, si intéressant que soit un cladogramme pour les études phylogenétiques, il contrevient à pratiquement tous les principes de la classification traditionnelle. Parmi ses défauts, il faut noter :

1) La plupart des clades (ou cladons) sont extrêmement hétérogènes, l'espèce-souche et les autres groupes-souches étant beaucoup plus semblables aux groupes-souches des clades frères qu'aux groupes terminaux de leur propre clade. En d'autres termes, on constate que des groupes dissemblables sont regroupés dans un même cladon, tandis que des groupes semblables d'espèces (des groupes-souches frères) sont distribués dans des cladons distincts.

2) Telle espèce-souche ou tel groupe-souche entier a souvent traditionnellement été inclus dans un taxon ancestral, comme les reptiles thérapsides (les ancêtres des mammifères), ou les dinosaures (les ancêtres présumés des oiseaux), les uns et les autres faisant partie de la classe des reptiles. Sortir ces groupes-souches du taxon auquel ils avaient jusqu'ici toujours été associés rend ce dernier «paraphylétique» et, donc, selon les principes du cladisme, erroné. Par suite, cela aboutit à nier une grande partie de tous les taxa supérieurs couramment reconnus, et cela concerne tous les taxa fossiles actuellement reconnus, qui ont donné naissance à des taxa dérivés.

3) Il n'est pas réaliste d'assigner des groupes frères au même niveau taxinomique, comme le demande le cladisme, dans la mesure où fréquemment, voire généralement, les groupes frères diffèrent par le nombre de leurs caractères autapomorphes, autrement dit, de caractères évolués, restreints à leur

branche particulière. Dans le système tel qu'il avait été proposé à l'origine par Hennig, il fallait attribuer le même rang taxinomique à un groupe frère qui avait évolué très peu depuis son origine et à un autre qui avait subi une transformation évolutive spectaculaire (comme les oiseaux, par exemple).

4) Dans la méthodologie de Hennig, il n'existe pas de théorie rigoureuse en ce qui concerne la façon d'assigner un rang aux taxa. Les propres disciples de Hennig ont abandonné les deux seuls principes qu'il avait mis en avant pour ce faire : le temps géologique et l'attribution du même niveau taxinomique aux groupes frères. En revanche, ils ont adopté le seul principe que Hennig avait spécifiquement rejeté, le degré de différenciation; mais ils ne font appel qu'à des critères subjectifs pour l'évaluation de ce dernier.

5) Selon Hennig, toute nouvelle synapomorphie (caractère dérivé) dans une espèce-souche impose que celle-ci soit assignée à un nouveau rang taxinomique. Bien que la majorité des cladistes ne tiennent pas compte de ce principe, certains d'entre eux l'ont appliqué au niveau spécifique et sont allés jusqu'à demander que toute population soit élevée au niveau de l'espèce dès lors qu'elle diffère par un seul caractère (c'est le concept phylogénétique de l'espèce). Une telle pratique conduirait à une extrême atomisation de tout le système et au chaos taxinomique, ce qui rendrait pratiquement impossible de retrouver toute information.

6) Tous les caractères non apomorphes sont négligés. Or, l'une des plus vieilles règles de la taxinomie, et l'une des plus souvent confirmées, est que plus les caractères auxquels on a recours pour établir une classification sont nombreux, plus la classification sera, globalement, utile et fiable. Même s'il est légitime de se fonder seulement sur des caractères dérivés pour mener à bien une analyse cladistique, cette restriction n'a pas de sens lorsqu'on entreprend de délimiter des taxa pour faire une classification. En fait, de nombreux taxa sont caractérisés par une prédominance de caractères ancestraux. En outre, si l'on ne tient pas compte des caractères autapomorphes, l'assymétrie évolutive dans les vitesses d'évolution est totalement masquée. Il est devenu évident que la cladification hennigienne est en réalité une méthode d'identification de taxa et non une classification traditionnelle. En fait, les chefs de file du cladisme n'ont cessé de souligner que leur méthodologie vise à rechercher des caractères ayant une valeur diagnostique.

7) Les cladons, tels qu'ils sont délimités par les cladistes, reflètent des relations discutables : des groupes frères, même s'ils sont plus étroitement apparentés sur le plan génétique que des descendants plus lointains, en sont exclus. Si l'on appliquait les principes du cladisme à l'arbre généalogique issu de Charlemagne, les descendants actuels du « roi à la barbe fleurie » lui seraient plus étroitement apparentés que ne l'étaient ses frères et sœurs.

En principe, une classification cladiste est une classification qui ne se fonde que sur un seul caractère. Le clade, ou cladon, est caractérisé par la première apomorphie de l'espèce-souche[17]. Toute classification fondée sur un seul caractère, même si elle se conforme strictement à la phylogénie, conduit à des taxa artificiels et hétérogènes. Depuis plus de cent ans, les chefs de file de la taxinomie rejettent les classifications fondées sur un seul caractère. Une bonne classification, ont-ils toujours affirmé, est fondée sur le plus grand nombre possible de caractères.

À travers cette analyse des défauts de la cladification phylogénétique de Hennig, on comprend pourquoi cette dernière ne peut pas prendre la place de la classification darwinienne traditionnelle. Cependant, si l'on s'intéresse seulement à la phylogenèse, il est légitime de s'adresser au système de Hennig. En d'autres termes, la cladification de Hennig comme la classification darwinienne traditionnelle sont toutes deux légitimes, mais ont des applications distinctes et répondent à des buts très différents[18].

Enregistrer et retrouver l'information

Étant donné toutes ces difficultés, il n'est pas rare que différents auteurs défendent un mode de classification donné plutôt qu'un autre. Lequel doit-on choisir? En fait, il faut choisir le plus pratique et celui qui permet d'enregistrer et de retrouver l'information de la façon la plus stable possible. Tout système de communication requiert de la stabilité; et l'utilité d'une classification est directement proportionnelle à sa stabilité. Le système traditionnel de classification tend à être très stable, il est donc idéal, de ce point de vue. Les cladifications, en revanche, sont fréquemment en conflit avec les classifications traditionnelles, et l'étude de nouveaux caractères, de même que de nouvelles résolutions d'homoplasies, peut conduire à des cladifications considérablement modifiées, et donc à de l'instabilité.

L'arrangement des taxa au sein d'une collection ou sur les pages d'une publication est nécessairement linéaire (unidimensionnel); or la descendance d'ancêtres communs est un phénomène de branchement qui se réalise dans un espace à trois dimensions. Le découpage d'un arbre phylogénétique en grandes et petites branches, et l'arrangement de ces branches en une série linéaire demandent souvent de prendre des décisions quelque peu arbitraires. C'est particulièrement vrai lorsque l'arbre phylogénétique est un buisson (thamnogramme) plutôt qu'un arbre (dendrogramme). Un certain nombre de conventions ont été adoptées pour résoudre ce problème : 1) Il faut placer les taxa clairement dérivés après ceux dont ils dérivent (ainsi, les trématodes et les cestodes doivent venir après les turbellariés). 2) Il faut placer les taxa spécialisés après les taxa plus généralisés, apparemment plus «primitifs». 3) Il faut éviter de changer toute séquence généralement reconnue, sans de puissantes raisons:

ce genre de séquence traditionnelle présente, en effet, une grande importance en matière d'enregistrement et de recherche de l'information, car elle a été reprise largement dans la littérature taxinomique et les collections [19].

Les noms

Les noms des taxa supérieurs servent d'étiquettes permettant de retrouver commodément l'information, et des termes tels que « coléoptères » ou « papilionidés » doivent obligatoirement signifier la même chose pour les zoologistes du monde entier pour être vraiment utiles [20]. Il serait tout à fait impossible de parler des millions d'organismes vivant aujourd'hui sur notre planète et d'accumuler des informations à leur sujet, s'il n'existait pas de système efficace de dénomination universellement accepté. Pour toutes ces raisons d'ordre pratique, les taxinomistes ont adopté un certain nombre de règles concernant la façon d'attribuer des noms.

Ces règles sont spécifiées dans les codes internationaux de nomenclature zoologique, botanique et microbiologique. Les objectifs majeurs du système de communication des taxinomistes sont définis dans le préambule du *Code de nomenclature zoologique* (1985) : « Le but de ce code est de promouvoir la stabilité et l'universalité des noms scientifiques donnés aux animaux et d'assurer que chaque nom soit unique en son genre et distinct. Toutes ses dispositions concourent à ces fins. » Le nom scientifique d'une plante ou d'un animal est composé d'un nom de genre et d'un nom d'espèce (nomenclature linnéenne binominale). Par exemple, l'épervière orangée est *Hieracium* (nom de genre) *aurantiacum* (nom d'espèce). La langue choisie pour le nom scientifique des organismes est le latin, qui était le jargon pratiqué par les scientifiques dans la période ayant succédé au Moyen Âge.

Les premières descriptions des nouvelles espèces sont généralement insuffisantes, notamment dans les groupes taxinomiques mal connus, et n'apportent parfois pas de certitude sur la nature exacte de l'espèce. Pour cette raison, toute espèce possède un exemplaire « type », que tout taxinomiste peut examiner afin de déterminer sa nature exacte en tant qu'espèce, en se référant à toutes les nouvelles informations acquises depuis la description originelle. Le terme de « type » retenu pour désigner cet exemplaire, hérité de la philosophie essentialiste de la période linnéenne, est tout à fait trompeur, car un tel « type » n'est pas toujours particulièrement typique de l'espèce, et la description moderne des espèces ne se fonde pas exclusivement sur le « type » en question. En fait, puisque toute espèce et toute population sont variables, la description de l'espèce doit obligatoirement comprendre une évaluation soigneuse de cette variabilité ; en d'autres termes, elle doit être fondée sur une grande collection de spécimens.

Le type d'une espèce est un spécimen; le type d'un genre est une espèce (l'espèce type); le type d'une famille est un genre. Le nom d'une famille doit obligatoirement être formé à partir de la racine du nom de son genre type. La localité où a été recueilli le spécimen type d'une espèce est appelée la localité type. Cette information est importante dans le cas de toutes les espèces polytypiques, autrement dit, des espèces comprenant plusieurs sous-espèces géographiques.

Si l'on dispose de plusieurs noms pour un taxon donné, le plus ancien d'entre eux est, d'ordinaire, le seul qui soit correct. Cependant, il est arrivé, en particulier dans les premiers temps de la taxinomie, que l'on n'ait pas tenu compte du nom le plus ancien ou qu'on l'ait rejeté pour diverses raisons, et qu'un nom plus récent soit devenu le nom universellement accepté pour un taxon donné. Lorsque, dans ces conditions, on rebaptise ce dernier avec le nom précédemment oublié, simplement pour ne pas déroger à la règle de priorité, on perturbe gravement la fonction de la classification qui est de pouvoir retrouver facilement l'information. Dans les codes modernes de taxinomie, des règles spécifient dans quelles conditions on peut renoncer à faire primer les noms les plus anciens, cela dans le but de préserver la stabilité de la nomenclature. Le principe de priorité dans l'attribution des noms en zoologie ne porte que sur les noms d'espèces, de genres, et de familles, et non sur ceux des taxa plus élevés[21].

La classification de l'ensemble des organismes

Jusqu'au milieu du XIXe siècle environ, on a classé les organismes en plantes et en animaux. Tout ce qui n'était pas clairement animal était classé parmi les plantes. Cependant, l'étude plus approfondie des champignons et des micro-organismes a fait clairement apparaître qu'ils n'ont pas leur place avec les plantes, et doivent être reconnus comme des taxa supérieurs indépendants. La révision la plus profonde de la classification des organismes s'est produite dans les années 1930, lorsqu'on s'est aperçu que les monères (les procaryotes), comprenant les bactéries et leurs apparentés, sont complètement différents de tous les autres organismes (eucaryotes) possédant des cellules nucléées.

De l'origine de la vie (environ −3,8 milliards d'années*) jusqu'à environ −1,8 milliard d'années, seuls existaient les procaryotes. Aujourd'hui, on divise généralement ces derniers en deux règnes, les archéobactéries et les eubactéries, qui diffèrent essentiellement par leur adaptation et la structure de leurs ribosomes[22]. Vers − 1,8 milliard d'années, les premiers eucaryotes unicellulaires sont apparus, caractérisés par un noyau enveloppé dans une membrane et des chromosomes distincts, ainsi que par la possession de divers organites

*Ce chiffre négatif signifie 3,8 milliards d'années avant aujourd'hui, pris comme temps zéro. [N.d.T.]

cellulaires, manifestement issus de l'intégration en leur sein de procaryotes symbiotiques. La controverse n'est pas close sur la question de savoir comment ont débuté ces symbioses et comment le noyau est venu à exister. Les premières traces fossiles des organismes multicellulaires apparaissent seulement vers – 670 millions d'années.

Il existe de nombreuses façons de classer les eucaryotes. Jusque récemment, dans un souci de commodité, les eucaryotes unicellulaires étaient rassemblés dans un seul taxon, les protistes. Même si on savait depuis longtemps que certains de ces protistes étaient plus proches des animaux (les protozoaires), d'autres des plantes, d'autres encore des champignons, il est apparu de plus en plus clairement, dans les années récentes, que les critères diagnostiques traditionnels distinguant les plantes et les animaux (comme la possession de chlorophylle ou la mobilité) ne pouvaient pas être employés sans difficulté pour ces organismes, et trop d'incertitude régnait au sujet de leurs relations d'apparentement pour que l'on continue à employer l'étiquette de « protistes ». De nouvelles recherches, en particulier celles de Cavalier-Smith, qui se sont appuyées sur des caractères jusque-là négligés (par exemple, la présence de certaines membranes) et des caractéristiques moléculaires, ont apporté de considérables clarifications.

S'il peut être encore commode de parler des eucaryotes unicellulaires en tant que protistes, on ne peut plus soutenir aujourd'hui l'existence d'un taxon formel qui serait celui des protistes. Les taxinomistes débattent à présent la question de savoir s'il faut reconnaître trois ou cinq ou sept règnes au sein de ces derniers, les « rassembleurs » penchant pour le nombre le plus faible, et les « fractionneurs » demandant qu'on reconnaisse le nombre le plus élevé[23]. Pour le non-spécialiste, il est probablement commode de reconnaître un nombre plus petit. Ainsi, la classification d'ensemble des organismes pourrait comprendre deux empires, chacun subdvisé en différents règnes :

Empire des procaryotes (monères)
- Règne des eubactéries
- Règne des archéobactéries

Empire des eucaryotes
- Règne des archéozoaires
- Règne des protozoaires
- Règne des chromistes
- Règne des métaphytes (plantes)
- Règne des champignons
- Règne des métazoaires (animaux)

Chapitre 8

Les questions de type « Comment ? » : la production d'un nouvel organisme

Toute espèce comprend des milliers, des millions, voire des milliards d'organismes individuels. Beaucoup d'entre eux périssent chaque jour, remplacés par de nouveaux. Bien que nous ayons généralement tendance à penser à la reproduction sexuelle comme le moyen de produire de nouveaux organismes, la façon la plus simple est qu'un être déjà existant se divise en deux. C'est le mode normal de reproduction chez les procaryotes, chez de nombreux protistes et champignons, et même dans certains embranchements d'invertébrés.

Outre la division, il existe beaucoup d'autres façons de se reproduire sans la sexualité. Une modalité fréquente chez certaines plantes et chez certains invertébrés est d'engendrer un nouvel organisme par le biais du bourgeonnement. En un certain point de la paroi du corps, un bourgeon se forme, qui se détachera du corps et donnera un nouvel individu. La reproduction végétative, particulièrement par le biais de rhizomes souterrains, est également fréquente chez les plantes. Chez certains organismes asexués, les nouveaux individus se développent à partir des ovules seulement (la fécondation n'est pas nécessaire). On appelle ce processus parthénogenèse. Les pucerons, les crustacés planctoniques, ainsi que d'autres animaux, peuvent alterner les générations sexuées et les générations parthénogénétiques.

La plupart des nouveaux individus chez les organismes supérieurs viennent à la vie par le biais exclusif de la reproduction sexuée, laquelle met en jeu de nombreux phénomènes complexes tels que la production d'ovules et de spermatozoïdes, l'accouplement des deux sexes et la protection de l'embryon au cours du développement. Il n'est pas surprenant que l'une des controverses les plus longues de la biologie de l'évolution ait porté sur la signification de la reproduction sexuée. Il s'agissait précisément de savoir quel était l'avantage sélectif de cette stratégie reproductive. En effet, une femelle qui produit des rejetons par le biais de la parthénogenèse est dotée apparemment d'une fécondité double de celle d'une femelle qui, en quelque sorte, gaspille à peu près la moitié de sa descendance sous la forme de mâles, lesquels sont incapables de se reproduire par eux-mêmes. En fait, l'intérêt de la reproduction sexuée est qu'elle accroît énormément la variabilité génétique de la descendance : cette variabilité augmentée a, en effet, de multiples avantages dans la lutte pour la survie (comme, par exemple, la réduction de la vulnérabilité aux maladies).

Mis à part le fonctionnement du cerveau, il n'existe pas de phénomènes, dans le monde vivant, qui apparaisse aussi miraculeux et fascinant que le développement d'un nouvel individu à partir d'un œuf fécondé. On peut diviser grossièrement l'histoire de l'embryologie en trois périodes. La première, allant de l'Antiquité jusqu'aux environs de 1830, s'est concentrée sur la description du développement de l'embryon. Durant cette période, on s'est beaucoup préoccupé des contributions relatives du père et de la mère lors de la formation de l'embryon.

Une deuxième période a commencé avec la théorie cellulaire, lorsqu'on a découvert que l'ovule de vertébré était une cellule individuelle et qu'il en était de même pour l'élément fécondant du sperme, autrement dit, le spermatozoïde. Les chercheurs se sont alors particulièrement intéressés aux divisions de l'œuf fécondé donnant les cellules de l'embryon et au destin de chacune de ces cellules, c'est-à-dire à leur contribution aux différents structures et organes de l'adulte. Par nécessité, l'embryologie a été largement descriptive durant ces deux premières périodes. L'objectif était de répondre à des questions de type « Quoi ? » (quel phénomène pouvait-on repérer à tel endroit et à tel moment, etc.).

Au cours de la troisième période, il est devenu possible de chercher à comprendre *comment* le développement se réalise, autrement dit, à comprendre les mécanismes qui président à la formation des structures embryonnaires. Cette période a débuté dans les premières années du XXᵉ siècle. Des chercheurs ont d'abord montré que le développement est contrôlé par des gènes spécifiques et que des interactions complexes se produisent entre les différentes parties de l'embryon. Ainsi, il est apparu que le comportement des cellules au cours du développement est attribuable non seulement aux gènes, mais aussi à l'environnement cellulaire dans lequel se trouvent ces cellules aux différents stades du développement.

Par nécessité, l'analyse des gènes et des processus biochimiques contrôlés par des gènes devait obligatoirement être réductionniste au début, mais on a rapidement compris que les gènes interagissent entre eux et avec l'environnement cellulaire, comme les musiciens dans un orchestre. L'étude des interactions bien orchestrées entre gènes et cellules au cours de l'édification d'un organisme fait actuellement l'objet des recherches les plus en pointe de la biologie du développement. Mais une telle étude ne pouvait pas s'engager avant qu'aient été réalisés des siècles de travail minutieusement descriptif. Les découvertes dans ce domaine ont été lentement et laborieusement accumulées.

Les débuts de la biologie du développement

La diversité est la caractéristique la plus marquante du monde vivant, et c'est également vrai des processus du développement. Cependant, des organismes apparentés présentent généralement un développement semblable. Peut-être dès 1 000 av. J.-C., les Égyptiens avaient déjà vaguement perçu que le développement du poussin dans l'œuf incubé était un processus qui ressemblait à celui de l'embryon de mammifère. Mais les minces connaissances ainsi établies ont été éclipsées par la grande œuvre d'Aristote sur l'embryologie descriptive et comparée chez les animaux. On peut dire de ce grand penseur grec qu'il a jeté les bases de la discipline de la biologie de la reproduction, dans la mesure où il a discuté de la nature du mâle et de la femelle, de la structure et de la fonction des organes reproducteurs, de la viviparité (mise au monde de nouveau-nés vivants), de l'oviparité (ponte d'œufs destinés à éclore hors du corps), de la forme de la copulation chez différentes sortes d'animaux, de l'origine et des caractéristiques du sperme et de presque tous les aspects de la reproduction et du développement.

En fait, Aristote s'est confronté à deux problèmes majeurs dans le domaine de la reproduction, problèmes qui ne seront pas réglés avant la fin du XIXᵉ siècle. L'un est la théorie de la pangenèse (selon laquelle toutes les cellules du corps fournissent des matériaux héréditaires aux cellules germinales) et l'autre le débat sur la préformation *versus* l'épigenèse. Son œuvre de pionnier dans le domaine du développement animal est presque incroyable : extrêmement complète, fondée sur de vastes observations et comparaisons, fruit d'un excellent discernement, elle n'a pas été surpassée avant le XIXᵉ siècle.

Comme tout être humain, cependant, Aristote a commis quelques erreurs. Bien que les femelles dans tous les autres groupes d'animaux observés par le grand penseur grec produisaient des ovules, il n'a apparemment jamais imaginé que les femelles de mammifères pouvaient également élaborer des ovules. Dès lors, il a avancé la thèse selon laquelle, chez cette classe d'animaux, le sperme des mâles imprimait une forme au sang coagulé des menstrues de la femelle, l'embryon se développant à partir de ce phénomène[1].

On a longtemps pensé qu'Aristote avait commis une deuxième erreur, lorsqu'il a essayé d'expliquer la spécificité du développement (phénomène qui l'impressionnait beaucoup). L'œuf de grenouille se développe invariablement en une grenouille et non pas en un poisson ou en un poulet, comme s'il possédait l'information devant le guider vers le but désiré. Cette spécificité a incité Aristote à postuler qu'il existait une « cause finale », responsable du développement infaillible de l'œuf jusqu'au stade adulte. C'est seulement à notre époque que l'on a compris que l'*eidos*, le facteur apparemment métaphysique postulé par Aristote, n'était rien d'autre que ce que nous appelons maintenant le programme génétique ; et qu'il s'agissait donc d'un facteur strictement explicable en termes physicochimiques. On sait aujourd'hui que le développement de l'œuf fécondé est effectivement guidé par le programme génétique[2].

Bien qu'on ait sans doute été fasciné par la reproduction et le développement des embryons tout au long des siècles, la discipline de la biologie du développement n'a pas fait de réel progrès après Aristote, jusqu'à ce que Harvey, au XVIIe siècle, étudie soigneusement l'œuf de poule incubé, au moyen d'observations à l'œil nu et à l'aide de la loupe. Il a clairement décrit, à la surface du jaune d'œuf, un point à partir duquel l'embryon allait se former. Harvey a en outre démontré qu'il n'y avait point, dans l'utérus d'une femelle de mammifère, de sang menstruel coagulé, qui aurait représenté la contribution de cette dernière à la formation de l'embryon, et postulé l'existence d'un ovule chez cette classe d'animaux. Peu de temps après, les follicules ovocytaires ont été observés dans l'ovaire par Stensen et De Graaf ; mais le véritable ovule de mammifère n'a été découvert qu'en 1827 par Karl Ernst von Baer. Il est alors devenu clair que les ovaires sont l'équivalent femelle des testicules du mâle.

Dans les années qui ont suivi les recherches de Harvey, on a compris de plus en plus de détails du développement du poussin, notamment grâce à l'aide du microscope à lentilles multiples, et grâce aux travaux de Malpighi, puis de Spallanzani, de von Haller et de Caspar Friedrich Wolff. Cependant, tous ces chercheurs ont encore tenté de faire coïncider leurs observations sur le développement graduel des organes de l'embryon avec le cadre conceptuel fourni par les théories physiologiques d'Aristote.

Par contraste, l'embryologie a été menée, au XIXe siècle, dans un esprit totalement différent ; on pourrait presque dire dans un esprit plus scientifique. Dans tous les secteurs de la biologie des fonctions, on ne fondait désormais de théories que sur des faits attestés. Et les trois grands représentants de l'embryologie du début du XIXe siècle, Christian Pander, Heinrich Rathke et Karl Ernst von Baer, ont effectivement commencé leurs recherches par des descriptions soigneuses de ce qu'ils observaient (surtout chez le poulet) et ne se sont livrés qu'ensuite à un travail de réflexion théorique[3]. Ils ont ainsi établi l'existence de la notochorde, du tube neural, et, plus important encore, des trois feuillets embryonnaires. Ces chercheurs ont comparé leurs résultats obtenus chez le poulet avec ceux obtenus chez d'autres vertébrés, et même avec ceux obtenus chez l'écrevisse et d'autres invertébrés.

Le développement du poulet et celui, assez semblable, de la grenouille sont facilement observables, et ont traditionnellement servi de référence en embryologie. Cependant, tous deux ne sont caractéristiques que du développement des vertébrés, et il existe un nombre infini d'autres modes de développement dans les autres embranchements[4]. En particulier, les modalités de segmentation de l'œuf fécondé peuvent différer de façon frappante d'un groupe à l'autre. Lorsque les praticiens de l'embryologie expérimentale du XIXe siècle ont comparé le développement des vertébrés à celui des tuniciers, des échinodermes, des mollusques, des cœlentérés et d'autres embranchements d'invertébrés, de nombreuses différences sont apparues. La plupart des notions générales, avancées dans les pages suivantes, s'appliquent surtout aux vertébrés.

L'impact de la théorie cellulaire

La théorie cellulaire, proposée dans les années 1830 par Schwann et Schleiden, a permis d'unifier de nombreuses observations et notions. Cela a été le cas pour les ovules et le sperme, concepts jusqu'ici restés assez vagues. Remak (1852) a été le premier à démontrer que l'ovule est une cellule. Et du côté du facteur mâle, s'il est vrai que Van Leeuwenhoek, dès 1680, avait découvert que des spermatozoïdes figuraient dans le sperme, on pensait généralement qu'ils n'étaient que des parasites au sein de ce liquide biologique. À cette époque, certains auteurs ont affirmé qu'ils apportaient la contribution du père à la formation de l'embryon, mais on n'a pas vraiment compris que chaque spermatozoïde était, en fait, la cellule germinale mâle, avant que cela ne soit démontré par Kölliker en 1841.

Curieusement, jusqu'en 1880 environ, on n'a pas réellement su interpréter la fécondation. Pour les physicalistes, il s'agissait simplement d'un signal donné à la cellule-œuf pour qu'elle commence ses divisions de segmentation. C'est de cette façon que Miescher, qui avait découvert l'ADN, a interprété la fécondation en 1874, date bien tardive. Enfin, des cytologistes comme O. Hertwig et Van Beneden ont montré que le spermatozoïde fournissait à l'œuf bien davantage que le signal de commencer les divisions de segmentation ; il apportait aussi le noyau de la cellule germinale mâle (du gamète mâle).

On sait aujourd'hui que ce noyau, avec son stock haploïde de chromosomes mâles, pénètre dans l'ovule. Ces éléments se combinent alors au stock haploïde de chromosomes femelles pour former le noyau diploïde du zygote. La fécondation ne fait donc pas que restaurer la diploïdie, mais combine dans la descendance les gènes de la mère et du père. Les hybrideurs de plantes, comme Kölreuter, avaient découvert cette notion depuis longtemps.

Épigenèse ou préformation?

Mais comment cette boule de matière apparemment sans forme qu'était le zygote pouvait-elle aboutir à un poulet, à une grenouille ou à un poisson? Cette énigme fut à la base d'une controverse qui, née au XVIIe siècle, a perduré jusqu'au XXe siècle. Deux grandes hypothèses avaient été avancées, toutes deux fondées sur des arguments solides et toutes deux en partie justes, en partie fausses, comme on le sait à présent. Il s'agissait, d'une part, de l'hypothèse de l'épigenèse et, de l'autre, de celle de la préformation.

Les préformationnistes fondaient leur théorie sur l'observation selon laquelle l'œuf fécondé conduit infailliblement à l'adulte de l'espèce au sein de laquelle il a été engendré. Ils en concluaient qu'au moment de la fécondation la forme miniature du futur organisme était déjà présente, ayant été apportée par l'ovule ou par le spermatozoïde; le développement était, pour eux, simplement le déploiement (qu'ils appelaient «évolution») de cette forme originelle. Cette théorie avait bénéficié d'arguments forts, avancés par l'un des premiers préformationnistes avérés : Malpighi. En examinant un œuf de poule fécondé, Malpighi avait aperçu les premiers stades du développement, ce qui lui avait suggéré que la forme du futur organisme était déjà présente dans l'œuf non fécondé (autrement dit, l'ovule).

Un corollaire logique de l'hypothèse de la préformation était que, non seulement un organisme préformé était présent dans l'ovule (ou le spermatozoïde), mais aussi que cet organisme préformé contenait à son tour tous ses descendants. C'était la théorie de *l'emboîtement*. Une autre question se posait également : l'individu préformé était-il logé dans l'ovule, comme le soutenaient les «ovistes», ou bien dans le spermatozoïde, comme le prétendaient les «animalculistes»? De nombreuses descriptions et illustrations de la littérature de cette époque montraient un petit homme (un «homonculus») logé dans un spermatozoïde.

Les expériences d'hybridation de plantes de Kölreuter (1760) ont clairement réfuté les deux variétés de théorie préformationniste en montrant que le père et la mère contribuaient de façon égale à la formation d'un hybride. Dans ces conditions, il était impossible qu'un adulte préformé correspondant à ce dernier ait pré existé dans la cellule germinale de l'un des deux parents seulement. Peut-être parce que ses expériences portaient sur des plantes, cette réfutation décisive de la préformation est longtemps demeurée ignorée. Pourtant, on aurait pu tirer la même conclusion de l'observation des caractères intermédiaires du mulet ou d'autres animaux hybrides. On n'a pas tenu compte, non plus, de l'observation des phénomènes de régénération, qui montraient que lorsqu'on ôtait de grandes parties à des organismes tels que des hydres, des amphibiens ou des reptiles, elles pouvaient être régénérées par le biais de ce qui semblait fondamentalement un processus épigenétique.

Les partisans de l'épigenèse, opposés aux préformationnistes, pensaient que le développement partait d'une masse totalement homogène, à laquelle il était donné forme grâce à l'action de quelque force extérieure, une *vis essentialis*, comme C.F. Wolff l'avait appelée[5]. Mais l'épigenèse ne pouvait pas expliquer pourquoi les œufs de poule donnaient inéluctablement des poules et ceux de grenouille des grenouilles ; ni elle ne pouvait expliquer les phénomènes de différenciation des tissus et de formation des structures embryonnaires au cours de l'ontogenèse. En outre, si l'on accordait foi à la théorie de l'épigenèse, il fallait que chaque espèce possède sa propre *vis essentialis*. Une telle « force » n'entrait pas dans le cadre des forces universelles du type de la gravité, décrites par les physiciens. Aucun des partisans de l'épigenèse n'était capable d'expliquer ce qu'était la *vis essentialis* et pourquoi elle était spécifique.

Néanmoins, l'épigenèse a pris le dessus dans la controverse, notamment parce que l'amélioration des techniques microscopiques avait permis de conclure à l'absence de toute trace d'organismes préformés dans les œufs venant d'être fécondés. Mais il a fallu attendre le XXe siècle pour avoir la solution finale à cette énigme. La première clé est venue de la génétique, qui a introduit la distinction entre le génotype (la constitution génétique de l'organisme individuel) et le phénotype (la totalité des caractéristiques observables d'un organisme individuel). Cette discipline a en effet montré que le génotype comportait des gènes déterminant, par exemple, la formation d'un poulet, et que, durant le développement, ils contrôlaient la genèse du phénotype du poulet. En fournissant ainsi l'information nécessaire au développement, le génotype était le facteur de préformation. Mais en dirigeant le développement épigenétique de la masse apparemment informe de l'œuf, il jouait aussi le rôle de la *vis essentialis* de l'épigenèse.

Finalement, la biologie moléculaire a résolu les dernières énigmes du problème en montrant que le programme génétique inscrit dans l'ADN du zygote représentait la *vis essentialis* en question. L'introduction du concept de programme génétique a mis un point final à la vieille controverse entre épigenèse et préformation. La réponse était donc, d'une certaine façon, la synthèse de ces deux points de vue. Le processus du développement, la mise en place du phénotype, est un phénomène épigenétique. Cependant, le développement est aussi un phénomène de préformation, dans la mesure où le zygote contient un programme génétique héréditaire qui détermine largement le phénotype.

Il s'agit là d'un cas typique en biologie, où le point final mis à une controverse prolongée fait appel simultanément à des notions défendues par les deux camps adverses. Ces derniers étaient comparables aux aveugles du proverbe qui touchaient différentes parties de l'éléphant. Les uns et les autres possédaient des éléments de la vérité, mais recouraient à des extrapolations erronées à partir de vérités partielles. La réponse finale a été obtenue par l'élimination des erreurs contenues dans les thèses adverses en présence et la synthèse de leurs parties correctes.

La différenciation, processus de divergence entre cellules au cours du développement

L'un des aspects les plus merveilleux du développement, demeuré pendant longtemps complètement inexplicable, est la différenciation graduelle qui se produit entre les lignées cellulaires issues de la cellule unique du zygote. Comment une cellule nerveuse peut-elle devenir à ce point différente d'une cellule du tube digestif?

Le problème de la différenciation cellulaire est devenu encore plus énigmatique dans les années 1870 et 1880, lorsqu'on s'est aperçu finalement que la capacité de détermination génétique résidait dans le noyau cellulaire, et plus spécifiquement dans les chromosomes. Si le noyau de chaque cellule du corps contenait les mêmes déterminants génétiques, comme l'avait affirmé Weismann, comment les cellules pouvaient-elles devenir si différentes au cours du développement?

La solution la plus simple était de supposer qu'au cours des divisions cellulaires mitotiques un assortiment un peu différent de chromosomes, comportant des éléments génétiques différents, était distribué entre les cellules filles, et que la différenciation cellulaire dépendait des éléments génétiques spécifiques que les cellules recevaient. Cette théorie de la division cellulaire inégale a été, sans aucun doute, acceptée majoritairement, des années 1880 jusqu'au moins en 1900. Mais si l'on tenait cette explication pour exacte, le mécanisme complexe de la mitose, tel qu'il était observé par les cytologistes, n'avait aucun sens. Or, Roux (1883) avait fort justement posé la question de savoir pourquoi le noyau ne se divisait pas simplement le long de son plan équatorial, les deux demi-noyaux devenant les noyaux des deux cellules filles. Quel sens avait ce mécanisme complexe qui, à chaque mitose, convertissait chaque chromosome en un seul long filament de chromatine? Roux avait souligné que cela n'avait de sens que si le noyau comprenait un matériel extrêmement hétérogène, peut-être des particules extrêmement distinctes les unes des autres. Dans ce cas, une distribution égale de ces particules dans les deux cellules filles n'était possible que si elles étaient alignées sur un seul filament, puis que ce filament était divisé longitudinalement. Cela garantissait une distribution complètement égale du contenu hétérogène du noyau dans les deux cellules filles.

Nous savons à présent que la théorie de Roux était fondamentalement correcte et constituait une très brillante déduction tirée de ses observations de la mitose. Hélas, elle a été réfutée par d'autres observations réalisées dans les années suivantes, et Roux lui-même a abandonné sa théorie originelle pourtant exacte, et accepté alors le principe de la division mitotique inégale. Les raisons qui l'avaient poussé à ce changement d'attitude provenaient d'études montrant qu'après les premières divisions de l'œuf fécondé les cellules filles qui en résultaient étaient, chez certains organismes, extrêmement dissemblables et donnaient naissance à des systèmes d'organes très différents. Comment cela pouvait-il se produire si les éléments génétiques étaient répartis de manière égale ?

D'autres observations ont rendu le mystère plus épais encore. Des expériences réalisées par Roux, Driesch, Morgan et Wilson ont montré que les deux cellules issues de la première segmentation de l'œuf ne possédaient pas les mêmes « potentialités » chez différents groupes d'animaux. Chez les ascidies, si l'on séparait ces deux cellules, elles donnaient des lignées cellulaires ayant les mêmes caractéristiques que les lignées issues des deux cellules initiales non séparées. Autrement dit, les deux cellules issues de la première division de segmentation produisaient deux demi-larves d'ascidies, si on les séparait. On a désigné ce mode de différenciation du nom de *développement en mosaïque* ou *déterminé*. Mais, chez l'oursin, si l'on sépare les deux cellules issues de la première segmentation, chacune d'elles va finalement donner deux larves presque normales, bien que de taille réduite. Ce mode très distinct de différenciation a été appelé *développement à régulation*. Pour ajouter à la complexité, il est apparu que le développement, dans beaucoup de groupes, était intermédiaire à ces deux modes.

Plus on a étudié les détails du développement chez différents organismes, plus il a été difficile d'établir des principes généraux bien clairs. Les processus, chez une sorte donnée d'organisme, se révélaient souvent différents de ceux observés chez une autre sorte. Certaines cellules en cours de développement paraissaient être imperméables aux influences de leur environnement cellulaire ; d'autres paraissaient capables d'être complètement reprogrammées par ce dernier. Certaines cellules restaient définitivement dans le tissu dans lequel elles avaient été formées ; d'autres se mettaient à migrer plus ou moins loin au sein de l'embryon. Malgré de nombreuses expériences, pendant longtemps, on n'a pas réussi à éclaircir la nature de la relation entre le génotype et la différenciation des cellules issues des segmentations de l'œuf fécondé[6].

En définitive, notamment grâce aux apports de la biologie moléculaire du XXᵉ siècle, on a compris que toutes les cellules subissent un processus de différenciation et qu'à tout moment, dans une cellule donnée, une petite partie seulement des gènes du noyau sont en fonctionnement. Des mécanismes de régulation mettent en activité ou réduisent au silence tel ou tel gène, selon que la cellule considérée a besoin ou non du produit de ce gène à un moment donné. La programmation dans le temps de cette activité régulatrice est en partie déterminée par le génotype, en partie par les cellules voisines. Même les chercheurs dotés d'un esprit pénétrant comme Weismann ont été incapables de concevoir la possibilité de mécanismes aussi complexes au sein du génotype, et c'est pourquoi ce dernier avait opté pour la solution erronée de la division nucléaire inégale. Aujourd'hui encore, on ne comprend pas très bien comment les gènes régulateurs « savent », c'est-à-dire détectent à quel moment ils doivent activer les autres gènes.

On a, en outre, découvert que les premières divisions cellulaires dans de nombreux types de zygote particulièrement ceux riches en vitellus, sont entièrement contrôlées par des facteurs maternels. Cela explique que Roux ait été induit en erreur. C'est seulement après la réalisation des premiers stades du développement que les gènes nucléaires du nouveau zygote prennent le contrôle effectif de ce dernier. Comment l'ovaire détermine-t-il les matériaux à positionner dans différentes parties du vitellus de l'ovule et comment les y achemine-t-il de façon appropriée ? Ces questions restent encore aujourd'hui recouvertes d'un grand mystère.

Chez le nématode *Caenorhabditis*, par exemple, le cytoplasme de la cellule fondatrice de plusieurs lignées cellulaires différentes provient d'un secteur spécifique du cytoplasme de l'ovule qui, pense-t-on, contient des facteurs régulateurs d'origine maternelle. Par contraste, chez les taxa dont le développement est dit « à régulation », comme les vertébrés, le destin des lignées cellulaires n'est pas fixé précocement. Il existe, chez eux, de vastes migrations cellulaires ; et l'induction (l'influence des tissus embryonnaires déjà existants sur le développement d'autres tissus) détermine largement la spécificité des cellules. On peut trouver de profondes différences dans les processus de différenciation d'embranchements éloignés, comme les nématodes et les vertébrés, mais aussi dans ceux d'embranchements plus étroitement apparentés, comme, par exemple, les chordés (qui comprennent les vertébrés) et les échinodermes. Il existe une grande diversité de modalités de différenciation ; certaines sont totalement indépendantes des influences environnementales, alors que d'autres sont largement affectées par elles.

La formation des feuillets embryonnaires

Les scientifiques qui étudiaient le développement au XVIIIe siècle, travaillant avec des techniques primitives, pensaient que le cœur était la première structure à apparaître au cours de l'ontogenèse et que les autres organes se formaient lorsque l'embryon en train de se développer en avait besoin. Cependant, C.F. Wolff, Pander et von Baer ont montré que ce n'était nullement le cas.

En fait, à l'issue des premières divisions de segmentation (de la huitième à la douzième), un œuf de grenouille donne une petite boule de cellules appelée la blastula. Une partie de la couche externe de cellules s'invagine en direction du creux interne de cette blastula, conduisant à une gastrula à deux feuillets de cellules. Enfin, une feuillet médian se développe (par le biais d'un certain nombre de processus variés), appelé le mésoderme. Chez la blastula, toutes les cellules qui vont donner ces trois feuillets sont déjà présentes. Celles qui donneront l'ectoderme sont localisées dans l'hémisphère supérieur de la blastula ; celles qui donneront le mésoderme sont situées dans la région de l'équateur. Celles qui donneront l'endoderme constituent la plus grande partie de l'hémisphère ventral. Pander (1817) a démontré pour la première fois l'existence de ces trois mêmes feuillets dans l'embryon de poulet ; et quelques années plus tard, von Baer (1828) a apporté la preuve que la production de ces trois feuillets caractérise le développement embryonnaire de toutes les classes de vertébrés. Chacun d'eux est à l'origine d'un ensemble particulier d'organes : l'ectoderme donne naissance à la peau et au système nerveux ; l'endoderme, au système intestinal ; et le mésoderme, aux muscles, au tissu conjonctif et au système sanguin.

Après les années 1830, la prise en compte de la théorie cellulaire a permis aux chercheurs de mieux comprendre le développement des feuillets embryonnaires fondamentaux. On a bientôt compris qu'un ectoderme et un endoderme existent aussi dans tous les groupes d'invertébrés, particulièrement chez les cœlentérés. Et on a aussi constaté que la formation des feuillets se produisait de la même manière dans tous les groupes d'organismes, consistant en l'invagination de l'ectoderme au stade de la blastula, ce qui conduisait à donner le stade de la gastrula[7].

À la fin des années 1870, on en était à se demander si les mêmes feuillets donnaient naissance aux mêmes structures chez tous les organismes, et, en particulier, on s'interrogeait sur les rapports du mésoderme avec les deux autres feuillets. Des expériences de régénération, des traitements au moyen de différents produits chimiques et l'étude des malformations pathologiques ont indiqué que les feuillets embryonnaires pouvaient remplir des rôles différents de ceux qu'ils remplissaient normalement.

Une nouvelle ère s'est ouverte dans l'étude des potentialités des feuillets embryonnaires, lorsque des techniques chirurgicales ont été introduites en embryologie expérimentale, autorisant, par exemple, la réalisation d'expériences de transplantation. Ces dernières ont montré que, lorsque des fragments d'un feuillet donné étaient transplantés dans un nouveau site au sein de l'embryon ou cultivés en culture de tissu, leur développement était souvent différent de celui qu'ils connaissaient à leur emplacement normal. Par exemple, un fragment d'ectoderme isolé en culture de tissu ne se différenciait pas en tissu nerveux; privé de l'influence des cellules des autres feuillets, il ne donnait que de l'épiderme. Lorsque des tissus d'embryons précoces d'amphibiens étaient implantés dans la cavité abdominale de ces animaux, des tissus ectodermiques aussi bien qu'endodermiques étaient capables de donner des structures normalement produites par les autres feuillets embryonnaires. La conclusion à tirer de toutes ces expériences était que la doctrine de l'absolue spécificité des feuillets embryonnaires, largement adoptée au siècle précédent, ne pouvait plus être soutenue. Les feuillets embryonnaires semblaient avoir des potentialités normales lorsqu'ils entretenaient les relations habituelles avec les autres feuillets, mais révélaient des potentialités additionnelles lorsque leurs relations normales étaient perturbées.

En outre, on a découvert que les feuillets embryonnaires ne gardent pas leur intégrité tout au long du développement. En fait, de nombreuses cellules embryonnaires entreprennent de longues migrations. Le mésoderme, par exemple, peut être formé, selon les espèces, par des cellules migratrices provenant de l'ectoderme *ou* de l'endoderme. Dans les embryons de certains vertébrés, des cellules pigmentaires et des neurones accomplissent des migrations à grande distance, à partir de leur site d'origine qui est la crête neurale. Dans certains cas, les cellules migratrices sont attirées de façon précise par des stimuli chimiques émanant de la zone cible, phénomène que l'on appelle l'induction.

L'induction

Roux avait introduit la notion selon laquelle des tissus ou des structures semblaient se développer strictement en fonction d'un programme génétique fixe (développement déterminé), tandis que d'autres tissus ou structures paraissaient sensibles aux influences des structures ou tissus adjacents (développement à régulation). Vers 1900, cette distinction a conduit à un nouveau concept en embryologie expérimentale, appelé l'« induction ». Ce terme visait tous les cas dans lesquels un tissu affectait le développement d'un autre tissu.

Ce phénomène a été pour la première fois clairement démontré par Spemann (1901) dans le cas de l'œil de l'embryon de grenouille. Le cristallin de cet organe est formé par l'ectoderme d'une structure précurseur, mais il ne se développe pas si le tissu mésodermique sous-jacent (ébauche oculaire) est détruit ou excisé. L'hypothèse a été avancée, selon laquelle l'ébauche oculaire induisait la formation du cristallin. Spemann l'a mise à l'épreuve en transplantant l'ébauche oculaire en d'autres endroits du corps, pour voir si l'ectoderme de différentes régions somatiques avait la capacité de former un cristallin. Cela a été le cas. En fait, il a excisé l'ectoderme de la région oculaire et l'a remplacé par de l'ectoderme provenant d'autres parties du corps ; de nouveau il a observé la formation d'un cristallin. Ultérieurement, d'autres auteurs ont obtenu des résultats différents, notamment en travaillant sur d'autres espèces de grenouilles. Quelquefois le développement du cristallin se faisait de manière autonome, même après que l'ébauche oculaire avait été excisée. Spemann a finalement conclu qu'une grande partie de l'ectoderme de la tête possède une prédisposition à former le cristallin.

Dans une autre série d'expériences de transplantations, Spemann a montré qu'une partie de la lèvre du blastopore dorsal induisait la formation de tissu neural dans le toit de l'intestin primitif. Il a fait l'hypothèse qu'un « organisateur » était responsable de cet effet. Cet article, publié en 1924, et cosigné avec Hilde Mangold, qui avait fait la plus grande partie du travail technique, a fait sensation et déclenché une fiévreuse activité chez les embryologistes expérimentalistes. En définitive, il a été montré que même les organisateurs « morts », et même des substances inorganiques, sont quelquefois capables d'induire la formation du tube neural.

Spemann lui-même et beaucoup d'autres auteurs dans ce domaine ont alors complètement cessé de travailler ou se sont tournés vers d'autres problèmes, alors qu'il est clair aujourd'hui qu'ils étaient sur la bonne voie. Récemment, on a isolé une protéine apparemment capable d'induire la formation de tissu neural. Une réflexion de synthèse sur toutes les expériences effectuées dans ce domaine a conduit ultérieurement Spemann à considérer l'induction comme un jeu d'interactions complexes entre les tissus inducteurs et induits[8].

Indépendamment de la nature des signaux chimiques émis par le tissu inducteur en direction du tissu induit, il est bien établi que l'induction joue un rôle important dans le développement des organismes du type « à régulation » (comme les vertébrés). L'étude des interactions intercellulaires et intertissulaires durant l'ontogenèse (en particulier, l'étude du comportement des cellules en fonction de leur position) est maintenant une discipline indépendante de la biologie (topobiologie), dans laquelle les propriétés des membranes cellulaires font l'objet d'une attention particulière. Il est devenu tout à fait clair que les interactions intercellulaires et intertissulaires jouent un rôle important dans le développement de presque tous les organismes, sauf peut-être chez un petit nombre, dont le développement est strictement déterminé.

La récapitulation

Depuis Meckel, Serres et von Baer, les naturalistes s'intéressent à la relation entre évolution et développement. Au milieu des années 1820, Rathke a découvert l'existence de fentes branchiales chez les embryons d'oiseaux et de mammifères, observation qui concordait parfaitement avec les conceptions de l'époque sur la « grande chaîne des êtres » (*scala naturae*). Si l'on pouvait disposer les organismes adultes sur une échelle de perfection croissante, leurs embryons ne devaient-ils pas se distribuer selon une échelle équivalente de stades, reflétant une série croissante dans la perfection des archétypes ? Sans aucun doute, les fentes branchiales indiquaient l'existence d'un stade poisson, et les stades embryonnaires plus précoces représentaient la récapitulation de types encore plus primitifs.

C'est ainsi qu'est née la théorie de la récapitulation, connue également sous le nom de « loi de Meckel-Serres » : les organismes récapitulent au cours de leur ontogenèse les stades phylogénétiques par lesquels leurs ancêtres sont passés. Les conceptions évolutionnistes dans la période prédarwinienne étaient encore assez confuses, mais la récapitulation cadrait bien avec l'idée très répandue selon laquelle les organismes « les plus hauts » dans l'échelle des êtres passaient, au cours de leur ontogenèse, par des stades phylogénétiques antérieurs.

Bien qu'il ait confirmé la ressemblance de certains stades ontogénétiques avec ceux de « types » inférieurs, von Baer a rejeté catégoriquement l'interprétation évolutionniste. Pour lui, les stades les plus précoces étaient seulement plus simples, plus homogènes, tandis que les stades ultérieurs étaient plus spécialisés, plus hétérogènes ; toute l'ontogenèse était un mouvement allant du simple au plus complexe (formule appelée « la loi de von Baer »). Les interprétations téléologiques étaient tout à fait acceptables pour von Baer, mais non celles qui ressemblaient un tant soit peu à la théorie de la descendance d'ancêtres communs de Darwin.

Ernst Haeckel a avancé une interprétation toute différente. Plus que tout autre chercheur, il a souligné les aspects récapitulatifs du développement. Il a proposé que le stade gastrula correspondait à l'apparition des invertébrés et les stades ultérieurs à l'apparition évolutive de « types » d'organismes « supérieurs ». Peu après la publication *De l'origine des espèces* de Darwin, Haeckel a affirmé l'existence d'une « loi biogénétique fondamentale » : « L'ontogenèse récapitule la phylogenèse. » Cette formule a suscité immédiatement un énorme intérêt en embryologie comparée, et les scientifiques qui étudiaient l'ontogenèse ont eu d'abord l'impression qu'ils trouvaient confirmation des vues de Haeckel partout où ils regardaient. Pendant quelques années à la fin du XIXe siècle, les embryologistes ont consacré beaucoup de leurs travaux à la recherche des ancêtres communs, en se fondant sur les données de la récapitulation.

Mais, en définitive, ils ont rejeté la théorie de la récapitulation, surtout dans ses versions les plus extrémistes, pour lui préférer la loi de von Baer, la raison en étant largement théorique. Ils ne voyaient pas de raison convaincante à ce qu'un embryon passe par des stades ancestraux, et ils trouvaient plus acceptable l'idée d'une progression du simple au complexe, comme l'avait affirmé von Baer. En fait, il est vrai que les embryons sont généralement plus simples, moins différenciés que les adultes auxquels ils conduisent. Cependant, les partisans de von Baer n'ont pas tenu compte du fait que les arcs branchiaux ou les autres phénomènes fondant la théorie de la récapitulation ne sont pas plus simples que les structures auxquelles ils aboutissent au cours du développement. La loi de von Baer escamotait simplement la récapitulation et ne l'expliquait pas.

La génétique du développement

Dans le dernier quart du XIXe siècle et au début du XXe siècle, le développement a été aussi étudié par une branche de la biologie finalement appelée « génétique ». Cependant, cette nouvelle discipline n'était pas homogène. Les chercheurs qui étudiaient l'hérédité se sont rendu compte que leur champ d'investigation comprenait deux branches : l'une plus tard appelée « génétique de la transmission héréditaire » ; l'autre « génétique du développement » ou « génétique physiologique ». La génétique mendélienne, qui traitait du mode de transmission des facteurs génétiques d'une génération à l'autre, était de la pure génétique de la transmission héréditaire. La génétique du développement, d'un autre côté, s'occupait de la mise en jeu de ces facteurs au sein de l'organisme, au cours de l'ontogenèse. Certains biologistes, comme Weismann, n'étaient pas parvenus à faire la distinction entre ces deux aspects de la génétique, et cela a été à la source de nombreuses incompréhensions initiales. De son côté, T.H. Morgan a pu faire de brillantes découvertes, parce qu'il a su clairement séparer ces deux aspects et se consacrer strictement à l'élucidation de la génétique de la transmission.

Dans la même période, d'autres auteurs se sont concentrés sur la génétique du développement, discipline à laquelle Richard Goldschmidt (1938) a donné le premier grand texte. Une grande partie des thèses avancées dans ce domaine, à cette époque, ont été de la pure spéculation, et il a fallu attendre l'essor de la biologie moléculaire pour que la génétique du développement commence à mûrir. Cependant, des publications antérieures à cette période, comme celles de Waddington et Schmalhausen, avaient déjà exposé la plupart des problèmes qui sont l'objet des recherches modernes.

Une nouvelle ère dans la génétique du développement s'est ouverte lorsque Avery (1944) a démontré que l'ADN est le support de l'information génétique. L'ADN régit la production des protéines dont est composé un organisme. Le développement correspond donc à l'élaboration de différentes sortes de protéines au cours de l'ontogenèse et à leur combinaison spécifique, caractérisant les différents systèmes d'organes. Bien que les fondateurs de la génétique moderne aient parfaitement été conscients des rapports existant entre les gènes et le développement, ils n'ont pas réussi à en faire la synthèse, en fait, ils n'ont même pas sérieusement essayé.

Du temps de la génétique classique, on mettait l'accent sur les gènes individuels. Mais on ne savait alors évaluer le rôle assumé par un gène donné dans le cadre du développement que par l'étude des mutations, en particulier des mutations pathologiques ou même léthales. On ne possédait aucun moyen d'étudier la contribution d'un gène normal (dit « sauvage ») au processus du développement. En fait, l'analyse des mutations pathologiques a été la méthode préférée de la génétique du développement à partir des années 1930. Cela a conduit à des résultats assez modestes, se contentant souvent de mettre en évidence le tissu particulier, ou même le feuillet embryonnaire, concerné par une mutation donnée. Les études de ce type ont aussi montré que la plupart des mutations résultent du défaut de fabrication du produit d'un gène, mais elles n'ont pas permis, le plus souvent, de déterminer la nature biochimique de la déficience.

Malgré tout, ces études ont clairement montré qu'un gène donné n'est généralement actif durant le développement que dans des tissus particuliers et à certains stades. Sur la base de cette conclusion, il a été désormais possible de décrire le développement comme la mise en jeu successive des gènes selon une série ordonnée.

L'impact de la biologie moléculaire

La biologie moléculaire a permis de comprendre que le gène n'est pas une protéine et ne représente pas, par lui-même, l'une des briques de construction de l'embryon en cours de développement. Elle a permis également de saisir que le génotype est simplement l'ensemble des instructions nécessaires à la construction de l'embryon. La prise en compte de ces notions nouvelles a eu un impact profond sur la méthodologie de la génétique du développement, ainsi que sur la réflexion théorique à laquelle elle pouvait conduire. Lorsqu'on a commencé à élucider les détails du fonctionnement des gènes dans les années 1960 et 1970, on a enfin aperçu les raisons pour lesquelles les explications antérieures avaient échoué.

On a maintenant établi que les gènes sont des entités mosaïques, comprenant des exons, traduits en segments de protéines, et des introns, excisés avant la synthèse protéique ; et on sait désormais qu'il existe, outre les gènes structuraux responsables de la production des enzymes, des gènes régulateurs et des séquences flanquantes. Il est finalement devenu clair, comme cela avait été suggéré de façon prudente dès les années 1880, qu'un gène peut être appelé à fonctionner ou mis au repos selon que la cellule a besoin ou non de son produit. En outre, la révolution moléculaire nous a aidés à bien comprendre que les cellules sont caractérisées par les protéines qu'elles produisent[9].

Il est apparu que la totalité du système, depuis l'ADN nucléaire jusqu'à l'ARN messager, aux protéines et à l'interaction continuelle de tout cet appareil avec son environnement cellulaire, est bien plus complexe qu'on ne l'avait d'abord pensé. Idéalement, l'objectif de la biologie du développement serait de découvrir la totalité des gènes impliqués dans l'ontogenèse, de déterminer l'exacte fonction de chacun d'eux, la nature chimique de leurs produits respectifs et le rôle joué par ces molécules dans le développement, ainsi que d'analyser les mécanismes régulateurs qui programment le moment d'entrée en activité de chaque gène. De façon étonnante, les scientifiques spécialistes du développement sont en bonne voie d'atteindre ce but, chez certains organismes.

Les plus grands progrès ont été effectués chez ceux de ces derniers qui ont un développement rigidement déterminé, comme les nématodes et la drosophile. Chez le nématode *Caenorhabditis elegans*, par exemple, plus de cent gènes présentant plus de mille mutations ont été positionnés sur la carte de son génome. En outre, l'ADN de beaucoup de ces gènes a été analysé et la séquence exacte de leurs paires de base a été établie. Ce nématode adulte possède un nombre fixe de huit cent dix cellules non gonadales, et, grâce à l'étude des lignées cellulaires, il a été possible de déterminer quels organes proviennent de telle ou telle cellule issue des premières divisions de segmentation.

La drosophile (la mouche du vinaigre), autre organisme à développement déterminé, présente quelques désavantages en tant qu'organisme modèle (le nombre de ses gènes est beaucoup plus élevé), mais ils sont plus que compensés par des avantages génétiques et morphologiques. En premier lieu, lorsque les études modernes sur le développement ont commencé, les chercheurs disposaient d'un énorme inventaire des mutations affectant cet insecte. En outre, la position de ces dernières sur les chromosomes avait déjà été déterminée. Et les chromosomes géants de ses glandes salivaires avaient souvent permis d'élucider leur nature.

Mais le plus important est que *Drosophila* est un organisme métamérique, et par le biais d'analyses génétiques, les chercheurs ont été en mesure de déterminer quels gènes contribuent au développement de tel ou tel segment. Il existe cinq segments au niveau de la tête, trois au niveau du thorax, et de huit à onze au niveau de l'abdomen ; on sait à présent que de nombreux gènes affectent l'un ou l'autre de ces segments ou groupes de segments. Dans une large mesure, on a découvert les fonctions assumées par ces gènes. L'étude des effets de différents allèles (versions d'un même gène) au niveau d'un locus donné s'est révélée particulièrement intéressante.

Les recherches sont beaucoup moins avancées en ce qui concerne l'analyse génétique des organismes dont le développement est « à régulation », comme les vertébrés. Chez ce type d'animaux, le destin des cellules n'est pas fixé avant le stade de développement où l'embryon comprend seize ou trente-deux cellules. L'étude des maladies génétiques humaines, c'est-à-dire des mutations se traduisant par des changements pathologiques du phénotype, a probablement été le facteur qui a le plus contribué au progrès des connaissances dans le domaine du développement chez l'homme. Cela a permis aux chercheurs d'assigner un pourcentage élevé de mutations à des chromosomes particuliers. Sans aucun doute, grâce au programme d'étude du génome humain, toutes les mutations finiront par être positionnées. Mais, étant donné que le développement humain est du type « à régulation », que les phénomènes d'induction y sont très répandus, et que certains complexes cellulaires sont sujets à d'importantes migrations, il va souvent être difficile d'établir des relations bi-univoques entre gènes spécifiques et aspects spécifiques du développement phénotypique. Chez les organismes dont le développement est « à régulation », les phénomènes sont beaucoup plus complexes que ceux intervenant chez les espèces à « développement déterminé ». Il faudra peut-être se contenter, en ce qui concerne les premiers, de l'élucidation de certaines règles générales.

Citons l'une des découvertes les plus passionnantes de l'embryologie moléculaire : grâce à cette discipline, on sait maintenant que certains complexes de gènes sont largement distribués chez des groupes d'animaux très éloignés. On avait d'abord trouvé, chez *Drosophila*, des gènes baptisés *Hox*; puis par l'étude des séquences d'ADN, on les a observés chez la souris, chez des amphibiens, chez un nématode et chez d'autres animaux. Il existe, par exemple, quatre séries homologues de gènes *Hox* chez les vertébrés. Ces groupes de gènes paraissent déterminer les positions relatives de certaines structures au sein des organismes plutôt que des structures spécifiques. Des gènes *Hox* homologues ont aussi été découverts dans la plupart des embranchements d'invertébrés (des cœlentérés et des plathelminthes jusqu'aux arthropodes, aux mollusques et aux échinodermes). Certains complexes de gènes H*ox*, de concert avec d'autres gènes contrôlant le développement, sont si largement distribués dans les embranchements animaux que Slack *et al.* (1993 : 491) ont suggéré que cet ensemble de gènes (qu'ils appellent le « zootype ») correspond en partie au génotype de l'ancêtre des métazoaires. Il est en tout cas incontestable que tous ces gènes ont une grande ancienneté phylogénétique. On ignore, pour le moment, lesquels d'entre eux figuraient déjà chez les protistes ancestraux.

Développement et biologie de l'évolution

Pendant un temps, lorsque la plupart des généticiens pensaient que l'évolution consistait simplement en un changement de fréquence de gènes, le rôle du développement dans les changements macro-évolutifs a été négligé. Dans les récentes années, notamment à la suite des réticences des biologistes spécialistes de l'ontogenèse à accepter le darwinisme, on a de nouveau mis l'accent, de façon légitime, sur cet aspect très intéressant du développement.

L'individu, cible principale de la sélection, résulte de l'interaction de tous ses gènes les uns avec les autres et avec l'environnement au cours du développement, et cette interaction impose des limites assez strictes aux changements évolutifs possibles. C'est ce que montre bien l'uniformité du phénotype observé dans la plupart des espèces. Toute déviation par rapport au morphotype standard de l'espèce est généralement éliminée par la sélection stabilisante ou normalisatrice (voir chapitre 9) [10]. L'étude des contraintes imposées par le développement à l'évolution est devenue l'un des secteurs d'activité majeurs de la biologie moderne du développement.

À différents stades du développement de l'œuf fécondé et de l'embryon, différents gènes et complexes de gènes interviennent. Les biologistes du développement savent depuis longtemps que les gènes fonctionnant à la fin du développement sont ceux qui ont été acquis en dernier au cours de la phylogenèse, et, que, inversement, les gènes entrant en fonctionnement plus tôt dans le développement sont les plus « anciens » qu'un organisme possède. Tout changement dans un gène « récent », pensait-on, ne pouvait avoir qu'un impact mineur sur le phénotype (il pouvait, par exemple, modifier l'importance du dimorphisme sexuel ou un aspect du comportement servant de mécanisme d'isolement). On estimait, en revanche, que la mutation de l'un des gènes « anciens » était susceptible de conduire à un changement fondamental dans l'ensemble du processus de développement, et, donc, avait les plus grandes chances d'être nocif.

On a émis de nombreuses objections à l'encontre d'une interprétation trop stricte de ce principe, et, cependant, de nombreuses observations ont suggéré qu'il est probablement correct. S'il en est bien ainsi, cela expliquerait de nombreux phénomènes évolutifs, comme, par exemple, l'exubérance de la production de nouveaux types structuraux au cours du Précambrien et du début du Cambrien, lorsque le génotype métazoaire était encore jeune, tandis que, depuis cette époque, les types structuraux ont fait preuve d'une relative stabilité. Cela expliquerait aussi, par exemple, pourquoi les innovations évolutives sont souvent dues au changement de fonction d'une structure graduellement apparue étape par étape en rapport avec une autre fonction. Un tel changement de fonction a l'avantage de ne demander qu'une restructuration minime du génotype.

Dans la mesure où l'on se rend compte que tout individu est le produit d'un système de développement qui réagit à la sélection plus ou moins comme un « tout », cela permet de comprendre deux phénomènes évolutifs qui ont longtemps intrigué les biologistes spécialistes du développement. Le premier est l'existence de structures vestigiales. La plupart des gènes et des complexes de gènes ont de nombreux effets sur le phénotype, et même lorsque l'une des manifestations phénotypiques d'un de ces groupes de gènes, comme par exemple la présence d'un doigt vestigial, n'est plus soutenue par la sélection naturelle, ce caractère vestigial ne se perd pas en général, tant que les gènes dont il dépend gardent d'autres fonctions, comme, par exemple, le maintien d'autres doigts. Dans de telles conditions, il est préservé par la sélection naturelle. Le second phénomène évolutif est la récapitulation.

Une nouvelle interprétation de la récapitulation

Afin d'expliquer la récapitulation en des termes acceptables pour un biologiste moderne, il est nécessaire de partir sur des bases nouvelles. La loi de Meckel-Serres avait été avancée à une époque où régnait la morphologie idéaliste. Haeckel et d'autres partisans de la récapitulation savaient parfaitement qu'aucun oiseau ou mammifère ne passe par un stade embryonnaire représentant exactement un poisson. Ils n'affirmaient pas, comme leurs adversaires les en accusaient, que certains stades embryonnaires d'un mammifère ou d'un oiseau équivalaient exactement à un stade « adulte » de poisson ou d'amphibien. En fait, ils affirmaient plutôt que ces stades embryonnaires ressemblaient aux stades « permanents » figurant dans l'ontogenèse de leurs ancêtres. Selon eux, en effet, ces stades « permanents » caractérisaient les stades les plus précoces de l'ontogenèse et correspondaient aux archétypes ancestraux[11]. D'ailleurs, ces récapitulationnistes soulignaient que les stades les plus précoces de l'ontogenèse avaient souvent été l'objet de modifications évolutives plus poussées que les stades adultes. C'était particulièrement vrai des organismes dont les stades larvaires étaient adaptés à des modes de vie spéciaux, comme par exemple les larves de certains organismes marins et de certains parasites.

Pour juger de la valeur de la théorie de la récapitulation, il faut distinguer deux séries de questions : 1) Les stades ontogénétiques ressemblent-ils quelquefois à ceux des types ancestraux ? Autrement dit, est-ce que la « récapitulation » existe vraiment ? 2) Si oui, pourquoi cela se passe-t-il ainsi ? Pourquoi y a-t-il une telle permanence des stades ontogénétiques ancestraux ? La réponse à la première question est positive. Mais, en ce qui concerne la seconde question, il faut encore se demander pourquoi un mammifère ne développe-t-il pas, par exemple, sa région du cou directement, au lieu de passer par le détour du stade des arcs branchiaux. La réponse est que le développement du phénotype n'est pas strictement, exclusivement et directement contrôlé par les gènes, mais qu'il dépend de l'interaction du génotype des cellules en cours de développement avec leur environnement cellulaire. À tous les stades de l'ontogenèse, le stade suivant du développement est contrôlé à la fois par le programmme génétique du génotype et par un « programme somatique » constitué par l'embryon à ce stade. En appliquant cette conception au problème des arcs branchiaux, cela veut dire que le système représenté par ces arcs constitue le « programme somatique » de la phase suivante du développement de la région du cou des mammifères et des oiseaux (Mayr, 1994).

En dépit de ce terme nouveau de « programme somatique » avancé ici, cette interprétation est vieille de plus de cent ans. Depuis longtemps, en effet, l'une des idées fondamentales de la biologie du développement est que tout stade de développement est contrôlé par les stades précédents. La récapitulation n'offre donc rien de mystérieux ; mais il est absolument nécessaire de la séparer des conceptions typologiques de la morphologie idéaliste.

En dépit de nombreuses complications et variations d'un groupe d'organismes à l'autre, les premiers stades du développement des animaux (comme le montre la genèse des feuillets embryonnaires – cf. la gastrulation) font preuve d'importantes similitudes dans tous les embranchements. Il me paraît très probable que ces stades représentent une récapitulation de conditions ancestrales. Les théories extravagantes de Haeckel ont rendu cette conception très impopulaire, mais, en s'en tenant à la plus stricte objectivité et en restant au plus près des faits, je ne crois pas qu'on puisse arriver à une interprétation différente ni meilleure.

Comment se réalisent les innovations évolutives

Le développement représente un ensemble de phénomènes si étroitement imbriqués que les biologistes parlent souvent de « cohésion » du génotype. Pour les évolutionnistes, le problème est de savoir comment cette cohésion s'est instaurée, et comment elle peut être brisée pour rendre possibles les grandes innovations évolutives.

Selon le modèle que j'ai proposé en 1954, l'évolution progresse plutôt lentement dans les espèces aux vastes populations, tandis que la plupart des changements évolutifs rapides se produisent dans de petites populations isolées, dites fondatrices [12]. Si l'on traduit cela en termes de développement, cela suggère que les espèces comportant de vastes populations sont stables en matière de développement, tandis que les petites populations fondatrices sont dépourvues de cette stabilité, ce qui leur permet d'accéder en peu de temps à un nouveau génotype par le biais d'une restructuration génétique rapide.

Eldredge et Gould (1972), en employant l'expression d'« équilibre ponctué », ont repris ce modèle et proposé que la stase du système de développement, chez les espèces aux vastes populations, pourrait durer des millions d'années. Les recherches ultérieures ont confirmé que c'est effectivement le cas pour de nombreuses espèces. Ce modèle met donc clairement en évidence l'importance du développement dans la macro-évolution. Cependant, il n'explique pas pourquoi certaines espèces sont extrêmement stables tandis que d'autres peuvent subir de rapides changements évolutifs. Cette différence reste, encore aujourd'hui, inexpliquée.

Ce modèle est presque l'exact opposé de celui proposé par Fisher et Haldane au début des années 1930. Selon les conceptions de ces auteurs, la vitesse du changement évolutif était corrélée à l'ampleur de la variance génétique dans une population ou une espèce, et, par conséquent, plus les populations d'une espèce donnée étaient vastes, plus cette espèce évoluait rapidement. Toutes les recherches ultérieures ont clairement réfuté la thèse de Fisher et Haldane. Ma propre interprétation, antagoniste de la leur, est que plus une espèce possède de vastes populations, plus des interactions épistatiques se produisent, et plus il faudra longtemps pour qu'une nouvelle mutation ou recombinaison se répande dans la totalité de l'espèce, et, donc, plus l'évolution y sera lente. Une population fondatrice, ayant moins de variation cachée, parce que comportant peu d'individus, peut plus facilement passer à un autre génotype, ou, pour employer une autre métaphore, à un autre pic adaptatif. Les changements de vitesse évolutive dans les populations ou les espèces, provoqués par les mutations ou les recombinaisons génétiques, sont appelés des « hétérochronies ».

On sait parfaitement, aujourd'hui, qu'il existe une considérable variation génétique à tous les stades de la hiérarchie des processus de développement. Milkman a très bien montré (1961) qu'il peut y avoir une importante variation génétique cachée dans une population naturelle, même dans le cas de l'expression d'un seul caractère phénotypique. Une telle variation permet à la sélection naturelle d'affecter les processus de développement. Il est évident que de nombreuses caractéristiques morphologiques sont étroitement corrélées à des processus physiologiques. Dans la mesure où ceux-ci sont pléiotropiques, une pression de sélection qui les prend pour cible peut souvent conduire à des changements morphologiques qui, autrement, resteraient inexpliqués.

En comparant les changements affectant les processus de développement dans différentes races géographiques et dans des espèces étroitement apparentées, les biologistes spécialistes du développement pourraient, en principe, être en mesure de voir quelles sortes de changements, dans le développement, sont possibles chez de proches apparentés, et lesquelles ne le sont pas. Malheureusement, dans le cadre de ce genre d'études, les spécialistes du développement, attachés à leur méthodologie traditionnelle, se sont jusqu'ici tournés vers des conceptions typologiques, et ont rarement fait appel aux conceptions darwiniennes fondées sur les notions de population. Quelques-uns d'entre eux, comme Waddington, se sont rendu compte de l'existence de la variation, mais ce n'est que très lentement que les spécialistes du développement ont accepté de penser en termes de population. Dans le passé, ces chercheurs ont tendu à se fonder sur des systèmes modèles en laboratoire (le poulet, la grenouille, *Drosophila*) et à passer directement du niveau du phénotype à celui du gène. Jusqu'à récemment, ils n'avaient pas tiré parti de l'observation du phénomène réellement responsable de l'initiation de la plupart des innovations macro-évolutives, à savoir la variation géographique.

La biologie du développement, plus que toute autre branche des sciences de la vie, représente un terrain d'application exemplaire des différentes démarches explicatives propres à ces dernières. Elle est, en effet, extrêmement analytique (souvent dite, à tort, réductionniste), dans la mesure où elle a pour objectif de déterminer le rôle de chaque gène dans le processus de développement. En même temps, elle est manifestement holistique, puisque la bonne marche du développement dépend de l'influence exercée par l'organisme entier sur les mécanismes génétiques, comme on peut le voir concrètement dans les multiples interactions qui interviennent entre gènes et tissus. Enfin, la biologie du développement étudie des causes immédiates et des causes lointaines : l'exécution du programme génétique correspond, en effet, aux causes immédiates des processus ontogénétiques, tandis que la nature des informations contenues dans ce programme résulte de causes lointaines (évolutives). Le caractère fascinant et la beauté du monde vivant proviennent de l'extrême variété des causes et des facteurs qui y sont à l'œuvre[13].

CHAPITRE 9

Les questions de type « Pourquoi ? » : l'évolution des organismes

Au Moyen Âge et presque jusqu'à l'époque de Darwin, on pensait que le monde était constant et peu ancien. Mais, au XIXe siècle, la crédibilité de cette vision du monde chrétienne avait déjà été quelque peu ébranlée dans certains domaines par une série de découvertes scientifiques. Premièrement, la révolution copernicienne avait ôté à la Terre et à ses habitants humains leur position centrale dans le cosmos, et du même coup avait montré qu'il ne fallait pas prendre à la lettre tout ce qui était écrit dans la Bible. Deuxièmement, les recherches des géologues avaient révélé la grande ancienneté de la Terre, et, troisièmement, la découverte de faunes fossiles éteintes avait réfuté le point de vue selon lequel l'ensemble des êtres vivants terrestres n'avait pas changé depuis la Création.

En dépit de ces preuves et de bien d'autres encore qui avaient mis à mal l'idée d'un monde constant de faible ancienneté (et même si des doutes avaient été exprimés dans les écrits de Buffon, Blumenbach, Kant, Hutton et Lyell, ainsi que dans l'œuvre de Lamarck, première véritable théorie du changement graduel), une vision du monde plus ou moins biblique a dominé jusqu'en 1859, admise non seulement par les non-scientifiques, mais aussi par la majorité des naturalistes et des philosophes. Il a fallu toute une série d'événements pour que prédomine l'évolutionnisme, lequel affirme que le monde est en constant changement et possède une grande ancienneté. Cela peut nous sembler singulier aujourd'hui, mais le concept d'évolution a été longtemps étranger à la vision du monde développée en Occident.

Les multiples sens du mot « évolution »

Le mot « évolution » a été introduit dans la science du vivant par Charles Bonnet dans le cadre de la théorie préformationniste du développement embryonnaire (voir le chapitre 8), mais on n'emploie plus du tout ce mot dans ce sens en embryologie. On a aussi utilisé le mot « évolution » dans trois façons différentes de concevoir l'histoire de la vie sur la Terre ; l'une d'entre elles seulement est préservée de nos jours.

L'évolution par transmutation (ou transmutationnisme) invoque l'apparition soudaine de nouveaux types d'individus par le biais de grandes mutations ou saltations ; ces individus deviennent les géniteurs de nouvelles espèces, représentées par leurs descendants. Des idées saltationnistes, bien que non rattachées à l'idée d'évolution, ont été proposées dès l'époque des anciens Grecs et jusqu'à Maupertuis (1750). Après la publication *De l'origine des espèces* de Darwin, des théories saltationnistes ont à nouveau été avancées par de nombreux évolutionnistes (y compris par l'ami de Darwin T.H. Huxley) qui n'acceptaient pas le concept de sélection naturelle.

Par contraste, *l'évolution par transformation* se réfère au changement graduel d'un objet (biologique ou physique) donné, comme dans le cas du développement d'un œuf fécondé en un adulte. Toutes les étoiles passent par une évolution du type de la transformation, qui les conduit de l'état d'étoile jaune à celui d'étoile rouge. Presque tous les changements au sein du monde inanimé, comme la surrection d'une chaîne de montagnes sous l'effet des forces tectoniques, ou son arasement ultérieur sous l'effet de l'érosion, relèvent de ce type lorsqu'ils sont directionnels. En ce qui concerne le monde vivant, la théorie de l'évolution de Lamarck, qui a précédé celle de Darwin, était transformiste. Selon le biologiste français, l'évolution consistait en l'apparition, par génération spontanée, de nouveaux organismes simples (des infusoires), puis de leur changement graduel en espèces supérieures, plus parfaites. La théorie de Lamarck sur l'évolution par transformation, telle qu'il l'avait présentée dans sa *Philosophie zoologique* (1809), a été à certains moments, largement adoptée, puis remplacée dans la plus grande partie du monde par la théorie de Darwin.

L'évolution par le biais de la variation correspond à l'idée développée par Darwin dans sa théorie de l'évolution au moyen de la sélection naturelle. Selon cette théorie, il apparaît à chaque génération une énorme quantité de variations génétiques, mais, parmi le grand nombre de descendants, un petit nombre seulement de survivants sont généralement en mesure de se reproduire à leur tour. Ce sont les individus les mieux adaptés à leur environnement qui ont la plus haute probabilité de survivre et d'engendrer la génération suivante. Étant donné 1) la sélection permanente (autrement dit, la survie différentielle) des génotypes les plus capables d'affronter les changements de l'environnement ; 2) la compétition entre les nouveaux génotypes apparaissant au sein de la population ; et 3) les processus stochastiques (fondés sur le hasard) affectant la fréquence des gènes, il se produit généralement un changement continuel de la composition de toute population, ce changement est appelé évolution. Puisque tous les changements interviennent dans des populations composées d'individus génétiquement uniques en leur genre, l'évolution est, par nécessité, graduelle et continue, à mesure que les populations sont génétiquement restructurées.

Dans ses premiers écrits (ses « Carnets »), Darwin s'était parfaitement rendu compte des deux dimensions de l'évolution : l'espace et le temps. La transformation dans le temps (l'évolution phylétique) correspond à des changements d'adaptation, comme lorsqu'une espèce donnée acquiert de nouvelles caractéristiques. Mais ce phénomène ne peut, à lui seul, expliquer l'extraordinaire diversification de la vie organique, car il ne permet pas l'augmentation du nombre des espèces. La transformation dans l'espace (spéciation et multiplication des lignées) correspond à l'établissement de multiples populations nouvelles (hors du domaine de distribution de la population parentale), à leur changement en de nouvelles espèces et, enfin, à leur accession au statut de taxa supérieurs. Cette multiplication d'espèces est appelée spéciation.

Lamarck n'a absolument pas vu le rôle de la spéciation géographique dans l'évolution. Ayant invoqué l'évolution par transformation et la génération spontanée, il ne semble pas avoir eu conscience qu'il était nécessaire de se demander : « Comment les espèces se multiplient-elles ? » Même Darwin a négligé ce sujet dans ses écrits ultérieurs. Les paléontologistes, à l'époque de Darwin et, par la suite, pendant des décennies ont continué à penser que l'évolution phylétique était la seule qui comptait. C'est seulement dans les années 1930 et 1940 qu'il a finalement été souligné, dans les ouvrages de Dobzhansky et de Mayr, que l'évolution consiste tout autant en une transformation dans l'espace qu'en une transformation dans le temps, et que l'apparition de la diversité organique par le biais de la spéciation est un sujet aussi important pour la biologie de l'évolution que les changements adaptatifs au sein des lignées.

Dans *De l'origine des espèces*, Darwin a établi cinq grandes thèses relatives à différents aspects de l'évolution par le biais de la variation : 1) les organismes évoluent constamment au cours du temps (on pourrait appeler cette thèse théorie de l'évolution, en tant que telle) ; 2) différentes sortes d'organismes peuvent descendre d'un ancêtre commun (théorie de la descendance d'un ancêtre commun) ; 3) les espèces se multiplient au cours du temps (théorie de la multiplication des espèces ou spéciation) ; 4) l'évolution se réalise par le biais du changement graduel des populations (théorie du gradualisme) ; 5) le mécanisme de l'évolution est la compétition entre de très nombreux individus uniques en leur genre afin de s'approprier des ressources en quantité limitée, ce qui se traduit par des différences dans la survie et la reproduction (théorie de la sélection naturelle).

Théorie darwinienne de l'évolution en tant que telle

Dans *De l'origine des espèces*, Darwin a présenté un grand nombre de données montrant que les animaux évoluent au cours du temps. Dans les décennies qui ont suivi, les biologistes ont cherché et trouvé d'abondantes preuves en faveur de l'idée que l'évolution en tant que telle s'est réellement produite (et ils n'ont recueilli aucune preuve contraire). Plus de cent ans après la mort de Darwin, toutes ces preuves sont considérées à ce point incontestables qu'aucun biologiste ne parle plus de l'évolution comme d'une proposition théorique, et tout le monde la considère comme une vérité, aussi bien établie que la rotation de la Terre autour du Soleil ou la sphéricité de notre planète. Comme l'a dit Dobzhansky : « Rien n'a de sens en biologie, sauf à la lumière de l'évolution. » Considérant l'évolution comme un fait établi, aucun évolutionniste ne s'attarde plus à en chercher des preuves supplémentaires. C'est seulement face aux créationnistes que l'on peut se soucier de reformuler de nouveau l'ensemble des preuves accumulées depuis plus de cent trente ans en faveur de l'évolution.

L'origine de la vie

Les premiers adversaires de Darwin avaient objecté, à l'encontre de la théorie de l'évolution, qu'elle expliquait certes la descendance des organismes les uns des autres, mais ne résolvait pas la question de l'apparition de la vie à partir de la matière inanimée. Les recherches de Louis Pasteur et d'autres biologistes, démontrant l'impossibilité de la génération spontanée dans le cadre d'une atmosphère riche en oxygène, soutenaient apparemment l'idée que la vie ne pouvait pas apparaître sous l'effet de causes naturelles ; dès lors, il fallait envisager, pour cela, l'intervention de quelque facteur surnaturel, autrement dit d'un Créateur.

On a découvert depuis que, contrairement aux conditions actuelles, il n'y avait pas d'oxygène (ou seulement des traces) dans l'atmosphère primitive de la Terre, lorsque la vie est apparue[1]. Les expériences réalisées par Stanley Miller (1953) ont montré que des décharges électriques, délivrées dans un flacon contenant un mélange gazeux de méthane, d'ammoniac, d'hydrogène et de vapeur d'eau, entraînent la production d'acides aminés, d'urée et d'autres molécules organiques. Il est donc vraisemblable que celles-ci aient pu s'accumuler lorsque notre atmosphère était dépourvue d'oxygène, et, depuis, on a trouvé des molécules de ce type dans des météorites et dans l'espace interstellaire.

De nombreuses hypothèses sont à présent avancées pour expliquer comment la combinaison de ces molécules organiques a pu conduire aux protéines, aux acides nucléiques et donc à la vie. Plusieurs de ces scénarios prébiotiques sont tout à fait convaincants, mais en l'absence de traces fossiles chimiques correspondant aux stades intermédiaires, il se pourrait que l'on soit à jamais incapable de décider lequel de ces scénarios est le bon. Il semblerait que les premiers organismes aient été hétérotrophes, c'est-à-dire qu'ils aient utilisé les composés organiques disponibles dans l'environnement, qui s'y étaient formés spontanément. Ces organismes ont nécessairement dû réaliser la synthèse des grandes macromolécules, telles que les protéines et les acides nucléiques, mais ils n'ont pas eu à synthétiser *de novo* les acides aminés, les purines, les pyrimidines et les sucres. Les composés organiques les plus simples, naturellement formés, avaient pu interagir pour donner des polymères et finalement des composés de plus en plus complexes.

La question de l'apparition de la vie est extrêmement complexe, mais ce n'est plus un mystère, comme dans l'immédiate période post-darwinienne. En fait, il n'y a plus aujourd'hui aucune difficulté fondamentale à expliquer, sur la base des lois physiques et chimiques, l'apparition de la vie à partir de la matière inanimée.

La théorie darwinienne de la descendance

Après son retour du voyage sur le *Beagle* dans les années 1830, Darwin avait conclu que les trois espèces de moqueurs qui vivaient sur les îles Galapagos avaient dû provenir d'une seule espèce de ces oiseaux habitant le continent sud-américain. Donc, une espèce donnée pouvait engendrer de multiples espèces descendantes. Il n'y avait ensuite pas grand effort pour passer de cette proposition au postulat selon lequel tous les moqueurs dérivaient d'un ancêtre commun, et qu'il en allait de même pour tous les passereaux, tous les oiseaux, tous les vertébrés, tous les animaux et, en définitive, tous les êtres vivants. Tout groupe d'organismes descendait d'une espèce ancestrale commune. L'originalité, dans cette thèse de Darwin, était qu'elle proposait un arbre phylogénétique doté de branchements, ce qui distinguait cette figure de celle de l'échelle unique et linéaire de la *scala natura*, largement mise en avant au XVIIIe siècle.

La théorie de Darwin s'est montrée convaincante parce qu'elle a donné une explication à de nombreux phénomènes biologiques qui, jusque-là, ne pouvaient être considérés que comme des curiosités ou comme des preuves de l'intervention volontaire du Créateur. Ainsi la théorie de Darwin sur la descendance d'ancêtres communs a fourni une explication aux observations faites en anatomie comparée, notamment par Cuvier et Owen. Ces auteurs avaient en effet constaté que les organismes se rangeaient dans des groupes bien définis, repérables d'après un *Bauplan* commun (type structural ou morphotype), ce qui permettait de reconstruire un archétype pour chacun. La théorie de l'évolution par le biais de la descendance d'ancêtres communs expliquait aussi l'origine de la hiérarchie linnéenne, et elle rendait compte également, de manière très convaincante, des modalités de la distribution géographique des biota, c'est-à-dire de la dispersion graduelle des organismes sur tous les continents, et de leur radiation adaptative dans les aires nouvellement occupées.

Depuis la publication *De l'origine des espèces*, la notion de descendance d'ancêtres communs représente le pivot théorique des conceptions évolutionnistes darwiniennes, ce qui n'est pas surprenant, étant donné ses extraordinaires capacités explicatives. En fait, la descendance d'ancêtres communs a paru si convaincante en anatomie comparée, en embryologie comparée, en systématique et en biogéographie que la théorie de l'évolution par la descendance d'ancêtres communs a été acceptée par la majorité des biologistes dans la décennie qui suivit la publication *De l'origine des espèces*.

Jusqu'où pouvait-on faire remonter les ancêtres communs? Ce point a d'abord été controversé, même si Darwin lui-même avait suggéré que « toutes nos plantes et nos animaux [descendent] d'une seule forme qui a représenté la première manifestation de la vie ». En fait, on a bientôt découvert des protistes combinant des caractéristiques de plantes et d'animaux, au point que la classification de certains d'entre eux reste encore sujette à discussion aujourd'hui. Le couronnement de la théorie de la descendance commune a été fourni au XXe siècle, lorsque les biologistes moléculaires ont découvert que même les bactéries, qui n'ont pas de noyau, possèdent néanmoins le même code génétique que les protistes, les champignons, les animaux et les plantes.

La théorie de la descendance d'ancêtres communs a eu une influence extrêmement stimulante sur la taxinomie (voir le chapitre 7). Elle a incité à penser qu'il fallait essayer de trouver le plus proche parent de chaque groupe d'organismes, en particulier de ceux qui paraissaient isolés, et de reconstituer, par déduction, les traits caractéristiques de leur ancêtre commun. Cela a paru plus tentant pour les animaux que pour les plantes, et l'élaboration de phylogénies a, sans conteste, été le sujet de prédilection des zoologistes dans la période post-darwinienne. La théorie de la descendance d'ancêtres communs a stimulé notamment des recherches comparées, dans lesquelles on étudiait chaque structure et chaque organe pour voir s'ils étaient homologues d'une structure ou d'un trait correspondant chez un organisme apparenté ou éventuellement ancestral. On considérait qu'une structure était homologue de celle d'un autre organisme si toutes deux provenaient phylogénétiquement d'une structure correspondante chez l'ancêtre commun immédiat supposé. Lorsque les zoologistes parvenaient à établir, au moyen de cette méthode, que deux groupes étaient apparentés, comme dans le cas des reptiles et des oiseaux par exemple, ils essayaient de prédire ensuite la forme que pouvait avoir eue l'ancêtre commun. Ils se réjouissaient fort alors lorsqu'ils trouvaient l'un de ces « chaînons manquants », comme cela a été le cas avec *Archaeptoryx* en 1861, un fossile en partie oiseau, en partie reptile. Il ne s'agissait pas nécessairement d'un ancêtre direct, mais il indiquait les stades par lesquels la transition avait pu se réaliser.

Ces études ont été étendues à l'étude comparée des embryons, et l'on a bientôt trouvé, comme l'a souligné Ernst Haeckel, que le développement individuel (ontogénétique) passait souvent par des stades semblables à ceux des groupes ancestraux. Ainsi, par exemple, tous les tétrapodes terrestres présentent, à un moment donné de leur ontogenèse, un stade d'arcs branchiaux, récapitulant donc, pour ainsi dire, le développement des branchies chez leurs ancêtres poissons. La théorie de la récapitulation, sous sa forme modérée, est en grande partie exacte, bien qu'il ne soit pas vrai que les animaux, durant leur ontogenèse, récapitulent les stades adultes de leurs ancêtres (voir chapitre 8).

Dès la fin du XIXe siècle, on est parvenu à établir un arbre phylogénétique crédible pour les animaux, tandis que les botanistes, avec l'aide des données moléculaires, sont aujourd'hui en bonne voie d'arriver à la même chose pour les plantes. Enfin, cette méthode a été appliquée aussi aux procaryotes, chez lesquels Woese a montré qu'il existait deux grandes branches, les eubactéries et les archéobactéries. Tous les résultats ainsi obtenus ont permis de proposer une nouvelle classification pour tous les organismes (voir chapitre 7).

L'origine de l'homme

Il se pourrait que la plus importante conséquence de la théorie de la descendance d'ancêtres communs ait porté sur la position de l'homme dans la nature. Pour les théologiens et les philosophes, l'homme était un être à part parmi les organismes vivants. Aristote, Descartes et Kant étaient d'accord sur ce point, alors même qu'ils pouvaient largement différer sur d'autres aspects de leur philosophie. Dans *De l'origine des espèces*, Darwin s'en est tenu à de prudentes remarques sibyllines : « Une vive lumière sera jetée sur l'origine de l'homme et son histoire. » Mais Haeckel (1866), Huxley (1863) et Darwin lui-même (en 1871) ont démontré en définitive, de façon concluante, que l'homme est certainement apparu à partir d'un ancêtre du type du grand singe, plaçant ainsi notre espèce dans l'arbre phylogénétique du règne animal. Cela a mis le point final à la tradition anthropocentrique, entretenue par la Bible et la plupart des philosophes.

La théorie de Darwin sur la multiplication des espèces

Selon le concept biologique de l'espèce, cette dernière correspond à une série de populations, isolée d'autres séries représentant d'autres espèces. Cet isolement reproductif est assuré par certains traits caractéristiques de l'espèce, tels que les barrières de stérilité ou les incompatibilités comportementales, que l'on désigne traditionnellement du nom de mécanismes d'isolement. Ces mécanismes empêchent donc le croisement de différentes espèces dans des zones géographiques où leurs aires de distribution se recouvrent. Le problème de la spéciation est d'expliquer comment les populations acquièrent ces mécanismes d'isolement et comment elles peuvent évoluer graduellement[2]. Presque tout le monde reconnaît aujourd'hui que le processus de spéciation dominant est la spéciation géographique ou allopatrique : il s'agit de la divergence génétique de populations isolées géographiquement. Elle se réalise sous deux formes : la spéciation dichopatrique et la spéciation péripatrique.

Dans la spéciation dichopatrique, une aire de répartition jusque-là continue pour les populations composant une espèce donnée se trouve disloquée par la mise en place d'une barrière (une chaîne de montagnes, un bras de mer ou une discontinuité de végétation). Soit strictement par hasard, soit en raison d'incompatibilités chromosomiques, soit par un changement de comportement consécutif à la sélection sexuelle (voir ci-dessous), soit en tant que sous-produit accidentel d'un changement écologique, les deux populations séparées deviennent génétiquement de plus en plus différentes dans le temps, et, en corrolaire de cette différence, acquièrent des mécanismes d'isolement qui les feront se comporter comme des espèces différentes, quand plus tard elles viendront à être de nouveau en contact. Il est maintenant pratiquement certain que la plupart des mécanismes d'isolement sont établis avant que les deux espèces juste nées se retrouvent de nouveau dans le même territoire. L'isolement peut ensuite se perfectionner encore par certains ajustements fins, mais les facteurs d'isolement fondamentaux ont été mis en place avant la nouvelle entrée en contact.

Dans la spéciation péripatrique, une population fondatrice s'établit au-delà de la périphérie de l'aire originelle de distribution de l'espèce. Une telle population, fondée par une seule femelle inséminée ou par quelques individus, ne contient généralement qu'un petit pourcentage des gènes de l'espèce parente, et souvent dans le cadre d'une combinaison tout à fait inhabituelle. Simultanément, elle est généralement exposée à des pressions sélectives nouvelles et sévères, en raison de son environnement physique et biotique différent. Une telle population fondatrice est donc susceptible de subir une importante modification génétique et peut probablement donner rapidement naissance à une nouvelle espèce. En outre, une population fondatrice de ce type, en raison de son étroite base génétique et de son importante restructuration génétique, est en position particulièrement favorable pour s'engager dans de nouvelles voies évolutives, y compris celles menant à des innovations macroévolutives.

Outre ces deux formes de spéciation allopatrique, d'autres scénarios ont été proposés, dont certains se réalisent sans doute vraiment. Le plus vraisemblable de ces scénarios est la spéciation sympatrique, c'est-à-dire la naissance, par le biais d'une spécialisation écologique, d'une nouvelle espèce au sein de l'aire de distribution de l'espèce-souche. Le plus improbable des scénarios proposés est celui de la spéciation dite parapatrique, consistant en la formation d'une frontière entre deux espèces le long d'une zone de brutale variation des conditions écologiques au sein de l'aire de distribution d'une espèce.

La théorie darwinienne du gradualisme

Tout au long de sa vie, Darwin a souligné la nature graduelle du changement évolutif. Non seulement ce gradualisme était une conséquence nécessaire de l'uniformitarisme de Lyell, mais l'apparition soudaine d'une nouvelle espèce aurait semblé à Darwin une trop grande concession au créationnisme. Bien entendu, en une localité donnée, chaque espèce était très nettement démarquée de toute autre espèce ; mais en comparant géographiquement les populations, les variétés ou les espèces convenables, Darwin a vu partout des preuves en faveur du gradualisme.

En définitive, pour nous peut-être encore plus que pour Darwin, il est devenu évident que l'évolution se produit au sein de populations, que les populations sexuées ne peuvent changer que graduellement, et jamais par une soudaine saltation. Il existe certaines exceptions comme la polyploïdie, mais elles n'ont jamais joué de rôle majeur dans l'évolution.

L'une des objections les plus fréquemment émises à l'encontre du gradualisme de Darwin était que cela ne permettait pas d'expliquer l'apparition d'organes, de structures, d'aptitudes physiologiques et de comportements entièrement nouveaux. Par exemple, comment une aile rudimentaire pouvait-elle être agrandie par la sélection naturelle avant qu'elle n'accomplisse la fonction du vol? Darwin a proposé deux modalités par lesquelles une innovation évolutive pouvait s'installer. L'une d'entre elles correspond à ce que Severtsoff (1931) a appelé une intensification de fonction. Prenons l'exemple de l'apparition de l'œil. Comment un organe aussi complexe a-t-il pu être créé par la sélection naturelle? En fait, on a montré que les premiers organes photorécepteurs étaient de simples taches épidermiques sensibles à la lumière, et que le pigment, l'épaississement en forme de lentille de l'épiderme et toutes les autres caractéristiques accessoires de l'œil ont été graduellement ajoutés. De nombreux stades intermédiaires existent encore chez divers types d'invertébrés. L'intensification de fonction rend également compte des diverses modifications des membres antérieurs des mammifères, chez la taupe, les baleines et les chauves-souris, pour ne mentionner qu'un exemple.

Cependant, il existe une autre façon complètement différente et beaucoup plus spectaculaire par laquelle des nouveautés évolutives peuvent être acquises : il s'agit du changement de fonction réalisé par une structure donnée. Par exemple, une structure déjà existante, comme l'antenne de *Daphnia*, acquiert la fonction additionnelle d'une palette natatoire et, sous l'aiguillon d'une nouvelle pression sélective, s'élargit et se modifie. Les plumes des oiseaux sont probablement apparues en tant qu'écailles reptiliennes modifiées, desservant initialement une fonction de régulation thermique; puis elles ont acquis une nouvelle fonction au niveau des membres antérieurs et de la queue, en rapport avec le vol, chez les ancêtres des oiseaux.

Lorsqu'au cours de son histoire une structure passe par une succession de fonctions, elle connaît toujours un stade durant lequel elle peut en réaliser simultanément deux. Les antennes de *Daphnia* sont simultanément des organes sensoriels et des palettes natatoires. Certains des exemples les plus intéressants de changement de fonction concernent le comportement, comme, par exemple, le lissage des plumes chez certains canards, intégré dans leur comportement de parade sexuelle. De nombreux mécanismes d'isolement comportementaux chez les animaux sont probablement apparus par le biais de la sélection sexuelle dans des populations isolées et n'ont pris leur nouvelle fonction qu'après que l'espèce soit entrée en contact avec une espèce apparentée.

Extinctions de masse

La découverte des extinctions de masse a été la deuxième objection à la théorie darwinienne du gradualisme. Avant Darwin, les catastrophistes, dont Cuvier fut le chef de file, affirmaient qu'il y avait eu un certain nombre d'extinctions de masse au cours desquelles les biota jusqu'alors dominants avaient été décimés, voire exterminés, pour être remplacés par de nouveaux. Les archives fossiles suggéraient qu'un nombre considérable de tels changements radicaux étaient intervenus : cela avait été le cas, par exemple, lors du passage du Permien au Trias, ou de celui du Crétacé au Tertiaire. L'objectif majeur des *Principles of Geology* de Lyell avait été de réfuter le catastrophisme et de soutenir la thèse de Hutton sur la nature graduelle du changement au cours de l'histoire de la Terre. Le gradualisme de Darwin s'était ensuite calqué sur celui de Lyell. Aussi, cela a été une véritable surprise lorsqu'on a constaté que des extinctions de masse s'étaient réellement produites, exactement là où les catastrophistes les avaient postulées.

Les extinctions de masse sont des événements rares et cataclysmiques, surimposés au cycle darwinien normal de variation et de sélection qui préside au changement graduel. Darwin savait parfaitement que l'extinction des espèces individuelles et leur remplacement par de nouvelles espèces se produisent continuellement tout au long de l'histoire de la vie. Mais, en plus de ce phénomène d'extinction de masse, il y a eu des périodes précises – faisant fonction depuis longtemps de lignes de démarcation entre les âges géologiques – au cours desquelles une grande partie des biota se sont éteints simultanément. La plus importante de ces périodes se situe à la fin du Permien, lorsque plus de 95 % de toutes les espèces ont été totalement exterminées.

Les causes des extinctions de masse sont encore aujourd'hui sujettes à débat. Celle qui a eu lieu à la fin du Crétacé, et mis fin au règne des dinosaures, a presque certainement été la conséquence de la collision de la Terre avec un astéroïde, dans la mesure où cet événement a provoqué de graves perturbations du climat et de l'environnement. C'est le physicien Walter Alvarez qui l'a postulé pour la première fois en 1980. On a trouvé depuis nombre de données confirmant cette interprétation. En fait, le cratère de l'impact a été lui-même identifié près de la pointe de la péninsule du Yucatan. On a essayé d'attribuer les autres extinctions de masse à des impacts d'astéroïde, mais sans succès. En fait, la plupart de ces extinctions semblent avoir résulté de phénomènes associés à la tectonique des plaques, qui ont modifié les dimensions des plates-formes continentales dans les mers et la circulation des courants marins. Ou bien elles ont pu encore être provoquées par d'autres changements climatiques. Il existe une certaine régularité dans la séquence de ces extinctions, et quelques auteurs ont invoqué des causes cosmiques, telles que des fluctuations de radiations solaires (théorie qui est plausible). Cependant, la plupart des preuves avancées pour ce genre d'hypothèses n'ont pas résisté à l'analyse critique.

Les espèces qui ont eu la chance de survivre à une catastrophe ayant déclenché une extinction de masse se sont retrouvées dans la situation des populations fondatrices. Elles ont eu à faire face à un environnement biotique entièrement différent et ont pu se lancer dans des voies évolutives totalement nouvelles. L'exemple le plus spectaculaire illustrant cette possibilité est fourni par le début de l'ère tertiaire : on peut observer, dans les archives fossiles de cette époque, l'explosive radiation des mammifères (lesquels étaient déjà présents sur la Terre depuis plus de cent millions d'années avant l'extinction des dinosaures).

La théorie darwinienne de la sélection naturelle

Après que la théorie darwinienne de l'évolution graduelle des espèces à partir d'ancêtres communs ait été largement acceptée, un certain nombre de théories concurrentes ont, pendant longtemps, essayé d'expliquer par quel mécanisme le changement évolutif pouvait se produire. Les partisans de ces diverses théories se sont affrontés pendant quatre-vingts ans, jusqu'au moment où la synthèse évolutionniste s'est réalisée (voir ci-dessous) : dès lors, toutes les explications non darwiniennes se sont trouvées à ce point réfutées que la théorie darwinienne de la sélection naturelle est restée comme la seule explication plausible.

Les diverses théories du changement évolutif

Les trois grandes théories anti darwiniennes ou non darwiniennes ont été le saltationnisme, les théories téléologiques et les théories lamarckiennes.

Le saltationnisme, produit d'un mode de pensée typologique qui a dominé durant la période prédarwinienne, a été soutenu par T.H. Huxley et Kölliker, parmi les contemporains de Darwin; par les mendéliens (Bateson, de Vries, Johannsen); et par quelques autres auteurs (Goldschmidt, Willis, Schindewolf), jusque dans la période où la synthèse évolutionniste s'est réalisée. Ce type de théories a finalement été abandonné lorsque les conceptions fondées sur la notion de populations ont été plus largement répandues et qu'on n'a pratiquement pas pu trouver de preuves en faveur d'un tel processus de spéciation. Chez les organismes se reproduisant sexuellement, l'apparition de nouvelles espèces par saltation ne se produit que par le biais de la polyploïdie et de certaines autres formes de restructuration chromosomique; mais ce sont là des formes de spéciation relativement rares.

Les théories téléologiques affirmaient qu'un principe immanent dans la nature conduit toutes les lignées évolutives vers une perfection toujours plus grande. Certaines d'entre elles ont été regroupées sous le nom de « théories orthogénétiques », telles que la nomogenèse de Berg, l'aristogenèse d'Osborn, le principe oméga de Teilhard de Chardin. Plus aucune d'entre elles n'a aujourd'hui de partisans, dans la mesure où l'on a pu montrer que la marche de l'évolution se fait réellement au petit bonheur (y compris d'ailleurs avec de nombreux retours en arrière) et où l'on n'a pas pu trouver de mécanisme capable de présider à des changements constamment progressifs*.

Selon les théories lamarckiennes et néo-lamarckiennes, les organismes se transformaient lentement au cours de l'évolution, par le biais de l'hérédité des caractères acquis, dont on pensait qu'ils résultaient de l'effet de l'usage ou du non-usage, ou bien étaient directement induits par les forces du milieu. Dans la mesure où le lamarckisme expliquait l'évolution graduelle bien mieux que le saltationnisme des mendéliens, il a connu un assez grand succès avant l'époque de la synthèse évolutionniste. En fait, jusque dans les années 1930, on comptait probablement plus de lamarckiens que de darwiniens.

Les théories lamarckiennes sont entrées en défaveur lorsque les généticiens ont démontré que l'hérédité des caractères acquis (l'« hérédité flexible ») est impossible, parce que les caractéristiques du phénotype nouvellement acquises ne peuvent être transmises à la génération suivante. La chute finale de la théorie de l'hérédité flexible s'est produite, à notre époque, lorsque la biologie moléculaire a prouvé que l'information contenue dans les protéines (le phénotype) ne peut pas être transmise aux acides nucléiques (le génotype). Ce « dogme central de la biologie moléculaire », comme on l'appelle, a privé le lamarckisme de ses dernières bases. Il se pourrait que certains micro-organismes (peut-être jusqu'au niveau des protistes) aient la possibilité de muter en réponse aux conditions externes, mais même si cela était confirmé, cela ne pourrait pas s'appliquer aux organismes complexes, chez lesquels l'ADN du génotype est beaucoup trop éloigné du phénotype.

La sélection naturelle

La sélection naturelle darwinienne est aujourd'hui presque universellement acceptée par les biologistes, en tant que mécanisme responsable du changement évolutif. On peut se la représenter comme un processus comprenant deux étapes : d'une part, la variation et, d'autre part, la sélection proprement dite.

La première étape correspond à la production d'une variation génétique massive dans toute génération, en raison de recombinaisons génétiques, du flux génique, de facteurs aléatoires et de mutations. La variation était manifestement le point le plus faible de la pensée théorique de Darwin. En dépit de nombreuses recherches, il n'a jamais compris quelle en était la source. Il

* Cependant, le biologiste australien Michael Denton a récemment défendu une théorie téléologique : l'évolution aurait, selon lui, été guidée par un principe cosmologique « anthropique », de façon à aboutir à l'homme. Voir M. Denton, *L'évolution a-t-elle un sens ?*, Fayard, 1997. [N.d.T.]

entretenait, en fait, des idées erronées sur la nature de la variation, qui furent, par la suite, corrigées par Weismann et par la génétique mendélienne développée après 1900. Nous savons, à présent, que la variation génétique est « inflexible », et non pas « flexible », comme le croyait Darwin. Nous savons également que l'hérédité mendélienne est particulaire, autrement dit que les contributions génétiques des deux parents ne se mélangent pas lors de la fécondation de l'œuf, et qu'elles restent distinctes et constantes. Enfin, nous savons depuis 1944 que le matériel génétique (composé d'acides nucléiques) ne se convertit pas directement en un phénotype, mais représente l'information génétique (ou le programme génétique) traduite dans les protéines et les autres molécules du phénotype.

On sait aussi, aujourd'hui, que la variation génétique au sein des populations résulte de phénomènes complexes. Les acides nucléiques sont susceptibles de muter (par des changements dans leurs paires de base) et le font très souvent. En outre, au cours de la formation des gamètes (méiose), chez les organismes se reproduisant sexuellement, les chromosomes parentaux se brisent souvent et se réarrangent. Il en résulte de très nombreuses recombinaisons entre génotypes parentaux, ce qui assure que chacun des rejetons est un organisme unique en son genre. Dans le cadre des recombinaisons, de même que dans celui des mutations, le hasard règne en maître. Tout cela fournit donc de larges bases aléatoires au processus de la sélection naturelle.

Cette dernière présente, comme dit ci-dessus, une seconde étape : le phénomène de sélection proprement dit. Autrement dit, il s'agit de la survie et de la reproduction différentielle des individus venant d'être formés (zygotes). À chaque génération, seul un très faible pourcentage des individus, dans la plupart des espèces d'organismes, survivent habituellement, et certains individus, en raison de leur constitution génétique, ont de plus grandes chances que les autres de survivre et de se reproduire, dans les circonstances prédominantes. Même dans les espèces où les deux parents, au cours de leur phase reproductive, produisent des millions de rejetons, comme c'est le cas pour les huîtres et les autres organismes marins, deux d'entre eux par génération suffisent, en moyenne, pour maintenir la population à un niveau constant ; et même si la survie des quelques individus qui engendrent la génération suivante est essentiellement due à des facteurs aléatoires, il ne fait aucun doute qu'avec le temps les aptitudes génétiquement déterminées en constituent généralement la raison dominante. De cette manière, la population est maintenue, de génération en génération, dans un état d'adaptation adéquat, et elle est en mesure de faire face aux changements intervenant dans l'environnement, parce que certains génotypes, au sein de la gamme extrêmement variée des rejetons, se trouvent favorisés.

Hasard ou nécessité?

Depuis l'Antiquité grecque jusqu'au XIXe siècle, une grande controverse a prévalu sur le point de savoir si les changements intervenant dans le monde étaient dus au hasard ou à la nécessité. C'est Darwin qui a trouvé une brillante solution à cette vieille énigme : ils sont dus aux deux. Dans les phénomènes engendrant la variation, le hasard domine, tandis que la sélection naturelle proprement dite repose largement sur la nécessité. Il est cependant malheureux que Darwin ait retenu le terme de « sélection », qui suggère qu'il existe un agent dans la nature opérant un choix délibéré. En réalité, les individus « sélectionnés » sont simplement ceux qui restent vivants après que tous les individus moins bien adaptés ou moins chanceux ont été éliminés de la population. Certains auteurs ont donc suggéré que le terme de « sélection » soit remplacé par l'expression « élimination non aléatoire ». Les scientifiques qui continuent à employer le terme de « sélection », c'est-à-dire probablement la majorité des évolutionnistes, ne devraient jamais oublier qu'il signifie en réalité « élimination non aléatoire », et qu'il n'existe pas de « pression de sélection » dans la nature. On utilise ce dernier terme simplement pour désigner la collection des circonstances adverses responsables de l'élimination de certains individus. Et, bien entendu, une telle « pression de sélection » représente la combinaison de facteurs d'environnement et de caractéristiques phénotypiques. Les darwiniens pensent que cela va de soi, mais leurs adversaires s'en prennent souvent à l'interprétation trop littérale de ce genre de termes.

Ce n'est que dans les récentes années que les évolutionnistes ont vraiment compris que la théorie de l'évolution de Darwin par le biais de la sélection naturelle était profondément différente des théories téléologiques ou essentialistes antérieures. Lorsque Darwin a publié *De l'origine des espèces*, il n'avait pas de preuves de l'existence de la sélection naturelle; il l'a postulée uniquement par déduction. La théorie de Darwin était fondée sur cinq types de données factuelles et sur trois déductions (voir page suivante). Les trois premiers types de faits étaient la tendance à l'accroissement des populations sur un mode exponentiel; la stabilité observée de l'effectif des populations; et la limitation des ressources. On peut déduire de cet ensemble de faits qu'il doit exister une compétition (une lutte pour l'existence) entre les individus. Deux faits supplémentaires, le caractère génétiquement unique de chaque individu et l'héritabilité de la plus grande partie de la variation individuelle, conduisent à la seconde déduction : la survie différentielle (autrement dit, la sélection naturelle), et à la troisième : la mise en œuvre de ce processus tout au long de nombreuses générations se traduit certainement par un phénomène d'évolution.

Darwin a été enchanté que Bates (1862) démontre que des papillons susceptibles d'être mangés par des prédateurs tendaient à ressembler morpholo-

Modèle explicatif de Darwin fondant sa théorie de l'évolution par la sélection naturelle

Fait n° 1
Tendance à l'accroissement des populations sur un mode exponentiel (superfécondité) (*Source :* Paley, Malthus et autres).

Fait n° 2
Stabilité observée de l'effectif des populations (*Source :* observations universellement constatées).

Fait n° 3
Limitation des ressources (*Source :* observation, renforcée par Malthus).

→

Déduction n° 1
Lutte pour l'existence entre les individus (*Auteur de la déduction :* Malthus).

Fait n° 4
Caractère génétiquement unique de chaque individu (*Source :* éleveurs d'animaux, taxinomistes).

Fait n° 5
Héritabilité de la plus grande partie de la variation individuelle (*Source :* éleveurs d'animaux).

→

Déduction n° 2
Survie différentielle = sélection naturelle (*Auteur de la déduction :* Darwin).

→

Déduction n° 3
Au long de nombreuses générations : évolution (*Auteur de la déduction :* Darwin).

giquement à d'autres papillons qui, eux, étaient vénéneux ou de goût repoussant. De plus, ces deux catégories d'espèces de papillons tendaient à varier géographiquement de façon parallèle. Ce mimétisme batésien a été le premier cas clairement démontré de sélection naturelle. À présent, on dispose de centaines, voire de milliers de preuves incontestables de l'action de la sélection naturelle. Pour ne mentionner que quelques cas spectaculaires, rappelons des exemples bien connus : la résistance aux insecticides des ravageurs des cultures; la résistance aux antibiotiques des bactéries; le mélanisme industriel; l'atténuation du virus de la myxomatose en Australie; l'évolution du gène de la drépanocytose et d'autres gènes relatifs aux protéines du sang dans les régions où sévit le paludisme.

Le principe de la sélection naturelle est si logique et si évident qu'il peut difficilement être mis en question aujourd'hui. En revanche, on peut, et même on devrait, mettre à l'épreuve, dans chaque cas individuel, la mesure dans laquelle la sélection naturelle a contribué à l'élaboration des caractéristiques de tel ou tel trait particulier du génotype. Pour chacune d'entre elles, il faudrait répondre aux questions suivantes : l'apparition évolutive de cette caractéristique a-t-elle été favorisée par la sélection naturelle, et en quoi était-elle importante pour la survie au point d'être favorisée par la sélection naturelle? Autrement dit, il s'agit de voir si les caractéristiques envisagées s'inscrivent dans le schéma adaptationniste.

La sélection sexuelle

Les caractéristiques qui favorisent la survie recouvrent : la tolérance accrue aux conditions climatiques adverses (froid, chaleur, sécheresse); la meilleure utilisation des ressources; une plus grande capacité de compétition; une plus grande résistance aux pathogènes; et une plus grande aptitude à échapper aux ennemis. Cependant, la survie ne suffit pas à elle seule à assurer qu'un individu donné va contribuer à la génération suivante. Du point de vue de l'évolution, un individu donné peut connaître un plus grand succès, non pas parce qu'il a des caractéristiques de survie supérieures, mais parce qu'il est simplement reproductivement plus prolifique. Darwin a appelé ce processus par lequel les individus sont favorisés en raison de leurs caractéristiques reproductives la « sélection sexuelle ».

Il était impressionné par les caractères sexuels secondaires des mâles, tels que le magnifique plumage des oiseaux de paradis mâles, la queue du paon et les imposants bois du cerf. De nos jours, nous savons que la tendance des femelles à choisir leur partenaire sur la base de ces caractéristiques (processus appelé le « choix des femelles ») représente un facteur important de la sélection sexuelle, plus important peut-être que la capacité des mâles à entrer en compétition avec des rivaux pour accéder aux femelles. La sélection naturelle et la sélection sexuelle ne sont pas nécessairement complètement indépendantes, à partir du moment où, comme il semble bien que ce soit le cas, les femelles sont parfois capables de choisir les mâles susceptibles d'augmenter l'aptitude à la survie de leurs rejetons.

Par ailleurs, il existe d'autres phénomènes, au cours de la vie des organismes individuels, comme la rivalité entre frères et sœurs ou l'investissement parental, qui influencent davantage le succès reproductif que la survie. Donc, la sélection en faveur du succès reproductif est un domaine plus vaste que celui de la seule sélection sexuelle. Une grande partie des problèmes étudiés par les sociobiologistes relèvent de la sélection en faveur du succès reproductif[3].

La synthèse évolutionniste et après

Pendant les quatre-vingts années qui ont suivi la publication *De l'origine des espèces*, la controverse entre darwiniens et non-darwiniens a fait rage. On aurait pu penser que la redécouverte des lois de Mendel en 1900 allait permettre l'apparition d'un consensus, dans la mesure où ces dernières étaient susceptibles d'éclairer d'un jour nouveau les mécanismes de la variation; mais, en réalité, elles n'ont fait qu'augmenter la discorde. Les premiers mendéliens (Bateson, de Vries et Johannsen) étaient incapables de penser en termes de populations et rejetaient l'idée d'une évolution graduelle et celle de la sélection naturelle. Les naturalistes et les biométriciens qui s'opposaient à eux entretenaient également, de leur côté, des notions erronées. Ils préféraient l'hérédité par mélange à l'hérédité particulaire dont l'existence avait été démontrée par Mendel, et n'arrivaient pas à trancher entre sélection naturelle et hérédité des caractères acquis. Jusque dans les années 1930, plusieurs observateurs désespéraient encore de parvenir, dans un avenir proche, à un consensus entre toutes ces catégories de biologistes.

Pourtant, les bases du consensus venaient alors précisément d'être jetées. Les généticiens, de même que les naturalistes, avaient, chacun de son côté, fait progresser la compréhension de l'origine de l'adaptation et de la biodiversité, bien qu'aucun des deux camps ne fût réellement au courant des résultats obtenus par l'autre. En fait, chacune de ces deux disciplines (la génétique et l'étude de la biodiversité) entretenait des idées tout à fait erronées sur l'autre branche de la biologie de l'évolution. Il fallait qu'un pont soit jeté entre elles, et cela s'est réalisé en 1937, avec la publication de *Genetics and the Origin of Species* de Theodosius Dobzhansky, lequel était à la fois naturaliste et généticien. Dans sa jeunesse, en Russie, Dobzhansky s'était occupé de taxinomie des coléoptères et avait pris connaissance de la riche littérature de l'Europe continentale sur la notion d'espèce et sur la spéciation. Il s'était, en outre, complètement imprégné de l'approche des naturalistes qui pensaient en termes de populations. Après s'être établi aux États-Unis, en 1927, pour travailler dans le laboratoire de T.H. Morgan, il a également assimilé les résultats obtenus par les généticiens et leur façon de penser. Par suite, il a pu, dans son livre, rendre justice aux deux grandes branches de la biologie évolutionniste : celle qui étudie le maintien et l'amélioration de l'adaptation par le remplacement des gènes dans le patrimoine génétique collectif; et celle qui analyse les changements affectant les populations et conduisant au développement de la biodiversité, et notamment à de nouvelles espèces. L'ouvrage de Dobzhansky était un exposé global, brossé à grands traits, sur l'évolution. Les aspects les plus fins de l'évolution qu'il n'avait qu'à peine abordés ont été ensuite développés par Mayr (sur l'espèce et la spéciation, 1942), Simpson (sur les taxa supérieurs et la macro-évolution, 1944), Huxley (1942), Rensch (1947) et Stebbins (sur les plantes, 1950). Simultanément, une synthèse parallèle a été effectuée en Allemagne, sous la direction de Timoféeff-Ressovsky, qui avait été un élève de Tchetverikov*.

Jusqu'à la synthèse évolutionniste, l'étude de la macro-évolution – c'est-à-dire l'évolution au-dessus du niveau de l'espèce – avait été essentiellement menée par les paléontologistes, lesquels n'entretenaient de liens solides ni avec la génétique, ni avec les études sur la spéciation. Peu de paléontologistes étaient de stricts darwiniens; la plupart d'entre eux croyaient soit au saltationnisme, soit à quelque forme d'autogenèse finaliste. Ils considéraient généralement que les processus macro-évolutifs, ainsi que leurs causes, étaient d'une nature particulière, très différente de celles des phénomènes populationnels étudiés par les généticiens et les praticiens des recherches sur la spéciation. Cela semblait être confirmé par la prédominance des discontinuités observables entre les taxa supérieurs, et ce type de donnée apparaissait donc en conflit complet avec le principe de gradualisme darwinien. Tout, dans le domaine de la macro-évolution, semblait différent de ce que l'on observait dans celui de la micro-évolution.

La plupart des scientifiques qui étudiaient la macro-évolution pensaient encore en termes d'évolution par transformation, c'est-à-dire qu'ils concevaient celle-ci comme un changement graduel des lignées évolutives en direction d'une adaptation ou d'une spécialisation toujours plus grande. Cependant, ils se trouvaient confrontés au même dilemme que Darwin : les archives fossiles ne confortaient pas du tout cette façon de voir. Au contraire,

---

* Th. Dobzhansky avait également fait ses études en Russie sous la direction de Tchetverikov. Voir E. Mayr, *Histoire de la biologie*, Fayard, 1989, p. 517. [N.d.T.]

le changement graduel, soutenu sur de longues périodes, était rare, si même il était observable. En fait, les nouvelles espèces et les types plus évolués apparaissaient toujours dans les archives fossiles très soudainement et la plupart des lignées s'éteignaient tôt ou tard. Bien sûr, on pouvait toujours invoquer l'imperfection des archives fossiles, mais cela relevait trop d'une façon commode de se débarrasser d'une objection valable. Et c'est pourquoi de nombreux paléontologistes avaient adopté le saltationnisme et avaient été satisfaits lorsque des généticiens comme De Vries et Goldschmidt avaient postulé que l'évolution se produisait par le biais de macromutations (de « monstres prometteurs »).

Simpson (1944 : 206) a proposé une autre solution, qu'il a appelée l'évolution quantique : il s'agissait du « passage relativement rapide d'une population en déséquilibre vers un équilibre différant nettement de la condition ancestrale ». Il pensait que cela expliquait l'observation bien connue selon laquelle « les transitions majeures se réalisent effectivement de façon relativement rapide, en très peu de temps, dans des circonstances spéciales ». Il est évident, d'après ses écrits, que Simpson pensait ici à une grande accélération du changement évolutif au sein d'une lignée phylétique. Ce type de solution lui avait été imposé par son concept de l'espèce strictement phylétique. L'évolution quantique a été vivement attaquée, en tant que retour au saltationnisme, et Simpson l'a abandonnée plus ou moins dans les années qui ont suivi (1953).

L'explication de la macro-évolution

Après que la synthèse évolutionniste eut réfuté le saltationnisme, les théories autogénétiques et l'hérédité flexible, il est devenu nécessaire d'expliquer la macro-évolution sur la base des notions de populations. Autrement dit, il a fallu l'envisager comme un phénomène pouvant découler directement des événements et des processus qui se déroulaient dans le cadre de la micro-évolution[4]. Cela s'imposait particulièrement dans le cas des apparentes saltations observées dans les archives fossiles. Mais les paléontologistes n'avaient ni les données, ni l'équipement conceptuel nécessaires pour résoudre ce problème.

En 1954, j'ai proposé une solution : la restructuration génétique prend place durant un processus de spéciation se déroulant dans une population fondatrice, et certaines des lacunes des archives fossiles sont dues au fait que ces populations fondatrices de nouvelles espèces n'ont qu'une existence très limitée, dans l'espace et dans le temps, de sorte qu'il y a très peu de chances qu'on en retrouve la trace dans les archives fossiles. Cependant, ce sont précisément ces populations, isolées périphériquement, et souches des nouvelles espèces, qui seraient susceptibles d'intéresser au plus haut point les chercheurs étudiant les changements évolutifs majeurs.

Il m'a semblé que de nombreux phénomènes énigmatiques, notamment ceux qui préoccupaient les paléontologistes, étaient élucidés par la prise en considération de ces populations fondatrices manquantes : de cette façon, il était possible d'expliquer les vitesses d'évolution inégales (en particulier, les vitesses très élevées), les interruptions dans les séquences évolutives et les apparentes saltations, ainsi que, finalement, l'apparition de nouveaux « types ». La réorganisation génétique dans les populations isolées à la périphérie permet, en effet, la réalisation de changements évolutifs, beaucoup plus rapides que les changements se déroulant au sein des populations faisant partie d'une distribution continue. On avait donc là un mécanisme qui permettait sans doute l'émergence rapide d'innovations macro-évolutives, sans que cela contrevienne aux faits connus de la génétique[5].

Cette suggestion a été reprise en 1971 par Eldredge, et en 1972 par Eldredge et Gould, qui ont donné le nom d'« équilibre ponctué » à cette sorte d'évolution par spéciation. Ils ont en outre conclu que si une nouvelle espèce réussissait à apparaître par ce processus, elle pouvait ensuite entrer dans une période de stase et rester pratiquement inchangée pendant des millions d'années, avant de finalement s'éteindre. Ainsi, la macro-évolution n'est pas une forme d'évolution par transformation, mais elle est tout autant une forme darwinienne d'évolution par variation que l'évolution se produisant au sein d'une espèce. De nouvelles populations se disséminent continuellement, la plupart s'éteignant tôt ou tard. Un certain pourcentage atteint le niveau de l'espèce, la plupart sans acquérir d'innovations évolutives remarquables, et la plupart aussi s'éteignant en définitive. Ce n'est que très rarement que l'une des nouvelles espèces acquiert, durant la période de restructuration génétique et la période suivante, pendant laquelle elle subit fortement la sélection naturelle, un génotype qui lui permet de s'épanouir, de se répandre largement, et de devenir une nouvelle composante des archives fossiles.

L'article d'Eldredge et Gould a aidé les paléontologistes à prendre conscience du phénomène d'évolution par spéciation, et à comprendre pourquoi il y a tant de lacunes dans les archives fossiles. Mais l'apport le plus important de la théorie des équilibres ponctués a peut-être été d'attirer l'attention sur la fréquence de la stase. Certains généticiens se sont efforcés de l'expliquer en disant qu'elle était la conséquence de la sélection normalisatrice, mais ce n'est pas du tout une explication. Toutes les populations sont continuellement sujettes à la sélection normalisatrice. Cependant, certaines d'entre elles, ainsi que certaines espèces, évoluent rapidement, en dépit de cette forme de sélection, tandis que d'autres demeurent inchangées pendant des millions d'années. On est obligé de faire l'hypothèse que le génotype très stable, présenté par ces espèces connaissant des stases prolongées, résulte d'un équilibre génétique solide, issu d'une cohésion interne élevée.

De nombreux phénomènes dans l'histoire de la vie laissent penser que la cohésion interne du génotype existe véritablement. Comment pourrait-on expliquer autrement la véritable explosion des différents types structuraux qui s'est produite à la fin du Précambrien et au début du Cambrien ? Même dans des archives fossiles extrêmement incomplètes, on peut distinguer à cette époque de soixante à quatre-vingts morphotypes différents, alors qu'il n'existe actuellement que trente embranchements animaux environ. Il semble que le génotype du règne animal nouvellement apparu ait été à l'origine suffisamment flexible pour produire, on pourrait presque dire expérimentalement, un nombre élevé de nouveaux types, dont certains n'ont pas réussi à se répandre et se sont éteints, tandis que les types restants, représentés par les chordés actuels, les échinodermes, les arthropodes, etc., sont devenus de plus en plus inflexibles. Depuis le début du Paléozoïque, pas un seul nouveau *Bauplan* n'a été élaboré par l'évolution. C'est comme si les grands plans d'organisation qui existaient alors s'étaient « gelés » – c'est-à-dire avaient acquis une cohésion interne telle qu'ils ne pouvaient désormais expérimenter l'élaboration de types structuraux entièrement nouveaux.

Très tôt dans l'histoire de la génétique, on s'est aperçu que la plupart des gènes ont des effets pléiotropiques, c'est-à-dire qu'ils ont des effets sur plusieurs aspects différents du phénotype. De même, on a trouvé que la plupart des composantes du phénotype sont des caractères polygéniques, c'est-à-dire qu'elles sont affectées par des gènes multiples. Ces interactions entre gènes influencent de façon décisive la valeur sélective des individus et l'effet de la sélection ; mais elles sont singulièrement difficiles à étudier. La plupart des généticiens des populations se limitent encore à l'étude des phénomènes génétiques additifs et à l'analyse des *loci* ne comportant qu'un seul allèle. Cela est compréhensible dans la mesure où l'étude des phénomènes tels que la stase évolutive et la constance des types structuraux est très réfractaire à l'analyse génétique. Le problème le plus important qui reste à résoudre en biologie évolutionniste est peut-être une meilleure compréhension de la cohésion du génotype et son rôle dans l'évolution.

Est-ce que l'évolution progresse ?

La plupart des darwiniens ont estimé qu'il existe une certaine progression dans l'histoire de la vie : on est effectivement passé des procaryotes, qui ont dominé la Terre pendant plus de deux milliards d'années, aux eucaryotes, qui ont un noyau, des chromosomes et des organites cytoplasmiques bien structurés; puis, des eucaryotes unicellulaires (protistes) aux plantes et aux animaux, qui ont une stricte division du travail entre leurs systèmes d'organes extrêmement spécialisés; puis, au sein du règne animal, des hétérothermes, qui sont à la merci du climat, aux homéothermes, qui ont le « sang chaud »; enfin, au sein des homéothermes, des types dotés d'un petit cerveau et d'une faible organisation sociale à des types dotés d'un très gros système nerveux central, pratiquant des soins parentaux extrêmement développés et capables de transmettre des informations de génération en génération.

Est-il légitime d'appeler « progrès » ces changements dans l'histoire de la vie? Cela dépend de la façon dont on conçoit et définit le progrès. Cependant, ces modifications ont représenté, de fait, une nécessité, dans le cadre de la sélection naturelle, parce que les pressions combinées de la compétition et de la sélection naturelle ne laissaient guère d'autres alternatives que l'extinction ou la progression évolutive.

Les changements qui sont intervenus dans l'histoire de la vie ont été analogues à certains changements qui se sont produits dans le développement industriel. Pourquoi les automobiles modernes sont-elles incontestablement meilleures que celles d'il y a soixante-quinze ans? Ce n'est pas parce qu'il existe une tendance intrinsèque poussant les automobiles à s'améliorer, mais parce que les constructeurs ont constamment expérimenté diverses innovations, tandis que la concurrence sur le marché de l'auto imposait une énorme pression de sélection. Ni dans l'industrie automobile, ni dans le monde vivant, des forces finalistes ne sont à l'œuvre; et dans chacune de ces sphères, il ne prédomine pas non plus de déterminisme mécaniste. Le progrès évolutif est simplement le résultat inévitable du principe darwinien de la variation et de la sélection. Cette notion est complètement dépourvue de la composante idéologique que l'on trouve dans la notion de progrès mise en avant par les partisans de la téléologie (comme Spencer) ou de l'orthogenèse.

Curieusement, un grand nombre de personnes semblent avoir des difficultés à comprendre la façon purement mécaniste dont l'évolution darwinienne accomplit un mouvement de progrès, au rythme d'ailleurs différent selon les lignées phylétiques. Certaines d'entre elles, comme les procaryotes, n'ont pratiquement pas changé depuis des milliards d'années. D'autres se sont spécialisées à l'excès, sans montrer de signe de progression, et d'autres encore, comme la plupart des parasites et des habitants de niches particulières, semblent avoir connu une évolution rétrograde. Dans l'histoire de la vie, rien n'indique la moindre tendance générale au progrès évolutif, ni l'existence d'un mécanisme capable de l'engendrer. Lorsqu'un progrès semble s'être réalisé, c'est simplement le sous-produit des changements effectués sous l'aiguillon de la sélection naturelle.

Pourquoi les organismes ne sont pas parfaits

Si la sélection naturelle n'engendre pas nécessairement le progrès évolutif, elle ne conduit pas non plus obligatoirement à la perfection, comme Darwin l'avait souligné. L'efficacité de la sélection naturelle présente des limites, comme le montre très clairement l'universalité du phénomène d'extinction : plus de 99,9 % de toutes les lignées évolutives qui ont jadis existé sur la Terre sont aujourd'hui éteintes. Les extinctions de masse nous obligent à nous rappeler que l'évolution n'est pas, comme le conçoivent les partisans de l'évolution par transformation, une marche constante en direction d'une perfection toujours plus grande, mais un processus imprévisible, dans le cadre duquel les « meilleurs » peuvent soudainement être éliminés par une catastrophe et l'histoire de la vie poursuivie par des lignées phylétiques qui, avant la catastrophe, semblaient sans avenir, ni qualités remarquables.

Même si, comme Darwin l'avait souligné, « la sélection naturelle, jour après jour, heure après heure, scrute le monde entier à la recherche de toutes les variations, même les plus légères », de nombreuses limites ou contraintes sont néanmoins imposées à sa capacité de promouvoir des changements.

En premier lieu, il se peut que la variation génétique nécessaire au perfectionnement d'une caractéristique donnée ne se présente jamais. Deuxièmement, lorsque, au cours de l'évolution, pour faire face à de nouvelles conditions d'environnement, une solution est retenue parmi plusieurs réponses possibles, cela peut avoir pour effet de restreindre largement les possibilités de l'évolution ultérieure, comme Cuvier l'avait déjà souligné. Par exemple, lorsqu'il a été sélectivement avantageux de développer un squelette chez les ancêtres des vertébrés et chez ceux des arthropodes, ces derniers avaient les bases nécessaires pour acquérir un squelette externe, tandis que les premiers les avaient pour un squelette interne. Toute l'histoire ultérieure de ces deux grands groupes d'organismes a été affectée par les deux voies très différentes suivies par leurs lointains ancêtres. Les vertébrés ont été en mesure de développer d'énormes animaux, comme les dinosaures, les éléphants et les baleines, tandis que les arthropodes n'ont jamais pu dépasser le stade du gros crabe*.

Une autre contrainte limitant l'action de la sélection naturelle est l'ensemble des interactions mises en jeu au cours du développement. Les différentes composantes du phénotype ne sont pas indépendantes les unes des autres, et aucune ne répond à la sélection naturelle sans interagir avec les autres. La machine entière du développement constitue un seul système d'in-

---

*Toutefois, à l'ère primaire, des libellules, comme *Meganeura*, ont pu atteindre l'envergure des goélands et des euryptérides (sorte de scorpions aquatiques), tels que *Slimonia*, ont mesuré jusqu'à 1,80 mètre (voir R. Fortey, *Life : An Unauthorized Biography*, Harper-Collins, 1997, pp. 168 et 201). [N.d.T.]

teractions. Cela avait été déjà compris par les anciens anatomistes, comme Geoffroy Saint-Hilaire (1818), lequel l'avait exprimé dans sa « loi de balancement ». Les organismes résultent de compromis entre demandes concurrentes. Savoir jusqu'à quel point une structure ou un organe particulier peut répondre aux forces de la sélection dépend, dans une large mesure, de la résistance présentée par les autres structures, ainsi que par les autres composantes du génotype. Roux a parlé de ces interactions compétitives au cours du développement comme d'une lutte entre organes au sein de l'organisme.

La structure du génotype lui-même impose des limites au pouvoir de la sélection naturelle. La métaphore classique du génotype était celle d'un collier de perles, les gènes étant enfilés les uns derrière les autres sur un cordon. De ce modèle naguère accepté, dans lequel chaque gène était plus ou moins indépendant des autres, il ne reste plus grand-chose aujourd'hui. On sait à présent qu'il existe différentes classes fonctionnelles de gènes : certains de ces gènes sont chargés de diriger la synthèse des protéines ; d'autres, de la réguler ; et d'autres encore n'ont aucune fonction apparente. Il existe des gènes codant qui ne figurent qu'en un seul exemplaire ; de l'ADN moyennement répétitif ; de l'ADN hautement répétitif ; des transposons, des exons et des introns, et beaucoup d'autres sortes d'ADN. La génétique ne comprend guère, pour le moment, comment toutes ces différentes catégories d'ADN interagissent, et en particulier quels sont les mécanismes contrôlant les interactions épistatiques entre différents *loci* génétiques.

Une autre limite à l'action de la sélection naturelle est représentée par la capacité de modification non génétique des organismes. Plus un phénotype est malléable (en raison de la flexibilité de son développement), plus il est capable d'amortir la force des pressions sélectives adverses. Les plantes, et en particulier les micro-organismes, ont une capacité bien plus grande de modification phénotypique (une norme de réaction plus vaste) que les animaux. La sélection naturelle est bien sûr impliquée même dans ce phénomène, puisque la capacité de modification non génétique est sous strict contrôle génétique. Lorsqu'une population arrive dans un nouvel environnement très spécialisé, des gènes sont généralement sélectionnés, dans les générations ultérieures, qui renforcent, et même en définitive remplacent cette capacité d'adaptation non génétique.

En fait, une grande partie de la survie et de la reproduction différentielles, au sein d'une population, s'explique par le hasard, et cela représente aussi une limite imposée au pouvoir de la sélection naturelle. Le hasard joue à tous les niveaux du processus de la reproduction, à commencer par le phénomène d'entrecroisement entre chromosomes parentaux au cours de la méiose, jusqu'à celui de la survie des zygotes nouvellement formés. En outre, les combinaisons génétiques potentiellement favorables sont souvent éliminées de façon indiscriminée par des événements aléatoires survenant dans l'environnement tels que des tempêtes, des inondations, des tremblements de terre ou des éruptions volcaniques, sans que la sélection naturelle ait eu l'occasion de favoriser ces génotypes. Cependant, au fil du temps, la valeur sélective relative finit toujours par jouer le rôle majeur dans la survie des quelques individus qui deviendront les géniteurs des générations suivantes.

Les controverses actuelles

La synthèse évolutionniste a complètement confirmé le principe fondamental de Darwin, selon lequel l'évolution est due à la variation génétique et à la sélection naturelle. Cependant, au sein de ce cadre darwinien de base, il reste encore la place pour d'importants désaccords.

Depuis de nombreuses années, une controverse existe sur l'« unité de sélection ». Les auteurs qui ont les premiers recouru au terme d'« unité » n'ont jamais expliqué pour quelle raison ils l'avaient fait ; en physique et en technologie, la notion d'unité se réfère à une quantification. Dans la théorie de la sélection, elle a un sens très différent et, pis, on l'invoque, dans la plupart des discussions, dans le cadre de deux phénomènes très distincts. La sélection peut, en effet, porter sur un gène, un individu ou un groupe et, dans ce sens, l'unité de sélection est l'entité qui est la cible de la sélection ; ou bien, la sélection peut porter sur une caractéristique ou une propriété, comme une fourrure épaisse, et dans ce cas, l'unité de sélection est l'entité favorisée par la sélection (entité quelquefois déterminée par un seul gène).

Il est préférable de ne pas parler d'« unité » lorsqu'on débat la question de savoir si le gène, l'individu, l'espèce ou toute autre entité est la cible de la sélection. Dans la plupart des cas où l'évolutionniste désire indiquer quelle entité est sélectionnée (le gène, l'individu ou l'espèce), le terme de « cible » est incontestablement plus approprié. Cependant, même ce dernier terme ne recouvre pas toutes les significations de l'expression « unité de sélection ». Manifestement il y a là un sujet qui mérite d'être clarifié sur le plan conceptuel et précisé sur le plan terminologique.

La plupart des généticiens, par commodité dans les calculs, ont continué jusqu'ici à considérer que le gène est la cible de la sélection et que l'évolution est un changement de fréquence de gènes. De leur côté, les naturalistes n'ont cessé de souligner avec fermeté que l'individu en tant que tout est la cible principale de la sélection et que l'évolution doit être considérée comme un double processus : elle est à la fois changement adaptatif et genèse de la diversité. Puisque les gènes ne sont jamais directement la cible de la sélection, mais sont soumis à la sélection seulement dans le contexte de la totalité du génotype, et puisque chaque gène peut avoir différentes valeurs sélectives dans le cadre de différents génotypes, il semblerait que le gène individuel soit tout à fait inadéquat comme cible de la sélection.

Les partisans de l'« évolution neutraliste » comptent parmi ceux qui soutiennent le plus fortement l'idée de gène comme cible de la sélection. L'étude des allozymes par la méthode de l'électrophorèse dans les années 1960 a révélé une variabilité génétique bien plus grande qu'on ne l'avait imaginé jusque-là. Kimura, de même que King et Jukes, ont conclu, en se fondant sur cette observation et d'autres données, que la plus grande partie de la variation génétique doit être « neutre ». Cela signifie qu'un allèle nouvellement apparu par mutation ne fait pas varier la valeur sélective du phénotype. Il existe une vive discussion pour savoir si la fréquence des mutations neutres est réellement aussi grande que l'a affirmé Kimura (1983). Cependant, la controverse est encore bien plus grande sur un autre point de la théorie neutraliste, à savoir l'importance pour l'évolution du remplacement des allèles neutres. Les neutralistes, parce qu'ils considèrent que le gène est la cible de la sélection, regardent l'évolution des allèles neutres comme un phénomène extrêmement important. Cependant, les naturalistes soulignent que c'est l'individu en tant que tout qui est la cible de la sélection, et donc l'évolution ne prend place que si les caractéristiques de l'individu changent. Ils considèrent que le remplacement des allèles neutres n'est qu'un bruit de fond évolutif et qu'il n'a pas d'importance en ce qui concerne l'évolution phénotypique. Si un individu est favorisé par la sélection en raison des qualités globales de son génotype, il importe peu de savoir combien de gènes neutres il peut véhiculer avec lui, tels des passagers pris en « auto-stop ». Pour les naturalistes, l'« évolution neutraliste » n'est absolument pas en contradiction avec la théorie darwinienne.

La sélection de groupe

On s'est beaucoup demandé, dans la littérature scientifique récente, si la sélection pouvait avoir pour cible, en plus de l'individu, des populations entières, et même des espèces. Une grande partie de cette controverse a donc été placée dans la rubrique dite de la « sélection de groupe ». La question était de savoir si un groupe, en tant que tout, pouvait être la cible de la sélection, indépendamment de la valeur sélective des individus qui le composent. Pour aborder de façon adéquate cette question, il faut faire une distinction entre sélection de groupe indirecte et sélection de groupe au sens vrai.

Il peut y avoir une sélection de groupe indirecte lorsqu'un groupe donné obtient un plus grand (ou un moindre) succès reproductif que d'autres groupes, simplement en raison de la valeur sélective moyenne des individus qui le composent. Puisque tout individu, au sein d'une espèce se reproduisant sexuellement, appartient à une communauté reproductive, à chaque fois que se produit une sélection des individus, elle s'accompagne d'une sélection de groupe indirecte. Dans ce cas, cela n'ajoute rien de parler de sélection de groupe au lieu de l'habituelle sélection au niveau de l'individu.

Une sélection de groupe au sens vrai se produit lorsqu'un groupe, en tant que tout, présente des caractéristiques adaptatives qui ne résultent pas de la simple somme des contributions des membres du groupe, en terme d'adaptation darwinienne. Autrement dit, l'avantage sélectif présenté par un tel groupe est plus grand que la moyenne arithmétique des valeurs sélectives des membres du groupe. Ce type de sélection de groupe au sens vrai ne se produit que lorsqu'une coopération sociale entre les membres du groupe existe, ou, comme dans le cas de l'espèce humaine, lorsque le groupe possède une « culture » qui accroît (ou décroît) la valeur sélective moyenne des membres du groupe culturel. Par exemple, un groupe qui possède des sentinelles susceptibles de donner l'alerte à l'arrivée de prédateurs peut bénéficier d'une plus grande sécurité ; un autre groupe peut accroître sa capacité de survie dès lors que ses membres coopèrent dans la recherche de nourriture ou dans celle de lieux de repos sûrs, ou dans toute autre activité relative à la vie en communauté. Dans tous ces cas, il est justifié d'employer le terme de sélection de groupe.

Une controverse a aussi prévalu sur la « sélection entre espèces ». Très souvent, l'apparition d'une nouvelle espèce semble avoir pour effet de provoquer l'extinction d'une autre espèce. C'est ce type de succès rencontré par une espèce donnée qui a été appelé « sélection au niveau de l'espèce ». Cette expression est, d'une certaine façon, justifiée, puisque, du point de vue du succès, la nouvelle espèce semble avoir une capacité de survie plus élevée que l'ancienne. Cependant, dans la mesure où le mécanisme par lequel une espèce en supplante une autre s'effectue par le biais de la sélection au niveau de l'individu, il vaudrait peut-être mieux, pour être plus clair, éviter de parler de sélection au niveau de l'espèce. Pour cette raison, je préfère l'expression de « remplacement d'une espèce par une autre ». Indépendamment de la terminologie utilisée, il ne fait pas de doute qu'il s'agit là d'un aspect notable du changement évolutif, et que ce phénomène présente une importance particulière au regard de la macro-évolution. Il répond strictement aux principes darwiniens.

La sociobiologie

La publication en 1975 de l'ouvrage de E.O. Wilson *Sociobiology : The New Synthesis* a déclenché une vive polémique sur le rôle joué par l'évolution dans le domaine du comportement social. Wilson était arrivé à l'idée que ce dernier méritait bien plus d'attention qu'il n'en avait reçu jusque-là, et qu'en fait son étude devrait être élevée au statut de discipline, à laquelle il a donné le nom de « sociobiologie », qu'il définit comme « l'étude systématique des bases biologiques de tous les comportements sociaux ». Michael Ruse, dans son livre *Sociobiology : Sense or Nonsense* (1979a), l'a définie, de son côté, comme « l'étude de la nature biologique et des bases du comportement et, plus précisément, du comportement social des animaux ».

L'ouvrage de Wilson a fait l'objet d'une formidable controverse pour deux raisons. Premièrement, il a inclus le comportement humain dans son étude et appliqué fréquemment à l'espèce humaine les résultats qu'il avait obtenus chez les animaux. Par ailleurs, et c'est la seconde raison, M. Ruse et lui-même ont employé l'expression « bases biologiques » d'une manière assez ambiguë. Lorsque Wilson parlait de la base biologique d'un comportement donné, cela signifiait pour lui qu'une prédisposition génétique contribuait en partie à l'expression de ce phénotype comportemental. Cependant, pour ses adversaires, guidés par des motivations politiques, parler de « base biologique » d'un comportement signifiait « comportement génétiquement déterminé ». Bien entendu, les êtres humains ne seraient que de purs automates génétiques si tous leurs actes étaient strictement et exclusivement déterminés par les gènes. Tout le monde (y compris Wilson) sait que ce n'est pas le cas ; cependant, nous savons aussi, notamment grâce aux études sur les jumeaux et l'adoption, que l'hérédité génétique contribue de façon importante à la détermination de nos attitudes, de nos qualités et de nos tendances. Le biologiste moderne dispose aujourd'hui de connaissances trop vastes pour désirer rallumer la vieille controverse sur « l'inné et l'acquis », il sait notamment que presque tous les traits humains sont influencés par l'interaction de l'hérédité et de l'environnement culturel. Wilson a surtout insisté sur le point suivant : à de nombreux égards, les études sur le comportement humain rencontrent les mêmes problèmes que celles portant sur le comportement animal. De même, nombre des réponses qui se révèlent correctes pour le comportement animal le sont également dans l'étude du comportement humain.

Étant donné la définition de la sociobiologie proposée par Wilson ou Ruse, on s'attendrait à ce que cette discipline s'intéresse à tous les comportements réalisés dans un cadre social chez les animaux. Cela devrait donc impliquer, par exemple, toutes les migrations sociales, comme celle des ongulés africains ou des oiseaux sociaux, ainsi que les migrations liées à la reproduction chez la limule, chez d'autres invertébrés et chez les vertébrés (comme la baleine grise). Ces phénomènes sociaux, ainsi que beaucoup d'autres, ne sont pourtant pas pris en compte par Wilson et Ruse. En fait, l'objet d'étude de la sociobiologie est, selon Ruse, l'agression, la sexualité et la sélection sexuelle, l'investissement parental, les stratégies reproductives des femelles, l'altruisme, la sélection de parentèle, les manipulations parentales et l'altruisme réciproque.

La plupart de ces comportements supposent des interactions entre deux individus et se rapportent soit directement, soit indirectement au succès reproductif. Ils représentent tous des activités qui, en définitive, augmentent ou diminuent le succès reproductif, ils sont donc, au sens large, liés à la sélection sexuelle.

La sociobiologie, ainsi délimitée, est donc un secteur très particulier de l'étude du comportement social, et, en tant que telle, soulève toutes sortes de questions. Quelles interactions entre deux individus méritent d'être considérées comme comportement social? Quand la compétition pour les ressources relève-t-elle du comportement social, à supposer que cela ait même un sens de poser cette question? Si la rivalité entre frères et sœurs, qui s'apparente à une compétition pour les ressources, peut être considérée comme un comportement social, dans quelles circonstances la compétition ne doit pas être regardée comme un comportement social?

La plupart des attaques contre la sociobiologie ont été dirigées contre son application à l'homme. Dans l'ouvrage de M. Ruse, le nombre de pages consacrées au comportement social humain représente les deux tiers de celles consacrées au comportement des animaux. C'est la raison majeure pour laquelle la sociobiologie a été l'objet d'une vive controverse, et cela explique pourquoi la plupart des chercheurs qui travaillent sur les problèmes énumérés par Wilson et Ruse sous l'étiquette « sociobiologie » n'utilisent pas ce terme; ils ne s'appellent pas eux-mêmes des sociobiologistes.

La biologie moléculaire

Ces dernières années, on a beaucoup débattu pour savoir dans quelle mesure les nouvelles découvertes de la biologie moléculaire demandaient une révision de la théorie actuelle de l'évolution. On a même parfois dit que les résultats obtenus par la biologie moléculaire nécessitaient une modification de la théorie darwinienne. Ce n'est pas le cas. Les résultats de la biologie moléculaire qui concernent l'évolution portent sur la nature, la source et l'importance de la variation génétique. Certains de ces phénomènes nouvellement découverts, comme les transposons, sont surprenants, mais tous les types de variations correspondants sont, en définitive, soumis à l'action de la sélection naturelle et s'inscrivent ainsi dans les processus darwiniens habituels.

Les découvertes de la biologie moléculaire ayant la plus grande importance pour ce qui concerne l'évolution sont les suivantes : 1) Le programme génétique (l'ADN) ne fournit pas lui-même le matériau de construction d'un nouvel organisme. Il représente seulement l'ensemble des instructions (l'information) nécessaires à la réalisation du phénotype. 2) La voie menant des acides nucléiques aux protéines est une voie à sens unique. L'information acquise par les protéines n'est pas traduite en retour dans les acides nucléiques ; l'« hérédité flexible » n'existe pas. 3) Des plus primitifs des procaryotes jusqu'aux organismes les plus complexes, ce n'est pas seulement le code génétique qui est universel, mais, c'est, en fait, le cas de la plupart des mécanismes moléculaires fondamentaux.

Causes multiples, solutions multiples

Un grand nombre des controverses ayant éclaté en biologie depuis l'époque de Darwin ont trouvé une solution parce que les évolutionnistes ont modifié leur façon de penser sur deux points importants. D'abord, ils ont reconnu que des causes multiples pouvaient exister simultanément. Dans de nombreux cas, tel ou tel problème évolutionniste avait semblé, de prime abord, pétri de contradictions, parce qu'on n'avait considéré que ses causes immédiates ou pris en compte que ses causes lointaines (évolutives). Or, le phénomène considéré était en réalité le résultat de causes immédiates et de causes lointaines, agissant simultanément. De même, d'autres controverses n'ont été résolues que lorsqu'on a compris que le hasard et la sélection intervenaient simultanément ; ou bien que les facteurs géographiques et les changements génétiques au sein des populations intervenaient de concert dans le processus de spéciation.

Presque tous les problèmes évolutifs, non seulement ont de multiples causes, mais encore présentent de multiples solutions, et de nombreuses controverses ont pris fin lorsqu'on s'est rendu compte de cette donnée. Au cours de la spéciation, par exemple, des mécanismes d'isolement précopulatoires apparaissent en premier lieu chez certains groupes d'organismes, tandis que chez d'autres ce sont des mécanismes post-copulatoires qui se manifestent d'abord. Quelquefois, les races géographiques sont aussi distinctes phénotypiquement que de bonnes espèces, mais ne sont pourtant pas du tout isolées sur le plan de la reproduction. À l'inverse, des espèces phénotypiquement indistinguables (espèces jumelles) peuvent être complètement isolées sur le plan de la reproduction. La polyploïdie ou la reproduction asexuée peuvent être importantes dans certains groupes, et totalement absentes chez d'autres. Des réorganisations chromosomiques paraissent être des facteurs cruciaux de la spéciation dans certains groupes d'organismes, mais n'existent pas chez d'autres. Certains groupes donnent lieu à des spéciations répétées, alors que chez d'autres la spéciation semble un phénomène rare. Le flux génique est abondant chez certaines espèces et extrêmement réduit chez d'autres. Telles lignées phylétiques peuvent évoluer rapidement, tandis que d'autres, étroitement apparentées, connaissent une stase complète pendant des millions d'années.

En résumé, de multiples solutions sont possibles pour de nombreux problèmes évolutifs, même si toutes sont compatibles avec le paradigme darwinien. La leçon que l'on peut tirer de ce pluralisme est qu'en biologie évolutionniste les généralisations se voulant universelles sont rarement correctes. Même lorsqu'on peut dire d'un phénomène qu'il se produit « généralement », cela ne veut pas dire qu'il se produit toujours.

CHAPITRE 10

Quelles questions se pose-t-on en écologie ?

De toutes les disciplines biologiques, l'écologie est la plus hétérogène et la plus globale. On s'accorde pour admettre qu'elle a pour objet de traiter des interactions entre les organismes et leur environnement physique et biologique ; cependant cette définition conduit à prendre en compte un trop grand nombre de phénomènes. Quel est donc l'objet d'étude véritablement spécifique de cette discipline[1] ?

Le terme « écologie » a été forgé par Haeckel en 1866 pour signifier « ménage de la nature ». En 1869, il a proposé une définition plus précise : « Par écologie, nous entendons l'ensemble des connaissances concernant l'économie de la nature. Il s'agit de l'étude de la totalité des relations qu'un animal donné entretient avec son environnement organique et inorganique, notamment, et surtout, de ses relations amicales ou antagonistes avec les animaux ou les plantes avec lesquels il est directement ou indirectement en contact ; en un mot, l'écologie est l'étude de toutes les interrelations complexes que Darwin considérait être à la base de la lutte pour l'existence. »

Il fallut pourtant attendre 1920 pour que l'écologie commence à devenir un champ d'études actif. Et la fondation de sociétés savantes et de journaux professionnels consacrés à l'écologie n'est intervenue que plus récemment encore. L'écologie peut être envisagée d'un point de vue différent : elle ne serait rien d'autre que de « l'histoire naturelle consciemment pratiquée », comme l'a dit un écologiste, car l'intérêt pour l'histoire naturelle remonte à l'homme primitif[2]. Tout ce qui intéresse le naturaliste (le mode de vie des organismes, le comportement reproducteur, le parasitisme, la défense contre les prédateurs, etc.) intéresse également l'écologiste.

Une brève histoire de l'écologie

D'Aristote à Linné et Buffon, l'histoire naturelle a été largement descriptive, mais pas uniquement. Outre leurs observations, les naturalistes ont également fait des comparaisons et suggéré des théories explicatives reflétant généralement l'« esprit du temps ». La grande époque de l'histoire naturelle a été le XVIIIe siècle et la première moitié du XIXe, et l'idéologie dominante était alors la théologie naturelle.

Selon cette dernière, tout n'était qu'harmonie dans la nature, Dieu n'aurait en effet certainement pas permis qu'il en aille autrement. La lutte pour l'existence n'était pas féroce, visant à maintenir l'équilibre de la nature. Même si chaque couple de parents engendrait un nombre excessif de rejetons, ce nombre était ramené au niveau requis pour que la population soit maintenue constante. Les facteurs responsables de cette réduction des effectifs à chaque génération étaient : le climat, la prédation, les maladies, l'impossibilité de se reproduire suffisamment, etc. Pour les partisans de la théologie naturelle, la nature fonctionnait comme une machine bien huilée. Et tous les phénomènes pouvaient être attribués au Créateur. Cette façon de voir le monde est bien repérable dans les écrits de Linné, de William Paley et de William Kirby.

Gilbert White, curé de Selborne, en Angleterre, est peut-être le naturaliste du XVIIIe siècle le plus connu du monde anglophone, mais l'histoire naturelle s'est également épanouie sur le continent européen[3]. Avec le déclin de la théologie naturelle au milieu du XIXe siècle, et, plus généralement, avec le renforcement continu du courant scientifique, l'histoire naturelle ne pouvait plus être seulement descriptive, comme elle l'avait été jusque-là. Il fallait qu'elle devienne explicative. Elle a continué à faire ce qu'elle avait toujours fait : observer et décrire, mais en appliquant aux observations d'autres méthodes scientifiques (comparaison, expérimentation, formulation de conjectures, mise à l'épreuve d'hypothèses explicatives), et elle est devenue la discipline qu'on appelle l'écologie.

Deux grands facteurs ont influencé le développement ultérieur de l'écologie : le physicalisme et l'évolution. La physique jouissant d'un grand prestige, en tant que science explicative, cela a incité les biologistes à ramener les phénomènes écologiques à de purs facteurs physiques. Cette démarche a été amorcée par Alexander von Humboldt : dans sa géographie botanique écologique (1805), il a mis l'accent sur la température comme facteur influençant la composition de la flore, à différentes latitudes et à différentes altitudes (voir ci-dessous). Son œuvre pionnière a été poursuivie et développée par C. Hart Merriam (1894), qui s'est efforcé d'expliquer les zones de végétation sur le mont San Francisco, dans le nord de l'Arizona, en fonction de la température.

De même, les spécialistes de la géographie botanique en Europe ont souligné l'importance des facteurs physiques, en particulier de la température et de l'humidité.

Par ailleurs, l'écologie a été très largement influencée par la publication *De l'origine des espèces* de Darwin, qui a totalement réfuté la théologie naturelle et expliqué les phénomènes de la nature au moyen de concepts tels que compétition, exclusion d'une espèce à l'intérieur d'une niche écologique, prédation, fécondité, adaptation, coévolution, etc. Il a simultanément rejeté la téléologie et établi que la trajectoire évolutive des populations et des espèces dépendait du hasard. La nature, telle que Darwin l'a envisagée et telle que les spécialistes actuels de l'écologie scientifique la voient, est bien différente de ce monde gouverné par Dieu qu'imaginaient les partisans de la théologie naturelle.

Après Darwin, toutes les adaptations comportementales et physiologiques des organismes (en rapport avec leur mode de vie spécialisé ou les milieux spécialisés dans lesquels ils vivent) sont devenues, à juste titre, des sujets d'étude spécifiques de l'écologie. Les spécialistes de cette discipline ont alors commencé à poser des questions fondamentales telles que : pourquoi y a-t-il tant d'espèces? Comment ces dernières se répartissent-elles les ressources de l'environnement? Pourquoi la plupart des environnements sont-ils relativement stables le plus souvent? Est-ce que l'état d'équilibre biologique et la densité de population d'une espèce donnée sont déterminés prioritairement par des facteurs physiques ou bien par des facteurs biotiques (les autres espèces avec lesquelles elle vit)? Quelles sont les caractéristiques physiologiques, comportementales et morphologiques qui permettent à une espèce d'affronter son environnement?

L'écologie aujourd'hui

On peut subdiviser en trois catégories l'écologie moderne et les controverses qui s'y rapportent : l'écologie des organismes individuels; l'écologie des espèces (autécologie et biologie des populations); et l'écologie des communautés (synécologie et écologie des écosystèmes). Traditionnellement, les zoologistes se sont surtout occupés de problèmes autécologiques, les botanistes de problèmes synécologiques. Harper (1977) a sans doute été l'un des premiers botanistes, sinon *le premier*, à étudier chez les plantes le même type de problèmes autécologiques qui avaient d'abord préoccupé les zoologistes. Cependant même aujourd'hui, l'écologie végétale reste globalement une discipline relativement différente de l'écologie animale. Et on ne peut pas dire qu'il existe une écologie des champignons ou des procaryotes, du moins sous ce nom[4].

L'écologie des organismes individuels

Dans la seconde moitié du XIXe siècle, étendant le champ de recherche des naturalistes, les écologistes ont étudié chez les organismes individuels de toute espèce donnée leurs besoins précis par rapport à leur milieu : leur tolérance climatique, leur cycle vital, les ressources dont ils avaient besoin et les facteurs déterminants de leur survie (ennemis, concurrents, maladies). Ils ont recherché quelles adaptations devait posséder un individu donné d'une espèce particulière pour réussir à vivre dans l'environnement propre à cette dernière. Cela incluait l'hibernation, la migration, l'activité nocturne, ainsi qu'une multitude d'autres mécanismes physiologiques et de comportements permettant aux organismes de survivre et de se reproduire dans des conditions parfois extrêmes, depuis l'Arctique jusqu'aux déserts[5].

Du point de vue de l'écologie des organismes individuels, le rôle majeur de l'environnement est d'exercer une sélection stabilisante permanente, qui élimine tous les individus dépassant la limite des variations permises autour de l'optimum. C'est aussi exactement ce que pense un darwinien. L'environnement, biotique aussi bien que physique, joue le rôle majeur dans la sélection. Chaque structure d'un organisme, chacune de ses caractéristiques physiologiques, chacun de ses comportements, en fait presque chaque composante de son phénotype et de son génotype est apparue évolutivement afin que l'organisme interagisse de façon optimale avec son environnement.

L'écologie des espèces

Après l'écologie des organismes individuels, la branche qui s'est ensuite développée a été l'écologie des espèces, aussi appelée « biologie des populations ». Son objet d'étude est la population locale, autrement dit la population qui est en contact avec les populations d'autres espèces. Les problèmes qu'elle envisage sont : la densité de population (le nombre d'individus par unité de surface) ; la vitesse d'accroissement (ou de déclin) d'une population dans différentes conditions ; et, en ce qui concerne les populations d'une seule espèce, les facteurs qui régulent leurs dimensions, tels que la natalité, l'espérance de vie, la mortalité, etc.

On peut faire remonter l'apparition de cette discipline à une école de démographes et de mathématiciens (R. Pearl, V. Volterra et A.J. Lotka) qui s'est intéressée à la croissance des populations et aux facteurs la régulant[6]. Pour le chercheur en écologie, l'événement fondateur le plus important a cependant été la publication en 1927 de l'ouvrage de Charles Elton *Animal Ecology* qui traitait de « l'économie et de la sociologie des animaux ». À partir de cette date, la biologie des populations a été clairement reconnue comme une sous-discipline distincte de l'écologie[7].

Le concept de population adopté par la plupart de ces mathématiciens traitant de l'écologie des populations était fondamentalement typologique, dans la mesure où il ne tenait pas compte de la variation génétique existant chez les membres d'une population. Dans leur façon de voir, cette population n'en était en réalité pas une, dans un sens génétique ou évolutionniste, mais représentait ce que les mathématiciens appellent un « ensemble ». L'aspect fondamental du concept de population pris en compte en biologie évolutionniste est au contraire le caractère unique en son genre, sur le plan génétique, de chacun des individus, membres d'une population. Cette approche « populationniste » s'oppose radicalement au mode de pensée typologique propre à l'essentialisme.

La niche

L'une des caractéristiques majeures d'une espèce est qu'elle occupe une subdivision particulière de l'environnement, qui satisfait tous ses besoins. L'écologiste appelle cela la « niche » de l'espèce. Joseph Grinnell est le naturaliste qui a formulé ce concept à l'origine : dans sa façon de voir, la nature comprenait de nombreuses niches, chacune correspondant à une espèce particulière. Charles Elton a mis en avant une représentation similaire : la niche était, selon lui, une donnée de l'environnement.

Evelyn Hutchinson a introduit un concept de niche différent. Bien qu'il l'ait défini comme l'ensemble multidimensionnel des ressources du milieu requises par une espèce, ses disciples, si je comprends bien leurs écrits, ont considéré la niche plus ou moins comme une caractéristique attachée à une espèce. Autrement dit, si une espèce donnée est absente d'une certaine zone, cela signifierait que sa niche est aussi absente. Cependant, tout naturaliste qui étudie une région donnée sait qu'il peut découvrir des ressources insuffisamment utilisées ou des niches apparemment vides. Cela est bien illustré par l'absence totale de pics dans les forêts de Nouvelle-Guinée, qui ont une structure générale et une composition botanique très semblables à celles de Bornéo et de Sumatra, où l'on rencontre respectivement vingt-huit et vingt-neuf espèces de pics. En outre, il ne semble pas qu'en Nouvelle-Guinée la niche typique du pic soit occupée par une autre sorte d'oiseaux. Un autre exemple montre bien qu'il peut réellement exister des niches inoccupées : il s'agit de l'introduction d'une nouvelle espèce dans une région donnée, lorsqu'elle se réalise sans que cela affecte la dimension des populations des espèces qui y vivaient déjà.

Lorsqu'un besoin donné spécifique d'une espèce n'est pas satisfait, par exemple lorsqu'il manque un élément chimique dans la composition du sol, ou bien lorsque la chaleur est excessive, ce « facteur limitant » peut empêcher l'espèce en question d'exister dans cette région. Les limites de l'aire de distribution d'une espèce, lorsqu'elles ne sont pas déterminées par des barrières géographiques, sont généralement déterminées par des facteurs limitants de ce type, tels que température, pluviométrie, composition chimique du sol et présence de prédateurs. Sur les continents, comme Darwin l'avait noté, les frontières entre espèces semblent souvent dues à la compétition avec d'autres espèces.

La compétition

Lorsque les individus d'une même espèce ou de plusieurs espèces différentes dépendent d'une même ressource, disponible en quantité limitée, il peut en résulter ce que l'on appelle une « compétition ». Les naturalistes savent depuis longtemps que la compétition existe. Ses conséquences ont été décrites par Darwin en détail. La compétition entre individus de la même espèce (compétition intraspécifique), l'un des mécanismes majeurs de la sélection naturelle, est étudiée de façon privilégiée par la biologie de l'évolution. Et la compétition entre les individus de différentes espèces (compétition interspécifique) est l'un des objets d'étude majeurs de l'écologie. C'est en effet l'un des facteurs qui déterminent la dimension des populations interagissantes et, dans les cas extrêmes, cette compétition peut conduire à l'extinction de l'une des espèces qui s'affrontent. Darwin a décrit ce phénomène dans *De l'origine des espèces* à propos des espèces indigènes de plantes et d'animaux de Nouvelle-Zélande qui se sont éteintes lorsque des espèces européennes concurrentes ont été introduites sur cette île.

Lorsque la ressource majeure dont les animaux ont besoin est en surabondance, il n'y a pas de compétition véritable, comme c'est le plus souvent le cas chez les herbivores qui coexistent dans une même région. En outre, la plupart des espèces ne dépendent pas entièrement d'une ressource unique. Lorsque la principale de ces ressources se raréfie, elles se tournent vers des ressources alternatives. Dans le cas d'espèces concurrentes, chacune d'entre elles se porte généralement sur une ressource différente. La compétition est généralement très sévère entre de proches apparentés, qui ont des besoins très semblables; elle peut aussi se produire entre des formes totalement non apparentées dépendant de la même ressource, comme des rongeurs mangeurs de graines et des fourmis. Les résultats auxquels peut conduire la compétition pour les mêmes ressources apparaissent clairement lorsque des faunes et des flores entières entrent en concurrence : cela s'est produit, par exemple, à la fin du Pliocène, lorsque l'Amérique du Nord et celle du Sud ont été mises en relation par l'isthme de Panama. Une grande partie des mammifères d'Amérique du Sud ont été exterminés, apparemment parce qu'ils ont été incapables de soutenir la concurrence des espèces nord-américaines envahissant leur région (il est vrai qu'ils ont été également victimes des nouveaux prédateurs venus du Nord).

Une considérable controverse a régné jusqu'à aujourd'hui sur le point de savoir dans quelle mesure la compétition détermine la composition d'une communauté biotique et la densité de telle ou telle espèce particulière. Le problème est que la compétition ne peut pas se voir de façon directe, elle est déduite de l'observation de l'expansion ou de l'accroissement d'une espèce, simultanément à la réduction ou à la disparition d'une autre espèce. Le biologiste russe Gause a réalisé de nombreuses expériences en laboratoire, portant sur les interactions entre deux espèces, et dans lesquelles l'une des deux s'éteignait lorsqu'une seule ressource homogène était disponible. Sur la base de ces expériences et d'observations dans la nature, les spécialistes de l'écologie ont formulé la loi dite d'« exclusion compétitive », selon laquelle deux espèces ne peuvent pas occuper simultanément la même niche. Depuis, on a trouvé de nombreuses exceptions apparentes à cette « loi », mais on peut généralement les expliquer en montrant qu'en réalité les deux espèces, même si elles sont en compétition pour un même grand type de ressource, n'occupent pas exactement la même niche.

La compétition entre les espèces est d'une importance évolutive considérable. Elle exerce une pression de sélection centrifuge sur les espèces qui coexistent, conduisant celles qui occupent le même territoire à accentuer la divergence de leurs caractères morphologiques et à étendre leur niche dans des secteurs qui ne se recouvrent pas. Darwin a appelé ce phénomène le « principe de divergence ». Lorsque la compétition conduit à l'extinction de l'une d'elles, on la nomme « sélection entre espèces ». Cependant, l'expression de « remplacement d'une espèce par une autre » paraît plus adéquate, dans la mesure où la pression de sélection s'exerce sur les individus des espèces en compétition, même si le résultat concerne la survie des espèces. La « sélection entre espèces » est en réalité une sélection entre individus.

La compétition peut porter sur n'importe laquelle des ressources nécessaires aux organismes. Dans le cas des animaux, il s'agit généralement de la nourriture ; dans celui des plantes vivant dans la forêt, cela peut être la lumière ; dans le cas des organismes résidant sur un support, l'espace, comme pour de nombreux organismes marins benthiques vivant à faible profondeur. En fait, la compétition peut se produire pour n'importe lequel des facteurs, physiques ou biotiques, essentiels aux organismes. Elle est généralement d'autant plus sévère que la population est plus dense. Avec la prédation, c'est le facteur lié à la densité qui joue le plus grand rôle dans la régulation de la croissance des populations.

Stratégies reproductives et densité de population

Les biologistes des populations ont découvert que la plupart des espèces se rangent en deux classes, en fonction de la dimension de leurs populations et de leur stratégie reproductive. Dans la première catégorie, la dimension des populations est extrêmement variable, souvent sujette à des catastrophes, et la compétition intraspécifique y est faible. Les espèces de cette catégorie tendent à avoir une fécondité élevée ; autrement dit, elles obéissent à ce que l'on appelle une « stratégie de sélection de type R ». Dans l'autre catégorie, la dimension des populations est presque constante d'année en année, proche du maximum que puisse supporter l'environnement, et ces espèces connaissent une forte sélection intra- et interspécifique. Elles sont caractérisées par une longue durée de vie, et la sélection favorise chez elles un développement lent, une reproduction tardive et des couvées d'un seul rejeton à la fois. C'est ce qu'on appelle une « stratégie de sélection de type K ».

Même en tenant compte de ces différences de stratégie reproductive, la fécondité de chaque espèce est très élevée, et si tous les rejetons d'un couple de parents étaient en mesure de se reproduire à leur tour, la dimension des populations approcherait l'infini en un temps relativement court. Cependant, on sait depuis très longtemps qu'une petite partie seulement des rejetons d'une génération survivent et engendrent la génération suivante. Parmi les facteurs explicatifs de cette réduction à chaque génération, on peut énumérer : la compétition pour des ressources limitées, les variations de climat, la prédation, les maladies et l'impossibilité de se reproduire. Aussi en dépit de variations et de fluctuations, ainsi que de la mort continuelle d'organismes individuels, chez la plupart des espèces, les populations présentent un niveau constant. De nombreuses controverses ont émaillé la littérature écologique pour savoir comment cet équilibre est atteint.

Les écologistes ont compris très tôt (des preuves convaincantes ayant été présentées par David Lack) qu'une grande partie de la mortalité observée dans les populations naturelles est fonction de la densité démographique. Autrement dit, à mesure que cette dernière s'accroît, les facteurs adverses, tels que la prédation, la compétition, les maladies, la rareté de la nourriture et la pénurie de refuges, font sentir leurs effets plus durement, et déterminent une plus grande mortalité, ce qui ralentit la croissance de la population. Cette découverte a conduit à l'hypothèse que les populations ont des capacités d'auto-régulation[8] : on a ainsi estimé que certains traits du mode de vie des organismes, comme l'établissement de territoires, la réduction de la dimension des couvées chez les oiseaux, l'accroissement de la dispersion dans le cas de certaines plantes, etc., pourraient avoir pour effet de limiter la croissance des populations. Cependant, une telle auto-régulation ne pourrait être atteinte que dans le cadre d'une sélection de groupe (voir chapitre 8). Or, après un certain engouement pour ce processus, on a montré qu'il ne pouvait pas fonctionner, sauf chez les espèces sociales. D. Lack, G.C. Williams et d'autres auteurs ont établi que la sélection naturelle jouant sur les individus, de concert avec la sélection de parentèle (voir chapitre 12), suffit à expliquer la territorialité, les faibles taux de reproduction, la dispersion et tous les autres phénomènes connus jadis attribués à l'autorégulation des populations. Personne aujourd'hui ne prend sérieusement en compte ce concept.

Andrewartha et Birch ont affirmé que les facteurs climatiques pourraient jouer un rôle plus grand que ceux liés à la densité, et seraient en mesure de régir la dimension des populations indépendamment de la densité. En fait, tout le monde sait que des facteurs climatiques, tels que des hivers sévères, des étés brûlants, des sécheresses et des précipitations excessives, peuvent avoir des effets catastrophiques sur les populations, particulièrement sur les insectes et d'autres invertébrés. L'analyse statistique poussée des changements de population indépendants de la densité de population a montré que l'effet de cette dernière se surimpose aux fluctuations démographiques induites par le climat. La dimension des populations est évidemment régie par des facteurs à la fois physiques et biologiques.

Prédateurs, proies et co-évolution

Chez la plupart des espèces, la dimension des populations est remarquablement constante d'année en année, tandis que pour d'autres elle est caractérisée par des fluctuations irrégulières ou cycliques. Elton (1924) a montré que ce genre de cycles, lorsqu'ils existent chez les petits herbivores (souris, lemming, lièvre), induisent des fluctuations parallèles chez leurs prédateurs, comme le renard arctique. Les petits rongeurs arctiques présentent généralement un cycle de trois à quatre ans, et il en est de même pour leurs prédateurs. Le lièvre, qui est plus gros, obéit souvent à un cycle de neuf à dix ans, et ses prédateurs aussi. Nous savons à présent que les cycles démographiques des herbivores commandent ceux des prédateurs, et non l'inverse.

En réponse à la pression de prédation, les proies mettent généralement en œuvre certains comportements adaptatifs (par exemple, elles deviennent très habiles dans la recherche de refuges), ou bien perfectionnent leurs moyens de protection (leur coquille devient plus épaisse par exemple), ou bien prennent un goût désagréable, etc. Avec le temps, les prédateurs sont à leur tour sélectionnés pour surmonter ces moyens de défense. Le résultat est une sorte de « course aux armements » entre les prédateurs et leurs proies. La plupart des plantes ont développé toute une série de moyens de défense, représentés par divers composés chimiques, comme des alcaloïdes, destinés à les rendre repoussantes pour la plupart des herbivores; cependant, généralement, quelques espèces, parmi ces derniers, sont capables de surmonter ces défenses chimiques.

Lorsqu'une plante acquiert par évolution de nouveaux composés chimiques pour se défendre contre les insectes herbivores et que ces insectes acquièrent à leur tour des mécanismes de détoxification, on peut parler d'une « co-évolution » des espèces en interaction. La co-évolution peut également prendre la forme du mutualisme, y compris celle de la symbiose. Un célèbre exemple de cette symbiose est le papillon du yucca, qui détruit une petite proportion des futures graines du yucca afin de pourvoir aux besoins du développement de sa chenille, mais en retour pollinise les fleurs : au total, cela assure donc à la fois la survie de la chenille et la production d'une quantité suffisante de graines par les fleurs restantes.

Dans certains cas, les prédateurs, notamment lorsqu'ils sont introduits dans des régions où ils n'existaient pas, ont des effets désastreux sur certaines espèces leur servant de proies. On connaît même des exemples où un prédateur a pu anéantir entièrement une espèce-proie, comme lorsque le papillon du cactus (*Cactoblastis*) a pratiquement exterminé les populations d'*Opuntia* introduites dans le Queensland, en Australie. Normalement, quelques individus survivent, et la population de la proie se rétablit après l'effondrement de la population du prédateur. Les multiples interactions entre proies et prédateurs constituent un secteur de recherche actif en écologie, qui attache une importance particulière à la lutte biologique contre les animaux nuisant à l'agriculture.

La chaîne alimentaire et la pyramide des effectifs

Elton a montré que les membres d'une communauté biotique forment une chaîne alimentaire, au sein de laquelle les plantes photosynthétiques représentent la première étape, les herbivores l'étape suivante, les carnivores la troisième étape, et les décomposeurs (microbes et champignons) la dernière. Les plantes photosynthétiques sont appelées les producteurs, et les autres membres de la chaîne alimentaire les consommateurs. Les carnivores, à leur tour, se répartissent en différentes classes en fonction de leurs dimensions, les grands carnivores mangeant souvent non seulement les herbivores, mais aussi de petits carnivores.

En moyenne, les dimensions des animaux s'accroissent lorsqu'on grimpe dans la chaîne alimentaire. Parmi les herbivores, on trouve des myriades d'insectes et leurs larves, tandis que les carnivores sont généralement de taille plus importante et moins nombreux. Cependant, des exemples tels que les éléphants et les grands ongulés montrent que les herbivores peuvent également atteindre de grandes dimensions. En fait, les herbivores les plus grands (les éléphants et les grands dinosaures) sont (ou ont été) généralement plus grands que les plus grands des carnivores co-existant avec eux.

Les plantes photosynthétiques forment la plus grande partie de la biomasse recouvrant la Terre, les herbivores une part beaucoup moins grande et les carnivores une moins grande encore. Le nombre des carnivores est très faible, comparé à celui des herbivores qu'ils consomment, et c'est pourquoi l'on parle de « pyramide des effectifs ». L'image du chat qui chasse des souris ou de la baleine qui se nourrit de millions de petits crustacés (*Euphausia*) constituant le krill illustre bien cette réduction des effectifs des animaux aux niveaux les plus élevés de la chaîne alimentaire.

Modes de vie et recherche taxinomique

Pour mener à bien des études comparatives sur la rareté des espèces, la dimension de leurs aires de distribution, les interactions proies-prédateurs et sur les autres thèmes de recherche en biologie des populations, il est nécessaire qu'au préalable aient été accumulées des informations sur les espèces existantes, en matière de taxinomie et de mode de vie. La plupart des naturalistes traditionnels, particulièrement les botanistes, les entomologistes et les spécialistes des organismes aquatiques, étaient aussi des taxinomistes. En fait, leurs connaissances sur le mode de vie des organismes les aidaient beaucoup dans leurs travaux taxinomiques. Cette double compétence est devenue beaucoup plus rare après que l'écologie s'est émancipée de l'histoire naturelle, cependant que tous les bons taxinomistes sont demeurés de bons naturalistes[9].

Le mode de vie des plantes et des animaux est depuis longtemps un sujet d'étude pour les écologistes. Dans le cas des plantes, la division classique entre annuelles et vivaces est fondée sur leur mode de vie et, de même, l'assignement des plantes aux catégories des herbes, des arbrisseaux et des arbres est fondée sur un critère écologique. Dans le cas des animaux, presque tous les aspects de leur mode de vie (longévité, fécondité, sédentarité, nature de la niche, caractère saisonnier, fréquence de la reproduction, modalités de l'accouplement, etc.) ont un impact sur leur capacité reproductive et la dimension de leur population, et par conséquent intéressent le biologiste des populations.

Cependant, après des centaines d'années d'un travail minutieux des taxinomistes, il n'y a encore aucune certitude sur le nombre des espèces vivant sur notre planète, et moins encore sur le mode de vie de chacune. S'il existe 10 millions d'espèces d'animaux (il s'agit là d'une estimation très prudente) dont 1,5 million a été décrit, cela signifie que l'on en connaît seulement

15 %. Et si le nombre des espèces est de 30 millions (estimation tout à fait vraisemblable), alors seulement 5 % sont connues.

En outre, le niveau des connaissances acquises est extrêmement inégal selon les groupes. Le nombre des espèces d'oiseaux est d'environ 9 300, et si ce nombre a augmenté récemment, c'est en raison non pas de découvertes mais de la décision d'élever des populations isolées au rang d'espèce. Le nombre des espèces d'oiseaux découvertes ces dix dernières années est inférieur à 0,3 % du nombre total. En d'autres termes, plus de 99 % de toutes les espèces d'oiseaux existantes ont été découvertes et décrites. En revanche, dans de nombreux groupes d'insectes, d'arachnides et d'autres invertébrés inférieurs, le nombre des espèces connues est sans doute inférieur à 10 % du nombre des espèces qui existent réellement, de même pour les champignons, les protistes et les procaryotes. Les études sur la diversité des espèces locales sont très insuffisantes en ce qui concerne les biota tropicaux et certains milieux marins. C'est l'une des raisons pour lesquelles les écologistes soutiennent vivement le projet de développement de la recherche taxinomique.

L'écologie des communautés

Une autre forme d'écologie, entièrement différente de celle traitant des organismes individuels ou des populations, est apparue à la fin du XIXe siècle, tandis que la discipline dans son ensemble se coupait de ses racines, l'histoire naturelle et la biogéographie botanique, pour devenir une science indépendante. Cette nouvelle branche, l'« écologie des communautés » ou « synécologie », s'est occupée de la composition et de la structure des communautés biotiques regroupant différentes espèces [10].

Cette façon d'envisager la nature existe déjà à l'état d'ébauche dans les écrits de Buffon, mais le véritable fondateur de l'écologie des communautés est Alexander von Humboldt, qui a effectué l'analyse des types de végétation. Plus précisément, il a observé que ces types de végétation sont engendrés par des climats semblables, indépendamment des relations taxinomiques des espèces les composant. Les types de végétation pris en compte dès le XIXe siècle par la synécologie comprenaient les prairies, la forêt feuillue tempérée, la forêt tropicale humide, la toundra et les savanes ; dès cette époque, cette discipline s'est intéressée tout particulièrement aux communautés de plantes et s'est beaucoup occupée de distribution géographique.

Une forêt tropicale humide, qu'elle soit située en Australie ou en Amazonie, revêt une apparence caractéristique, de même qu'un désert, indépendamment du continent où il se trouve. Sur le plan taxinomique, comme Darwin l'avait remarqué, les plantes d'un type de végétation particulier (celles du désert par exemple), répandu sur différents continents, ne sont pas particulièrement apparentées les unes aux autres, mais plutôt aux plantes relevant d'autres types de végétation sur le même continent. Les spécialistes de l'écologie des plantes, depuis Humboldt, et surtout à partir de la seconde moitié du XIXe siècle, ont tenté de caractériser ces divers types de végétation et leurs déterminants.

L'ouvrage d'Eugene Warming *Ecology of Plants* (1896) a constitué l'apport le plus significatif de cette recherche, et on a dit de Warming qu'il était le père de l'écologie. Tous les membres de son école ont généralement invoqué des explications physicalistes, mettant l'accent sur le rôle de la température, de l'eau, de la lumière, de l'azote, du phosphore, du sel et d'autres composés chimiques dans la distribution des types de végétation. Pour Warming, contrairement à beaucoup de ses prédécesseurs, c'est le niveau des précipitations, et non la température, qui représentait le facteur déterminant, ainsi que ses recherches sous les tropiques l'avaient démontré. Ce type d'écologie, à strictement parler, s'est fait connaître sous le nom d'« écologie géographique des plantes »[11].

Succession et climax

Au début du XXe siècle, l'écologiste américain Frederic Clements a été le premier à affirmer qu'après une perturbation de l'environnement due à une éruption volcanique, une grave inondation, une violente tempête ou un incendie de forêt, on voit généralement se succéder des communautés de plantes. Un champ abandonné, par exemple, va être envahi successivement par des plantes herbacées, des arbrisseaux, des arbres, pour devenir finalement une forêt. Les espèces qui ont un besoin impérieux de lumière sont toujours parmi les premières, tandis que les espèces tolérant l'ombre viennent plus tard dans la succession des types de végétation.

Clements ainsi que d'autres écologistes de cette période initiale pensaient que l'ordre de succession des communautés de plantes obéissait à une régularité presque égale à celle d'une loi, mais cela n'a pas été confirmé. L'une des études les plus rigoureuses menées sur ce phénomène de succession a porté sur le rétablissement d'un biota sur l'île de Krakatau, qui avait été entièrement dévastée par une éruption volcanique en 1883 (Thornton, 1995). Dans la succession des communautés de plantes observée à Krakatau et dans bien d'autres exemples, s'il est en effet possible de distinguer une tendance générale, les détails des événements sont généralement imprévisibles. Un pâturage abandonné de la Nouvelle-Angleterre peut être envahi en premier lieu par le sapin blanc et le bouleau à feuilles de peuplier, tandis qu'un autre, non loin de là, peut l'être d'abord par des genévriers, des cerisiers à grappes et des érables. La succession des communautés de plantes est influencée par de nombreux facteurs : la nature du sol, l'exposition au soleil et au vent, la régularité des précipitations, le hasard des colonisations et de nombreux autres phénomènes aléatoires. L'un des premiers à avoir étudié le phénomène des successions a été le naturaliste américain et poète Henry David Thoreau (1993).

Le stade final d'une succession, appelé le climax par Clements et les premiers écologistes, est également imprévisible ou bien constitué d'une flore de composition uniforme. Généralement, des remplacements assez nombreux se produisent dans la composition en espèces d'une communauté, même lorsqu'elle a atteint le stade de la maturité. La nature du climax est fonction des mêmes facteurs qui ont influencé jusque-là la succession. Néanmoins, les environnements naturels parvenus à maturité sont généralement en équilibre et changent relativement peu au cours du temps, à moins que l'environnement lui-même ne change.

Pour Clements, le climax était un «superorganisme», une entité organique[12]. Certains auteurs, ayant accepté la notion de climax avancée par Clements, ont pourtant rejeté sa thèse sur le «superorganisme». Il est vrai qu'il s'agit là d'une métaphore trompeuse. S'il est sans doute légitime de parler d'une colonie de fourmis comme d'un « superorganisme », dans la mesure où son système de communication est tellement bien organisé qu'elle semble toujours fonctionner comme un tout et de façon appropriée en fonction des circonstances, on n'a pas de preuves de l'existence d'un tel réseau de communication et d'interactions dans le cadre de la formation d'un climax. Au terme de «communauté» de nombreux auteurs préfèrent le terme d'«association», qui souligne le faible niveau d'interactions en son sein.

L'élargissement de ce type d'approche, prenant en compte aussi bien les animaux que les plantes, a été encore moins heureux. Il a conduit au concept de «biome», l'ensemble représenté par la coexistence d'une faune et d'une flore particulières. S'il est vrai que de nombreux animaux sont associés de façon stricte à certaines plantes, il est trompeur de parler du «biome épicéa-orignal», car l'association de ces espèces n'est pas assurée par une cohésion interne, comme le sont des organes au sein d'un organisme. La communauté d'épicéas n'est pas véritablement affectée par la présence ou par l'absence de l'orignal. En fait, il existe de vastes forêts d'épicéas où l'on ne rencontre aucun orignal. Décrire les communautés de plantes comme des « superorganismes » a toujours revêtu une connotation un peu mystique.

L'opposition aux concepts mis en avant par Clements en écologie des plantes a été initiée par Herbert Gleason (1926), auquel se sont rapidement joints d'autres écologistes. Leur thèse principale affirmait que la distribution des espèces est régie par leurs besoins en termes de niche, et que, par suite, les divers types de végétation rencontrés dans la nature résultent simplement de l'écologie des espèces de plantes individuelles.

L'écosystème

Dans la mesure où l'on a critiqué l'emploi de termes tels que « climax », « biome », « superorganisme » ainsi que d'autres termes techniques désignant l'association d'animaux et de plantes en un lieu donné, le terme d'« écosystème » a été de plus en plus largement adopté. Proposé à l'origine par le spécialiste anglais de l'écologie des plantes A.G. Tansley (1935), il se réfère à un système entier d'organismes associés au sein d'un ensemble, ainsi qu'aux facteurs physiques caractérisant leur environnement.

Par la suite, R. Lindeman (1942) a mis en évidence les transformations d'énergie se produisant au sein d'un tel système. Ce type de phénomènes a été bien résumé par un écologiste : « Un écosystème repose sur la circulation, la transformation et l'accumulation d'énergie et de matière par le biais des organismes vivants et de leurs activités. » La photosynthèse, la décomposition, la consommation de végétaux, la prédation, le parasitisme, et certaines activités symbiotiques représentent les principaux processus biologiques responsables de la circulation et du stockage des matériaux et de l'énergie. L'écologiste a donc pour objectif fondamental d'« évaluer les quantités de matière et d'énergie qui traversent un écosystème donné et la vitesse à laquelle elles le font » (Evans, 1956). Le principal thème de recherche du Programme biologique international (PBI) a consisté à obtenir des données quantitatives de ce type.

Hélas, il semble bien que cette approche physicaliste n'ait pas représenté un grand progrès par rapport aux tentatives antérieures du même genre. Bien que le concept d'écosystème ait connu une grande vogue dans les années 1950 et 1960, notamment grâce aux publications enthousiastes d'Eugene et Howard Odum, ce n'est plus aujourd'hui un paradigme dominant. Les arguments que Gleason avait avancés contre les notions de climax et de biome peuvent également être repris en grande partie contre le concept d'écosystème. En outre, le nombre des interactions s'inscrivant au sein d'un écosystème est si élevé que ces interactions sont difficiles à analyser, même avec l'aide de puissants ordinateurs.

En définitive, la plupart des écologistes d'aujourd'hui jugent plus intéressant d'étudier les problèmes écologiques posés par les comportements et les adaptations caractéristiques des modes de vie que de mesurer des constantes physiques. Néanmoins, on parle encore d'écosystèmes en se référant à une association locale de plantes et d'animaux, généralement sans trop porter attention à ses aspects énergétiques. Un écosystème ne possède pas l'unité et le niveau d'intégration que l'on attend d'un vrai système.

La diversité

Quels facteurs déterminent le nombre d'espèces coexistant en un endroit donné? La notion générale la plus évidente est que plus un environnement est exigeant, moins le nombre des espèces pouvant composer une communauté est grand. Ainsi, une zone soumise à de sévères contraintes physiques, comme un désert ou la toundra arctique, possède généralement beaucoup moins d'espèces qu'une forêt tropicale ou subtropicale. Ce n'est pas tout, il est évident que des facteurs historiques peuvent également jouer un grand rôle, comme lorsqu'un biota se forme à la suite de la fusion de deux biota antérieurement séparés. D'autres facteurs importants jouent, comme le fait qu'une aire donnée se prête particulièrement bien à la spéciation (parce qu'elle comprend, par exemple, de nombreuses barrières géographiques possibles). Cela peut expliquer pourquoi une aire donnée en Malaisie est susceptible de présenter trois fois plus d'espèces d'arbres forestiers qu'une aire équivalente dans une forêt tropicale humide d'Amazonie.

Deux espèces peuvent s'exclure l'une l'autre en un lieu donné, et coexister pacifiquement en un autre point. Des espèces éventuellement concurrentes sont susceptibles de former ce que l'on appelle des guildes, dont la composition spécifique peut changer de point en point. Par exemple, sur les petites îles à l'est de la Nouvelle-Guinée, on peut trouver une catégorie de pigeons carpophages (mangeurs de fruits) de petite taille, une autre de taille moyenne, et une autre encore de grande taille. Cependant, on ne peut absolument pas prédire quelle espèce précise de chacune de ces trois catégories de pigeons (qui en comprennent beaucoup) sera présente sur une île donnée. Il s'agit là apparemment d'une pure question de hasard.

Même lorsqu'une communauté donnée paraît relativement stable, cette stabilité recouvre en réalité un équilibre entre extinction et nouvelle colonisation. Cette observation a d'abord été clairement établie par les biologistes spécialisés dans l'étude des populations insulaires et a été plus tard formulée mathématiquement en tant que « loi de biogéographie insulaire ». Plus une île est petite, plus le remplacement des espèces est rapide; inversement, plus ce remplacement est lent, plus le pourcentage des espèces endémiques est élevé. Plus une population à l'état isolé sur une île peut survivre longtemps, plus la probabilité qu'elle devienne une espèce séparée est grande[13].

MacArthur a affirmé en 1955 que plus la diversité d'une communauté est élevée, plus elle a de chances d'être stable. May (1973) est parvenu à la conclusion inverse, et les recherches ultérieures n'ont pas permis d'atteindre un consensus sur cette question. Il est évident que la composition d'une communauté résulte d'une interaction extrêmement compliquée entre facteurs biotiques, physiques et historiques, et que, dans la plupart des cas, elle n'est prévisible que de façon très approximative. Les facteurs qui influencent cette composition, comme les caractéristiques physiques de l'environnement ou la présence de concurrents et de prédateurs, sont généralement apparents, mais leur importance relative peut être fortement influencée par des contingences historiques.

La paléo-écologie

Lorsque l'étude des faunes fossiles s'est développée, les paléontologistes ont accordé de plus en plus d'attention à l'écologie des biota anciens. Un certain nombre de problèmes écologiques trouvent une expression particulière dans les biota fossiles. Mais la question de la préservation différentielle des organismes dans les strates géologiques affecte considérablement les conclusions que l'on peut en tirer. Les taxa caractérisés par un corps mou ne se fossilisent que dans de rares conditions; et même chez ceux qui possèdent une coquille ou un squelette, il existe de considérables variations de préservation. Il arrive parfois que des communautés locales entières soient bien préservées, comme par exemple des communautés récifales. On étudie les circonstances présidant au dépôt et à la préservation des organismes grâce aux méthodes de la taphonomie.

L'extinction de la totalité de certains grands taxa est l'un des problèmes les plus intéressants de la paléo-écologie. Qu'est-ce qui a provoqué l'extinction des trilobites par exemple, groupe qui était le taxon dominant des invertébrés du Paléozoïque? Ou celle des ammonites, un groupe presque aussi dominant au Mésozoïque? Lorsque la fin d'un groupe de ce genre coïncide avec l'une des grandes périodes d'extinction de l'histoire de la Terre, on peut alors l'attribuer à la même cause qui a provoqué l'extinction générale. Cela vaut, par exemple, pour la fin des dinosaures, qui coïncide avec la fin du Crétacé et, comme on l'admet plus ou moins généralement aujourd'hui, avec la chute de l'astéroïde d'Alvarez au Yucatan. On attribue souvent l'extinction des trilobites à la compétition avec les mollusques, qui auraient été «fonctionnellement plus efficaces», mais c'est une déduction largement *post hoc, ergo propter hoc.*

La vie sur notre planète a commencé dans l'eau, et l'une des plus grandes révolutions écologiques a été la conquête de la terre ferme, d'abord par les végétaux, par les animaux ensuite. Mais de la même façon que des phénomènes de remplacement se sont produits dans les océans, dans le cas des trilobites et des ammonites, d'autres se sont réalisés sur les continents. L'essor des mammifères après l'extinction des dinosaures en est l'exemple le plus fréquemment cité; mais un changement beaucoup plus important, quoique incomplet, s'est produit chez les végétaux terrestres. La végétation dominante comprenant des fougères arborescentes, des prêles et des gymnospermes a été largement remplacée, durant le Crétacé, par des plantes à fleurs (angiospermes). Regal (1977) a suggéré une explication plausible, invoquant la pollinisation par les insectes (et non plus par le vent) et la dispersion des graines par les oiseaux et les mammifères. Il est intéressant de noter que dans ce scénario le changement est attribué à des facteurs non pas physiologiques ou climatiques, mais écologiques.

Les controverses en écologie

Des grandes controverses qui sont apparues en écologie, bien peu ont été réglées, sinon aucune. Quels sont les facteurs régissant la densité de population, la compétition ou la prédation ? Est-ce que les facteurs dépendant de la densité de population sont plus importants ou moins importants que les facteurs indépendants de la densité ? Existe-t-il un stade terminal dans la succession des communautés et dans quelle mesure est-il prévisible ? Jusqu'à quel point la « loi » d'exclusion compétitive est-elle absolue ? Dans toutes ces controverses, il existe aujourd'hui un point de vue dominant et une position minoritaire, sachant que le renversement de l'un par l'autre peut se faire très rapidement, comme dans le cas du problème de la stabilité des biotas par rapport à leur diversité (les biotas ayant la plus grande diversité sont-ils les plus stables ou bien est-ce l'inverse ?).

Pour la plupart des controverses en écologie, le pluralisme est vraisemblablement la réponse la plus juste. Des règles différentes s'appliquent à des organismes différents. Ou bien des facteurs causaux particuliers sont prépondérants dans les milieux aquatiques mais non dans les milieux terrestres où ils sont supplantés par d'autres. Les facteurs dominants peuvent également changer avec la latitude. Lorsque deux auteurs sont en désaccord sur un problème écologique, cela n'implique pas nécessairement que l'un des deux ait tort. En fait, il s'agit sans doute là d'un cas où le pluralisme des réponses est possible.

D'autres controverses en écologie, comme c'est le cas dans d'autres secteurs de la biologie, sont dues au fait qu'on n'a pas admis l'existence simultanée de causes immédiates et de causes lointaines. L'écologie diffère cependant de la plupart des autres disciplines biologiques dans la mesure où elle ne relève exclusivement ni du domaine des causes immédiates, ni de celui des causes lointaines. Par ailleurs, certaines de ses branches, comme l'écologie de l'évolution, sont en fait dominées par la mise en jeu synergique et intriquée des causes lointaines et immédiates. Dans l'étude des phénomènes écologiques, il est très important de distinguer entre les deux types de causalité, si l'on veut clairement démêler les causes et les conséquences.

Tout comme il est nécessaire de recourir à un mode de pensée « populationniste» pour trouver la réponse aux problèmes évolutionnistes, il faut mettre en œuvre un mode de pensée «écologique», non seulement pour résoudre des questions de conservation des espèces, mais aussi pour envisager tout ce qui concerne les interactions de l'ensemble de l'humanité avec l'environnement : c'est le cas, par exemple, des problèmes économiques posés par l'exploitation des forêts ou des mers, ou bien de ceux posés par l'agriculture, etc. Et rappelons-nous toujours que les cas où l'on peut appliquer une recette unique sont très rares. Les interactions écologiques sont souvent des réactions en chaîne, dont on ne peut apercevoir le résultat final qu'à l'issue d'analyses très détaillées et complexes. Personne ne semble avoir prévu que la destruction des colonies d'oiseaux marins sur Novaja Zemlya par des matériaux radioactifs conduirait à l'effondrement des activités de pêche locales. L'introduction d'espèces végétales ou animales provenant de pays lointains (comme le lapin en Australie), qu'elle ait été délibérée ou accidentelle, a souvent conduit à des résultats à la fois catastrophiques et inattendus. La recherche écologique n'est pas en mesure de les prévoir ou de les prévenir tous; mais il est clair que certains d'entre eux peuvent être atténués ou inversés. Parfois, une analyse écologique menée en temps utile peut faire renoncer à une opération, telle que la construction d'un barrage, qui pourrait avoir des conséquences désastreuses.

L'apparition de l'homme civilisé a eu un impact sur presque toutes les communautés végétales antérieurement naturelles. Les travaux de George Perkins Marsh et d'Aldo Leopold, puis d'autres naturalistes, ont montré que l'homme a provoqué, de bien différentes façons, des changements considérables dans la végétation naturelle. La déforestation des montagnes de la Méditerranée et aujourd'hui celle de la forêt tropicale humide, de même que le surpâturage (notamment dû aux chèvres) dans de nombreuses régions subtropicales, ont souvent eu des conséquences graves et même désastreuses sur les paysages naturels et leurs habitants humains. Le mouvement contemporain en faveur de la conservation des espèces a attiré l'attention du public sur ces questions, appelant à prendre des mesures pratiques (notamment, la limitation des naissances) pour enrayer les dégâts.

Comme toute autre espèce, l'homme possède son écologie qui lui est propre. Quatre grands domaines intéressent plus particulièrement les spécialistes de l'écologie humaine : 1) la dynamique et les conséquences de la croissance démographique des populations humaines; 2) l'exploitation des ressources; 3) l'impact de l'homme sur son environnement; 4) les interactions complexes entre la croissance de la population humaine et son impact sur l'environnement. Comme les spécialistes de l'écologie scientifique et les partisans de la protection de l'environnement l'ont souvent souligné, le problème de l'avenir de l'humanité est, en dernière analyse, un problème d'écologie.

CHAPITRE 11

Où l'homme se situe-t-il dans l'évolution ?

Dans la plupart des cultures primitives, dans la philosophie grecque, et, de façon très marquée, dans la religion chrétienne, l'homme a été considéré comme un être bien à part du reste de la nature. Ce n'est qu'à partir du XVIIIe siècle qu'un petit nombre d'auteurs audacieux ont attiré l'attention sur les similitudes entre l'homme et les grands singes. Linné a même été jusqu'à inclure le chimpanzé dans le genre *Homo*. Mais c'est peut-être le naturaliste français Lamarck (1809) qui le premier a postulé clairement que l'espèce humaine avait des primates pour ancêtres. Il a même avancé une hypothèse expliquant comment l'homme était descendu des arbres et avait acquis la bipédie, et comment la forme du visage humain avait été modifiée par le changement de régime alimentaire.

Cependant, c'est la théorie de Darwin sur la descendance d'ancêtres communs qui a imposé de façon définitive la thèse selon laquelle l'espèce humaine descend en effet d'ancêtres du type des grands singes. Les preuves issues de la morphologie comparée en étaient incontestables. Quelques années plus tard, Huxley, Haeckel et d'autres auteurs ont solidement établi que l'origine de l'homme n'avait rien de surnaturel. *Homo sapiens* n'était désormais plus isolé du reste du monde vivant; désacralisée, son histoire évolutive pouvait être analysée par la science.

Lentement, mais inévitablement, une nouvelle discipline biologique a commencé à se développer : la biologie humaine. Elle avait de multiples racines : anthropologie physique, anatomie comparée, physiologie, génétique, démographie, anthropologie culturelle, psychologie, etc. Sa tâche était double : montrer comment les êtres humains étaient uniques en leur genre par rapport à tous les autres organismes, et établir comment les caractéristiques humaines étaient apparues évolutivement à partir de celles de nos ancêtres.

Comment pouvait-on résoudre l'apparente contradiction entre le fait que l'homme est un animal et celui qu'il apparaît pourtant si différent des animaux, même de ses plus proches apparentés, les grands singes ? Plus on étudiait avec rigueur l'humanité et l'immense diversité du monde vivant, plus on était impressionné par l'extrême particularité des êtres humains. Comment une créature aussi extraordinaire avait-elle pu apparaître au sein du règne animal ?

Lorsqu'on envisageait l'homme dans la littérature prédarwinienne, par exemple dans les écrits de Lamarck, son apparition était toujours présentée comme l'inévitable point culminant d'une tendance à la perfection croissante. L'homme était l'échelon le plus élevé de la *scala naturae*. Mais Darwin a rendu cette interprétation téléologique non nécessaire ; sa théorie de la sélection naturelle expliquait de façon mécaniste tous les phénomènes dont on avait rendu compte en invoquant des concepts métaphysiques. La science biologique avait maintenant un nouvel objectif très clair. Elle devait expliquer l'apparition évolutive graduelle de l'homme à partir de ses ancêtres primates, en tant que résultat des processus évolutifs ordinaires, notamment de la sélection naturelle, à l'œuvre dans le reste du monde vivant.

L'essentialisme est une autre puissante idéologie, qui a été éliminée de l'étude de l'évolution humaine après 1859. Pour cela, il a fallu appliquer à la lignée humaine ce mode de pensée « populationniste » que Darwin avait mis en avant, qui soulignait le caractère unique de chaque individu au sein d'une population. Les anthropologues ne l'ont fait que très lentement, mais lorsqu'ils s'y sont pliés, les résultats obtenus ont été magnifiques.

Cependant, une grande partie de l'évolution d'*Homo sapiens* reste une énigme, même aujourd'hui. À quel moment et en quel endroit la lignée hominidée s'est-elle détachée de celle des grands singes ? Après cette séparation, par quels stades est-elle passée, avant d'arriver à un niveau véritablement humain ?

Le rapport entre l'homme et les grands singes

Dans les premiers arbres phylogénétiques publiés après 1859, on postulait que la séparation entre la lignée hominidée et les autres primates s'était produite très tôt. Cependant, tous les efforts pour trouver des fossiles d'hominidés dans la période allant de –25 à –13 millions d'années ont été vains. Pendant un temps, on a pensé qu'un primate fossile asiatique, *Ramapithecus*, datant d'environ 14 millions d'années, avait été le plus lointain ancêtre de la lignée humaine, mais, en définitive, on a montré qu'il se situait dans la lignée de l'orang-outang.

La découverte de fossiles de Néandertaliens en 1849 à Gibraltar a marqué le début de l'étude des premiers hommes. Au cours des quarante années qui ont suivi, presque tous les hominidés fossiles que l'on a trouvés se sont révélés soit des *Homo sapiens*, soit des Néandertaliens. Puis, en 1892, Dubois a trouvé un hominidé plus ancien à Java, qu'il a appelé *Pithecanthropus erectus*; sa forme vicariante en Chine, l'homme de Pékin (baptisé *Sinanthropus pekinensis*), a été décrite en 1921. Tous deux ont été ultérieurement rassemblés avec des fossiles africains au sein de l'espèce *Homo erectus* (voir ci-dessous).

Mais il a fallu attendre 1924 pour que soit découvert le vrai « chaînon manquant », un fossile trouvé par Dart en Afrique du Sud, qu'il considérait comme intermédiaire entre l'homme et les grands singes. Il l'a nommé *Australopithecus africanus*. À partir de ce moment, de nombreux autres fossiles d'australopithécinés ont été trouvés dans l'est et le sud de l'Afrique. On les a assignés généralement à deux branches : l'une, gracile, à laquelle appartenait *Australopithecus africanus* et qui a finalement donné naissance au genre *Homo*; et une branche latérale robuste représentée en Afrique du Sud par *Australopithecus robustus* (de –2 à –1,5 millions) et en Afrique de l'Est par *Australopithecus boisei* (de –2,2 à –1,2 millions d'années) [1]. Un crâne trouvé plus récemment à l'ouest du lac Turkana, dénommé le « crâne noir, » représente une troisième espèce robuste appelée *A. aethiopicus* (de –2,5 à –2,2 millions d'années). Elle est probablement l'ancêtre de *A. boisei*[2]. La lignée robuste s'est éteinte il y a environ 1 million d'années.

On a considéré pendant longtemps que la branche gracile d'*Australopithecus* comprenait deux espèces à petit cerveau : une espèce localisée au nord (*A. afarensis*), c'est-à-dire allant de la Tanzanie à l'Éthiopie (datant de –3,5 à –2,8 millions d'années) ; et une espèce localisée au sud (*A. africanus*), c'est-à-dire en Afrique du Sud (datant de –3 à –2,4 millions d'années). Ces deux espèces d'hominidés étaient bipèdes, mais leurs bras relativement longs, ainsi que d'autres caractéristiques, indiquent qu'elles étaient encore semi-arboricoles. Leur cerveau n'était guère plus gros que celui du chimpanzé moderne, et elles étaient probablement plus proches des grands singes que de l'homme.

Tandis que les recherches paléo-anthropologiques se poursuivaient, d'importantes données moléculaires ont confirmé non seulement que l'espèce humaine est étroitement apparentée aux grands singes africains, mais aussi que, à la surprise générale, le chimpanzé est plus étroitement apparenté à l'homme qu'au gorille ; autrement dit, la lignée du gorille s'est détachée de celle du chimpanzé un peu plus tôt que celle des hominidés[3]. Les données moléculaires suggèrent que la séparation de la lignée humaine et de celle du chimpanzé s'est produite récemment, c'est-à-dire il y a 5 à 6 millions d'années[4].

En dépit de nombreuses expéditions et d'une recherche assidue dans toute l'Afrique, on n'a pas trouvé, pendant de nombreuses années, d'australopithéciné plus ancien qu'*Australopithecus afarensis*. Puis, en 1994, on a découvert en Éthiopie une espèce qui a été datée de –4,4 millions d'années, c'est-à-dire un moment proche de celui où la lignée hominidée s'est séparée de la branche du chimpanzé. L'étude de ce nouveau fossile a tout juste commencé, mais il semble présenter davantage de similitudes avec le chimpanzé qu'avec *A. afarensis*. Ce fossile éthiopien, appelé *Ardipithecus ramidus*, est aujourd'hui le plus ancien fossile hominidé connu. À la suite de cette découverte, des os du pied et des dents plus anciennes qu'*A. afarensis* et *africanus* ont été trouvés en Afrique de l'Est et du Sud, apportant des renseignements sur les stades intermédiaires entre *ramidus* et *afarensis*/*africanus*. On n'a pas de restes fossiles vraiment interprétables en ce qui concerne la période allant de –8 à –4,4 millions d'années.

Il est très vraisemblable que l'ancêtre commun de l'homme et du chimpanzé était, comme le chimpanzé, un être qui n'était pas bipède mais marchait en prenant appui, à l'avant, sur le dos de ses mains repliées en forme de poing. Chacun de ses traits, depuis les mains et les pieds, le crâne, le cerveau et les dents jusqu'aux macromolécules, a dû évoluer à son propre rythme (processus appelé « évolution en mosaïque »). En d'autres termes, le « type » *Homo* n'est pas apparu en une seule fois. Même aujourd'hui, l'homme et le chimpanzé sont extrêmement semblables par la structure de leur hémoglobine et de leurs autres macromolécules, tandis que, en matière de développement cérébral et de comportements, ils diffèrent énormément.

L'essor d'*Homo habilis*, *H. erectus* et *H. sapiens*

Entre –1,9 et –1,7 million d'années, les australopithèques graciles ont donné une nouvelle espèce appelée *Homo habilis*, caractérisée par des traits crâniens bien précis et un plus grand volume cérébral ; des outils de pierre simples sont présents partout où l'on trouve *H. habilis*. Cet hominidé a d'abord constitué une énigme, dans la mesure où ses échantillons présentaient des variations très grandes dans les dimensions du corps et du cerveau. On a finalement conclu qu'il y avait deux espèces et la plus grande a été renommée *Homo rudolfensis*.

On pense qu'*Homo habilis* est l'ancêtre d'*Homo erectus*, une espèce plus grande, dotée d'un cerveau considérablement plus gros. Mais *H. erectus* apparaît dans les archives fossiles en Afrique à la même époque que *H. habilis*, c'est-à-dire vers –1,9 million d'années, et leurs modes de vie semblent avoir été très semblables, sauf que certaines populations d'*H. erectus* paraissent avoir domestiqué le feu. *Homo erectus* est peut-être le premier hominidé à être passé d'un régime largement végétarien à un régime comprenant en partie de la viande. En d'autres termes, cette espèce se serait désormais adonnée à la chasse et à la récupération de carcasses abandonnées par les grands fauves.

Homo erectus semble avoir connu un grand succès évolutif et s'est répandu rapidement hors d'Afrique, en direction du Proche-Orient et de l'Asie, où l'on trouve ses plus anciens restes à Java, dans des strates datant de –1,9 million d'années. Cette espèce présente une certaine variation géographique, mais il est tout à fait étonnant de constater que, des *Homo erectus* les plus anciens jusqu'aux plus récents (datant de moins de 300 000 ans), elle n'a guère évolué. Sur le plan technologique, on ne trouve que des outils de pierre de facture très simple associés à ses restes les plus anciens ; de plus complexes, les bifaces, commencent à apparaître dans les strates géologiques datant de –1,5 million d'années, mais ils ne semblent connaître pratiquement aucune évolution durant le million d'années suivant. *Homo habilis* possédait déjà des outils de pierre primitifs il y a 1,9 million d'années.

L'espèce *Homo sapiens*, à laquelle l'homme moderne appartient, est apparue, d'une façon ou d'une autre, à partir d'*Homo erectus*, mais la controverse demeure de savoir comment et où cela s'est produit. Il existe deux grandes théories à ce sujet. L'une est qu'elle est apparue partout où des populations locales d'*Homo erectus* existaient. Cette théorie dite « multirégionale » s'est originellement fondée sur des ressemblances supposées entre les races géographiques d'*Homo sapiens* moderne et les fossiles d'*Homo erectus* figurant en Afrique, en Chine et en Asie du Sud-Est. Cela a conduit Coon (1962) à formuler son hypothèse selon laquelle la pression sélective en faveur de l'accroissement du cerveau se serait exercée dans toute l'étendue de la distribution géographique d'*Homo erectus* et aurait conduit, à un moment donné, à la conversion de l'espèce polytypique *Homo erectus* à l'espèce polytypique *Homo sapiens*.

L'hypothèse antagoniste est parfois appelée la « théorie de l'Ève africaine », elle est fondée sur des reconstructions phylogénétiques déduites de l'analyse de l'ADN mitochondrial. Selon cette hypothèse, une population colonisatrice en provenance de l'Afrique sub-saharienne a constitué une nouvelle espèce, entre –200 000 et –150 000 ans, et donné naissance à toutes les populations humaines qui existent actuellement. Plus précisément, il est postulé que la nouvelle espèce *Homo sapiens sapiens* est issue d'un *Homo sapiens* archaïque (lui-même descendant d'*Homo erectus* africain), et que la transition serait survenue quelque part en Afrique subsaharienne il y a moins de 200 000 ans. La présence d'*Homo sapiens sapiens* est attestée au Proche-Orient il y a environ 100 000 ans ; en Asie du Sud-Est, en Nouvelle-Guinée et en Australie, il y a 60 000 ans ; en Europe occidentale, il y a environ 40 000 ans (où ses restes fossiles sont regroupés sous l'étiquette d'« homme de Cro-Magnon ») ; et en Extrême-Orient, il y a au moins 30 000 ans. Le squelette de Cro-Magnon est tout à fait semblable à celui des êtres humains actuels et on considère qu'il appartient à la même espèce. L'homme de Cro-Magnon est responsable des plus belles réalisations de l'art des cavernes, comme celles de la grotte Chauvet, de Lascaux et d'Altamira, et des plus beaux outils de pierre.

En 1994, Ayala a rapporté des données moléculaires qui sembleraient réfuter l'hypothèse de l'« Ève africaine » et soutenir l'idée de la continuité régionale dans l'évolution humaine depuis l'époque d'*Homo erectus* jusqu'à aujourd'hui. Il estime que la fréquence élevée de polymorphismes anciens dans le patrimoine génétique collectif de l'espèce humaine actuelle s'oppose à l'idée que celle-ci ait pu, à l'origine, passer par un étroit goulot d'étranglement, comme l'affirme la théorie de l'« Ève africaine ».

La théorie multirégionale permettrait de résoudre une autre énigme des archives fossiles : de Chine et de Java jusqu'à l'Europe de l'Ouest et même l'Afrique, on a trouvé des fossiles d'*Homo sapiens* archaïque qui sont encore très semblables à *H. erectus*, mais possèdent un cerveau plus grand (environ 1 200 cm^3). Ces fossiles apparemment intermédiaires ont un âge compris entre –500 000 et –130 000 ans.

L'homme de Néandertal et l'homme de Cro-Magnon

Depuis la découverte de fossiles de Néandertaliens en 1849 à Gibraltar jusqu'à aujourd'hui, la relation entre *Homo sapiens* et les Néandertaliens n'a cessé de susciter des controverses. Nous savons, à présent, qu'entre –150 000 et –130 000 ans, en Occident, bien avant l'arrivée de l'homme de Cro-Magnon (*Homo sapiens sapiens*), les populations de *sapiens* archaïques ont été remplacées par les Néandertaliens, qui se sont distribués, en partant de l'Espagne (Gibraltar), dans toute l'Europe, jusqu'en Asie occidentale (Turkestan) et vers le sud, jusqu'en Iran et en Palestine (mais ni en Afrique, ni à Java). Les Néandertaliens étaient dotés d'un cerveau qui, en moyenne, était un peu plus grand (jusqu'à 1 600 cm^3) que celui de l'homme moderne; mais ils n'ont élaboré qu'un outillage de pierre primitif et n'ont présenté aucun changement évolutif au cours de leurs 100 000 ans d'existence. La branche néandertalienne s'est éteinte il y a environ 30 000 ans, ou un peu moins, longtemps après que le type de Cro-Magnon a envahi l'Europe.

Est-ce que les Néandertaliens et les Cro-Magnon ont représenté deux races géographiques de la même espèce ou deux espèces distinctes? En raison de leurs grandes différences physiques, on a d'abord affirmé qu'il s'agissait de deux espèces différentes. Mais ensuite, parce qu'on a cru qu'elles s'excluaient géographiquement l'une l'autre, elles ont été ramenées au rang de races géographiques (sous-espèces) au sein d'une même espèce. Elles ont de nouveau été élevées au rang de l'espèce, dès lors qu'on a pensé que les Néandertaliens et les hommes modernes avaient coexisté en Palestine dans différentes grottes au cours d'une période d'environ 40 000 ans (entre –100 000 et –60 000 ans). Mais cela avait correspondu à une période de grande fluctuation climatique et on s'est finalement aperçu que les Néandertaliens ont vécu en Palestine durant les périodes les plus froides, tandis que *H. sapiens sapiens* n'y a vécu que durant les épisodes les plus chauds et les plus arides. Par conséquent, bien qu'on trouve ces deux hominidés dans la même région, ils n'ont pas coexisté en même temps dans les mêmes endroits.

À l'époque où l'on pensait que les Néandertaliens appartenaient à la même espèce qu'*H. sapiens* moderne, on a interprété certains des fossiles trouvés dans les grottes de Palestine comme la preuve d'une hybridation entre les deux types. Mais les analyses les plus récentes n'ont pas confirmé cette interprétation ; et en dépit d'une coexistence de 10 000 à 15 000 ans, on ne trouve de preuve d'hybridation nulle part en Europe*. Les Néandertaliens ont disparu environ 15 000 ans après qu'*Homo sapiens sapiens* a envahi les régions qu'ils occupaient en Europe. En Asie de l'Est et du Sud, les *sapiens* archaïques ont aussi finalement disparu, pour être remplacés par des *sapiens* modernes.

La classification des taxa d'hominidés fossiles

Avant les années 1950, l'étude de l'origine de l'homme relevait pratiquement du monopole des anatomistes, et la classification des hominidés était dominée par un mode de pensée typologique et finaliste. On ne prêtait alors pas beaucoup d'attention au fait que les organismes individuels sont uniques en leur genre et qu'il existe une énorme variation au sein de chaque espèce. On considérait chaque fossile comme un type différent et, généralement, on lui donnait une dénomination binominale. On pensait également que l'ensemble de ces fossiles s'inscrivait dans une seule série ascendante menant des primates ancestraux à l'homme moderne[5].

Mais à mesure que l'on a trouvé de nouveaux fossiles, cette conception a présenté de plus en plus de difficultés. Il était particulièrement troublant que de nouveaux types d'hominidés apparaissent soudainement sans lien apparent avec le type précédent. Par exemple, il existe un fossé très large entre *Homo habilis* et son ancêtre supposé, *Australopithecus africanus*, de même qu'entre *Homo erectus* et son ancêtre probable, *Homo habilis*, ainsi qu'entre *Homo sapiens* et son ancêtre *Homo erectus*. Pour les anciens paléo-anthropologues, il paraissait également difficile d'assigner à une même série linéaire ou à une même séquence verticale des fossiles trouvés en des endroits géographiquement éloignés.

---

* En 1997, S. Pääbo *et al.* ont publié leurs résultats d'une analyse d'ADN (extrait d'os vieux de 30 000 ans) montrant que les Néandertaliens sont suffisamment éloignés d'*Homo sapiens* pour être considérés comme une espèce distincte. [N.d.T.]

Ces chercheurs, au mode de pensée typologique, ne concevaient l'évolution que dans une dimension et ne savaient manifestement pas que le phénomène de spéciation géographique est très répandu chez les tétrapodes. La plupart des espèces de primates font preuve de spéciation géographique et la plupart des genres de primates (à l'exception de ceux, pléthoriques, des lémurs et de *Cercopithecus*) ne comportent encore aujourd'hui que des espèces allopatriques. Il y a donc toute raison de penser que les genres d'hominidés fossiles étaient eux aussi formés d'espèces allopatriques. Cela est confirmé par le fait qu'*Australopithecus africanus* est restreint à l'Afrique du Sud, tandis qu'*A. afarensis* ne se rencontre que dans une région bien plus au nord de l'Afrique ; de même *A. robustus* est restreint à l'Afrique du Sud, tandis qu'*A. boisei* se trouve seulement en Afrique de l'Est.

La région allant de l'est au sud de l'Afrique, où l'on a trouvé la plupart des hominidés fossiles, est petite, et il se pourrait que des populations fondatrices d'espèces d'hominidés supplémentaires aient existé dans d'autres aires encore inexplorées de l'Afrique, au nord, à l'ouest et au centre de ce continent. (En fait, des australopithécinés fossiles datant de –3,5 à –3 millions d'années ont récemment été découverts au Tchad, en Afrique centrale.) Des dizaines d'espèces allopatriques de *ramidus*, *afarensis*, *robustus*, *habilis* et *erectus* auraient très bien pu vivre dans ces autres parties de l'Afrique encore mal connues des paléoanthropologues. Le caractère soudain des transitions rencontrées dans les archives fossiles pourrait alors être expliqué par le phénomène du « bourgeonnement[6] ». Autrement dit, les types nouveaux, descendant d'une espèce parentale, seraient apparus quelque part dans une population isolée à la périphérie (un isolat) et ne seraient revenus en contact avec l'espèce-souche qu'après avoir mené à son terme leur restructuration génétique. Il n'y aurait que bien peu de chances que l'on retrouve jamais la trace des isolats en question.

Lorsqu'on ne connaissait qu'un petit nombre d'hominidés fossiles, il était facile de les classer en espèces : *afarensis*, *africanus*, *habilis*, *erectus* et *sapiens*. Chacun de ces noms correspondait à des périodes comprises entre 0,25 et 1,5 million d'années. Dans les récentes années, les nombreux fossiles supplémentaires qui ont été découverts se sont révélés intermédiaires dans le temps entre les spécimens typiques, ou bien provenant de régions différentes, et donc pas vraiment typiques non plus. On a constaté qu'ils faisaient généralement preuve d'une dose importante d'évolution en mosaïque : certains de leurs caractères étaient identiques à ceux de leurs ancêtres, certains à ceux de leurs descendants ultérieurs, et les autres intermédiaires.

De façon étonnante, la question de la place d'*Homo sapiens* actuel au sein du système de classification zoologique a suscité des solutions radicalement antagonistes. Cette opposition trouve fondamentalement son explication dans la nature des traits retenus pour fonder l'une ou l'autre des façons de classer notre espèce. Julian Huxley (1942), fondant son jugement sur les particularités uniques en leur genre de l'espèce humaine, notamment la culture et la domination du monde, avait suggéré de délimiter un règne à part, celui des psychozoaires, pour *Homo sapiens*. Un demi-siècle plus tard, Diamond (1991) a choisi l'autre extrême, en plaçant le chimpanzé dans le genre *Homo*, sur la base des similitudes moléculaires. Tandis qu'Huxley avait exagéré les caractères uniques en leur genre de l'espèce humaine, Diamond est tombé dans l'excès inverse en les mettant complètement de côté.

L'un des principes les plus anciens de l'art de la classification est qu'il ne s'agit pas seulement de dresser la liste des caractères; il faut aussi les évaluer. L'évolution considérable du système nerveux central de l'homme, sa très longue période de soins parentaux et tous les phénomènes physiologiques, culturels et sociaux que cela implique justifient certainement de placer l'espèce humaine au moins dans un genre séparé de *Pan* (le chimpanzé), indépendamment des similitudes moléculaires. Si l'on prenait les critères de Diamond, *Australopithecus* deviendrait aussi un synonyme d'*Homo*, et la nomenclature ne serait plus en mesure de refléter les degrés de différence entre les divers types d'hominidés.

Il existe à présent un consensus raisonnable sur la nature des types majeurs d'hominidés et leurs rapports, mais on ne sera en mesure de reconnaître des superespèces polytypiques d'hominidés fossiles que lorsqu'on aura découvert davantage de spécimens, et que l'on aura appliqué de façon conséquente à ces derniers un mode de pensée « populationniste ». Celui-ci a commencé à être pris en compte en anthropologie physique autour de 1950, mais même aujourd'hui *Australopithecus africanus* et *Homo erectus* sont encore largement considérés comme des types. Les paléo-anthropologues, le plus souvent, ne tiennent pas compte du fait que ces populations étaient distribuées dans de vastes régions et que, dans le cas d'*Homo erectus*, elles faisaient preuve d'une variation géographique considérable; de surcroît, elles pouvaient comprendre un certain nombre d'isolats périphériques.

L'acquisition du statut humain

Qu'est-ce qui a rendu possible l'apparition de l'homme? Dans quel ordre les caractéristiques humaines ont-elles été acquises? Pendant longtemps, les spécialistes de la recherche sur l'évolution humaine ont admis le scénario suivant : tandis que le climat de l'Afrique devenait de plus en plus sec au Miocène, de nombreuses populations des ancêtres de l'homme se sont retrouvées isolées dans des paysages plus ouverts, où la marche bipède s'est révélée avantageuse. La libération des bras et des mains a encouragé l'emploi d'outils, et ce phénomène, à son tour, a exercé une pression de sélection sur l'accroissement du cerveau, permettant l'invention et l'habile utilisation de nouveaux outils. Ainsi, selon ce scénario, la bipédie aurait été la clé de l'hominisation, par le biais de l'emploi de l'outil.

De nombreuses données récentes concernant la transition des grands singes à l'homme réfutent ce scénario, qui avait la vertu de la simplicité. Il est vrai que, chez les mammifères, la marche debout bipède permanente caractérise en propre l'homme. Il existe des mammifères bipèdes sauteurs, comme les kangourous et certains rongeurs, et quelques autres mammifères peuvent se dresser sur leurs pattes de derrière, comme certains primates ou les ours. Des singes peuvent occasionnellement marcher debout, comme les singes araignées, les gorilles, et tout particulièrement le chimpanzé ; mais ce n'est jamais leur mode de locomotion fondamental.

Cependant, la bipédie à elle seule ne peut pas rendre compte de l'utilisation d'outils, et cette dernière ne peut pas à elle seule rendre compte de l'énorme accroissement du cerveau humain. L'observation du recours fréquent à l'outil chez le chimpanzé, bien que pas toujours comparable à l'usage humain, suggère que cette disposition était déjà bien établie avant que la bipédie n'apparaisse. Et pendant presque 2 millions d'années après la première trace d'outils attestée dans les archives fossiles, il n'y a pratiquement pas eu de progrès dans la technologie. Par ailleurs, la bipédie n'a pas coïncidé avec un accroissement notable du cerveau. Pendant les 2 millions d'années (ou plus) qu'ont vécu plusieurs espèces d'australopithèques, ces hominidés ont été bipèdes, mais sur preque tous les autres points, ils étaient encore des grands singes. L'aptitude à marcher debout ne les a pas conduits à devenir humains en matière de dimensions cérébrales. Ces dernières sont restées tout à fait limitées.

Les premiers australopithécinés étaient encore semi-arboricoles : leurs pieds étaient adaptés à l'escalade des arbres, et leurs bras étaient relativement plus longs que ceux des hominidés fossiles ultérieurs et que ceux de l'homme moderne. Par conséquent, il fallait que leurs bébés soient bien développés à la naissance afin de pouvoir s'accrocher à leur mère pendant que celle-ci se déplaçait dans les arbres, tout comme le font de nos jours les jeunes des diverses espèces de grands singes. Entre –2,5 et –2 millions d'années, cependant, le passage à un mode de vie totalement terrestre a libéré les bras et les mains des mères pour le transport des bébés, et cela a permis de prolonger la période durant laquelle ces derniers étaient complètement démunis. Ce développement plus lent a permis à son tour la croissance continue du cerveau aux premiers temps de la vie du bébé, trait parfaitement spécifique de l'espèce humaine. Ainsi l'impact majeur de la bipédie a porté sur le comportement maternel, non sur l'utilisation d'outils[7].

Selon certains indices, les tout premiers traits diagnostiques *d'Homo* (la bipédie à l'état achevé et le portage des bébés) sont apparus évolutivement quelque part dans une population périphériquement isolée d'australopithécinés, et non pas chez l'ensemble de ces derniers. Sans doute, cela a été facilité par l'existence d'une niche écologique appropriée, mais sur ce point nous ne pourrons vraisemblablement jamais disposer d'une certitude absolue.

L'acquisition de la bipédie par les ancêtres de l'homme a demandé une importante restructuration de l'appareil locomoteur. Le passage du mode de vie arboricole et partiellement terrestre des australopithécinés graciles à celui totalement terrestre et bipède d'*Homo erectus* a correspondu à une période d'évolution fortement accélérée, mais la station debout n'a cependant pas encore atteint aujourd'hui le stade de la perfection, comme en atteste la fréquence, chez l'homme moderne, des problèmes de dos et de sinus.

Les australopithécinés étaient essentiellement végétariens, comme le sont aujourd'hui les chimpanzés. Le passage à un mode de vie complètement terrestre chez *Homo erectus* a conduit, pensait-on autrefois, à un changement de régime alimentaire, le végétarisme étant remplacé par une alimentation carnée, supposant une activité de chasse. En outre, certains des anciens auteurs pensaient qu'*Homo erectus* avait dû être une brute féroce, à en juger par sa puissante denture et sa musculature faciale bien plus développée que celle de l'homme moderne. De récentes études sur les traces d'usure des dents ainsi que la réinterprétation de ce l'on avait appelé des campements n'ont pas confirmé cette façon de voir. Bien qu'*Homo erectus* semble avoir occasionnellement inclus de la viande dans son régime alimentaire, comme le fait le chimpanzé actuel, la chasse aux grands animaux ne semble être apparue que tardivement dans notre histoire.

Il y a certainement eu un stade intermédiaire durant lequel nos ancêtres ont pratiqué à la fois la chasse et la récupération des carcasses abandonnées par les grands prédateurs (lions, léopards, hyènes). La bipédie s'est sans aucun doute révélée avantageuse, permettant aux bandes d'hominidés de suivre les troupeaux d'ongulés, qui fournissaient les carcasses. Il était aussi très avantageux, dans ces circonstances, de pouvoir transporter les bébés ; les bandes d'hominidés n'étaient plus obligées de se limiter à un petit territoire autour du site abritant des bébés totalement dépendants, comme de nombreux autres mammifères sont obligés de le faire. Cependant, les hominidés ne possèdent pas la résistance à l'intoxication alimentaire par la ptomaïne, contrairement aux animaux qui se nourrissent fondamentalement de cadavres, et il est donc douteux qu'ils aient, à un stade quelconque de leur histoire, recouru systématiquement à la récupération de carcasses pour se nourrir. Trevino (1991) a rapporté des données convaincantes montrant que les premiers *sapiens* mangeaient beaucoup de graines de graminées et de céréales sauvages.

Néanmoins, le passage final à la chasse à grande échelle a probablement joué un rôle important dans le processus d'hominisation, encourageant l'établissement de camps de base plus complexes, et nécessitant l'élaboration de plans d'expéditions, la mise au point de stratégies de chasse et l'invention d'armes plus efficaces. Et, plus important encore, de nombreux aspects de ce nouveau mode de vie ont requis un meilleur système de communication, autrement dit, un langage.

La co-évolution du langage, du cerveau et du psychisme

Les australopithécinés avaient un cerveau de petites dimensions (de 400 à 500 cm^3), du même ordre que celui des grands singes; mais, chez *Homo erectus*, les dimensions cérébrales étaient nettement plus grandes : de 750 à 1 250 cm^3. Cependant, le cerveau réellement gros n'est apparu que dans les derniers 150 000 ans, ce qui ne représente qu'une petite portion de la durée totale écoulée depuis que la lignée hominidée s'est séparée de celle du chimpanzé. Quelle pression de sélection a favorisé une expansion aussi étonnante du cerveau dans l'histoire évolutive de l'homme?

Outre le portage des bébés et la chasse, les facteurs les plus importants qui ont favorisé l'accroissement du cerveau ont été le développement du langage et, corrélativement, la possibilité d'acquérir et de transmettre une culture. Il serait vain de vouloir désigner l'un ou l'autre de ces facteurs comme le facteur dominant, car ils ont tous été liés les uns aux autres et ont agi de concert.

Il n'existe pas de langage chez les animaux. Certes, de nombreux animaux possèdent des systèmes de communication vocale complexes, mais qui consistent à échanger des signaux. Il n'y a pas de syntaxe, pas de grammaire. Si l'on ne dispose que de signaux, on ne peut pas rapporter l'histoire d'événements passés ou élaborer des plans détaillés pour l'avenir. Depuis plus de quarante ans, divers chercheurs s'efforcent d'apprendre un langage aux chimpanzés, mais en vain. Ces animaux ont fait preuve d'une remarquable intelligence en acquérant un vaste vocabulaire, et en s'en servant pour délivrer les signaux corrects, mais leur système de communication est incapable de véhiculer un message que seul un langage peut transmettre.

Un large fossé sépare le système d'émission de signaux d'un chimpanzé (ou de n'importe quel autre animal) et un langage authentique. Il fut un temps où les linguistes espéraient trouver des systèmes de communication intermédiaires en étudiant le langage des tribus humaines les plus primitives qui existent encore. Hélas! sans exception, celles-ci possèdent toutes des langages évolués, extrêmement complexes. On a avancé diverses hypothèses pour expliquer comment le langage aurait pu apparaître à partir d'un système de signaux, mais puisqu'il n'existe pas de «langages fossiles» pour combler le fossé, nous n'aurons jamais là-dessus aucune certitude[8]. La meilleure façon de jeter quelque lumière sur l'origine du langage est peut-être d'étudier la façon dont les enfants apprennent à parler. Darwin a été l'un des pionniers de ce type de recherches. Plusieurs psycholinguistes sont actuellement en train d'y travailler, et cherchent à comparer des enfants acquérant des langues à la grammaire extrêmement différente.

Le développement de la parole a exercé une pression de sélection, non seulement sur le système nerveux, mais aussi sur la totalité de l'appareil vocal constitué par le larynx et les zones adjacentes du système respiratoire. Certaines données laissent penser que l'appareil vocal des australopithécinés ne leur permettait sans doute pas de parler véritablement. La lignée *d'Homo*, cependant, a été préadaptée au développement de la parole, parce qu'elle a possédé d'emblée certaines caractéristiques favorables, comme la position basse du larynx, la forme ovale de l'arcade dentaire, l'absence de grands espaces entre les dents, la séparation de l'os hyoïde et du cartilage du larynx, la mobilité générale de la langue, et la forme voûtée du palais. Les Néandertaliens manquaient de certaines de ces caractéristiques anatomiques, et on pense qu'ils n'arrivaient pas très bien à articuler les sons.

L'incapacité à utiliser un véritable langage a-t-elle été la raison pour laquelle les Néandertaliens n'ont pas fait un meilleur usage de leur cerveau, pourtant aussi volumineux que celui de l'homme moderne? Si on la compare à celle des hommes modernes ultérieurs, la culture néandertalienne était assez primitive, comme on peut le voir dans le fait que son outillage était plus simple. Les Néandertaliens n'avaient ni arcs ni flèches, ni équipement de pêche, etc. Mais peut-être les premiers *sapiens* modernes n'avaient eux aussi qu'un outillage limité. Il faudra approfondir les recherches pour éclaircir tout ce qui reste encore mal compris dans la co-évolution du langage, du cerveau et de la culture.

Lorsque le langage articulé s'est développé, aux alentours de –300 000 à –200 000 ans, dans de petits groupes de chasseurs-cueilleurs, en raison de l'avantage sélectif procuré par une meilleure communication, les conditions étaient réunies pour que se produise un nouvel accroissement de la taille cérébrale. Cependant, vers –100 000 ans, ce processus d'accroissement s'est brusquement arrêté, et de l'époque des Néandertaliens et des premiers hommes modernes jusqu'à aujourd'hui, le cerveau humain a conservé les mêmes dimensions. On se serait attendu à un accroissement cérébral continu durant les 100 000 ans qui ont précédé l'apparition de l'agriculture, qui s'est produite il y a 10 000 ans. Cette dernière s'est accompagnée d'un grand bond en avant culturel, comme le dit Diamond, et cependant elle n'a été corrélée à aucun développement brutal du cerveau, ni à aucun changement équivalent dans les caractéristiques physiques. On a avancé toutes sortes de spéculations pour essayer d'expliquer ce fait, mais on n'a pas trouvé de réponse véritablement convaincante[9].

L'augmentation de la dimension des bandes d'hominidés a peut-être été l'un des facteurs de l'arrêt de l'accroissement cérébral. La structure de la population des premiers hommes était probablement semblable à celle des bandes de chimpanzés ou des petites tribus de chasseurs-cueilleurs actuels. Dans ces petits groupes, la mortalité était sans doute élevée ; seuls quelques membres de la troupe se reproduisaient avec succès ; et le flux génique était certainement limité. Tous ces facteurs sont en faveur d'une grande vitesse d'évolution dans le cadre de fortes pressions de sélection ; et par suite, la taille du cerveau s'est sans doute accrue rapidement à ce stade de l'histoire évolutive humaine.

À partir du moment où les grandes troupes sont devenues la norme chez les premiers hommes modernes, l'avantage reproductif des chefs de file, lié à leurs éventuelles facultés supérieures, s'est sans doute fait moins sentir ; le flux génique s'est probablement accru entre tous les membres de la troupe ; et les individus dotés d'un plus petit cerveau ont alors certainement bénéficié d'une meilleure protection, d'une survie plus longue, et d'une capacité reproductive plus grande que celles qu'ils auraient connue si la dimension des groupes était restée plus petite. En d'autres termes, la plus grande socialité qui s'est manifestée à partir d'un certain moment, permettant l'intégration sociale de davantage d'individus au sein du groupe, a sans doute énormément impulsé l'évolution culturelle ; mais, en même temps, elle a peut-être fait entrer l'homme dans une période de stase en ce qui concerne l'évolution du génome.

Quelle lumière les recherches évolutionnistes peuvent-elles jeter sur l'apparition de l'univers mental propre à l'homme ? L'étude de ce dernier domaine a longtemps été entravée par des problèmes sémantiques qui ont tendu à restreindre la notion de monde mental à l'homme. Les chercheurs spécialistes du comportement animal ont maintenant clairement établi qu'il n'y a pas de différence radicale entre les activités psychiques de certains animaux (l'éléphant, le chien, la baleine, les primates, les perroquets) et celles de l'homme. Il en est de même de la conscience, dont on peut trouver des traces même chez les invertébrés et peut-être même chez les protozoaires. L'univers mental et la conscience ne constituent pas des domaines séparant radicalement l'homme des « animaux ».

Il semble que le monde mental de l'homme ait représenté le dernier stade d'une série de nombreuses mini-émergences qui se sont réalisées aussi bien chez nos ancêtres primates que chez nos ancêtres hominidés. Il n'y a tout simplement pas eu d'émergence instantanée. Fondé sur un système nerveux incroyablement complexe, le monde mental s'est développé très graduellement, bien qu'à des vitesses très variées selon les différents stades. La période durant laquelle le langage est apparu, permettant une meilleure communication et la naissance de la culture, a certainement correspondu à une émergence accélérée de la vie mentale.

S'il est une chose que nous avons apprise au cours des quarante dernières années, c'est que l'évolution, tout en restant continue, peut progresser à certains moments par phases très rapides, et que tous les traits composant un système n'évoluent pas en même temps ni à la même vitesse. La transition qui a mené du « rien qu'un animal » (celui des australopithécinés graciles) jusqu'à cette espèce unique en son genre qu'est l'homme moderne a toujours été graduelle, mais elle a été caractérisée par des variations importantes dans la vitesse du changement.

L'évolution culturelle

Des australopithécinés jusqu'à *Homo habilis*, puis *Homo erectus*, *Homo sapiens* archaïque et enfin *Homo sapiens sapiens* moderne (apparu il y a environ 200 000 ans), les caractéristiques physiques de la lignée hominidée ont connu des changements constants, qui ont mené à la marche debout, à la parole et à un gros cerveau. On a longtemps estimé que la culture humaine avait connu un développement parallèle. Mais cela n'a pas été le cas. Pendant 85 % de la durée d'existence des hominidés, aucun progrès sérieux n'a été réalisé dans le domaine de la culture.

L'une des innovations les plus importantes de l'évolution culturelle humaine a été l'intensification de l'intégration sociale au sein du groupe. Chez les primates, certaines espèces, comme l'orang-outang, sont plutôt solitaires, tandis que d'autres, comme le chimpanzé et le babouin, vivent en groupes sociaux. Au stade d'*Homo erectus*, le passage à un mode de vie strictement terrestre s'est accompagné d'un accroissement de la dimension du groupe. Cela a procuré d'évidents avantages, tels qu'une meilleure protection contre les prédateurs, une plus grande capacité à faire face à la concurrence des groupes de congénères et une plus grande efficacité dans la recherche des ressources, alimentaires notamment.

Par suite, le groupe est devenu, par lui-même, la cible de la sélection, et les changements physiologiques et comportementaux qui accroissaient la survie, la prospérité et le succès reproductif du groupe, en tant que tout, ont été favorisés par la sélection naturelle. Ces changements ont compris la réceptivité sexuelle constante des femelles, la dissimulation de l'œstrus, l'apparition de la ménopause, l'accroissement de l'espérance de vie et les autres caractéristiques de l'homme moderne non présentes chez les grands singes, même chez le chimpanzé.

Sans nul doute, une féroce compétition s'est établie entre tribus et groupes rivaux, ceux qui l'emportaient exterminant souvent les autres. La disparition des Néandertaliens de l'Europe occidentale reste encore inexpliquée. Ils semblent avoir coexisté pendant 15 000 ans avec les hommes de Cro-Magnon, dont la culture et le système de communication étaient beaucoup plus avancés, et on ne peut exclure que l'extinction de l'homme de Néandertal ait été due à un génocide. Cela n'aurait pas constitué une nouveauté dans la lignée hominoïde. Ces dernières années, des observations répétées nous ont appris que des groupes de chimpanzés peuvent exterminer systématiquement des groupes voisins concurrents.

Chez les animaux sociaux, les bienfaits de la coopération sont souvent contrebalancés jusqu'à un certain point par la multiplication des occasions de conflits au sein du groupe lui-même, notamment lorsque les mâles entrent en compétition pour les femelles. Certains de ces conflits propres aux groupes de grandes dimensions ont été atténués chez l'homme par l'instauration de la monogamie et d'une certaine stratification sociale. Il fut un temps où les individus mâles « supérieurs » pratiquaient probablement la polygynie au sein de leur groupe, comme on peut le voir encore dans les tribus primitives d'aujourd'hui et même dans certaines cultures modernes (comme l'Islam). Mais, de façon générale, la monogamie est devenue le moyen de limiter les conflits, et le mariage a finalement constitué une stratégie destinée à cimenter les liens entre des familles qui, autrement, auraient peut-être été concurrentes.

Puisque le mariage était un contrat social, sa dissolution engendrait généralement de considérables problèmes, et on y a mis des entraves. Des règles d'évitement de l'inceste ont été élaborées et mises en application dans la plupart des sociétés humaines, probablement afin d'atténuer les conflits pouvant surgir au sein des familles et de favoriser la diversité au sein du patrimoine génétique collectif. Un petit nombre de cultures ont pratiqué la polyandrie (une femme prenant plusieurs maris), mais la coutume la plus fréquente a été la polygynie : dans ce cas, la famille du mari payait souvent un tribut aux familles de ses épouses, parce que celles-ci lui fournissaient une importante force de travail additionnelle. On peut observer de frappantes différences de structures sociales, notamment en ce qui concerne la liberté sexuelle et le rôle des femmes, parmi les milliers de sociétés qui existent encore aujourd'hui.

Dans toute la lignée hominidée, la famille a été le fondement de la structure du groupe. Chez les chasseurs-cueilleurs actuels, on peut généralement apercevoir une division du travail entre hommes et femmes, les hommes étant les chasseurs (procurant les protéines et les graisses animales nécessaires à l'alimentation), et les femmes assurant la cueillette (qui procure les glucides, ainsi que des lipides et des protéines végétales, sous la forme de noix). Les deux sexes forment ainsi une unité de coopération économique. Cependant, la cohésion sociale n'existe pas seulement au sein de la famille nucléaire (mari, femme et enfants), mais aussi entre les membres de la famille élargie (grands-parents, frères et sœurs, cousins, oncles, tantes). Cette dernière revêt de l'importance non seulement parce qu'elle donne lieu à une entraide entre ses membres, mais parce qu'elle est aussi le noyau de base de la cohésion sociale et de la transmission culturelle à la génération suivante. La disparition de la famille élargie, et même de la famille nucléaire, est l'une des raisons de la désintégration culturelle qui caractérise les ghettos du centre des villes américaines.

À mesure que la dimension du groupe social s'est accrue, la division du travail et la spécialisation des métiers sont devenues de plus en plus importantes, ce qui a contribué à déterminer une stratification sociale croissante. L'exemple extrême en a été le féodalisme. La spécialisation des activités économiques a permis collectivement à l'espèce humaine d'occuper des niches écologiques de plus en plus variées. Tandis que la plupart des autres espèces d'organismes n'occupent qu'une seule niche, l'homme en occupe un grand nombre.

En fait, si l'on reconnaît l'existence de zones adaptatives, comme l'ont fait Simpson et Huxley, il faut alors admettre que l'espèce humaine occupe une zone adaptative entière à elle seule. Et si l'on pense qu'il est nécessaire de souligner, au niveau de la nomenclature taxinomique, le fait singulier qu'un taxon occupe une zone adaptative à lui tout seul, alors Huxley n'avait peut-être pas complètement tort d'établir un règne distinct pour l'homme, celui des psychozoaires, en dépit de notre similitude génétique avec le chimpanzé.

La naissance de la civilisation

Une ponctuation d'importance capitale dans l'histoire de l'espèce humaine semble s'être produite lors de la transition qui a conduit du stade chasse-cueillette à celui de l'agriculture et de l'élevage animal. Cela s'est passé il y a environ 10 000 ans, et a eu, de différentes façons, des conséquences plus importantes pour l'espèce humaine et pour le rôle qu'elle joue sur la Terre que tout ce qui s'est passé durant les millions d'années antérieurs de l'hominisation : cela a marqué le début de la civilisation.

Des ensembles d'habitation permanents ont été établis il y a environ 10 000 ans, certains de taille suffisante pour être qualifiés de villes par les archéologues. Ces structures urbaines ont incité à une division plus grande du travail et accéléré le progrès technologique et, en particulier, au cours de notre siècle, le progrès médical. Les villes ont permis le développement du commerce et l'exploitation des ressources naturelles non renouvelables, et surtout elles ont accru l'intensification de l'agriculture, ce qui a conduit à une augmentation rapide de la population.

Par le biais de ces nombreuses réalisations culturelles, l'homme est parvenu à devenir largement indépendant de l'environnement. Nous sommes à présent capables de vivre sur toute la planète, de l'Arctique à l'Antarctique, des régions les plus humides des tropiques jusqu'aux limites du désert. Les habitations, les vêtements, les moyens de transport et toutes sortes de machines ont permis à l'espèce humaine de s'émanciper des climats locaux et de la spécialisation écologique à laquelle tous les organismes se soumettent. Pour cette raison, l'explosion démographique humaine n'a pas encore été frappée par la prédiction de Malthus. Cependant, cette réussite adaptative a été obtenue au prix d'une exploitation irréversible des ressources naturelles et d'une grande destruction des habitats naturels.

Les races humaines et l'avenir de l'espèce humaine

La division de l'espèce humaine actuelle en races et le statut biologique de ces dernières sont un sujet de controverse depuis Blumenbach. À l'époque de l'esclavage, les Européens entretenaient l'idée bien commode selon laquelle les Blancs, les Noirs et les Asiatiques mongoloïdes étaient trois espèces différentes. Cette conception a été complètement abandonnée, mais le nombre de races reconnues par différents auteurs, de cinq à plus de cinquante, laisse penser que le débat sur la notion de race n'est pas tranché.

Le mode de pensée typologique n'apporte jamais rien de bon dans l'étude du vivant, mais il a eu des conséquences particulièrement désastreuses lorsqu'il a été appliqué à la notion de races humaines. Les recherches moléculaires modernes ont révélé que toutes les entités appelées « races » sont très étroitement apparentées les unes aux autres et ne sont que des populations dans lesquelles règne une certaine variabilité. Elles diffèrent souvent l'une de l'autre dans les valeurs moyennes de diverses caractéristiques physiques, mentales et comportementales, mais leurs courbes de variations se recouvrent amplement.

Il ne fait pas de doute qu'il existe des caractéristiques raciales. Plus longtemps deux races ont été séparées, plus grandes sont en général leurs différences génétiques. Les populations au sein d'une race sont plus semblables les unes aux autres que ne le sont les races entre elles [10]. Personne ne prendra par erreur un Africain de l'Afrique sub-saharienne pour un Européen occidental ou un Asiatique oriental, sur la base de caractéristiques aussi superficielles que la couleur de la peau ou des yeux, la stature, la forme des cheveux, du nez, des lèvres et du crâne. La génétique et la biologie moléculaire ont ajouté de nombreuses autres différences (en moyenne) ou d'autres critères diagnostiques. Mais lorsqu'on se penche sur les caractéristiques psychologiques qui comptent véritablement, le rôle des gènes est largement indéterminé.

La plupart des caractéristiques importantes attribuées aux races humaines n'ont rien à voir avec leur génotype, mais sont des traits culturels. On a dit que certaines races étaient amicales, d'autres cruelles, d'autres encore intelligentes, ou stupides, ou sérieuses, ou retorses, ou travailleuses, ou paresseuses, ou méfiantes, ou rigides, ou émotives, ou impénétrables, et Dieu sait quoi encore. En fait, presque tous les traits que l'on peut attribuer à une personne ont servi à caractériser une race humaine ou une autre. Je n'ai jamais vu de confirmation scientifique d'aucune de ces qualifications, bien qu'il soit vrai que certaines populations présentent des caractéristiques culturelles bien définies, comme par exemple les puritains de la Nouvelle-Angleterre*, les Tziganes d'Europe, ou les populations noires des ghettos des grandes villes d'Amérique. Dans ce domaine, des faits incontestables sont difficiles à établir, car l'étude scientifique des différences biologiques mal vue, dans la mesure où elle pourrait conduire au racisme.

On pose parfois la question de savoir s'il est possible que l'espèce humaine se scinde un jour en plusieurs espèces. La réponse est négative. L'homme occupe toutes les niches écologiques qu'un animal de son type pourrait occuper, de l'Arctique aux tropiques. Lorsque des races se sont par hasard développées dans l'isolement géographique au cours des 100 000 dernières années, elles se sont facilement hybridées avec les autres races dès que le contact a été réétabli. Toutes les populations humaines d'aujourd'hui entretiennent trop de rapport les unes avec les autres pour que puisse s'établir un processus efficace d'isolement conduisant à la spéciation.

Alors, demande-t-on parfois, l'espèce humaine existant actuellement pourrait-elle évoluer en tant que tout en une espèce plus perfectionnée ? L'homme pourrait-il devenir un surhomme ? Là encore, on ne peut l'espérer. Bien entendu, il existe une abondante variation génétique au sein du génotype humain, mais les conditions actuelles sont très différentes de celles qui existaient lorsque certaines populations d'*Homo erectus* ont évolué en *Homo sapiens*. À cette époque, la structure de la population était celle des petites troupes, au sein desquelles s'est exercée une puissante sélection naturelle en faveur des caractéristiques qui ont finalement donné *Homo sapiens*. En outre, comme chez la plupart des animaux sociaux, une forte sélection de groupe régnait sans aucun doute.

L'homme moderne, en revanche, vit dans les structures de la société de masse, et rien ne laisse penser qu'il existe une sélection naturelle en faveur de certains génotypes supérieurs, ce qui permettrait à l'espèce humaine de s'élever au-dessus de ses capacités actuelles. En fait, de nombreux auteurs affirment au contraire que nous sommes actuellement en train de connaître une

* Les puritains de la Nouvelle-Angleterre, qui représentent un sixième de la population actuelle des États-Unis, sont les des descendants des 25 000 premiers colons anglais, venus s'établir dans le nord-est des États-Unis, entre 1620 et 1640, pour fuir les persécutions religieuses dont ils étaient l'objet en Angleterre, en raison de leur adhésion au protestantisme. [N.d.T.]

détérioration du patrimoine génétique collectif humain. Cependant, étant donné l'existence d'une abondante variabilité au sein de ce patrimoine, la détérioration génétique de l'espèce n'est pas un danger immédiat. Le problème le plus inquiétant et le plus menaçant pour l'avenir de l'humanité est la détérioration des systèmes de valeurs qui se manifeste dans la plupart des sociétés humaines (voir chapitre 12).

Mais que penser d'une sélection artificielle en faveur de génotypes supérieurs? Le cousin de Darwin, Francis Galton, avait été le premier à suggérer qu'au moyen d'une sélection appropriée on pourrait (et l'on devrait) améliorer l'humanité : c'est lui qui a inventé le terme d'« eugénisme ». De l'extrême gauche à l'extrême droite, un grand nombre de personnes ont alors adopté cet idéal, concevant l'eugénisme comme un moyen d'élever l'espèce humaine au niveau d'une plus grande perfection. C'est une triste ironie de l'histoire que cet objectif noble ait en fait conduit aux crimes les plus abominables qu'ait jamais connus l'humanité.

Seules des mesures eugéniques pourraient apporter une « amélioration » génétique radicale à l'espèce humaine, mais, pour de nombreuses raisons, cela est impossible. En premier lieu, nous ignorons tout des bases génétiques sous-tendant les caractéristiques non physiques de l'homme actuel ou futur sur lesquelles nous pourrions choisir d'intervenir. Deuxièmement, pour être florissante et bien équilibrée, la société humaine doit, à toute époque, représenter un mélange de nombreux génotypes différents; mais personne n'a la moindre idée de ce que pourrait être le « mélange » adéquat, ni comment en pratiquer la sélection. En définitive, et c'est encore plus important, les mesures qui devraient être prises pour mettre en pratique l'eugénisme sont tout simplement inacceptables au regard de la démocratie[11].

Le sens de l'égalité humaine

Comme dans toutes les populations qui se reproduisent sexuellement, il n'existe pas dans les populations humaines deux individus semblables. Chaque individu est une combinaison distincte de caractéristiques morphologiques, physiologiques et psychologiques, ainsi que de différents facteurs génétiques contribuant à les façonner. Il n'est pas douteux que le phénotype humain soit extrêmement plastique, notamment en matière de caractéristiques comportementales; mais les gènes interviennent aussi dans l'élaboration de la personnalité et du comportement humains. Certaines personnes sont congénitalement maladroites; d'autres ont une dextérité manuelle extraordinaire. Certains ont un talent mathématique particulier, quand d'autres en sont plus ou moins dépourvus. On a toujours admis que le talent musical était en grande partie inné.

En fait, on connaît peu de caractéristiques humaines pour lesquelles on ne puisse observer de variation génétique importante (polymorphisme) dans toutes les populations. C'est précisément cette diversité qui forme la base d'une société saine. Elle permet la division du travail, mais requiert aussi un système social donnant à chacun la possibilité de trouver la niche particulière qui lui convient le mieux au sein de la société[12].

La plupart des gens sont partisans de l'égalité et reconnaissent que cela signifie le même statut pour tous devant la loi et les mêmes chances pour tous. Cependant, l'égalité ne signifie pas une totale identité. La notion d'égalité est un concept social et éthique, non pas biologique. Si l'on ne tient pas compte de la diversité biologique humaine au nom de l'égalité, on ne peut faire que des erreurs; cette attitude a été, dans le passé et jusqu'à aujourd'hui, à la source de certaines entraves dans l'enseignement, en médecine et dans beaucoup d'autres secteurs de l'activité humaine.

Il est nécessaire de faire preuve d'une grande sensibilité et d'un sens élevé de la justice si l'on veut mettre en application le principe d'égalité en tenant compte de la diversité biologique humaine. Comme l'a fort justement dit Haldane (1949) : « On admet généralement que la liberté demande l'égalité des chances. On ne s'est pas rendu compte que cela demande aussi d'offrir toute une gamme de possibilités aux individus et de tolérer ceux qui ne se conforment pas aux normes pouvant être culturellement désirables, mais non essentielles au fonctionnement de la société. »

CHAPITRE 12

L'évolution peut-elle rendre compte de la morale ?

Le problème de l'origine de la morale est peut-être le domaine de réflexion qui a été le plus bouleversé par la révolution darwinienne de 1859. Avant Darwin, à la question : « D'où vient la morale humaine ? », on répondait traditionnellement qu'elle avait été donnée par Dieu. Bien entendu, les grands philosophes, d'Aristote à Spinoza et Kant, avaient réfléchi sur les questions corollaires : « Quelle est la nature de la morale ? » et « Quelle morale convient le mieux à l'humanité ? ». Darwin n'a pas contesté leurs conclusions sur ces sujets, mais il a récusé l'idée selon laquelle la morale avait Dieu pour origine.

Pour ce faire, il a avancé deux arguments. Premièrement, sa théorie sur la descendance d'ancêtres communs avait retiré à l'homme sa position particulière au sein du monde qui lui avait été attribuée aussi bien par les religions monothéistes que par les philosophes. Néanmoins, Darwin a admis que, en ce qui concerne la morale, il existe une différence fondamentale entre les hommes et les animaux. « Je suis complètement d'accord avec les auteurs qui affirment que, de toutes les différences entre l'homme et les animaux inférieurs, le sens moral ou la conscience représente, de loin, la plus importante » (1871 : 70). Cependant, puisque l'homme avait pour ancêtres des animaux, il fallait maintenant expliquer cette différence en termes d'évolution. Admettre une discontinuité entre l'homme et les animaux, c'était reconnaître qu'il y avait eu un saut évolutif, et Darwin était totalement opposé à une telle idée. Partisan du gradualisme, il affirmait que tout, même la morale humaine, avait dû apparaître graduellement au cours de l'évolution. Bien entendu, il considérait qu'une longue période (à présent estimée à 5 millions d'années au moins) s'était écoulée depuis que la lignée humaine s'était séparée de celle des grands singes. Cela avait laissé suffisamment de temps pour que les ancêtres de l'homme soient passés par tous les stades intermédiaires du développement de la morale.

Deuxièmement, sa théorie de la sélection naturelle avait éliminé toute intervention surnaturelle dans le fonctionnement de la nature, et elle s'opposait implicitement aux allégations de la théologie naturelle affirmant que tout, dans l'univers, y compris la morale humaine, avait été façonné par Dieu et était gouverné par ses lois. Après Darwin, les philosophes ont été confrontés à la délicate tâche de remplacer l'explication surnaturelle de la morale humaine par une explication matérialiste. Une grande partie de la littérature des cent trente dernières années sur le rapport entre la morale et l'évolution a été consacrée à la recherche d'une « éthique matérialiste », et plusieurs volumes sur ce sujet sont encore publiés chaque année, cent vingt-cinq ans après que Darwin a posé pour la première fois le problème en 1871.

Certains de ces auteurs ont été jusqu'à affirmer que l'étude de l'évolution serait susceptible non seulement de nous apprendre quelle est l'origine de la morale humaine, mais qu'elle pourrait aussi définir un ensemble de règles éthiques *absolues*. D'éminents évolutionnistes ont adopté une position plus modeste, avançant que la sélection naturelle, orientée vers la cible appropriée, pourrait peut-être conduire à une morale humaine dans laquelle l'altruisme et le souci du bien commun joueraient le rôle majeur. Les philosophes spécialistes de l'éthique insistent pour dire, et ils ont raison, que la science en général et la biologie évolutionniste en particulier n'ont pas vocation à définir les normes de l'éthique. Ajoutons toutefois qu'une morale authentiquement biologique, tenant véritablement compte aussi bien de l'évolution culturelle humaine que du programme génétique humain, pourrait être dotée d'une cohérence interne bien plus grande que les systèmes éthiques qui ignorent ces facteurs. Une morale qui tiendrait ainsi compte de la biologie ne serait pas tirée de l'évolution, mais compatible avec elle.

Traditionnellement, l'éthique est un sujet de conflit entre la science et la philosophie. La morale implique des valeurs ; or les scientifiques, affirment la plupart des philosophes, doivent s'occuper seulement de l'analyse des faits et laisser celle des valeurs à la philosophie. Mais les scientifiques soulignent que les connaissances nouvellement acquises sur les conséquences lointaines des actes posés par l'homme conduisent inévitablement à des considérations éthiques. Prenons, par exemple, le cas de l'explosion démographique ou celui de l'accroissement des rejets de gaz carbonique dans l'atmosphère ou celui de la destruction des forêts tropicales. Les scientifiques pensent qu'il est de leur devoir d'attirer l'attention sur ces problèmes et de faire des propositions sur les moyens de les maîtriser. Cela fait inévitablement appel à des jugements de valeur. Très souvent, c'est grâce à la compréhension du processus de l'évolution, et d'autres données scientifiques, que nous sommes en mesure de faire les choix les plus appropriés sur le plan de l'éthique, lorsque plusieurs options sont possibles.

L'origine de la morale humaine

Si la sélection naturelle ne fait que récompenser l'auto-intérêt, autrement dit le caractère égocentrique de tout individu, comment est-il possible que puisse se développer une morale fondée sur l'altruisme et sur le sens de la responsabilité pour le bien de la communauté en tant que tout? L'essai de T.H. Huxley *Evolution and Ethics* (1893) a été à l'origine de beaucoup d'idées erronées dans ce domaine. Huxley, qui croyait en des causes finales, n'acceptait pas la théorie de la sélection naturelle, et ses écrits n'ont pas du tout reflété le véritable darwinisme. Il estimait que la sélection naturelle n'agissait qu'au niveau de l'individu, et cela l'a conduit à penser qu'elle ne pouvait pas contribuer à promouvoir le «bien» à un niveau plus général. Étant donné ces conceptions erronées, il est malheureux que l'on considère souvent, et c'est encore le cas aujourd'hui, son essai sur la morale et l'évolution comme une référence faisant autorité.

Cependant, Huxley avait bien perçu, même de manière vague, que l'auto-intérêt de l'individu était, d'une certaine façon, en contradiction avec le «bien» défini au niveau social. Le principal problème posé à toute éthique humaine matérialiste est de résoudre l'énigme de l'existence de conduites altruistes chez des individus fondamentalement égoïstes. Un problème particulièrement aigu pour les darwiniens est celui de savoir comment la sélection naturelle pourrait avoir contribué à l'altruisme. La sélection ne récompense-t-elle pas toujours les individus complètement égoïstes?

Le long et vif débat qui se déroule depuis trente ans à ce sujet a révélé que, lorsque des auteurs emploient le terme d'«altruisme», ils entendent souvent des choses différentes. Manifestement, ce mot implique toujours une aide apportée à une autre personne. Mais est-ce que l'acte en question suppose toujours un préjudice pour l'altruiste? Lorsqu'un animal émet des signaux d'alarme pour prévenir les membres de son groupe de l'approche d'un prédateur, il se met sans conteste en danger, puisqu'il attire l'attention du prédateur sur lui. On définit généralement l'acte altruiste comme un «acte qui bénéficie à un autre organisme, et représente un coût pour celui qui le réalise, le coût et le bénéfice étant définis en termes de succès reproductif» (Trivers, 1985).

Cependant l'altruisme, dans le langage courant, ne se présente pas toujours dans le cadre d'un danger ou de quelque autre risque de dommages. Le philosophe Auguste Comte avait forgé ce terme pour désigner le souci du bien des autres. Par exemple, lorsqu'au cours d'une randonnée je secours une vieille dame qui vient de faire une chute, je réalise un acte altruiste ne comportant aucun danger en ce qui me concerne. Si « coût » il y avait, ce serait tout au plus qu'il m'aurait fait perdre quelques minutes. Nous connaissons tous des personnes généreuses et chaleureuses, qui ont plaisir à faire de bonnes actions de toutes sortes. Est-ce que toutes ces actions, qui ne comportent aucun « coût », ne relèvent pas aussi de l'altruisme ? Est-ce que le petit effort investi dans une bonne action représente un « coût » important ?

Je pense qu'on n'emploie pas le terme d'altruisme dans son sens normal si on le restreint aux seuls cas comportant un éventuel danger ou d'éventuels dommages pour l'altruiste. Si l'on essaye de voir dans quelle mesure la sélection naturelle aurait pu favoriser le développement de l'altruisme, il est important de bien distinguer entre ces divers comportements.

Darwin avait déjà aperçu une partie de la réponse, mais c'est seulement au cours des récentes années que l'on a bien compris qu'une personne peut être la cible de la sélection dans trois contextes différents : en tant qu'individu ; en tant que membre d'une famille (ou, plus exactement, en tant que reproducteur) ; et en tant que membre d'un groupe social. Dans le cas où l'individu est la cible, seules les tendances égoïstes seront récompensées par la sélection, comme l'avait vu Huxley. Mais dans les deux autres contextes, la sélection peut favoriser la tendance à se préoccuper des autres membres du groupe, c'est-à-dire qu'elle peut récompenser l'altruisme. Il est impossible d'interpréter les dilemmes éthiques qui se manifestent si souvent dans le cadre du comportement humain si l'on ne prend pas en compte ces trois contextes différents.

L'altruisme lié à l'adéquation adaptative globale

Une forme particulière d'altruisme très répandue chez les animaux est appelée l'altruisme lié à l'adéquation adaptative globale. Il s'observe surtout chez les espèces mettant en œuvre des soins parentaux ou chez celles qui forment des groupes sociaux composés principalement de familles au sens élargi. Il s'agit par exemple de la défense des rejetons par leur mère et quelquefois par leur père ; de la tendance à protéger ou à prévenir d'un danger les proches apparentés ; de l'acceptation de partager la nourriture avec ces derniers ; et d'autres comportements à l'évidence bénéfiques pour ceux qui en sont les destinataires, et au moins virtuellement préjudiciables pour ceux qui les réalisent.

Comme cela a été souligné par Haldane, Hamilton et de nombreux sociobiologistes, de tels comportements sont généralement favorisés par la sélection naturelle, parce qu'ils augmentent, au sein de la population, la représentation du génotype possédé en commun par l'altruiste et les destinataires du comportement, c'est-à-dire ses rejetons et ses proches apparentés. Autrement dit, selon une formule consacrée, ces comportements augmentent l'adéquation adaptative globale de l'altruiste. Lorsque la composition en gènes de la génération suivante est ainsi affectée par les actes de certains individus en faveur de leurs proches apparentés, on parle de sélection de parentèle.

Les soins parentaux représentent l'exemple le plus évident de l'altruisme qui augmente l'adéquation adaptative globale. Dans la mesure où un comportement se traduit par un bénéfice global pour le génotype de l'altruiste, il est, à strictement parler, égoïste, et non pas altruiste. La littérature sociobiologique rapporte des centaines de cas d'actes apparemment altruistes, qui augmentent en réalité l'adéquation adaptative globale et sont donc, en définitive, égoïstes du « point de vue » du génotype.

L'altruisme lié à l'adéquation adaptative globale est l'un des grands sujets de controverse actuelle dans la littérature contemporaine sur l'évolution. Certains auteurs semblent penser que tous les aspects de la morale humaine se ramènent plus ou moins à de l'altruisme lié à l'adéquation adaptative globale. D'autres estiment que, lorsque la véritable morale humaine est apparue, elle a complètement supplanté cet altruisme. Pour ma part, je défends un point de vue intermédiaire de ces deux extrêmes. J'aperçois des restes de l'altruisme lié à l'adéquation adaptative globale dans certains comportements des êtres humains, comme l'amour instinctif de la mère pour ses enfants ou les attitudes que nous tendons à adopter face aux étrangers, différentes de celles que nous réservons aux membres de notre propre groupe. La plupart des règles morales énoncées dans l'Ancien Testament sont marquées par cet héritage. Cependant, il me semble que l'altruisme lié à l'adéquation adaptative globale ne représente qu'une petite partie du système moral humain, tel qu'il existe aujourd'hui, et je pense que cet altruisme se traduit surtout par l'amour des parents pour leurs enfants.

Darwin était parfaitement conscient de l'existence de l'adéquation adaptative globale. À propos du sacrifice de certains individus aux facultés supérieures au sein d'une tribu, il a écrit (1871 : 161) : « Si les facultés mentales supérieures de ces hommes étaient transmissibles à leurs enfants, il est probable que naîtraient alors des membres de la tribu encore plus ingénieux, et, dans une très petite tribu, ces chances seraient incontestablement élevées. Même s'ils ne laissaient pas d'enfants, la tribu compterait néanmoins leurs apparentés parmi ses membres. » Or ceux-ci, a expliqué Darwin, possédaient un patrimoine génétique semblable à celui des hommes en question.

Les pressions de sélection qui conduisent à l'expansion de l'altruisme lié à l'adéquation adaptative globale se rencontrent non seulement chez les peuples primitifs, mais aussi chez tous les animaux sociaux chez lesquels la famille au sens large forme le noyau des groupes sociaux. Chez les animaux sociaux, les individus présentent une remarquable aptitude à reconnaître et à favoriser leurs apparentés, comme Darwin l'a souligné à de multiples reprises : « Les comportements sociaux instinctifs ne s'appliquent jamais indistinctement à tous les individus de la même espèce » (1871 : 85). Pat Bateson (1983) a bien montré expérimentalement que certains animaux ont une perception précise de leurs relations d'apparentement avec les congénères qu'ils côtoient.

L'altruisme réciproque

L'acquisition de comportements altruistes liés à l'adéquation adaptative globale est beaucoup moins probable chez les animaux solitaires comme le léopard que chez les animaux sociaux. Ces conduites sont limitées, chez les premiers, au comportement de la mère à l'égard de ses petits. Il existe une exception à cette notion selon laquelle les animaux solitaires ne pratiquent pas l'altruisme, sauf à l'égard de leurs rejetons : il s'agit des cas d'altruisme réciproque, c'est-à-dire des interactions mutuellement bénéfiques à des individus non apparentés. Un exemple typique est celui des poissons qui débarrassent d'autres gros poissons prédateurs de leurs parasites externes. Un autre en est l'alliance qu'entretiennent deux individus dans leurs batailles communes à l'encontre d'un tiers.

En réalité, le terme d'altruisme est utilisé ici dans un sens large, car le prétendu altruiste bénéficie toujours sur-le-champ du « remboursement » de son acte ou s'attend a en bénéficier à plus long terme. Les interactions réciproques de ce type, particulièrement chez les primates, impliquent toujours un raisonnement du genre : « Si j'aide cet individu dans ses batailles, il m'aidera lorsque je serai à mon tour engagé dans un combat. » En d'autres termes, un tel comportement est fondamentalement égoïste, plutôt qu'altruiste.

L'altruisme réciproque consiste simplement en des bénéfices (ou des échanges de faveur) mutuels. Ces bénéfices peuvent cependant être subtils, comme lorsqu'un philanthrope reçoit l'approbation, le respect et l'admiration de concitoyens en échange de dons charitables, ou lorsqu'un scientifique reçoit le prix Nobel ou une autre distinction pour ses brillants apports à sa discipline. Il est très important pour le progrès de la société de récompenser les actes des individus qui bénéficient à tous à long terme. Nous acceptons comme allant tout à fait de soi de récompenser les grandes réussites dans le domaine du sport : seuls les athlètes hors pair décrochent les médailles olympiques. Mais il faut se rappeler que les grandes réalisations de l'humanité ont été le fait de moins de 1 % de la totalité de la population humaine. Sans récompenses ou système de reconnaissance pour les brillants apports, notre société ne tarderait pas à se désintégrer, comme il est arrivé à ces sociétés marxistes fondées sur le principe de la rétribution égale pour tous.

Les comportements altruistes ne supposent pas tous d'être récompensés. On sait qu'il existe des actes d'altruisme pour lesquels l'altruiste n'attend pas, ni même ne désire, de récompense quelle qu'elle soit. S'il est pratiqué régulièrement, l'altruisme réciproque, on l'a dit, peut faciliter les actes de pur altruisme, pour lesquels il n'est pas attendu de « retour » pour l'individu ou ses proches apparentés. L'une des racines de la morale humaine a donc peut-être été l'altruisme réciproque pratiqué chez nos ancêtres préhumains.

L'émergence de l'altruisme véritable

Au-delà de l'altruisme lié à l'adéquation adaptative globale et de l'altruisme réciproque, tous deux apparus évolutivement par le biais de pressions de sélection sur l'individu, la genèse de la morale humaine s'est également réalisée d'autres façons, plus importantes encore : il s'agit de l'apparition de normes et de comportements éthiques, sous l'influence de pressions sélectives ayant eu pour cible les groupes humains liés par leur culture. Ainsi que Darwin l'avait parfaitement compris, une sélection de groupe assez puissante s'est exercée tout au long de l'histoire hominidée [1]. Contrairement à la mise en œuvre de la sélection individuelle, celle de la sélection de groupe peut récompenser l'altruisme véritable et tous les autres actes qui renforcent le groupe, même aux dépens de l'individu. L'histoire l'a montré à de multiples reprises : les comportements qui contribuent le plus à l'épanouissement d'un groupe humain en tant que tout (et donc d'une culture) tendent généralement à être préservés au fil des générations, de même que les normes comportementales allant dans ce sens sont généralement celles qui perdurent le plus longtemps. En d'autres termes, le comportement éthique des êtres humains est adaptatif [2].

La plupart des associations (groupes) d'animaux ne peuvent constituer des cibles pour la sélection. Les exceptions à cette règle sont représentées par ce que l'on appelle les animaux sociaux, chez lesquels on trouve des phénomènes de coopération. Bien entendu, tous les rassemblements d'animaux ne sont pas pour autant des groupes sociaux. Par exemple, les bancs de poissons ou les vastes troupeaux d'ongulés africains migrateurs ne peuvent prétendre à cette dénomination.

L'espèce humaine constitue l'exemple par excellence des animaux sociaux. Les premiers groupes d'hominidés – qui correspondaient à des famille élargies – n'ont fait que confirmer la structure en troupe trouvée chez les primates sociaux. Les jeunes femelles ou les jeunes mâles quittaient probablement leur troupe et en rejoignaient d'autres, mais, par ailleurs, le comportement du groupe reflétait les phénomènes d'altruisme liés à l'adéquation adaptative globale. Pour que la famille élargie ou la petite troupe évolue en une société plus vaste et plus ouverte, il a fallu que l'altruisme réservé aux proches apparentés soit étendu aux non-apparentés. On peut apercevoir l'esquisse d'un comportement authentiquement altruiste chez d'autres primates vivant en groupes (par exemple, les babouins) : des échanges interviennent entre individus non apparentés[3].

Au cours de l'évolution humaine, certains hominidés ont dû se rendre compte qu'une grande troupe avait plus de chances qu'un petit groupe ne comprenant qu'une famille élargie d'être victorieuse dans un conflit avec une autre troupe. Peut-être qu'une horde possédant une belle grotte, un beau point d'eau ou un terrain de chasse prometteur se révélait attirante pour des individus extérieurs qui désiraient profiter de ces ressources. Pour la horde en question, il était sélectivement avantageux d'être épaulée par une force de travail supplémentaire, même si l'élargissement du groupe demandait qu'on se soucie désormais d'apparentés éloignés ou de non-apparentés. Autrement dit, il fallait dans ces conditions que l'altruisme soit désormais étendu au-delà de la sphère de l'adéquation adaptative globale. En définitive, des normes culturelles de comportement ont été établies à l'égard des non-apparentés, afin de contrebalancer les tendances égoïstes fondamentales des individus faisant partie de la troupe et de les contraindre à un altruisme qui puisse bénéficier directement au groupe en tant que tout. En définitive, la plupart des membres de la troupe y ont trouvé avantage, leur épanouissement individuel étant directement lié à celui du groupe (bien entendu, certains n'en bénéficiaient pas, comme les individus qui périssaient au cours des guerres).

Pour que des normes valables pour le groupe puissent être mises en œuvre, il a fallu que le cerveau humain acquière par évolution une capacité de raisonnement suffisante. La co-évolution du cerveau et du groupe social vers de plus grandes dimensions a rendu possible l'apparition de deux nouveaux aspects du comportement éthique : 1) la sélection naturelle, par le biais de la sélection de groupe, a pu récompenser certains traits non égoïstes qui bénéficiaient au groupe, même s'ils étaient néfastes pour un individu donné, et 2) les êtres humains, grâce à leurs nouvelles capacités de raisonnement, ont pu délibérément choisir de se comporter de façon éthique plutôt que de manière égoïste, et ne plus se fonder uniquement sur les instincts liés à l'adéquation adaptative globale. Le comportement éthique est fondé sur une pensée consciente qui opère des choix délibérés. Le comportement altruiste d'une mère, chez les oiseaux, ne se fonde pas sur un choix; il est instinctif, et non pas éthique. Simpson (1969 : 143) a déclaré clairement : « L'homme est le seul organisme obéissant à une éthique, dans le plein sens de ce terme; et il n'existe pas d'éthique véritable en dehors de celle de l'homme. » Le passage adaptatif de l'altruisme instinctif fondé sur l'adéquation adaptative globale à une éthique de groupe fondée sur des décisions conscientes a peut-être représenté l'étape la plus importante du processus d'hominisation.

Pour être qualifié d'éthique, un comportement doit être réalisé dans les conditions suivantes, selon Simpson (1969) : 1) il doit exister des possibilités alternatives; 2) la personne qui réalise le comportement en question doit être capable de juger les autres possibilités en termes éthiques; 3) elle doit être libre de choisir ce qu'elle juge être éthiquement bon. Autrement dit, le comportement éthique dépend clairement de la capacité des individus à prévoir les résultats de leurs actes et à admettre leur responsabilité individuelle dans ce domaine. Il s'agit là de la base sur laquelle est apparu le sens moral, et sur laquelle il continue à être mis en pratique.

Ayala (1987) a exprimé à peu près la même chose lorsqu'il a dit que les êtres humains manifestent un comportement éthique parce que leur constitution neurobiologique les dote des trois capacités nécessaires et suffisantes pour ce faire. Il s'agit de : 1) l'aptitude de l'individu à anticiper les conséquences de ses propres actes; 2) l'aptitude à formuler des jugements de valeur; 3) l'aptitude à choisir entre des modalités d'action alternatives.

Tandis qu'un animal agit par instinct, un être humain possède la capacité de procéder à des choix, et cette différence délimite la sphère de l'éthique. Les sentiments de culpabilité, de mauvaise conscience, de remords, de peur ou, au contraire, de commisération ou de satisfaction, qui accompagnent généralement la réalisation d'actes susceptibles d'être jugés sur le plan moral, montrent bien que les comportements humains éthiques ou non éthiques sont de nature consciente. En conclusion, on peut donc dire que l'acquisition du comportement éthique a ainsi été étroitement corrélée à l'apparition par évolution d'autres caractéristiques humaines, comme la prolongation de la durée de la petite enfance et de la jeunesse, et par suite, de celle des soins parentaux; à la tendance à l'agrandissement des troupes d'hominidés au-delà de la famille élargie; et au développement des traditions tribales et de la culture (voir chapitre 10). Il est globalement impossible de démêler, au sein de cette intrication de phénomènes, ce qui a représenté des causes et ce qui a représenté des conséquences.

Comment une culture donnée acquiert-elle ses normes éthiques particulières?

Les philosophes débattent cette question depuis Aristote, Spinoza et Kant jusqu'à aujourd'hui. Citons les deux réponses les plus largement entendues, avant l'ère darwinienne : les normes morales ont été données par Dieu; ou bien, elles ont découlé uniquement de la raison humaine (elle-même donnée par Dieu).

Darwin s'est demandé s'il ne fallait qualifier d'éthiques ou de moraux que les seuls actes résultant d'une soigneuse délibération – autrement dit, résultant de la raison – ou si l'on pouvait également appeler ainsi les actes de courage ou de charité, accomplis de façon impulsive ou « instinctive ». Il a pensé que l'aspect délibératif était une importante caractéristique des actes moraux, et a défini l'individu moral de la façon suivante : « C'est un individu qui est capable d'évaluer ses actes ou ses mobiles passés ou futurs, et de les juger positifs ou négatifs. » Cependant, il a estimé aussi que les actes éthiques étaient des comportements quasi automatiques exprimant un « instinct social » qui existait chez tous les animaux sociaux. Cette solution ne faisait que soulever une autre question, celle de savoir comment et pourquoi était apparu l'instinct social dans l'évolution.

Bertrand Russell a conçu des idées similaires, qu'il a exprimées de façon plus nette. Il a estimé que « le bien peut être objectivement défini [...] : il s'agit des actes qui desservent au mieux l'intérêt du groupe. L'observation de toutes les normes éthiques mises en œuvre de par le monde montre que les groupes chez lesquels les intérêts égoïstes des individus ont été jusqu'à un certain point subordonnés aux intérêts de la communauté sont les groupes qui ont le mieux réussi. » Cette définition proposée par Russell est plus satisfaisante que celle de Darwin, parce qu'elle se réfère au succès différentiel des groupes humains en fonction de leur culture. Certains de ces groupes ont possédé des normes morales qui ont augmenté leurs probabilités de succès (autrement dit, leur longévité). D'autres ont été dotés de normes morales mal adaptées qui les ont conduits à une rapide extinction.

On peut, en effet, facilement imaginer d'hypothétiques scénarios dans lesquels le système de valeur propre à un groupe conduit à sa prospérité et à son accroissement numérique, ce qui, à son tour, peut déboucher sur une guerre d'extermination des voisins, autrement dit sur le génocide des vaincus et l'appropriation de leurs territoires par les vainqueurs. Dans ce genre de scénario, l'altruisme interne au groupe, de même que tous les autres comportements qui le renforcent relativement aux autres groupes, est susceptible d'être, au cours du temps, récompensé par la sélection, tandis que les tendances à la dissension à l'intérieur du groupe peuvent entraîner son affaiblissement et le conduire, au bout d'un certain temps, à l'extinction. C'est ainsi sans doute que le système éthique de tout groupe social ou tribu s'est modifié continuellement par essais et erreurs, succès et échecs, de même que par l'influence occasionnelle de certains chefs.

Suivant les circonstances, la nature de ce que l'on reconnaît comme moral et de ce que l'on pense être le plus approprié pour son groupe peut varier. Wilson (1975) a rappelé quelles modifications se sont produites dans le système de valeurs des Irlandais pendant la grande famine liée à la crise de la pomme de terre (1846-1848) ou dans celui des Japonais pendant l'occupation américaine après la Seconde Guerre mondiale. Les grandes différences que l'on peut observer d'une tribu à l'autre en ce qui concerne l'infanticide, la liberté sexuelle, la notion de propriété et la légitimité de l'agression illustrent bien la plasticité des normes éthiques en fonction des cultures. En fait, il pourrait même être néfaste que toutes les sociétés humaines possèdent des normes identiques. Un taux élevé de naissances peut être considéré comme éthique dans une tribu primitive chez laquelle règne un taux de mortalité élevé ; en revanche, dans un pays surpeuplé, la restriction des naissances à un ou deux enfants est bénéfique, non seulement pour le groupe en tant que tout, mais aussi pour la famille individuelle. Dans une société rurale, il peut être extrêmement souhaitable que tous les membres de la famille élargie vivent ensemble, mais cela peut conduire à d'interminables querelles dans des conditions urbaines où la densité de population est élevée.

D'une culture à l'autre, on ne donne pas non plus la même préséance aux normes éthiques. Par exemple, le gouvernement chinois actuel accorde peu de considération à la notion des droits de l'homme. Les diplomates américains qui négocient avec eux ne comprennent visiblement pas cette attitude : nos représentants semblent croire que le monde entier s'accorde sur une seule et unique façon de donner la préséance aux mêmes normes éthiques. En fait, chaque culture a sa façon propre de classer les normes éthiques par rang de préséance, et cela constitue l'un des thèmes figurant dans l'enseignement de la morale dispensé aux jeunes.

Les philosophes occidentaux ont essayé de dépasser cette relativité de l'éthique en proposant divers étalons universels en fonction desquels comparer et classer les valeurs. La règle d'or en est un exemple, de même que la règle utilitariste selon laquelle, pour juger d'une norme donnée, il faut voir dans quelle mesure elle contribue au plus grand bien du plus grand nombre. On considère depuis longtemps la vérité comme une valeur dépassant toutes les autres. De même, la justice est une norme éthique de rang élevé dans la culture occidentale, bien que personne ne semble d'accord sur ce qu'il faut considérer comme juste et équitable. Dans les récentes années, on a entendu dire qu'il fallait accorder la priorité à tout ce qui pouvait donner sens à la vie de l'individu.

On peut apercevoir une corrélation entre le contenu de la morale et la dimension du groupe à laquelle elle est associée. Dans les sociétés primitives, il semble exister une taille optimale pour les groupes sociaux. Quand ils deviennent trop grands, les chefs paraissent perdre toute possibilité de les régenter, et les groupes se scindent. On a observé ce phénomène dans les tribus d'Indiens d'Amérique du Sud, et dans le cas des animaux sociaux. D'un autre côté, quand un groupe est trop petit, il devient vulnérable aux attaques des concurrents. Avec l'arrivée de l'agriculture, il y a 10 000 à 15 000 ans, la dimension des groupes a pu s'accroître au-delà de celle des tribus primitives : les nouvelles disponibilités en nourriture ont favorisé une croissance démographique, et un plus grand groupe était mieux à même de se protéger contre les pillards. Mais tandis que la dimension du groupe augmentait, de nouveaux conflits éthiques sont apparus. Un changement du système de valeurs était inévitable : ainsi, les droits de propriété sont devenus prioritaires.

À mesure que la dimension des groupes sociaux a augmenté, et particulièrement après l'essor des villes et l'apparition de l'État, diverses strates sociales se sont développées au sein de chaque société. Chacune de ces strates a tendu à se caractériser par ses propres idées éthiques. On peut se poser la question de savoir dans quelle mesure cela a été inévitable et peut-être même plus ou moins désirable. Lorsque ce système a débouché sur de choquantes inégalités, comme cela a été le cas dans la plupart des sociétés féodales, cela a conduit tôt ou tard à des révolutions. La lutte pour la démocratie et pour le principe d'égalité a constitué, en Occident, une réaction aux injustices sociales de l'ère précédente.

Au sein de certaines sociétés, les valeurs auxquelles adhèrent les individus sont homogènes dans tout le groupe, tandis que dans d'autres, les normes morales diffèrent d'un sous-groupe à l'autre. Par exemple, dans la société américaine contemporaine, qui connaît une grande diversité sur le plan de l'éthique, il existe toutes sortes de points de vue distincts sur le droit d'avorter, les droits des homosexuels, les droits des patients en phase terminale, ou bien encore sur la peine de mort.

Raison ou survie aléatoire?

Comment une culture donnée a-t-elle acquis ses normes éthiques? Ces dernières ont-elles été instituées sous l'égide de la raison, ou bien sont-elles là simplement parce qu'il y a eu une survie aléatoire des groupes ayant le système éthique le plus adaptatif? La grande diversité des normes morales observables dans les tribus primitives semblerait indiquer qu'elles ont simplement résulté du hasard. Mais lorsque nous comparons les grandes religions et philosophies, y compris celles de la Chine et de l'Inde, nous découvrons que leurs codes éthiques sont remarquablement semblables, en dépit de leurs histoires largement indépendantes. Cela suggère que les philosophes, les prophètes ou les législateurs responsables de ces codes ont dû soigneusement étudier leur société, et appliquant leur capacité de raisonnement à leurs observations, ont dû décider quelles normes étaient bénéfiques et lesquelles ne l'étaient pas. Il ne fait guère de doutes que celles qui ont été proclamées par Moïse ou par Jésus (lors de son Sermon sur la montagne) résultaient dans une large mesure du raisonnement. À partir du moment où elles ont été adoptées, elles ont désormais fait partie de la tradition culturelle et ont été transmises par l'enseignement et par l'exemple de génération en génération.

Selon certains auteurs, tout acte éthique réalisé par un être humain résulte fondamentalement d'une analyse rationnelle coût-bénéfice. Selon d'autres, il s'agit de l'expression quasi instinctive de ce que Darwin appelait un « instinct social ». À mon avis, la vérité doit se situer quelque part entre ces deux extrêmes. Il est évident que nous n'élaborons pas de norme morale particulière à chaque fois que nous rencontrons un problème éthique. Dans la plupart des cas, nous prenons notre décision en appliquant automatiquement les normes traditionnelles de notre culture. C'est seulement lorsque existe un conflit entre plusieurs normes que nous entreprenons une analyse rationnelle.

Mais comment chaque individu au sein d'une culture acquiert-il ces normes traditionnelles? Quels sont les rôles respectifs de l'« inné » et de l'« acquis » dans le développement du sens moral?

Comment l'individu acquiert-il la morale?

Avec l'essor de la génétique au cours de ce siècle, on s'est de plus en plus souvent posé la question : « Le sens moral est-il inné ou acquis? » Les behavioristes ont estimé qu'à la naissance notre psychisme est équivalant à une *tabula rasa*, et que tous nos comportements sont le résultat de l'apprentissage. Les éthologistes, et particulièrement les sociobiologistes, par contraste, ont accordé une grande importance au programme génétique dans la mise en place des comportements. Sur quelles données ces groupes de chercheurs se sont-ils appuyés?

Les behavioristes ont mis en avant une impressionnante série de faits prouvant le caractère non inné de la plus grande partie des comportements éthiques de l'homme. Cette série est extrêmement variée et comprend les observations suivantes : 1) On rencontre des morales extrêmement différentes d'un groupe ethnique ou d'une tribu à l'autre. 2) La morale peut s'effondrer complètement dans le cadre de certains régimes politiques ou après des désastres économiques. 3) Au sein de nombreuses sociétés, des minorités sont souvent en butte à des comportements amoraux et brutaux, comme cela a été particulièrement le cas avec les esclaves. 4) Durant les guerres, on observe de nombreuses manifestations d'insensibilité, par exemple lors des bombardements délibérés de populations civiles. 5) Les enfants qui ont été privés de mère ou de substitut maternel pendant une période critique dans la petite enfance ou qui ont été violentés sexuellement présentent de graves troubles du caractère.

Ce type d'observations a conduit les behavioristes à nier l'existence de la moindre composante innée dans les comportements moraux et à penser que ceux-ci résultent du raisonnement, sur la base d'apprentissages répondant à certains contextes environnementaux. Leurs adversaires ont, au contraire, défendu l'existence d'une importante contribution génétique à ces comportements.

Toutes les données accumulées au cours des récentes décennies indiquent que les valeurs auxquelles adhèrent les individus résultent à la fois de tendances innées et de l'apprentissage. De loin, la plus grande partie est acquise par l'observation et par l'enseignement délivré par les autres membres du groupe. Cependant, les individus semblent beaucoup différer dans leur aptitude à acquérir les normes éthiques de leur culture. L'influence de l'hérédité semble surtout porter sur cette aptitude plus ou moins grande. Plus elle est grande chez un individu, plus il adoptera facilement cette seconde série de normes éthiques qui vient s'ajouter (et en partie remplacer) les normes biologiquement héritées, fondées sur l'égoïsme et l'adéquation adaptative globale.

Certains individus, dès l'enfance, semblent méchants, brutaux, égoïstes, malhonnêtes, etc., quand d'autres se montrent de véritables petits anges dès le début : ils ont bon cœur et sont complètement dépourvus d'égoïsme; on peut toujours compter sur eux, ils sont coopératifs et profondément honnêtes. Les études d'adoption, et celles menées sur les jumeaux, mettent en évidence une contribution importante de la génétique dans ces différentes dispositions. Les recherches sur la psychologie des enfants ont également révélé que les traits de personnalité chez les nouveau-nés et les très jeunes bébés répondent à une gamme de variantes. La plupart de ces traits ne changent pas durant l'adolescence[4].

Il est généralement difficile de démontrer qu'un trait donné est héritable. Curieusement, cette démonstration semble plus facile à établir pour les « mauvais » traits que pour les « bons ». Darwin a cité le cas de la kleptomanie, qui s'était manifestée de façon récurrente chez plusieurs générations successives de familles très riches; cela prouvait, selon lui, que certains comportements contraires à l'éthique présentaient une héritabilité élevée. Chez un certain nombre de psychopathes, il est souvent possible d'invoquer une prédisposition génétique. En outre, l'universalité de l'agressivité chez les animaux qui défendent leur territoire et chez presque tous les primates (elle est d'ailleurs peut-être moindre chez le gorille) laisse à penser qu'il existe chez l'homme une tendance innée à l'agressivité. La triste confirmation de cet héritage se trouve dans le niveau effroyablement élevé de la criminalité, dans les violences domestiques et autres actes agressifs entre humains, qui existent dans le monde aujourd'hui. Cependant, comme Darwin l'a dit fort justement : « Si les mauvais penchants se transmettent héréditairement, il est probable que cela doit être aussi le cas des bons » (1871 : 102).

Cependant, l'hérédité n'est pas le seul facteur à entrer en jeu. De récentes études ont montré que l'ordre de naissance affecte certains traits de caractères tels que la tendance à occuper le rôle de chef de file, la créativité, les tendances conservatrices, etc.[5]. De nombreuses recherches seront encore nécessaires pour que l'on parvienne à identifier correctement parmi les traits « moraux » humains ceux qui possèdent une forte détermination génétique et ceux qui sont largement dépendants de l'apprentissage après la naissance.

Un programme comportemental ouvert

Pour qu'un enfant grandisse en harmonie avec le système éthique propre à sa culture, il est nécessaire qu'existe une prédisposition innée à acquérir des normes éthiques (c'est la part de l'inné) et qu'il soit exposé à ces normes (c'est la part de l'acquis). De nombreuses études ont conduit à la conclusion que les normes éthiques sont en grande partie apprises durant la petite enfance et la jeunesse. Je suis assez enclin à adhérer à la thèse de Waddington (1960) selon laquelle cet apprentissage est d'un type très particulier, semblable à celui de l'« empreinte » chez les animaux, si bien décrit par les éthologistes et illustré par l'attachement de la jeune oie à sa mère.

Les êtres humains se distinguent de tous les autres animaux par le caractère extrêmement ouvert de leur programme de comportement. Cela veut dire qu'un grand nombre des comportements visant à atteindre un but ne sont pas instinctifs, autrement dit, qu'ils ne font pas partie d'un programme clos, mais sont acquis au cours de la vie. Tout comme la « forme » de la mère oie « s'imprègne » dans le programme de comportement de la jeune oie après l'éclosion, les normes éthiques et les valeurs auxquelles adhèrent les êtres humains sont mises en place au sein du programme de comportement ouvert du jeune enfant. L'accroissement du volume du cerveau et l'augmentation de sa capacité de stockage ont permis de remplacer un nombre limité de réponses déterminées à l'environnement par une aptitude à emmagasiner un très grand nombre de normes de comportements acquis. Cela a permis une flexibilité beaucoup plus grande et un ajustement bien plus précis. Comme l'a proposé Waddington : « Le bébé humain naît probablement doté d'une certaine capacité innée à acquérir des normes éthiques, mais sans que celles-ci soient spécifiées dans le détail » (1962 : 126).

Darwin avait noté qu'il existe une capacité d'apprentissage du type de l'« empreinte » dans la petite enfance : « Il est intéressant de remarquer qu'une croyance fortement inculquée dans le très jeune âge, à un moment où le cerveau est très impressionnable, semble presque acquérir les caractéristiques d'un instinct.» Selon le grand biologiste britannique, cette disposition à l'«endoctrinement» expliquerait non seulement que les normes éthiques soient largement adoptées, au sein d'une société donnée, mais aussi que soient acceptées sans discussion d'«absurdes règles de conduites», comme on le constate fréquemment dans de nombreuses cultures (1871 : 99-100).

Les psychologues qui étudient l'apprentissage ont démontré que l'on apprend plus facilement certaines choses que d'autres. Un animal dont l'olfaction est le sens prépondérant apprend à discriminer les odeurs plus facilement qu'un animal dont le sens prépondérant est la vision, et vice versa. On peut donc avancer l'hypothèse suivante : si des normes morales particulières ont facilité la survie de certains groupes durant l'histoire des hominidés, cela a pu favoriser, au sein du programme ouvert, la mise en place sélective de structures cérébrales facilitant le stockage des normes de comportement en question. On ignore aujourd'hui dans quelle partie du cerveau ce type d'information pourrait être stockée et comment elle pourrait être retrouvée dans les circonstances appropriées.

Tous les psychologues spécialistes des enfants savent avec quelle ardeur les enfants attendent qu'on leur fournisse des informations nouvelles, y compris des règles normatives, et avec quelle facilité ils sont prêts à les accepter[6]. Le système de valeurs auquel adhère une personne dépend largement de ce qu'il a intégré dans son programme ouvert durant son jeune âge. C'est la vaste capacité de ce programme ouvert chez les êtres humains qui rend l'éthique possible. Et, dans des circonstances normales, les fondations posées au cours de la petite enfance durent toute la vie.

Si la théorie de Waddington est exacte, il s'ensuit que l'éducation éthique reçue dans l'enfance est de la plus grande importance. On a accordé récemment une importance exagérée à ce que l'on a appelé la liberté de l'enfant : celui-ci était supposé développer son propre sens du «bien». Nous nous sommes alors gaussés des leçons de morale délivrées dans les livres pour enfants et on a réduit au minimum l'éducation morale à l'école. Tout cela peut ne poser aucun problème si les parents assument leur rôle correctement, mais cela peut aussi conduire au désastre dans le cas inverse. Puisque nous comprenons mieux à présent la façon dont les êtres humains acquièrent les normes morales, ne serait-il pas temps d'accorder de nouveau une plus grande place à l'éducation morale? Il est particulièrement important de commencer cette éducation le plus tôt possible. Le jeune enfant accepte très bien l'autorité et assimile facilement les normes qu'on lui propose. Une demi-heure d'éducation morale par jour à l'école primaire pourrait ainsi avoir un très grand impact, tandis qu'il serait bien moins efficace de dispenser des cours de morale dans l'enseignement supérieur, ainsi qu'un président d'université l'a récemment demandé avec insistance.

Nous vivons à une époque où les valeurs sont en train de changer, et la plupart des vieilles générations déplorent l'effondrement actuel de la morale. Comment ne pas penser que ce phénomène résulte d'une détérioration de l'instruction éthique dispensée à nos jeunes ? Une bonne éducation morale incite à assumer la responsabilité de ses actes, et à se demander constamment, dès l'enfance, si son propre comportement se conforme aux valeurs les plus élevées de la société. On donne généralement le nom de « conscience morale » à cet auto-examen qui exerce une puissante contrainte sur le comportement.

Une grande partie de la littérature sur l'éthique écrite de nos jours est pessimiste, voire désespérante. Les partisans du déterminisme génétique sont tellement impressionnés par le « mauvais » héritage de l'homme en matière d'agressivité (*das sogenannte Böse* [« ce que l'on appelle le mal »], comme l'a nommé Lorenz [1966]) qu'ils doutent que le « bon » héritage n'arrive jamais à reprendre le dessus. Dans l'autre camp, les psychologues et les éducateurs, qui croient à la prépondérance des influences de l'environnement sur l'hérédité, sont désespérés, parce que l'enseignement éthique du « bien » ne semble porter aucun fruit, en dépit de sa présentation rationnelle. Ces pédagogues semblent ignorer la théorie de Waddington, qui affirme, nous l'avons vu, que les normes éthiques doivent être enseignées le plus tôt possible dans la petite enfance, par des procédés du type de l'« empreinte ». En tout cas, on peut vérifier que l'éducation morale est réellement efficace lorsqu'on voit que, dans de nombreuses communautés religieuses, comme les mormons, les mennonites ou les adventistes du Septième Jour, les taux de criminalité sont très faibles. On pourrait sans doute améliorer considérablement l'état actuel des choses si l'on décidait de renforcer l'éducation éthique et de la dispenser dès le plus jeune âge possible.

Un petit nombre de lecteurs vont sans doute sourire devant ces propositions aux allures peut-être démodées. Est-ce là ce que la science peut offrir de mieux ? vont-ils demander. Pour ma part, je suis tout à fait sérieux. J'ai consulté les livres scolaires, analysé les contes pour enfants et regardé quelques émissions télévisées. Le plus souvent, ces émissions visent à distraire et, lorsqu'elles ont un contenu éducatif, à transmettre des informations de la façon la plus légère possible. Une instruction morale est parfois dispensée dans le cadre d'émissions du réseau public, mais bien trop rarement. Pourquoi ? Parce que, nous dit-on, on ne doit pas faire de « lavage de cerveau » chez les enfants sous peine d'atteindre à leur liberté personnelle. On nous dit encore que les messages moralisateurs ne sont pas distrayants et qu'ils ne se « vendent » donc pas bien. Personnellement, je ne vois pas comment, dans une culture donnée, on peut parvenir à un niveau élevé de comportement éthique s'il n'existe pas de volonté d'atteindre cet objectif.

Quel système moral convient le mieux à l'humanité?

Les grands problèmes auxquels l'humanité a dû traditionnellement faire face, comme les guerres, les maladies, les pénuries alimentaires, sont de mieux en mieux maîtrisés, tandis que l'on approche du troisième millénaire. En revanche, toute une série d'autres problèmes prennent de plus en plus d'importance, qui se rapportent en dernière analyse à des questions de valeurs. Il s'agit, par exemple, de l'effondrement de la famille, du problème de la drogue, des violences domestiques et d'autres actes violents, de l'augmentation de l'analphabétisme (parallèlement au développement d'une dépendance toxicomaniaque toujours plus grande la télévision, des jeux vidéo et des sports professionnels*), de la reproduction incontrôlée, du gaspillage et de l'épuisement des ressources naturelles et de la destruction de l'environnement. Est-ce que les normes éthiques traditionnelles du monde occidental sont capables de nous aider à affronter ces problèmes actuels et futurs?

Les normes éthiques traditionnelles de la culture occidentale sont celles de la tradition judéo-chrétienne; autrement dit, elles sont fondées sur les divers commandements et autres recommandations exprimés dans l'Ancien et le Nouveau Testament. De la façon dont elles sont formulées dans ces textes sacrés, ces normes paraissent absolues, ne souffrant aucune exception. Un commandement tel que « Tu ne tueras point », par exemple, doit être respecté en toutes circonstances. Cependant, c'est un acte de miséricorde que de débrancher le respirateur artificiel d'un malade en phase terminale qui souffre énormément et de mettre ainsi fin à l'acharnement thérapeutique dont il fait l'objet. On doit faire preuve d'une même flexibilité dans le cas de l'avortement. Lorsque l'enfant à naître n'est pas désiré et qu'il risque d'affronter une vie de misère et d'abandon, ou bien lorsque sa mère frôle un total désespoir, alors l'avortement apparaît certainement comme la solution la plus éthique. Et il est absurde d'invoquer ici des notions telles que le respect de la vie, car, en tant que biologiste, je peux affirmer que tout ovule et tout spermatozoïde sont dotés de vie.

Deux raisons permettent d'affirmer que les normes traditionnelles de l'Occident ne sont désormais plus valables. La première est leur rigidité. Or, l'éthique est caractérisée fondamentalement par la possibilité de faire des choix à l'issue d'un processus d'évaluation des éléments faisant problème. Notre culture est caractérisée par certaines normes éthiques, tout en admettant que la responsabilité de leur application repose sur l'individu. Si ces normes sont trop rigides, l'individu peut être conduit à décider qu'il n'y adhé-

* Les sports professionnalisés aux États-Unis, comme le base-ball, le football américain ou le basket-ball, touchent un énorme public. [N.d.T.]

rera pas. Il est également important de se rappeler que l'essence du processus évolutif est la variation et le changement. Par conséquent, les normes éthiques doivent être suffisamment souples pour résister aux changements de conditions. Les décisions éthiques dépendent souvent du contexte. Les prescriptions absolues sont rarement en mesure de fournir des solutions aux dilemmes éthiques et peuvent, dans certaines circonstances, se révéler contraires à l'éthique, si on y obéit de façon inflexible. En outre, selon les circonstances, il existe souvent une pluralité de solutions possibles, et la meilleure stratégie retenue peut fort bien consister en une combinaison de ces solutions.

La seconde raison est que l'humanité a connu dans son histoire récente un changement de conditions important, qui va aujourd'hui en s'accélérant. Les normes éthiques adoptées par les peuples pasteurs du Proche-Orient, il y a plus de trois mille ans, se révèlent de plus en plus inadéquates pour la société de masse urbanisée que nous connaissons aujourd'hui, dans le contexte d'un monde affecté d'une forte surpopulation. L'ensemble des normes morales qui s'était révélé bénéfique à des peuples pasteurs strictement territoriaux ne peut plus convenir aujourd'hui, dans le cadre des vastes centres urbains modernes. Comme l'a dit Simpson (1969 : 136) à juste titre : « Tous les systèmes éthiques apparus dans le cadre tribal ou pastoral ou dans d'autres conditions primitives n'ont plus actuellement, à un degré plus ou moins fort, de valeur adaptative, étant donné les conditions sociales et environnementales extrêmement différentes qui règnent actuellement. »

Il semble que notre monde moderne est confronté à trois grands problèmes éthiques, au moins, auxquels les normes traditionnelles de l'Occident ne paraissent répondre qu'imparfaitement. Le premier est celui que Singer (1981 : 111-117) a dénommé l'« élargissement du cercle ». Dans les sociétés primitives, mais aussi dans l'Ancien Testament, chez les Grecs, et même chez les Européens colonisateurs de l'Afrique et de l'Australie aux XVIIIe et XIXe siècles, une éthique totalement différente était appliquée à ceux qui n'appartenaient pas au groupe dominant considéré. Aux États-Unis, les Blancs se sont aussi comportés de cette façon à l'égard des Noirs, particulièrement dans le Sud, jusqu'il y a quelques décennies ; et la politique d'apartheid en Afrique du Sud a représenté la manifestation vestigiale contemporaine de cette attitude que l'on peut qualifier d'égoïsme de groupe. Cependant, au sein de groupes ethniquement homogènes, comme, par exemple, en Grande-Bretagne au début du XXe siècle, il y a (ou il y a eu) également, en ce qui concerne certaines valeurs, des divergences entre différents groupes religieux, partis politiques, groupes professionnels ou couches sociales, etc., qui engendrent ou ont engendré des conflits et des tensions. Cela se produit nécessairement à partir du moment où les classes supérieures, disposant de plus grands moyens d'expression, élaborent des normes éthiques en conflit avec la morale des strates socio-économiques inférieures. Au début de notre ère, la rébellion des premiers chrétiens contre la morale de l'Empire romain décadent a bien illustré ce genre de crises.

À mesure que s'élargit le cercle du groupe auquel on appartient et que fusionnent des groupes obéissant à différents systèmes éthiques, il se produit inévitablement des conflits, parce que chaque groupe est convaincu de la supériorité de ses propres valeurs morales. Pour bien prendre la mesure de ce problème, il suffit de penser aux différences d'attitudes entre un Américain moderne et un islamiste fondamentaliste au sujet des droits des femmes, ou, dans notre propre pays, aux différences d'attitude entre certains groupes religieux et les groupes féministes au sujet de l'avortement. En dépit de ces difficultés, l'éthique devra dans l'avenir se poser le problème de savoir que faire lorsque les valeurs auxquelles on est attaché ne coïncident pas avec celles d'un autre groupe.

Le deuxième grand problème éthique de notre époque provient de l'égocentrisme excessif qui règne actuellement, et de l'attention exagérée portée aux droits de l'individu. L'« élargissement du cercle » dans notre société a conduit à une lutte légitime en faveur de l'égalité, notamment de la part des femmes et des minorités, mais cela a eu aussi quelques retombées indésirables. Martin Luther King a peut-être été le seul leader de ces luttes en faveur de la liberté à avoir rappelé à ses partisans que les droits s'accompagnent aussi de devoirs. Le narcissisme exagéré qui prédomine actuellement a de nombreuses racines : le fait de vivre dans une société de masse ; les théories de Freud ; la réaction aux attitudes antérieures qui ne tenaient pas assez compte des droits des individus ; le système politique dans lequel les candidats députés s'adressent aux votants individuels ; les religions monothéistes qui mettent l'accent sur l'éthique individuelle. Les dilemmes cruciaux de notre époque surgissent presque toujours lorsqu'il s'agit de choisir entre l'éthique individuelle et l'éthique sociale. Cela se voit dans les controverses concernant le contrôle des naissances, ou les impôts en faveur de l'environnement, ou bien encore l'aide humanitaire en direction des pays surpeuplés.

Le troisième grand problème éthique de notre époque est posé par la prise de conscience de notre responsabilité vis-à-vis de la nature en tant que tout. On a traditionnellement mis la croissance, celle de l'économie aussi bien que de la population, au premier rang de notre système de valeurs en Occident. D'influentes personnalités, comme le prix Nobel d'économie, aujourd'hui décédé, F. Hayek, ou le pape actuel, ne se sont pas rendu compte des dangers de la surpopulation, pourtant je ne vois pas comment on pourrait continuer à les ignorer. Certaines des sociétés actuelles, comme la Chine et Singapour, se sont courageusement attaquées à ce problème en changeant quelque peu l'ordre de priorité des valeurs éthiques. Il est vrai que cela a entraîné simultanément la perte de certains droits de l'individu dans ces pays, comme l'ont déploré de nombreux auteurs occidentaux attachés aux valeurs humanitaires. Plus tôt les autres pays surpeuplés suivront l'exemple de la Chine et de Singapour, mieux cela vaudra pour eux, pour notre espèce et pour la planète sur laquelle nous vivons.

Nous sommes aujourd'hui confrontés au dilemme suivant : il existe un conflit entre les valeurs traditionnelles et certaines valeurs dont on a récemment pris conscience. Le droit de se reproduire sans restriction et d'exploiter de façon illimitée le monde naturel n'est pas compatible avec les droits des générations futures, ni avec la survie de millions d'espèces d'animaux et de plantes sauvages. Où se situe le bon équilibre entre la liberté de l'homme et la prise en considération de l'épanouissement du monde naturel?

Que l'homme possède une responsabilité vis-à-vis de la nature en tant que tout est une notion éthique qui semble relativement récente. Elle est curieusement absente de la plupart des religions et autres systèmes éthiques. Dans les récentes décennies, des auteurs comme Aldo Leopold, Rachel Carson, Paul Ehrlich et Garrett Hardin ont particulièrement milité, aux États-Unis, pour faire prévaloir une éthique de la conservation ou de la protection de l'environnement. Mais une grande partie de leurs thèses sont en contradiction directe avec la recherche de bénéfices immédiats poursuivie par les intérêts privés, et rencontrent donc une certaine résistance. Cependant, si nous voulons que l'espèce humaine et la nature aient un avenir, il nous faudra restreindre, au sein de notre système de valeurs actuel, tout ce qui va dans le sens de l'égoïsme et mettre l'accent sur tout ce qui va dans le sens de l'intérêt général et de l'ensemble des êtres vivants. Cela exige d'en finir avec l'idéal d'une croissance continue et d'envisager une économie à régime constant, même si cela doit entraîner une réduction de notre niveau de vie. De considérables ajustements de nos valeurs sont, en effet, requis, puisque nous sommes passés d'une société agricole ou pastorale à une société de masse urbaine et d'un monde rural à l'habitat très clairsemé à celui de l'ère industrielle, avec son énorme surpopulation et ses villes géantes. Il faut que les normes éthiques de l'avenir soient suffisamment souples pour évoluer à mesure qu'apparaîtront les problèmes, si nous voulons demeurer une espèce capable d'adaptation.

Il faut donc mettre en œuvre une éthique nouvelle de l'environnement. Son principe fondamental est qu'il ne faut jamais toucher à ce dernier lorsque cela risque de rendre la vie plus difficile aux générations futures. Sont ici visées l'exploitation irréfléchie des ressources non renouvelables, la destruction des habitats naturels et la reproduction humaine au-delà du seuil de renouvellement de la population. Ce principe sera très difficile à faire respecter, car il est inévitablement en contradiction avec les points de vue égoïstes.

Il faudra une longue période d'éducation avant que l'ensemble de l'humanité ne comprenne cette éthique de l'environnement. Un tel enseignement devra viser d'abord les jeunes enfants qui semblent portés naturellement à s'intéresser aux animaux, à leur comportement et leur habitat; en s'appuyant sur cette tendance naturelle, on arrivera sans doute à donner plus de poids aux valeurs liées à l'éthique de l'environnement.

Est-ce que l'évolutionniste est censé adhérer à une éthique particulière? En fait, l'éthique relève du domaine privé; c'est un choix très personnel. Mes propres valeurs sont assez proches de l'humanisme évolutionniste de Julian Huxley. Ce dernier a déclaré : « Mon éthique repose sur la foi dans l'humanité, sur un sentiment de solidarité et de loyauté envers celle-ci. L'homme est issu de millions d'années d'évolution, et notre principe éthique le plus fondamental doit être de faire tout ce qui est possible pour améliorer l'avenir de l'humanité. Toutes les autres normes éthiques peuvent être rapportées à cette proposition de base. »

L'humanisme évolutionniste est une éthique exigeante, parce qu'il affirme que chaque individu possède une part de responsabilité à l'égard de l'avenir de l'humanité, et que cette préoccupation en faveur de l'intérêt général doit devenir un objectif de notre éthique tout autant que le sont actuellement, dans notre culture, les préoccupations éthiques en faveur de l'individu. Chaque génération doit se considérer comme le gardien, non seulement du patrimoine génétique collectif humain, mais aussi de toute la nature au sein de notre fragile planète.

L'évolution ne nous fournit pas de catalogue défini de normes éthiques, comparable aux Dix Commandements. Cependant, elle nous a donné la possibilité intellectuelle de dépasser nos intérêts individuels pour prendre en compte les intérêts plus généraux de l'humanité. Et la compréhension de l'évolution peut nous conduire à une vision du monde capable de sous-tendre un bon système éthique, autrement dit un système éthique pouvant assurer l'épanouissement de la société humaine et l'avenir d'un monde placé sous la protection de l'homme[7].

Notes

CHAPITRE 1 : Quel est le sens du mot « vie » ?

1. Il est encore plus vain de vouloir cerner la « vie mentale » ou la « conscience », que l'entité « vie ». Pour ce type de recherches, on avait voulu distinguer la vie de l'homme de la vie des animaux ; mais il est apparu que cette démarche est assez absurde, parce qu'il n'existe pas de définition de la vie mentale ou de la conscience qui ne serait applicable qu'aux êtres humains et exclurait tous les animaux.

2. On a essayé à de nombreuses reprises, au siècle dernier, de définir la vie (ou le vivant) en une phrase réduite à l'essentiel. Certaines des définitions proposées étaient fondées sur la physiologie, d'autres sur la génétique, mais aucune n'était complètement satisfaisante. En revanche, il est vrai que l'on a disposé d'une description de plus en plus complète et exacte de tous les aspects du vivant. On pourrait dire que « la vie représente l'activité de systèmes qui s'auto construisent et sont régis par un programme génétique ». Rensch (1968 : 54) a écrit : « Les organismes vivants sont des systèmes ouverts, hiérarchiquement organisés, composés principalement de molécules organiques, consistant normalement en individus parfaitement délimités, formés de cellules, et n'ayant qu'une durée de vie limitée. » Sattler (1986 : 228), de son côté, a dit des systèmes vivants qu'ils étaient « des systèmes ouverts s'autorépliquant, s'autorégulant, faisant preuve d'individualité et puisant de l'énergie dans leur environnement ». Ces énoncés sont davantage des descriptions que des définitions. Ils comprennent des remarques qui ne sont pas nécessaires et ne mentionnent pas le programme génétique, qui est pourtant la caractéristique probablement la plus importante des organismes vivants.

3. Les historiens Maier (1938) et Dijksterhuis (1950, 1961) ont magnifiquement décrit le changement graduel qui a mené des Grecs anciens à la philosophie scolastique (après la période du Haut Moyen Âge) puis aux débuts de cette révolution scientifique liée aux noms de Copernic, Galilée et Descartes. Ces historiens ont montré les multiples influences ayant conditionné cette dernière émergence et ont mis en évidence les traits qu'elle a hérités de la tradition grecque. Ceux-ci pouvaient, par exemple, s'apercevoir dans « l'acharnement de la physique classique à traquer partout l'immuable derrière la diversité des phénomènes » (Dijksterhuis, 1961 : 8) ; autre-

ment dit, l'héritage de la tradition grecque, dans la révolution scientifique, pouvait se voir dans sa démarche « essentialiste ». « L'idée fondamentale de la philosophie de Platon est que les choses que nous apercevons ne sont que des copies imparfaites, des imitations ou des reflets de formes idéales (= des idées) » (Dijksterhuis, 1961 : 13). Dans l'évolution conceptuelle qui a conduit à la révolution scientifique, Platon a manifestement eu plus d'influence qu'Aristote. C'est à lui que « l'on doit d'avoir placé le principe pythagoricien [...] au point de départ de la mathématisation de la science ». « Platon fait du cosmos un être vivant en mettant une âme-monde dans le corps-monde » (Dijksterhuis 1961 : 15).

4. Il s'agit là, bien sûr, d'une présentation très simplifiée de la démarche ayant conduit Descartes à cette conclusion. Pour en rendre compte de façon plus exacte, il faut remonter aux théories d'Aristote, reprises par la scolastique, selon lesquelles les plantes possédaient une âme nutritive et les animaux, une âme sensible, l'homme seul ayant une âme rationnelle. Tandis que cette dernière était immortelle, l'âme sensible des animaux était de nature matérielle, et elle était seulement capable de perceptions sensorielles et de mémoire. Si l'on analyse les thèses de Descartes, il est clair que celui-ci entendait par « âme rationnelle » « la conscience réfléchie de soi et de l'objet de la pensée ». Attribuer la capacité de pensée rationnelle aux animaux aurait conduit à leur reconnaître une âme immortelle, et cette proposition n'était pas acceptable pour Descartes, car cela aurait voulu dire que leur âme aurait pu aller au ciel (Rosenfield, 1941 : 21-22). (Descartes ne semble jamais avoir envisagé la conception athée selon laquelle il n'y a pas de ciel pour l'âme humaine.) En définitive, le raisonnement de Descartes, fondé sur les notions scolastiques de substance et d'essence, revenait à nier l'existence de l'âme au sens véritable chez les animaux, limitant celle-ci aux êtres humains dotés de pensée et de raison. Si l'on pouvait dire que les animaux n'avaient pas d'âme, il était évident qu'on ne pouvait pas accepter non plus l'idée encore répandue en Europe au XVIIe siècle qu'une âme ou un principe animiste (ou *vita mundi*) imprégnait l'univers.

5. Le terme « mécaniste » a été utilisé tout au long du XIXe siècle et une partie du XXe siècle avec deux sens différents. D'un côté, il se référait aux conceptions de ceux qui niaient l'existence de toute force surnaturelle. Pour les darwiniens, cela correspondait à la négation de toute téléologie cosmique. Cependant, pour d'autres, le terme « mécaniste » était employé pour signifier principalement qu'il n'y avait pas de différence entre les organismes et la matière inanimée, et qu'il n'existait pas de « force vitale ». C'était ce sens-là que retenaient avant tout les physicalistes.

6. Nägeli (1845 : 1) déclare, à propos des termes qu'il emploie dans une explication donnée, qu'ils « expriment des phénomènes généraux, absolus, ayant la forme de mouvements ». Rawitz (d'après Roux, 1915) définit la vie comme « une forme spéciale de mouvements moléculaires » et affirme que « toutes les manifestations de la vie en sont des variantes ».

7. La plupart des exposés historiques sur le vitalisme sont plutôt unilatéraux, car ils ont été écrits soit par des vitalistes comme Driesch (1905), soit par leurs adversaires, lesquels ne trouvaient aucun intérêt au vitalisme. Le meilleur texte sur ce sujet est peut-être celui de Hall (1969, chapitres 28-35). L'ouvrage de Blandino se concentre sur Driesch, tout comme celui de Cassirer (1950) qui traite de ce biologiste, de ses disciples et de ses adversaires. L'exposé concis de Jacob (1970) est bien équilibré et examine l'histoire du vitalisme en partant de l'animisme. Cependant, il n'existe toujours pas d'histoire complète et impartiale du vitalisme.

8. Comme Lenoir (1982) l'a fort justement fait remarquer.

9. « En fait, diverses formes de vitalisme représentent l'expression légitime du paradigme cartésien en une biologie mécaniste faisant appel à des principes newtoniens » (McLaughlin, 1991).

10. Quelques citations permettent de se rendre compte à quel point le concept de *Lebenskraft* de Müller était semblable à celui de programme génétique : « La *Lebenskraft* de Müller agit dans tous les organes en tant que cause et effecteur suprême de tous les phénomènes, suivant un plan [programme] défini » (Du Bois-Reymond, 1860 : 205). Des parties de la *Lebenskraft*, « représentant le tout, sont transmises au moment de la reproduction, sans entraîner la moindre perte à tous les germes où elle peut rester à l'état dormant jusqu'à la germination » (*ibid.*). Les quatre principaux attributs de la *Lebenskraft* énumérés par Müller sont en fait caractéristiques du programme génétique : 1) elle n'est pas localisée dans un organe spécifique ; 2) elle est divisible en un très grand nombre d'éléments, qui tous gardent les propriétés du tout ; 3) elle disparaît à la mort sans laisser quoi que ce soit derrière elle (il n'y a pas d'âme qui se sépare du corps) ; et 4) elle agit en fonction d'un plan (autrement dit, elle a des caractéristiques téléonomiques). Si j'insiste ainsi pour détailler les idées de Müller, c'est pour redresser quelque peu la présentation déformée qu'en ont donnée des physicalistes tels que Du Bois-Reymond ; ce dernier, par exemple, décrivait Müller comme un métaphysicien non scientifique.

11. Von Uexküll, B. Dürken, Meyer-Abich, W.E. Agar, R.S. Lillie, J.S. Haldane, E.S. Russell, W. McDougall, DeNouy et Sinnott, pour ne mentionner que quelques-uns des nombreux vitalistes du début du XXe siècle. Ghiselin (1974) qualifie W. Cannon, L. Henderson, W.M. Wheeler et A.N. Whitehead de cryptovitalistes.

12. Goudge (1961), Lenoir (1982). L'opposition au sélectionnisme de Darwin faisait fréquemment partie des thèses avancées par les vitalistes (Driesch, 1905).

13. À partir de C.F. Wolff (1734-1794), divers auteurs ont développé l'idée qu'il existait un matériau cellulaire fondamental, indifférencié, donnant naissance aux éléments plus différenciés. F. Dujardin (1801-1860) fut le premier (1835) à décrire ce matériau et à le définir correctement sous le nom de « sarcode ». On lui a accordé de plus en plus d'attention à mesure que les techniques de microscopie se sont développées. Purkinje a forgé le terme de « protoplasme » en 1840. En 1869, le « protoplasme » représentait pour T.H. Huxley la base physique de la vie. Le terme de « cytoplasme » a été introduit par Kölliker pour désigner le matériel cellulaire situé en dehors du noyau.

14. En réalité, le terme d'« organicisme » est utilisé dans les sciences sociales depuis Comte, bien que les sociologues le prennent dans un sens assez différent de celui qui est reconnu par les biologistes. Bertalanffy (1952 : 182) a répertorié environ trente auteurs qui ont déclaré s'intéresser à une approche holistique. Cette liste était très incomplète, cependant, puisqu'elle ne mentionnait pas les noms de Lloyd Morgan, Smuts et J.S. Haldane. La notion d'intégron de F. Jacob (1970) est un concept qui va clairement dans le sens de la pensée organiciste.

15. Woodger (1929) donne une liste impressionnante de biologistes qui soutiennent le point de vue organiciste. E.B. Wilson (1925 : 256), par exemple, dit : « Même en se bornant à une connaissance superficielle des activités cellulaires, il apparaît clairement qu'on ne peut pas soutenir, sur un simple plan mécanique, l'idée que la cellule est une machine chimique. La différence qui la sépare de la machine artificielle la plus sophistiquée reste trop vaste, et de loin, pour être comblée par les connaissances présentes [...]. Les recherches modernes ont montré de plus en plus nettement que la cellule est un système organique, c'est-à-dire un système au sein duquel il est nécessaire de

reconnaître l'existence d'une structure ordonnée ou d'une organisation. » Il n'est guère surprenant de constater que les conceptions holistes ont toujours été particulièrement bien représentées chez les biologistes spécialistes du développement. Elles apparaissaient fortement dans les écrits de C.O. Whitman, E.B. Wilson et F.R. Lillie. Haraway (1976) a consacré la plus grande partie de son ouvrage à l'organicisme affiché par trois embryologistes : Ross Harrison, Joseph Needham et Paul Weiss. De façon intéressante, Harrison considérait que l'émergence était une notion métaphysique et qualifiait donc Lloyd Morgan de vitaliste. Comme beaucoup de biologistes de la période postérieure à 1925, il pensait que les principes de la physique nouvellement découverts (comme la théorie de la relativité, le principe de complémentarité de Bohr, la mécanique quantique et le principe d'indéterminisme de Heisenberg) s'appliquaient de la même manière à la biologie qu'à la physique.

16. Nagel (1961) a défini le mécaniste en biologie comme « un chercheur admettant que tous les phénomènes vivants peuvent être expliqués sans ambiguïté en termes physico-chimiques, c'est-à-dire en fonction d'hypothèses ayant été originellement développées pour des domaines de recherche dans lesquels la distinction entre le vivant et le non-vivant ne joue aucun rôle, et qui, selon le consensus en vigueur, sont classés dans la physique et la chimie ». Ce type de réductionnisme caractérise la totalité de l'ouvrage de Nagel.

17. Par exemple : « L'holisme est une tendance spécifique, aux propriétés bien définies, qui est à la source de toutes les caractéristiques de l'univers. Il est donc susceptible de fournir des explications éclairant la totalité de l'évolution cosmique » (1926 : 100). Il n'est guère surprenant que l'holisme, ainsi présenté par Smuts, ait été considéré par pratiquement tout le monde comme une conception métaphysique.

18. La question des niveaux d'intégration a été discutée de façon très détaillée dans un volume spécial consacré à un symposium (R. Redfield, 1942).

19. On a souvent commis l'erreur de considérer que chaque niveau d'intégration se rapportait au tout. Ce n'est pas le cas. Chaque intégron, du niveau des molécules à celui situé au-dessus des organismes, est à considérer indépendamment. Cette interprétation s'accorde au point de vue de Novikoff (1945) selon lequel « les lois décrivant les propriétés uniques en leur genre de chaque niveau sont qualitativement distinctes, et leur découverte requiert des méthodes de recherche et d'analyse propres à ces niveaux particuliers », et, ajouterions-nous aujourd'hui, appropriées à ces intégrons particuliers. L'évolutionniste moderne dirait que la genèse d'un système plus complexe, représentant un nouveau niveau plus élevé, dépend strictement des phénomènes de variation génétique et de sélection. Il n'y a pas de contradiction avec les principes du darwinisme.

CHAPITRE 2 : Qu'est-ce que la science ?

1. Cette littérature a commencé avec Whewell (1840) et a conduit aux exposés classiques de Nagel (1961), Popper (1952) et Hempel (1965), ainsi qu'aux ouvrages plus récents de Laudan (1977), Giere (1988), et McMullin (1988) ; ces volumes font également référence à bien d'autres livres. Tous ces auteurs, ainsi que beaucoup d'autres, ont essayé de fournir une réponse définitive à cette question. Pearson (1892) a estimé que ce qui caractérisait les sciences était le fait de partager une même méthodologie. Mais cette thèse ne tient pas compte d'un critère important selon lequel toutes les vraies sciences, comme nous le verrons, partagent aussi certains principes, comme celui de l'objectivité.

2. Nagel (1961 : 4). Il est manifestement plus facile de décrire la science et le travail des scientifiques que de fournir une définition concise et universellement acceptable. Comme exemples de descriptions, on trouve : « La science étudie les phénomènes qui sont étonnants et suscitent donc la curiosité humaine » ; ou bien : « Le but de la science est de prédire, de maîtriser, de comprendre et de découvrir des causes » (Beckner, 1959 : 39) ; ou encore : « La science a pour fonction d'organiser et de classer les connaissances sur la base de principes explicatifs » (Nagel, 1961 : 4). Les définitions suivantes ont été proposées : « La science a pour objectif d'accroître la compréhension du monde, sur la base de principes explicatifs et en recourant à une continuelle mise à l'épreuve de tous les résultats enregistrés » (manuscrit Mayr) ; ou bien : « La science empirique a deux objectifs majeurs : décrire des phénomènes particuliers survenant dans le monde que nous appréhendons, et établir des principes généraux qui permettent de les expliquer et de les prédire » (Hempel). En voici encore d'autres : « La science est formée par toutes les activités de l'intelligence humaine qui dépendent entièrement de données objectives et de la logique ; et elle implique aussi la mise à l'épreuve permanente des théories » ; ou bien : « La science est un discours logique et général dont les propositions sont directement ou indirectement ouvertes à la confirmation et à la réfutation par l'observation et peuvent conduire à des explications et à des prédictions » ; ou bien encore : « La science consiste en l'organisation et en la classification des connaissances sur la base de principes explicatifs. »

3. Pour une discussion détaillée de la nature des problèmes scientifiques, voir Laudan (1977).

4. Voir Hall (1954).

5. Voir Mayr (1996).

6. Le philosophe allemand Windelband (1894) distinguait deux sortes de sciences, les sciences nomothétiques et les sciences idiographiques, en utilisant le terme de « science » dans le sens allemand de *Wissenschaft* * (ce qui incluait les disciplines relevant de la culture littéraire). Sa terminologie avait pour objectif de distinguer les sciences exactes (nomothétiques) du « savoir » relevant de la culture littéraire (sciences idiographiques). Là encore, cette théorie était erronée, car la classification proposée laissait complètement de côté la biologie. Selon Windelband, l'une des caractéristiques des « sciences idiographiques » était de traiter de phénomènes uniques en leur genre et ne se répétant pas. Mais, une telle description pouvait parfaitement s'appliquer à de nombreuses sciences naturelles, particulièrement à la biologie de l'évolution, comme l'a correctement souligné Nagel (1961 : 548-549). À présent, il est possible de voir que le contraste entre « science » et « culture littéraire » n'est pas aussi tranché que Snow ou Windelband le pensaient. Nous sommes aujourd'hui en mesure de soutenir ce nouveau point de vue en tenant compte des constatations suivantes : 1) La « science », dont parlaient traditionnellement les philosophes des sciences (formés au physicalisme) et les auteurs de culture littéraire, visait en fait la physique, autrement dit l'une des sciences seulement. 2) L'accent autrefois mis sur le strict déterminisme et les lois universelles n'a plus autant d'importance, de sorte que le contraste entre la science (même en comprenant sous ce terme les sciences physiques) et le savoir « littéraire » est beaucoup moins absolu. 3) Dès l'instant où l'on considère la biologie, et notamment la biologie évolutionniste, comme une composante des sciences, un pont se trouve établi entre les sciences exactes et le savoir littéraire. 4) Les processus historiques, par-

* Autrement dit, le « savoir ». [N.d.T.]

ticulièrement négligés dans la plupart des sciences physiques, sont susceptibles d'être analysés scientifiquement et doivent être pris en compte parmi les phénomènes étudiables par la science.

7. Au chercheur souffrant de cette sorte d'insatisfaction j'aime à rappeler les remarques de Stern, parfaitement justes (1965 : 773) : « Même si ses fragilités peuvent faire courir des dangers au chercheur, il peut s'appuyer sur elles. Il est donc capable de garder cet enthousiasme de la jeunesse qui l'a conduit à vouloir étudier les mystères de l'univers. Il est capable de continuer à se montrer reconnaissant pour l'extraordinaire privilège qui lui est donné de participer à leur exploration. Il est capable de trouver sans cesse du plaisir à connaître les découvertes réalisées par d'autres, ceux du passé et ceux de son époque. Et il est capable de faire sienne cette dure leçon selon laquelle une vie humaine réussie se réalise dans le voyage lui-même, pas seulement dans le grand exploit. »

8. Voir Hull (1988).

9. « Apercevoir un fait de la nature qui n'avait jamais été vu auparavant par aucun œil ou esprit humain, découvrir une nouvelle vérité dans une discipline donnée, dévoiler un événement de l'histoire passée ou discerner une relation qui avait été cachée jusque-là, celui qui aura été assez heureux pour avoir connu l'une de ces situations en chérira le souvenir toute sa vie » (Stern, 1965 : 772). De nombreux scientifiques, dans leur autobiographie ou dans d'autres écrits, ont célébré les joies de la recherche (Shropshire, 1981).

CHAPITRE 3 : Comment la science explique-t-elle le monde matériel ?

1. Mayr (1964a, 1991) et Ghiselin (1969).

2. Comme l'a déclaré Kitcher (1993), la philosophie des sciences « s'efforçait d'analyser la bonne science en se concentrant sur des questions telles que la confirmation d'hypothèses au moyen de preuves ; la nature des lois et des théories scientifiques ; et les traits caractéristiques des explications scientifiques ».

3. Cet ouvrage n'est pas le lieu qui convient pour présenter une histoire de la philosophie des sciences. La littérature sur ce champ de recherches est énorme, et je n'ai pas de formation spéciale en philosophie. Mon exposé a plutôt pour but, ici, de refléter le point de vue du scientifique professionnel.

4. Voir Ghiselin (1969).

5. Voir Laudan (1968).

6. Parmi toutes les méthodes que l'on dit capables d'assurer la vérification scientifique, l'analogie est celle qui me paraît la moins fiable. Je suis sceptique dès que l'on essaie de me convaincre au moyen d'une analogie. En fait, ce type d'argument est presque toujours trompeur : les analogies ne sont généralement pas comparables point par point aux situations réelles. Elles peuvent parfois constituer d'utiles stratagèmes didactiques, nous permettant d'expliquer un phénomène inhabituel en le comparant à une situation familière. Cependant, elles ne peuvent jamais être prises comme des preuves décisives dans un débat.

7. Une proposition théorique reste normalement dominante jusqu'à ce qu'une autre, meilleure, la remplace. Il existe, cependant, quelques cas exceptionnels, où toutes les propositions théoriques antérieures ont été réfutées de façon décisive, mais où personne n'a réussi à fournir une proposition théorique de remplacement crédible. Le sens cartographique des oiseaux capables de revenir à leur gîte est l'exemple d'un problème qui reste, pour le moment, dépourvu d'explication théorique.

8. Voir Van Fraassen (1980).

9. D'autres partisans de la « conception sémantique » ont souligné que les théories scientifiques sont formalisées sur le mode de la théorie des ensembles (quel que soit le sens que l'on donne à ce mot) et non pas axiomatisées sur le mode de la logique mathématique, comme le dit la « conception classique ». Elles mettent en avant des « modèles » (autrement dit, « des entités non verbales, extrêmement abstraites et très éloignées des phénomènes empiriques auxquels elles sont appliquées » (Thompson 1989 : 69)). Les théories définissent des classes de modèles ; les lois spécifient les comportements des systèmes. Le problème posé par cette terminologie est que cette conception des modèles est étrangère à la plupart des biologistes professionnels. Par exemple, je ne me souviens pas d'avoir rencontré le terme de « modèle » une seule fois dans la totalité de la littérature classique sur l'évolution.

10. Heureusement pour le non-philosophe, il existe d'excellents exposés sur l'histoire de ces différents modes d'explication (voir, par exemple, Suppe, 1974 ; Kitcher et Salmon, éd., 1989).

11. Différents auteurs ont critiqué cette façon exclusive qu'a la philosophie de se préoccuper des processus de justification en science, au lieu de s'intéresser aux processus de la découverte. Cette critique a été formulée par Peirce (1972), Hanson (1958), Kuhn (1970), Feyerabend (1962, 1975), Kitcher (1993) et bien d'autres philosophes.

12. Laudan (1977 : 198-225) donne une excellente analyse de l'opposition entre historiens des idées et historiens sociaux. Il déclare à juste titre que « tant que l'histoire des idées sous-tendant un épisode donné n'a pas été écrite, les historiens sociaux doivent ronger leur frein ». « La principale raison expliquant que les historiens sociaux n'arrivent pas à trouver de corrélation entre les idées scientifiques et les classes sociales est que la vaste majorité de ces idées (mais non toutes) semblent n'avoir pas la moindre signification sociale. »

13. Voir Mayr (1982 : 4).

14. Voir Junker (1995).

15. Pour prendre un autre exemple : il est sans doute parfaitement désagréable à un égalitariste radical d'admettre qu'il existe des différences génétiques entre êtres humains. Laudan (1977) observe : « On a suggéré que toute théorie scientifique qui soutiendrait l'existence de différences entre les races humaines en matière d'aptitudes ou d'intelligence serait condamnée à paraître fausse, dans la mesure où une telle doctrine viendrait contredire nos idéaux sociaux et politiques égalitaristes. »

16. Je ne me sens pas qualifié pour discuter des autres thèses qui ont récemment été proposées en matière d'explication scientifique. Cependant, il me semble que les approches causales de Laudan (1977), Salmon (1984, 1989) et Kitcher (1993) sont peut-être celles qui serrent de plus près les pratiques réelles du biologiste professionnel. On s'est rendu compte de plus en plus clairement que pour juger de la valeur d'une théorie, il ne s'agissait pas simplement d'évaluer des règles logiques et qu'il fallait interpréter la rationalité en termes plus larges que ne le proposait la simple logique déductive ou inductive.

17. Cela a été reconnu par Laudan (1977 : 3) lorsqu'il a dit : « Pour savoir si une théorie est rationnelle et représente un progrès [pour ma part, j'aurais dit simplement : est adéquate], il faut se fonder avant tout, non pas sur sa confirmation ou sa réfutation, mais plutôt sur sa capacité à résoudre des problèmes. »

18. La question de la nature du réalisme, qui a énormément préoccupé la philosophie, n'a guère eu d'impact sur le travail pratique des scientifiques, et particulière-

ment sur celui des biologistes. Il existe une énorme littérature sur le réalisme. On peut citer certains livres récents, comme ceux de Harré (1986), Leplin (1984), McMullin (1988), Papineau (1987), Popper (1983), Putnam (1987), Rescher (1987) et Trigg (1989).

19. Ce problème est bien compris par certains philosophes, par exemple Hempel (1952) et Kagan (1989), tandis que d'autres n'ont absolument pas vu l'importance d'une terminologie précise et bien définie, évitant les ambiguïtés.

20. Un autre exemple de changement générateur de confusion a été représenté par une proposition faite par W. Hennig en 1950 : alors que le terme de « monophylétique » désignait traditionnellement une caractéristique d'un taxon, Hennig lui a attribué la signification d'un processus de descendance. Il est possible d'éviter les problèmes posés par ce changement de sens en désignant le concept nouveau de Hennig du nom d' « holophylétique », comme l'a proposé Ashlock (voir chapitre 7).

21. Ghiselin (1984) a, de façon très perspicace, attiré l'attention sur la fréquence de ces ambiguïtés. Il est curieux que les philosophes qui s'enorgueillissent de la rigueur de leur logique soient rien moins que précis dans leur langage. Cela a été, à juste raison, dénoncé par le philosophe L. Laudan : « Le discours philosophique est une bien curieuse chose. On s'attend à ce que les arguments soient rigoureux, mais personne ne demande que les prémisses soient fondées. On escompte une terminologie précise, mais personne n'examine si elle est vraiment appropriée au sujet étudié [...] et, pardessus tout, à l'instar de ces sujets (comme le sexe et la religion) qu'on doit éviter d'aborder avec des personnes mal informées, une question n'est jamais discutée en présence de non-professionnels : on ne demande jamais à un philosophe de justifier ses positions au moyen de preuves (PSA 1978, vol. 2., 1979).

22. Voir Mayr (1986a, 1991, 1992b). Voici d'autres exemples de termes dont le sens est variable : « développement » (se rapporte à l'ontogenèse, mais aussi à la phylogenèse) ; « population » (désigne une entité biologique ou mathématique) ; « espèce » (présente un sens typologique ou bien biologique) ; « fonction » (se rapporte à la physiologie ou au rôle écologique) ; et « changement graduel » (se rapporte à un mouvement ou à une variation du phénotype).

23. La notion de variété était utilisée en zoologie pour désigner des races géographiques, et donc, potentiellement, des espèces naissantes ; mais ce terme a aussi été utilisé, particulièrement par les botanistes, pour désigner des individus aberrants au sein d'une population.

24. La littérature taxinomique a beaucoup gagné en clarté lorsque le terme de « taxon » a été adopté vers 1950 pour désigner des groupes botaniques ou zoologiques, et que le terme de « catégorie » s'est limité à désigner le rang dans la hiérarchie linnéenne, alors qu'antérieurement il était utilisé dans les deux cas. Récemment, Toulmin a fort justement attiré l'attention sur le fait que tout terme employé dans le cadre d'une théorie donnée porte certaines significations qui prédatent cette dernière. Cela apparaît avec évidence lorsque partisans et adversaires d'une théorie adhèrent, en fait, à des *Weltanschauugen* très différentes. On l'a bien vu dans de nombreuses controverses en biologie. Pour tous les partisans de la téléologie (et la plupart des contemporains de Darwin l'étaient), la sélection avait un sens totalement différent de celui qu'entendait le grand naturaliste britannique (à savoir, pour ce dernier, l'observation *a posteriori* d'une survie et d'un succès reproductif différentiels). Pour un essentialiste, l'espèce dépourvue de toute variabilité et présente un caractère constant au cours du temps. Elle ne peut changer que par une saltation, et elle n'est donc pas compatible avec le concept biologique de l'espèce. Si l'on dressait la liste de tous les

termes impliqués dans les grandes controverses scientifiques, on arriverait probablement à montrer que la plupart d'entre eux ont plusieurs significations ou connotations différents, en fonction de la *Weltanschauung* des protagonistes.

25. Idéalement, il faudrait qu'il n'y ait jamais aucun conflit entre la définition d'un terme donné et l'interprétation scientifique du phénomène auquel il se réfère. Une définition possède fondamentalement une fonction heuristique. En fait, on a parfois découvert des problèmes lorsqu'on s'est aperçu qu'une définition traditionnelle ne cadrait plus avec le sujet auquel on l'appliquait. « Les redéfinitions en science ne consistent pas à rompre complètement avec les définitions précédemment acceptées, mais ont plutôt pour objet de formuler plus précisément des termes qui avaient antérieurement été utilisés de façon vague ou ambiguë » (Ghiselin *in litt.*). La possibilité de procéder à des redéfinitions se présente lorsqu'on se livre à des analyses plus approfondies de certains sujets ou qu'on réalise de nouvelles découvertes. Par exemple, Owen avait défini l'homologie en disant qu'il s'agissait des « mêmes » organes, sans définir ce qu'il fallait entendre par « mêmes ». Mais la théorie de la descendance de Darwin permit d'arriver à une définition plus précise de l'homologie. Une redéfinition ne devrait normalement jamais impliquer le remplacement d'un ancien concept par un autre totalement nouveau.

26. Comme l'a dit Hempel (1952) : « Une définition véritable, suivant la logique traditionnelle, ne consiste pas à stipuler ce que signifie telle ou telle expression, mais à faire état de la "nature essentielle" ou des "attributs essentiels" d'une entité donnée. » Pour le philosophe, « les définitions décrivent des formes, et puisque les formes sont parfaites et inchangeables, les définitions sont des vérités précises et rigoureusement certaines » (*Encyclopedia of Philosophy*).

27. Le point de vue erroné de Popper apparaît bien dans le passage suivant, tiré de son autobiographie : « Ne vous laissez jamais aller à prendre au sérieux des problèmes de mots et de sens des mots. Il ne faut prêter toute son attention qu'aux questions de faits, et aux assertions sur ces faits, autrement dit, aux théories et aux hypothèses qui s'y rapportent; aux problèmes qu'elles résolvent; et aux problèmes qu'elles soulèvent. » Mais Popper passe ici complètement à côté du fait que les théories et le concepts sont nécessairement formulés au moyen de mots, lesquels doivent être définis. On ne peut débattre des théories et hypothèses avant d'avoir clarifié ce qu'elles sont, et à quels faits elles se rapportent. Et puisqu'on utilise des mots pour établir des théories et décrire des faits, il faut les définir soigneusement, sinon on risque des ambiguïtés. Mes exemples précédents (spéciation, téléologique, sélection, etc.) montrent bien qu'il est indispensable d'avoir de claires définitions de tous les mots utilisés dans le cadre d'une théorie ou d'une explication.

Plus loin, dans ce chapitre de son autobiographie, Popper oppose la notion de vérité à celle de recherche du sens des mots. Il affirme que cette dernière ne conduit à rien et qu'en science tout se ramène à une approche de la vérité; et il souligne : « Sur le plan de l'entendement, les seules choses qui vaillent la peine d'être recherchées sont des théories vraies ou qui s'approchent de la vérité. » Mais il ne voit pas que l'on ne peut pas arriver à une théorie vraie, disons de la spéciation, si l'on n'a pas établi auparavant le sens du mot « spéciation ». Est-ce qu'on entend « multiplication des espèces » ou bien simplement « changement évolutif » ? Par conséquent, il est évident que recherche de la vérité et recherche du sens des mots ne sont pas deux notions qui s'opposent, mais qu'en fait, on ne peut pas atteindre la vérité avant d'avoir clairement établi le sens des mots que l'on emploie. Il est assez ironique que presque à la fin de ce chapitre (qu'il qualifie de « longue digression sur l'essentialisme »), Popper remarque, en passant, qu'« il faut comprendre les mots afin de comprendre une théorie ». Par cette seule phrase, il annule pratiquement tout ce qu'il a dit précédemment sur l'opposition entre recherche du sens des mots et recherche de la vérité. Car il dit là exactement ce que je dis, à savoir que l'on ne peut pas établir la vérité à moins d'abord d'avoir établi le sens des mots que nous utilisons. Ghiselin a montré de façon très claire que les définitions ne s'appliquent qu'aux concepts, tandis que les données du réel peuvent seulement faire l'objet de descriptions. Autrement dit, on peut définir la catégorie de l'espèce, tandis que les taxa du niveau de l'espèce ne peuvent faire que l'objet de descriptions, délimitations et dénominations.

28. Une dernière remarque sur le langage : lorsque des scientifiques s'opposent vivement sur un problème particulier, ils recourent parfois à des termes aux connotations négatives pour décrire les positions de leurs adversaires : « Mon travail est dynamique; le vôtre est statique. » « Mon travail est analytique; le vôtre est simplement descriptif. » « Mon explication est mécaniste [c'est-à-dire fondée sur les principes de la physique et de la chimie]; tandis que la vôtre est holistique [c'est-à-dire métaphysique]. » L'adversaire n'a généralement guère de difficultés à trouver les arguments réciproques appropriés, mais ces échanges de mots creux ne vont que rarement dans le sens du progrès de la science.

CHAPITRE 4 : Comment la biologie explique-t-elle le monde vivant?

1. Goudge (1961), Hull (1975b), Bock (1977), Nitecki et Nitecki (1992), et bien d'autres auteurs.

2. Voir White (1965).

3. Si la spéciation est un processus graduel et lent, et s'il y a des centaines de milliers (et c'est vraiment le cas!), voire des millions de populations, en train de passer actuellement par les diverses phases de la spéciation, alors il doit être possible de décrire avec précision ce phénomène. Il suffit, pour cela, de reconstruire la totalité d'un processus de spéciation en arrangeant selon la séquence appropriée les « photographies instantanées » prises à ses différents stades. C'est la même méthodologie qui a été utilisée dans les années 1870 et 1880 par les cytologistes afin de reconstruire le processus de la division cellulaire. Ils ont monté des centaines d'images obtenues au miscroscope en une séquence montrant la réalisation progressive de la totalité du phénomène. Pour ma part, j'ai fait la même chose (Mayr, 1942) concernant les populations naturelles se trouvant à tous les stades de formation progressive d'une espèce. Et cela a été depuis répété par des dizaines d'autres auteurs (voir aussi Mayr et Diamond, 1997).

4. Cela nous conduit à la question philosophique extrêmement complexe des causes et de la causalité. Le présent ouvrage n'est pas le lieu pour se livrer à une analyse détaillée de ce problème épineux. Je ne discuterai donc pas de la critique de la causalité faite par Hume, selon laquelle nous ne pouvons pas faire mieux que de déterminer une séquence d'événements. Je suis d'accord avec les auteurs actuels qui admettent que lorsqu'un événement antécédent est susceptible d'entraîner un effet, il peut donc être envisagé comme une cause. On peut souvent mettre en évidence des séquences strictement causales dans le domaine du comportement animal. Je ne trouve donc pas non scientifique de prendre en compte la notion de causalité reconnue par le sens commun.

5. Bien entendu, d'autres auteurs ont, avant moi, présenté des études de cas en matière d'élaboration des théories, l'exemple le plus remarquable étant l'application,

faite par Lloyd (1987), de la « conception sémantique » à la biologie évolutionniste. Cependant, je vais maintenant décrire un certain nombre de cas dans le domaine de la formation des hypothèses ou des théories, en commençant par des exemples très simples et en progressant ensuite en direction d'autres, beaucoup plus complexes. Cela permettra au philosophe des sciences, partisan d'une interprétation particulière (« conception sémantique », etc.), de voir dans quelle mesure son approche est applicable dans chaque cas particulier.

6. Voir aussi Mayr (1982, 1989a).

7. Les grandes lignes de la suggestion de Lorenz ont été adoptées par Donald Campbell, Riedl, Oeser, Voller, Wuketis, Mohr et beaucoup d'autres biologistes et philosophes.

8. Voir Kagan (1994).

9. Une curieuse controverse s'est déroulée dans la littérature sur le point de savoir si le cerveau humain est adapté à la compréhension du mésocosmos. Ceux qui l'ont nié semblaient avoir une conception téléologique de la sélection et de l'adaptation. Mais l'adaptation darwinienne n'est pas téléologique. Il n'est pas nécessaire d'admettre que les individus survivant au processus d'élimination non aléatoire sont le produit d'un processus dirigé vers un but. Un individu qui survit au processus de sélection est adapté, pourrait-on presque dire, par définition. Le darwinien sait parfaitement que tous les survivants doivent leur destin dans une mesure considérable également aux processus stochastiques. Si l'on accepte une telle conception non téléologique de l'adaptation, cela nous permet de conclure : « Oui, le cerveau humain est adapté à la compréhension du mésocosmos. » Tous les individus qui ne possédaient cette capacité qu'à un moindre degré ont tôt ou tard été éliminés, sans laisser de descendants.

10. Voir Regal (1977).

11. Hamilton (1964).

CHAPITRE 5 : Est-ce que la science progresse ?

1. Voir Stent (1969).

2. La progression graduelle des connaissances et de la compréhension a été parfaitement bien décrite dans un certain nombre d'ouvrages historiques. Il s'agit des livres de Hughes (1959), de Baker (1948-1955) et de Cremer (1985), ainsi que des monographies de Coleman (1965), de Churchill (1979), et d'autres auteurs. Pour des références bibliographiques, consulter l'ouvrage de Cremer.

3. Cremer (1985) décrit en grand détail tous ces travaux.

4. Mayr (1982 : 810-811).

5. Au nombre des observateurs, il faut mettre Fol, Buetschli, Strasburger, Van Bebeden et Flemming; les théoriciens comprenaient Roux (1883), Weismann (1889) et Boveri (1903).

6. Hoyningen-Huene (1993) a présenté une excellente analyse des vues de Kuhn, y compris leurs diverses modifications introduites après 1962. Pour en savoir plus sur les critiques qui ont été formulées lors de la publication originelle, voir Lakatos et Musgrave (1970).

7. Voir Mayr (1991).

8. Voir id. (1972).

9. Voir Maynard-Smith (1984 : 11-24).

10. Hoyningen-Huene (1993 : 197-206).

11. Voir Bowler (1983).

12. Voir Mayr (1946).
13. Voir id. (1990).
14. Voir Barrett *et al.* (1987).
15. Cette position a été soutenue avec une particulière vigueur par Thagard (1992).
16. Voir Mayr (1952).
17. Voir id. (1992c).
18. Voir id. (1942).
19. C'est le sujet majeur de l'ouvrage magistral de Hull *Science as a Process* (1988).
20. Mayr (1954, 1963, 1982, 1989), Eldredge et Gould (1972), Stanley (1979).
21. Medawar (1984) et Rescher (1984) ont examiné ce qui est accessible à la science et ce qui ne l'est pas. S'il est vrai que de nombreux auteurs, comme Du Bois-Reymond, ont sous-estimé les possibilités de la science, beaucoup d'autres ont tendu à les surestimer.

CHAPITRE 6 : Comment les sciences de la vie sont-elles structurées?

1. La distinction traditionnelle entre zoologie et botanique a survécu dans les manuels, les cycles d'enseignement universitaires, et les classifications au sein des bibliothèques, longtemps après qu'elle avait été largement remplacée par d'autres façon de classer les disciplines de la biologie. Je ne connais, dans la littérature, qu'un seul ouvrage qui soit spécifiquement consacré à la discussion de la structure de la biologie (Tschulok, 1910); mais il continue d'accepter la division traditionnelle de la biologie en botanique et zoologie, et n'est donc pas d'un grand intérêt pour le lecteur actuel.

Les termes de «zoologie» et de «botanique», cependant, ont vu leur signification changer au cours de l'histoire de la biologie en fonction des progrès de la recherche. L'ouvrage de Haeckel *Generelle Morphologie* (1866) était remarquablement newtonien dans sa façon de définir la nature comme un système de forces intrinsèquement liées à la matière. Par conséquent, il lui était apparu nécessaire que la zoologie soit divisée en «morphologie» (zoologie de la matière) et en «physiologie» (zoologie des forces). Dans le cadre de la physiologie, Haeckel mettait aussi les relations des organismes entre eux et avec leur environnement (autrement dit, il y comprenait aussi l'écologie et la biogéographie). L'ontogenèse et la phylogenèse étaient, de leur côté, incluses dans la morphologie. L'étude du comportement n'était, semble-t-il, pas prise en compte. Haeckel considérait donc l'écologie, la biogéographie et la systématique comme des branches légitimes de la biologie, tandis que le botaniste Schleiden, dans sa tentative réductionniste de réformer la botanique, n'avait pas pris en compte, dans son système, l'étude des plantes en tant qu'organismes (Schleiden, 1842).

2. Voir Müller (1983).
3. Schleiden (1838) et Schwann (1839).
4. Voir Gerard (1958).
5. Weiss (153 : 727).
6. De nombreux auteurs se sont souvent fondés sur tel ou tel processus physiologique simple pour proposer de ramener la biologie à la physique, sans tenir compte de la biologie évolutionniste et d'autres aspects de la biologie qui ne peuvent être réduits à la physique (Nagel, 1961). Cette attitude a notamment été illustrée par Needham : cet auteur, en 1925 (244) a décrit les changements alors effectués en bio-

logie en disant qu'on assistait au « passage de la morphologie comparée à la biochimie comparée » et il a prédit que cette dernière se transformerait pour finir en biophysique électronique. Il a suggéré aussi que la théorie de l'évolution soit remplacée par une théorie mécaniste de la vie. Et « puisque les conceptions mécanistes sont plus globales que les conceptions évolutionnistes, elles sont plus profondes, et donc elles susciteront une adhésion plus franche de la part des philosophes. »

7. Handler (1970).

8. Lorenz (1973a) a souligné ce point à juste raison. Mainx (1955 : 3) a bien montré le rôle que joue la description dans la recherche en biologie.

9. Hennig (1950), Simpson (1961), Ghiselin (1969), Mayr (1969), Bock (1977), Mayr et Ashlock (1991), et Hull (1988).

10. Voir Mayr (1961).

11. Allen (1975 : 10).

12. « Le structuralisme part du principe qu'il existe un ordre logique sous-tendant le règne du vivant et que la production des organismes répond à des principes dynamiques rationnels » (Goodwin, 1990).

13. « On n'acceptera, faute de mieux, une explication historique que si l'on n'arrive pas à trouver d'explication pouvant être déduite de principes généraux » (id. 1990 : 228).

14. L'histoire de la contribution respective des botanistes et des zoologistes au progrès de la biologie est tout à fait fascinante, mais n'a pas encore été écrite. Il n'y avait pas vraiment de zoologie avant le XIXe siècle; il n'existait que ses précurseurs, l'histoire naturelle et la physiologie (l'embryologie lui étant rattachée). La botanique a été manifestement dominante jusqu'au XVIIIe siècle, grâce à la stature éminente de Linné. Mais le remplacement de la classification descendante de Linné par la classification ascendante fut apparemment surtout l'œuvre des zoologistes, en dépit des publications pionnières d'Adanson et de Jussieu. La cytologie a été, de façon exemplaire, le résultat de la collaboration d'un botaniste (Schleiden) et d'un zoologiste (Schwann), tandis que d'autres botanistes (par exemple, Brown) et d'autres zoologistes (Meyen, Remak, Virchow) y ont également contribué de façon notable. La génétique est une autre discipline qui a été également fondée grâce aux efforts conjoints de botanistes (Mendel, deVries, Johannsen, East, Correns, Müntzing, Nilsson-Ehle, Renner, Baur) et de zoologistes (Weismann, Bateson, Castle, Morgan, Tchetverikov, Muller, Sonneborn), pour ne mentionner que quelques-uns de ces auteurs.

15. Le caractère indispensable des disciplines dites « classiques » a été souligné par Stern (1962) et Mayr (1963a).

CHAPITRE 7 : Les questions de type « Quoi ? » : l'étude de la biodiversité

1. Dans la période qui a suivi la publication de *De l'origine des espèces*, on s'est énormément préoccupé de construction d'arbres phylogénétiques et de macrotaxinomie, tandis que la taxinomie fondamentale a été quelque peu négligée, voire méprisée durant l'essor de la biologie expérimentale. Les années 1920-1950 ont vu l'épanouissement d'une nouvelle systématique (Mayr 1942); puis dans les années 1960-1990, on a assisté au développement de la phénétique numérique et de la cladistique.

2. Simpson (1961).

3. Voir Mayr (1982 : 247-250) pour une discussion plus détaillée du rôle qu'a joué la taxinomie dans l'établissement de nouvelles disciplines au sein de la biologie.

4. De nombreux systématiciens eux-mêmes ne se sont malheureusement pas aperçus que la systématique est une discipline riche en théories. Wheeler spécialiste des fourmis bien connu a déclaré en 1929 : « La taxinomie [...] est cette science biologique qui ne possède aucune théorie et se contente simplement d'établir des diagnostics et de dresser des classifications » (1929 : 192).

5. Voir Mayr (1996).

6. Se reporter aux manuels de taxinomie (Mayr et Ashlock, 1991 : 100-105) pour voir comment doivent être effectuées ces déductions. Le paléontologiste rencontre des difficultés analogues dans la dimension temporelle.

7. Sloan (1986).

8. Rosen (1979).

9. Mayr (1988a), Cyne *et al.* (1988).

10. Selon Simpson, « la monophylie est la dérivation d'un taxon à partir d'un taxon immédiatement ancestral de même rang ou de rang inférieur » (1961 : 124). Cette définition met en avant le concept traditionnel de monophylie qui est utilisé depuis Haeckel (1866). Les cladistes ont repris ce terme dans un autre sens, désignant un mode de descendance (tous les taxa dérivés d'une espèce-souche originelle). Afin d'éviter de confondre le concept cladiste avec celui de la tradition, il serait préférable de le nommer « holophylie » (Ashlock, 1971).

11. Curieusement, des traits par ailleurs manifestement homologues proviennent parfois de feuillets embryonnaires différents (voir le chapitre 8). Le fait de provenir d'un feuillet embryonnaire donné n'est donc pas toujours un indice fiable d'homologie. Cette dernière doit toujours faire l'objet d'une déduction.

12. Les traités de Simpson (1961), Mayr (1969), Bock (1977) et Mayr et Ashlock (1991) n'ont fait que perfectionner le système de classification fondé sur deux critères qui avait été proposé originellement par Darwin.

13. La ressemblance est déterminée d'après le critère traditionnel des taxinomistes qui a été exprimé de la façon suivante par Whewell (1840 : 1 : 521) : « Tous les systèmes prétendant être naturels doivent être testés sur la base de la maxime : *l'arrangement obtenu avec une série de caractères doit coïncider avec l'arrangement obtenu avec une autre série* » [souligné par lui]. Une idée plus ou moins semblable a été exprimée par Hempel (1952 : 53) :

« ... dans les classifications dites naturelles, les caractéristiques déterminantes sont associées, de façon systématique ou bien dans un pourcentage élevé de cas, à d'autres caractéristiques, bien qu'elles en soient logiquement indépendantes. » Par contraste avec la cladistique, la classification traditionnelle obéit à la thèse de Darwin, selon laquelle « les différents degrés de modification subie par [les branches divergentes de l'arbre phylogénétique] [...] s'expriment dans des formes qui sont assignées à différents genres, familles, sections ou ordres » (1859 : 420).

14. On peut définir une catégorie supérieure comme un ensemble dans lequel sont regroupés tous les taxa supérieurs assignés à un même niveau de la classification linnéenne. De son côté, la catégorie de l'espèce est définie au moyen de la définition de l'espèce, laquelle, de nos jours, est le plus souvent la définition biologique de l'espèce.

15. L'absence de corrélation entre la divergence évolutive et le taux de spéciation est aussi responsable de ce que l'on appelle la « courbe creuse » (Mayr, 1969).

16. Id. (1995).

17. Par exemple, le clade, qui, selon les cladistes, va des pélycosauriens aux mammifères, est fondamentalement fondé sur la possession d'une fenêtre temporale infé-

rieure unique. Toute classification fondée sur un seul caractère, même lorsqu'elle obéit fondamentalement à la phylogenése, conduit à délimiter des taxa artificiels et hétérogènes. Bien entendu, le clade acquiert généraleent d'autres caractères au bout d'un certain temps, etc.

18. Mayr (1995b).

19. Id et Bock (1994).

20. Id (1982 : 239-243), Id et Ashlock (1991 : 151, 156).

21. Une explication détaillée des règles de la nomenclature zoologique est donnée par Mayr et Ashlock (1991 : 383-406).

22. Certains auteurs reconnaissent un troisième groupe : les éocytes. Certains spécialistes des bactéries ont affirmé que les différences entre les archéobactéries et les eubactéries sont aussi grandes que celles existant entre les procaryotes et les eucaryotes. Ce point de vue n'est, cependant, pas fondé. Les traits caractéristiques des bactéries tels qu'ils sont définis dans n'importe quel manuel classique s'appliquent également aux deux subdivisions des procaryotes, alors même que les archéobactéries n'ont été décrites que récemment. Ces dernières, bien qu'elles soient différentes des eubactéries, et même en considérant que la divergence de ces deux groupes de procaryotes est antérieure à celle des procaryotes et des eucaryotes, partagent la plupart de leurs caractères avec les eubactéries. Il ne faudrait donc pas leur donner le même rang taxinomique supérieur que les eucaryotes. Rebaptiser les archéobactéries du nom d'«*Archea*» ne peut masquer le fait que, comme les eubactéries, elles représentent l'une des deux ou trois branches des bactéries.

23. Pour de plus amples détails, voir Cavalier-Smith (1995a, 1995b) et Corliss (1994).

CHAPITRE 8 : Les questions de type « Comment ? » : la production d'un nouvel organisme

1. Voir Needham (1959) pour une excellente présentation des idées d'Aristote.

2. De nos jours, nous dirions que ces processus régis par un programme sont téléonomiques, mais non téléologiques.

3. Pander (1817) a été le premier à fournir de nouvelles descriptions du développement des vertébrés; mais celles-ci ont été énormément améliorées et augmentées par von Baer (1828).

4. Les œufs riches en vitellus présentent souvent un développement assez différent de celui que connaissent les œufs pauvres en vitellus. Les différences dans l'ensemble du développement sont particulièrement importantes chez les organismes qui possèdent des stades larvaires différents ou passent par des métamorphoses complètes. Chez les lépidoptères, par exemple, et d'autres groupes d'insectes présentant des métamorphoses complètes, il se produit une réorganisation totale au niveau de la pupe, et un nouveau développement, conduisant aux structures «adultes», se réalise à partir de ce que l'on appelle les disques imaginaux.

5. Cette *vis essentialis* était, bien entendu, un *deus ex machina* métaphysique, et Haller, qui était préformationniste, a eu raison de poser la question : «Pourquoi le matériel sans forme fourni par une poule donne toujours naissance à une poule, et celui fourni par un paon donne toujours un paon? À ces questions aucune réponse n'est donnée.»

6. Moore (1993 : 445-456) a fait un excellent récapitulatif de ces recherches.

7. On a suggéré assez rapidement un lien entre ontogenése et phylogenèse : le

stade gastrula aurait correspondu au type cœlentéré, et les stades ultérieurs de développement, aux types plus élevés. Plus que tout autre auteur, Haecckel a mis en avant l'aspect récapitulatif du développement et proposé une théorie de l'évolution des invertébrés fondée sur le stade gastrula.

8. Saha (1991 : 106).

9. Tous ces mécanismes sont beaucoup trop complexes pour être décrits en détail dans le présent volume, et je renvoie le lecteur à la littérature appropriée comme *The Molecular Biology of the Gene* (Alberts *et al*, 1983).

10. Cela a été souligné particulièrement par Severtsov et son école (Schmalhausen).

11. Comme on peut le voir dans les écrits de Haeckel et d'autres auteurs, tous ceux-ci savaient pertinemment que les embryons ne passaient pas par les stades adultes de leurs ancêtres.

12. Mayr (1954).

13. Pour des études plus détaillées sur le développement, je recommande Davidson (1986), Edelman (1988), Gilbert (1991), Hall (1992), Horder *et al.* (1986), McKinney *et al.* (1991), Moore (1993), Needham (1959), Russell (1916), Slack *et al.* (1993), et Walbot *et al.* (1987).

CHAPITRE 9 : Les questions de type « Pourquoi ? » : l'évolution des organismes

1. L'apparition de la vie sur la Terre a été un processus chimique, qui a mis en jeu des phénomènes d'autocatalyse et supposé quelque facteur imprimant une direction. Comme Eigen l'a montré, il semblerait qu'ait nécessairement existé une sélection prébiotique, quelles qu'aient été les voies exactes de l'apparition de la vie. Pour des détails précis sur cette question, voir Shapiro (1986) et Eigen (1992).

2. Alfred Russel Wallace avait estimé que les mécanismes d'isolement étaient les produits directs de la sélection naturelle. Mais Darwin s'était opposé à cette idée. Depuis cette époque et jusqu'à aujourd'hui, deux camps ont existé, formés, d'un côté, par ceux qui ont opté pour Wallace et, de l'autre, par ceux qui ont suivi Darwin. Dobzhansky a été de l'avis de Wallace ; H.J. Muller et Mayr, de celui de Darwin.

3. Voir Alexander (1987), Trivers (1985), Wilson (1975).

4. Cette approche a été adoptée par Rensch (1939, 1943) et Simpson (1944), qui ont montré que les phénomènes macro-évolutifs étaient compatibles avec les résultats de la génétique. En particulier, il a été possible d'expliquer toutes « les lois de l'évolution », comme la loi de Dollo ou la loi de Cope, en termes de variation et de sélection.

5. Mayr (1954 : 206-207). Voir aussi supra.

CHAPITRE 10 : Quelles questions se pose-t-on en écologie ?

1. On sait depuis longtemps que les sujets d'étude envisagés sous l'étiquette d'« écologie » sont hétérogènes. C'est pouquoi il existe à présent des ouvrages distincts traitant d'écologie de l'évolution, d'écologie du comportement, de biologie des populations, de limnologie, d'écologie marine et de paléo-écologie. En plus de cette diversité, il y aussi d'énormes différences dans l'écologie de divers groupes d'animaux, de plantes et de

micro-organismes, et de divers types d'environnement. L'écologie des milieux continentaux est très différente de l'écologie des eaux douces (limnologie) et de l'écologie marine. L'écologie planctonique, fondée par V. Hensen, est devenue une science florissante de grande importance pour la pêche. Quiconque désire devenir un spécialiste accompli de l'écologie doit obligatoirement se familiariser avec une énorme quantité de sujets. Cette diversité explique en partie pourquoi l'étude de l'écologie est parsemée de nombreuses embûches, comme on va le voir dans les prochains paragraphes. Il existe quantité d'ouvrages traitant des connaissances en écologie ou en histoire naturelle acquises à certaines époques, comme par exemple ceux de Cittadino (1990) et d'Egerton (1968, 1975).

Et il est vrai que, dans ce domaine, tout est en interaction avec tout, comme on le dit quelquefois. La cohésion de cet ensemble disparate de savoirs baptisé du nom d'écologie « est maintenue davantage par le fait de porter la même étiquette et par la solidarité des sociétés professionnelles que par l'identité de leur philosophie ou de leurs objectifs. Aussi, l'écologie pose des problèmes particuliers à l'historien » (Ricklefs, 1985 : 799). Il existe un certain nombre de définitions assez simples de l'écologie, telles que « l'ensemble des relations des organismes avec leur environnement, » mais elles conduisent alors à envisager une énorme gamme de phénomènes. Toute stucture d'un être vivant, chacune de ses propriétés physiologiques, tout son comportement et, en fait, presque tous les éléments de son phénotype et de son génotype sont apparus par évolution dans le cadre d'une relation optimale de l'organisme avec son environnement.

Par suite, il existe de vastes domaines de recoupement entre l'écologie et d'autres disciplines biologiques, comme la biologie de l'évolution, la génétique, le comportement et la physiologie. Par exemple, dans le grand traité d'écologie de Ricklefs (1990), six chapitres entiers sont consacrés aux questions d'évolution, chapitres qui pourraient tout aussi bien faire partie d'un ouvrage sur la biologie de l'évolution. Un certain nombre de livres récemment publiés ont, d'ailleurs, tout simplement été appelés « Écologie de l'évolution ». Ils traitent de questions telles que l'extinction, l'adaptation, les modes de vie, la sexualité, le comportement social, et la co-évolution. Ricklefs considère, à juste titre, que toutes les adaptations physiologiques des organismes en rapport avec leur mode de vie particulier ou leur environnement spécial relèvent de l'écologie. C'est le cas, par exemple, de toutes les adaptations permettant aux organismes d'affronter des conditions climatiques extrêmes : cycles quotidiens ou saisonniers, migrations et autres adaptations comportementales. De nombreux mécanismes physiologiques permettent l'adaptation à l'environnement, particulièrement aux conditions extrêmes, comme les déserts ou l'Arctique (Schmidt-Nielsen 1990). L'adaptation aux conditions locales est bien illustrée chez les plantes par le développement d'écotypes.

2. On doit à Glacken (1967) une documentation détaillée sur les conceptions relatives à l'environnement qui ont eu cours de l'Antiquité à la fin du XVIIIe siècle. De nombreux ouvrages traitent des connaissances en écologie ou en histoire naturelle acquises à certaines époques, comme par exemple ceux d'Egerton (1968, 1975).

3. Voir Stresemann (1975).

4. L'ouvrage *Principles of Animal Ecology*, rédigé par plusieurs auteurs de l'école de Chicago (AEPPS), est paru en 1949, et depuis cette date il se publie un flot ininterrompu de nouveaux manuels d'écologie. Pas moins de six ouvrages de ce type ont fait l'objet d'un compte-rendu dans un seul numéro de la revue *Science* (Orians, 1973). Le plus remarquable a été celui d'Eugene Odum, *Fundamentals of Ecology*,

publié en 1953, et très largement adopté jusque dans les années 1970. Celui de Robert Ricklefs, *Ecology* (1973), est peut-être le plus largement utilisé à présent aux États-Unis. On peut se rendre compte du développement de cette discipline au fait que la première édition de l'ouvrage d'Odum a 384 pages, tandis que la troisième édition de celui de Ricklefs (1990) possède 896 pages. Il est évident qu'il ne sera abordé dans ce bref survol ci-après, qu'une toute petite partie des problèmes de l'écologie.

5. Le développement de recherches expérimentales en physiologie et en embryologie *(Entwicklungsmechanik)* a été une réaction dirigée contre la démarche purement descriptive de la systématique et de la morphologie. Un mouvement de rébellion analogue s'est produit en histoire naturelle, qui a consisté à mettre l'accent sur les organismes vivants entiers. En Allemagne, on s'est mis à appeler *Biologie* tout ce qui avait trait à l'organisme vivant. Le sens en était très différent du terme « biologie » utilisé dans la littérature de langue anglaise, qui recouvrait traditionnellement la combinaison de la zoologie et de la botanique. Le volume sur la vie animale (écrit par Doflein) dans la célèbre série Hesse-Doflein, qui présentait une splendide synthèse des connaissances sur les animaux vivants, était fortement influencé par les conceptions darwiniennes. Cette *Biologie* se concevait comme une alternative et un complément à la morphologie (l'étude des « structures mortes »). Ses objets d'étude correspondaient plus ou moins aux sujets qui dans les manuels modernes sont traités sous l'étiquette d'« écologie de l'évolution et du comportement ». Cette biologie ne s'occupait presque que des animaux.

6. Voir Kingsland (1985).

7. Historiquement, la biologie des populations a longtemps été considérée comme une branche indépendante de la biologie, mais il est maintenant clair qu'elle fait partie de l'écologie, comme cela a été particulièrement souligné au symposium de Cold Spring Harbor de 1957.

8. V.C. Wynne-Edwards (1962, 1986).

9. Un certain nombre de publications, comme celle de Heywood (1973), ont traité des relations étroites entre la taxinomie et l'écologie, telles qu'elles restent prises en compte aujourd'hui.

10. Parfois, certains écologistes emploient le terme « population » pour parler d'un ensemble d'espèces figurant dans un écosystème. Ils parlent ainsi de la « population planctonique » d'un lac ou de la « population herbivore » d'une savane. Dans la plupart des cas, cependant, il est erroné d'employer le terme « population » pour désigner des portions d'un écosystème comprenant de multiples espèces.

11. La publication du livre de R. Hesse *Tiergeographie auf ocologischer Grundlage* (1924) a marqué le développement d'un petit courant d'intérêt similaire concernant les animaux. En dépit de son titre, cet ouvrage n'était pas un traité de biogéographie portant sur la distribution des animaux et ses causes ; il envisageait plutôt l'écologie animale dans sa relation avec des facteurs géographiques. D'une certaine façon, c'était le successeur du livre de Semper (1881) sur la morphologie écologique. Au bout d'un certain temps, l'écologie des communautés a donné naissance à l'écologie des écosystèmes (voir ci-dessous).

12. « La formation du climax correspond à l'organisme adulte, la communauté pleinement développée. »

13. Voir Mayr (1941), MacArthur et Wilson (1963), et Mayr (1965).

CHAPITRE 11 : Où l'homme se situe-t-il dans l'évolution ?

1. Ces deux dernières espèces sont parfois assignées à un genre séparé, *Paranthropus*.

2. L'espèce *robustus* étant restreinte à l'Afrique du Sud et l'espèce *boisei* à l'Afrique de l'Est. Il est impossible de dire laquelle est morphologiquement plus semblable à leur ancêtre commun, bien que l'ancienneté plus grande de *A. aethiopicus* suggère de multiples façons que *A. robustus* en est très éloigné.

3. Des preuves de plus en plus solides indiquent que la séparation de la lignée hominidée et de celle du chimpanzé est récente. Cette conclusion avait d'abord été établie sur la base de protéines du sang (Goodman), puis elle avait été confirmée par des tests d'hybridation d'ADN réalisés par Sibley et Ahlquist, lesquels ont été re confirmés ultérieurement par Caccone et Powell (avec des méthodes améliorées), ainsi que, finalement, par d'autres méthodes moléculaires et des études de chromosomes.

4. Sarich (1967) a été le premier à avancer cette date. Il faut attendre la découverte de nouveaux fossiles pour la préciser.

5. Afin de mettre de l'ordre dans la classification des hominidés qui était alors chaotique (plus de 30 noms de genres et plus de 100 noms d'espèces), j'ai décidé d'appliquer la règle du rasoir d'Occam et proposé en 1950 qu'il n'y avait jamais eu, dans le passé, qu'une seule espèce du genre *Homo* à la fois, tout comme il n'y a à présent qu'une seule espèce du genre *Homo*. Les recherches ultérieures ont montré que ma proposition représentait une simplification excessive.

6. Voir Mayr (1954).

7. Voir Stanley (1992).

8. Donald (1991).

9. Voir Mayr (1963 : 650).

10. Mitton (1977).

11. Mayr (1982 : 623-624).

12. Haldane (1949).

CHAPITRE 12 : L'évolution peut-elle rendre compte de la morale ?

1. « D'après toutes les connaissances que nous avons [...] [il est clair] que, depuis les temps les plus anciens, les tribus dominantes ont supplanté d'autres tribus » (1871 : 160).

2. L'altruisme chez les animaux sociaux n'implique pas nécessairement un désavantage pour l'altruiste. Darwin l'a dit très nettement : « Nous avons donc vu que les sauvages considèrent que des actions sont bonnes ou mauvaises seulement en fonction de leurs conséquences claires sur l'épanouissement de la tribu (et c'était probablement ainsi que devaient les envisager aussi les premiers hommes) » (1871 : 96). Darwin estimait qu'il existait une étroite relation entre la socialité et les normes éthiques, comme le montre cette déclaration : « ce trait particulier que l'on appelle le sens moral provient fondamentalement des instincts sociaux » (1871 : 97).

3. De Waal (1996).

4. J.Q. Wilson (1993) a réalisé une excellente synthèse des preuves de l'existence d'un sens moral chez les êtres humains. Voir Bradie (1994).

5. Sulloway (1996).

6. Kohlberg (1981 ; 1984).

7. La question de l'évolution et de la morale a engendré une énorme littérature au cours des vingt dernières années. Elle a été, dans une grande mesure, déclenchée par l'ouvrage de E. O. Wilson *Sociobiology* (1975). Outre ce dernier, il faut signaler aussi, parmi les auteurs les plus importants sur ce sujet : R.D. Alexander, A. Gewirth, R.J. Richards, M. Ruse, et G.C. Williams. On trouvera dans le volume *Evolutionary Ethics*, de Nitecki et Nitecki (1993), une présentation de leurs points de vue respectifs, avec des bibliographies relatives à leurs écrits, ainsi qu'un certain nombre d'essais classiques (T.H. Huxley, J. Dewey), et dix essais par d'autres auteurs. Cet ouvrage représente une introduction très utile à la littérature sur l'éthique évolutionniste.

Bibliographie

Adanson, M. (1763), *Familles des plantes*, Paris.

Agar, W. E. (1948), "The wholeness of the living organism", *Phil. Sci.* 15 : 179-191.

Alberts, B., D. Bray, J. Lewis, K. Roberts, et J. Watson (1983), *Molecular Biology of the Cell.*, 1re éd., New York et Londres, Garland.

Alexander, R. D. (1987), *The Biology of Moral Systems*, Hawthorne, N.Y., Aldine de Gruyter.

Allee, W. C., A. E. Emerson, O. Park, T. Park, et K. P. Schmidt (1949), *Principles of Anima Ecology*, Philadelphie, Saunders.

Allen, G. E. (1975), *Life Science in the Twentieth Century*, New York, John Wiley & Sons.

Alvarez, L. (1980), "Asteroid theory of extinctions strengthened", *Science* 210 : 514.

Ashlock, P. (1971), "Monophyly and associated terms", *Syst. Zool.* 21 : 430-438.

Avery, O. T., C. M. MacLeod, et M. McCarty (1944), "Studies on the chemical nature of the substance inducing transformation of pneumococcal types", *J. Exp. Med.* 79 : 137-158.

Ayala, F. J. (1987), "The biological roots of morality", *Biol. and Phil.* 2 : 235-252.

Ayala F. J., A. Escalante, C. O'Huigin, et J. Klein (1994), "Molecular genetics of speciation and human origins", *Proc. Nat. Ac. Sci.* 91 : 6787-6794.

Baer, K. E. von (1828), *Entwicklungsgeschichte der Thiere : Beobachtung und Reflexion*, Königsberg, Bornträger.

Baker, J. R. (1938), "The evolution of breeding searson", in G. R. de Beer, éd., *Evolution : Essays on Aspects of Evolutionary Biology*, Oxford, Clarendon Press, pp. 161-177.

— (1948-1955), "The cell theory : a restatement, history, and critique", *Quart. J. Microscopical Science* 89 : 103-123 ; 90 : 87-108 ; 93 : 157-190 ; 96 : 449.

Barrett, P. H., P. J. Gautrey, S. Herbert, D. Kohn, et S. Smith (1987), *Charles Darwin's Notebooks, 1836-1844*, Ithaca, Cornell University Press.

Bates, H. W. (1862), "Contributions to an insect fauna of the Amazon Valley", *Trans. Linn. Soc. London* 23 : 495-566.

Bateson, P., éd. (1983), *Mate Choice*, Cambridge, Cambridge University Press.

Beatty, J. (1995), "The evolutionary contingency thesis", in G. Wolters et J. Lennox, éds., *Concepts, Theories, and Rationality in the Biological Sciences*, Pittsburg, University of Pittsburgh Press, pp. 45-81.

Beckner, M. (1959), *The Biological Way of Thought*, New York, Columbia University Press.

— (1967), "Organismic biology", in *Encyclopedia of Philosophy*, vol. 5, pp. 549-551.

Bertalanffy, L. von (1952), *Problems of Life*, Londres, Watts.

Blandino, G. (1969), *Theories on the Nature of Life*, New York, Philosophical Library.

Blumenbach, J. F. (1790), *Beyträge zur Naturgeschichte*, Göttingen.

Bock, W. (1977), "Foundations and methods of evolutionary classification", in M. Hecht, P. C. Goody, et B. M. Hecht, eds., *Major Patterns in Vertebrate Evolution*, pp. 851-895, New York, Plenum Press.

Bowler, P. J. (1983), *The Eclipse of Darwinism : Anti-Darwinian Evolution Theories in the Decades around 1900*, Baltimore, Johns Hopkins University Press.

Boveri, T. (1903), "Über den Einflus der Samenzelle auf die Larvencharaktere der Echiniden", *Roux's Arch.* 16 : 356.

Bradie, M. (1994), *The Secret Chain*, Albany, State University of New York Press.

Buffon, G. L. (1749-1804), *Histoire naturelle, générale et particulière*, 44 vol., Paris, Imprimerie Royale, puis Plassan.

Carr, E. H. (1961), *What is History*?, London, Macmillan.

Cassirer, E. (1950), *The Problem of Knowledge : Philosophy, Science, and History since Hegel*, New Haven, Yale University Press.

Cavalier-Smith, T. (1995a), "Membrane heredity, symbiogenesis, and the multiple origins of algae", in Arai, Kato, et Dio, éds., *Biodiversity and Evolution*, pp. 69-107, Tokyo, The National Science Museum Foundation.

— (1995b), "Evolutionary protistology comes of age : biodiversity and molecular cell biology", *Arch. Protistenkd* 145 : 145-154.

Cittadino, E. (1990), *Nature as the Laboratory*, New York, Columbia University Press.

Churchill, F. B. (1979), "Sex and the single organism : biological theories of sexuality in mid-nineteenth century", *Stud. Hist. Biol.* 3 : 139-177.

Code (1985), *International Code of Zoological Nomenclature*, adopté par the General Assembly of the International Union of Biological Sciences, Berkeley, University of California Press.

Coleman, W. (1965), "Cell nucleus and inheritance : an historical study", *Proc. Amer. Philos. Soc.* 109 : 124-158.

Coon, C. (1962), *The Origin of Races*, New York, Alfred A. Knopf.

Corliss, J. O. (1994), "An interim utilitarian ('user-friendly') hierarchical classification of the protista", *Acta Protozoologica* 33 : 1-51.

Coyne, J. A., H. A. Orr, et D.J. Futuyma (1988), "Do we need a new definition of species?", *Syst. Zool.* 37 : 190-200.

Cremer, T. (1985), *Von der Zellenlehre zur Chromosomentheorie*, Berlin, Springer.

Crick, F. (1966), *Of Molecules and Men*, Seattle, University of Washington Press.

Darwin, C. (1859), *On the Origin of Species by Means of Natural Selection or the Preservation of Favored Races in the Struggle for Life*, London, Murray. Facsimilé édition 1964, éd. E. Mayr. Trad. fr. : *De l'origine des espèces*, Paris, Flammarion, coll. "G. F.", 1992.

— (1871), *The Descent of Man*, Londres, Murray. Trad. fr. : *La Descendance de l'homme*, Bruxelles, Complexe, coll. "De la science", 1981.

— (1994), *The Correspondence of Charles Darwin*, vol. 9 : 269 [lettre à Henry Fawcett, 18 sept. 1861], Cambridge, Cambridge University Press.

Davidson, E. H. (1986), *Gene Activity in Early Development*, 3e éd., Orlando, Academic Press.

De Waal, Franz (1996), *Good Natured: The Origins of Right and Wrong in Humans and Other Animals*, Cambridge, Harvard University Press.

Diamond, J. (1991), *The Third Chimpanzee: The Evolution and Future of the Human Animal*, New York, HarperCollins.

Dijksterhuis, E. J. (1961), *The Mechanization of the World Picture*, trans. C. Dikshoorn, Oxford, Clarendon Press.

Dobzhansky, T. (1937), *Genetics and the Origin of Species*, New York, Columbia University Press.

— (1968), "On Cartesian and Darwinian aspects of biology", *Graduate Journal* 8 : 99-117.

— (1970), *Genetics of the Evolutionary Process*, New York, Columbia University Press. Trad. fr. : *Génétique du processus évolutif*, Paris, Flammarion, coll. "Nouvelle Bibliothèque scientifique", 1977.

Doflein, F. (1914), *Das Tier als Glied des Naturganzen*, Leipzig, Teubner.

Donald, Merlin (1991), *Origins of the Modern Mind: Three Stages in the Evolution of Culture and Cognition*, Cambridge, Harvard University Press.

Driesch, H. (1905), *Der Vitalismus als Geschichte und als Lehre*, Leipzig, J. A. Barth.

— (1908), *The Science and Philosophy of the Organism*, Londres, A. et C. Black. Du Bois-Reymond, E. (1860), "Gedächtnisrede auf-Johannes Müller", *Abt. Presa. Aked. Wiss.* 1859-25-191.

— (1872), *Über die Grenzen des Naturwissenschaftlichen Erkennens*, Leipzig.

— (1887), *Die Sieben Welträtsel*, Leipzig.

Dupré, J. (1993), *The Disorder of Things*, Cambridge, Harvard University Press.

Edelman, G. (1988), *Topobiology: An Introduction to Molecular Embryology*, New York, Basic Books.

Egerton, F. N. (1968), "Studies of animal populations from Lamarck to Darwin", *J. Hist. Biol.* 1 : 225-259.

— (1975), "Aristote's population biology", *Arethusa* 8 : 307-330.

Eigen, M. (1992), *Steps toward Life*, Oxford, Oxford University Press.

Eldredge, N. (1971), "The allopatric model and phylogeny in Paleozoic invertebrates", *Evolution* 25 : 156-167.

Eldredge, N., et S. J. Gould (1972), "Punctuated equilibria : an alternative to phyletic gradualism", in Schopf (1972), pp. 82-115.

Elton, C. (1924), "Periodic fluctuations in the numbers of animals : their causes and effects", *J. Exper. Biol.* 2 : 119-163.

— (1927), *Animal Ecology*, New York, Macmillan.

Evans, F. C. (1956), "Ecosystem as the basic unit in ecology", *Science* 123 : 1127-1128.

Feyerabend, P. (1962), "Explanation, reduction, and empiricism", *Minnesota Studies Philos. Sci.* 2 : 28-97.

— (1970), "Against method : Outline of an anarchistic theory of knowledge", *Minnesota Studies Philos. Sci.* 4 : 17-130.

— (1975), *Against Method*, Londres, Verso. Trad. fr. : *Contre la méthode*, Paris, Seuil, 1979.

Frege, G. (1884), *Die Grundlagen der Arithmetik : Eine logisch mathematische Untersuchung über den Begriff der Zahl*, Breslau, W. Koebner.

Geoffroy St. Hilaire, E. (1818), *Philosophie anatomique*, Paris.

Gerard, R. W. (1958), "Concepts and principles of biology", *Behavioral Science* 3 : 95-102.

Ghiselin, M. T. (1969), *The Triumph of the Darwinian Method*, Berkeley, University of California Press.

— (1974), *The Economy of Nature and the Evolution of Sex*, Berkeley, University of California Press.

— (1984), "'Definition', 'character', and other equivocal terms", *Syst. Zool.* 33 : 104-110.

— (1989), "Individuality, history, and laws of nature in biology", in M. Ruse, éd., *What the Philosophy of Biology is*, pp. 3-66, Dordrecht, Kluwer.

Giere, R. N. (1988), *Explaining Science : A Cognitive Approach*, Chicago, University of Chicago Press.

Gilbert, S., éd. (1991), *A Conceptual History of Modern Embryology*, New York, Plenum.

Glacken, C. J. (1967), *Traces on the Rhodian Shore : Nature and Culture in Western Thought, Berkeley*, University of California Press.

Gleason, H. A. (1926), "The individualistic concept of the plant association", *Bull. Torrey Bot. Club* 53 : 7-26.

Goldschmidt, R. (1938), *Physiological Genetics*, New York, McGraw-Hill.

— (1954), "Different philosophies of genetics", *Science* 119 : 703-710.

Goodwin, B. (1990), "Structuralism in biology", *Sci. Progress* (Oxford) 74 : 227-244.

Goudge, T. A. (1961), *The Ascent of Life*, Toronto, University of Toronto Press.

Graham, L. R. (1981), *Between Science and Values*, New York, Columbia University Press.

Haeckel, E. (1866), *Generelle Morphologie der Organismen: Allgemeine Grundzüge der organischen Formen-Wissenschaft, mechanisch begründet durch die von Charles Darwin reformirte Descendenz-Theorie*, 2 vol., Berlin, Georg Reimer.

— (1870 [1869]), "Über Entwickelungsgang u. Aufgabe der Zoologie", *Jenaische Z.* 5: 353-370.

Haldane, J. B. S. (1949), "Human evolution: past and future", in Jepsen, Mayr, et Simpson 1949 : 405-418.

Haldane, J. S. (1931), *The Philosophical Basis of Biology*, Londres, Hodder et Stoughton.

Hall, B. K. (1992), *Evolutionary Developmental Biology*, Londres, Chapman et Hall.

Hall, R. (1954), *The Scientific Revolution, 1500-1800*, Londres, Longmans.

Hall, T. S. (1969), *Ideas of Life and Matter*, 2 vol., Chicago, University of Chicago Press.

Hamilton, W. D. (1964), "The genetical evolution of social behavior", *J. Theoret. Biol.* 7 : 1-16; 17-52.

Handler, P., éd. (1970), *The Life Sciences*, Washington, D.C., National Academy of Sciences.

Hanson, N. R. (1958), *Patterns of Discovery*, Cambridge, Cambridge University Press.

Haraway, D. J. (1976), *Crystals, Fabrics, and Fields*, New Haven, Yale University Press.

Harper, J. L. (1977), *Population Biology of Plants*, New York, Academic Press.

Harré, R. (1986), *Varieties of Realism: A Rationale for the Natural Sciences*, Oxford, Oxford University Press.

Hempel, C. G. (1952), *Fundamentals of Concept Formation in Empirical Science*, Chicago, University of Chicago Press.

— (1965), *Aspects of Scientific Explanation*, New York, Free Press.

Hempel, C. G., et P. Oppenheim (1948), "Studies in the logic of explanation", *Phil. Sci.* 15: 135-175.

Hennig, W. (1950), *Grundzüge einer Theorie der Phylogenetischen Systematik*, Berlin, Deutscher Zentralverlag.

Hertwig, O. (1876), "Beiträge zur Kenntnis der Bildung, Befruchtung und Theilung des thierischen Eies", *Morph. Jahrb.* 1 : 347-434.

Hesse, R. (1924), *Tiergeographie auf Ökologischer Grundlage*, Jena, Fischer.

Heywood, V. H. (1973), *Taxonomy and Ecology: Proceedings of an International Symposium Held at the Dept. of Botany, University of Reading*, New York, Systematics Association by Academic Press.

Holton, G. (1973), *Thematic Origins of Scientific Thought: Kepler to Einstein*, Cambridge, Harvard University Press.

Horder, T. J., H. A. Witkowski, et C.C. Wylie, éd. (1986), *A History of Embryology*, New York, Cambridge University Press.

Hoyningen-Huene, P. (1993), *Reconstructing Scientific Revolutions: Thomas S. Kuhn's Philosophy of Science*, Chicago, University of Chicago Press.

Hughes, A. (1959), *A History of Cytology*, Londres et New York, Abelard-Schuman.

Hull, D. L. (1975), "Central subjects and historical narratives", *History and Theory* 14 : 253-274.

— (1988), *Science as a Process : An Evolutionary Account of the Social and Conceptual Development of Science*, Chicago, University of Chicago Press.

Humboldt, A. von (1805), *Essay sur la geographie des plantes*, Paris.

Huxley, J. S. (1942), *Evolution, the Modern Synthesis*, Londres, Allen & Unwin.

Huxley, T. H. (1863), *Evidence as to Man's Place in Nature*, Londres, William and Norgate.

— (1893), *Evolution and Ethics*, Romanes Lecture, Londres, Oxford University Press.

Jacob, François (1970), *La Logique du vivant : une histoire de l'hérédité*, Paris, Gallimard. Trad. angl. : *The Logic of Life : A History of Heredity*, New York, Pantheon, 1973.

— (1977), "Evolution and tinkering", *Science* 196 : 1161-1166.

Jepsen, G. L., E. Mayr, et G. G. Simpson (1949), *Genetics, Paleontology, and Evolution*, Princeton University Press.

Johannsen, W. (1909), *Elemente der Exakten Erblichkeitslehre*, Jena, Gustav Fischer.

Junker, Thomas (1995), "Darwinismus, materialismus und die revolution von 1848 in Deutschland. Zur interaktion von politik und wissenschaft", *Hist. Phil. Life Sci.* 17 : 271-302.

Kagan, J. (1989), *Unstable Ideas*, Cambridge, Mass., Harvard University Press.

— (1994), *Galen's Prophesy : Temperament in Human Nature*, New York, Basic Books.

Kant, E. (1790), *Kritik der Urteilskraft*, Berlin.

Kimura, M. (1983), *The Neutral Theory of Molecular Evolution*, Cambridge, Cambridge University Press. Trad. fr. : *La Théorie neutraliste de l'évolution moléculaire*, Paris, Flammarion, 1990.

Kingsland, S. E. (1985), *Modeling Nature : Episodes in the History of Population Ecology*, Chicago, University of Chicago Press.

Kitcher, P. (1993), *The Advancement of Science*, New York, Oxford University Press.

Kitcher, P., et W. L. Salmon, éd. (1989), *Scientific Explanation*, Minneapolis, University of Minnesota Press.

Kohlberg, L. (1981), *The Philosophy of Moral Development : Moral Stages and the Idea of Justice*, New York, Harper & Row.

— (1984), *The Psychology of Moral Development : The Nature and Validity of Moral Stages*, San Francisco, Harper & Row.

Kölliker, A. von (1841), *Beiträge zur Kenntniss der Geschlechtsverhältnisse und der Samenflüssigkeit wirbelloser Thiere, nebst einem Versuch über das Wesen und die Bedeutung der sogenannten Samenthiere*, Berlin, W. Logier.

— (1886), "Das Karyoplasma und die Vererbung", in *Kritik der Weismann'schen Theorie von der Kontinuitat des Keimplasma*, Leipzig.

Kölreuter, J. G. (1760), voir Mayr (1986a).

Korschelt, E. (1922), *Lebensdauer Altern und Tod*, Jena, Gustav Fischer.

Kuhn, T. (1962), *The Structure of Scientific Revolutions*, Chicago, University of Chicago Press. Trad. fr. : *La Structure des révolutions scientifiques*, Paris, Flammarion, 1973.

— (1970), *Reflections on my Critics*, in Lakatos et Musgrave, 1970, pp. 231-278.

La Mettrie, J. O. de (1748), *L'Homme machine*, Leyden, Elie Luzac.

Lack, D. (1954). *The Natural Regulation of Animal Numbers*, Oxford, Clarendon Press.

Lakatos, I., et A. Musgrave, éd. (1970), *Criticism and the Growth of Knowledge*, Cambridge, Cambridge University Press.

Lamarck, J. B. (1809), *Philosophie zoologique, ou exposition des considérations relatives à l'histoire naturelle des animaux*, Paris.

Laudan, L. (1968), "Theories of scientific method from Plato to Mach", *Hist. Sci.* 7 : 1-63.

— (1977), *Progress and Its Problems : Towards a Theory of Scientific Growth*, Berkeley, University of California Press.

Lenoir, T. (1982), *The Strategy of Life*, Dordrecht, D. Reidel.

Leplin, J., ed. (1984), *Scientific Realism*, Berkeley, University of California Press.

Liebig, J. (1863), *Über Francis Bacon von Verulam und die Methode von Naturforschung*, Munich, J. G. Cotta.

Lindeman, R. L. (1942), "The trophic-dynamic aspect of ecology", *Ecology* 23 : 399-418.

Lorenz, K. (1973), "The fashionable fallacy of dispensing with description", *Naturwiss.* 60 : 1-9.

Llyod, E. (1987), *The Structure of Evolutionary Theory*, Westport, Conn., Greenwood Press.

Lyell, C. (1830-1833), *Principles of Geology, Being an Attempt to Explain the Former Changes of the Earth's Surface, by Reference to Causes Now in Operation*, 3 vol., Londres.

MacArthur, R. H., et E. O. Wilson (1963), "An equilibrium theory of insular zoogeography", *Evolution* 17 : 373-387.

Magnol, P. (1689), *Prodromus historiae generalis plantarum in quo familiae plantarum per tabulas disponuntur*, Montpellier.

Maier, A. (1938), *Die Mechanisierung des Weltbildes. Forschungen zur Geschichte der Philosophie und der Pädagogik*, Leipzig.

Mainx, F. (1955), "Foundations of biology", *Int. Encycl. Unif. Sci.* 1 : 1-86.

May, R. M. (1973), *Stability and Complexity in Model Ecosystems*, Princeton, Princeton University Press.

Maynard Smith, J., Jr. (1984), "Science and myth", *Natural History* 11 : 11-24.

Mayr, E. (1941), "The origin and the history of the bird fauna of Polynesia", *Proc. Sixth Pacific Sci, Congress.* 4 : 197-216.

— (1942), *Systematics and the Origin of Species*, New York, Columbia University Press.

— (1946), "History of the North American bird fauna", *The Wilson Bulletin* 58 : 3-41.

— (1952), "The problem of land connections across the South Atlantic, with special reference to the Mesozoic", *Bulletin of the American Museum of Natural History* 99 : 85, 255-258.

— (1954), "Change of genetic environment and evolution", in J. Huxley, A. C. Hardy, et E. B. Ford, éd., *Evolution as a Process*, Londres, Allen & Unwin, pp. 157-180.

— (1961), "Cause and effect in biology : kinds of causes, predictability, and teology are viewed by a practicing biologist", *Science* 134-1501-1506.

— (1963a), *Animal Species and Evolution*, Cambridge, The Belknap Press of Harvard University Press.

— (1963b), "The new versus the classical in science", *Science* 141, 3583 : 765.

— (1964), "Introduction", in C. Darwin, *On the Origin of Species : A Facsimile of the First Edition*, pp. VII-XXV, Cambridge, Harvard University Press.

— (1965), "Avifauna : turnover on islands", *Science* 150 : 1587-1588.

— (1969), *Principles of Systematic Zoology*, New York, McGraw-Hill.

— (1972), "The nature of the Darwinian revolution : acceptance of evolution by natural selection required the rejection of many previously held concepts", *Science* 176 : 981-989.

— (1976), *Evolution and the Diversity of Life*, Selected Essays, Cambridge, The Belknap Press of Harvard University Press. Trad. fr. : *La Biologie de l'évolution*, Paris, Hermann, 1981.

— (1982), *The Growth of Biological Thought : Diversity, Evolution, and Inheritance.* Cambridge, The Belknap Press of Harvard University Press. Trad. fr. : *Histoire de la biologie : diversité, évolution et hérédité*, Paris, Fayard, coll. "Le temps des sciences", 1989.

— (1986a), "Joseph Gottlieb Kölreuter's contributions to biology", *Osiris* 2 : 135-176.

— (1986b), "Natural selection : the philosopher and the biologist", *Review of Sober, Paleobiology* 12 : 233-239.

— (1988), "The why and how of species", *Biol. and Phil.* 3 : 431-441.

— (1989), "Speciational evolution or punctuated equilibia", *Journal of Social and Biological Structures* 12 : 137-158.

— (1990), "Plattentektonik und die Geschichte der Vogelfaunen", in R. van den Elzen, K.-L. Schuchmann, et K. Schmidt-Koenig, éd., *Current Topics in Avian Biology*, pp. 1-17. International Centennial Meeting of the Deutsche Ornithologen-Gesellschaft, Bonn, 1988, Bonn, Verlag der Deutschen Ornithologen-Gesellschaft.

— (1991a), *One Long Argument : Charles Darwin and the Genesis of Modern Evolutionary Thought*, Cambridge, Harvard University Press. Trad. fr. : *Darwin et la pensée moderne de l'évolution*, Paris, Odile Jacob, 1993.

— (1991b), "The ideological resistance to Darwin's theory of natural selection", *Proceedings of the American Philosophical Society* 135 : 123-139.

— (1992a), “The idea of teleology”, *Journal of the History of Ideas* 53 : 117-135.

— (1992b), “Darwin’s principle of divergence”, *Journal of the History of Biology* 25 : 343-359.

— (1995a), “Darwin’s impact on modern thought”, *Proceedings of the American Philosophical Society* 139 (4) : 317-325.

— (1995b), “Systems of ordering data”, *Biol. and Phil.* : 10 (4) : 419-434.

— (1996), “What is a species and what is not ?”, *Phil. of Sci.* 63 (2) : 261-276.

Mayr, E., et P. Ashlock (1991), *Principles of Systematic Zoology*, éd. rev., New York, McGraw-Hill.

Mayr, E., et W. Bock (1994), “Provisional classifications v standard avian sequences : heuristics and communication in ornithology”, *Ibis* 136 : 12-18.

Mayr, E., et J. Diamond (1997), *The Birds of Northern Melanesia*, Oxford, Oxford University Press.

McKinney, M. L., et K. J. McNamara (1991), *Heterochrony : The Evolution of Ontogeny*, New York, Plenum.

McLaughlin, P. (1991), “Newtonian biology and Kant’s mechanistic concept causality”, in G. Funke, éd., *Akten Siebenten Internationalen Kant Kongress*, pp. 57-66, Bonn, Bouvier.

McMullin, E., éd. (1988), *Construction and Constraint : The Shaping of Scientific Rationality*, Notre Dame, Ind., Notre Dame University Press.

Medawar, P. B. (1984), *The Limits of Science*, Oxford, Oxford University Press.

Mendel, J. G. (1866), “Versuche über Pflanzen-hybriden”, *Verh. Natur. Vereins Brünn* 4 (1865) : 3-57.

Merriam, C. H. (1894), “Laws of temperature control of the geographic distribution of terrestrial animals and plants”, *Nat. Geogr. Mag.* 6 : 229-238.

Meyen, F. J. F. (1837-1839), *Neues System der Pflanzenphysiologie*, 3 vol., Berlin, Haude und Spenersche Buchhandlung.

Michener, C. D. (1977), “Discordant evolution and the classification of allodapine bees”, *Syst. Zool.*, 26 : 32-56 ; 27 : 112-118.

Milkman, R. D. (1961), “The genetic basis of natural variation III”, *Genetics* 46 : 25-38.

Miller, S. J. (1953), “A production of amino acids under possible primitive earth conditions”, *Science* 117 : 528.

Mitton, J. B. (1977), “Genetic differentiation of races of man as judged by single-locus or multiple-locus analyses”, *Amer. Nat.* 111 : 203-212.

Moore, J. A. (1993), *Science as a Way of Knowing*, Cambridge, Harvard University Press.

Morgan, C. L. (1923), *Emergent Evolution*, Londres, William and Norgate.

Müller, G. H. (1983), “First use of *biologie*”, *Nature* 302 : 744.

Munson, R. (1975), “Is biology a provincial science ?”, *Phil. Sci.* 42 : 428-447.

Nagel, E. (1961), *The Structure of Science : Problems in the Logic of Scientific Explanation*, New York, Harcourt, Brace & World.

Nägeli, C. W. (1845), "Über die gegenwärtige Aufgabe der Naturgeschichte, insbesondere der Botanik", *Zeitschr. Wiss. Botanik*, vol. 1 et 2., Zurich.

— (1884), *Mechanisch-physiologische Theorie der Abstammungslehre*, Leipzig, Oldenbourg.

Needham, J., ed. (1925), *Science, Religion and Reality*, Londres, The Sheldon Press.

— (1959), *A History of Embryology*, 2e éd., New York, Abelard-Schuman.

Nitecki, M. H., et D. V. Nitecki (1992), *History and Evolution*, Albany, State University of New York Press.

— (1993), *Evolutionary Ethics*, Albany, State University of New York Press.

Novikoff, A. (1945), "The concept of integrative levels and biology", *Science* 101 : 209-215.

Odum, E. P. (1953), *Fundamentals of Ecology*, Philadelphia, Saunders.

Orians, G. H. (1962), "Natural selection and ecological theory",, *Amer. Nat.* 96 : 257-264.

Pander, H. C. (1817), *Beiträge zur Entwicklungsgeschichte des Hühnchens im Eye*, Würzburg.

Papineau, D. (1987), *Reality and Representation*, Oxford, Clarendon Press.

Pearson, K. (1892), *The Grammar of Science*, Londres, W. Scott.

Peirce, C.S. (1972), *The Essential Writings*, éd. E. C. Moore, New York, Harper & Row.

Polanyi, M. (1968), "Life's irreducible structure", *Science* 160 : 1308-1312.

Popper, K. (1952), *The Open Society and Its Enemies*, Londres, Routledge & Kegan Paul.

— (1968), *Logic of Scientific Discovery*, New York, Harper & Row. Trad. fr. : *La Logique de la découverte scientifique*, Paris, Payot, 1982.

— (1974), *Unended Quest : An Intellectual Autobiography*, La Salle, Ill., Open Court. Trad. fr. : *La Quête inachevée : autobiographie intellectuelle*, Paris, Calmann-Lévy, 1981.

— (1975), *Objective Knowledge : An Evolutionary Approach*, Oxford, Clarendon Press. Trad. fr. : *La Connaissance objective*, Bruxelles, Complexe, 1978.

— (1983), *Realism and the Aim of Science*, New Jersey, Rowan & Littefield. Trad. fr. : *Le Réalisme et la science*, Paris, Hermann, 1990.

Putnam, H. (1987), *The Many Faces of Realism*, La Salle, Ill., Open Court.

Redfield, R., éd. (1942), "Levels of integration in biological and social sciences", *Biological Symposia VIII*, Lancaster, Penn., Jacques Cattell Press.

Regal, P. J. (1975), "The evolutionary origin of feathers", *Quarterly Review of Biology* 50 : 35-66.

— (1977), "Ecology and evolution of flowering plant dominance", *Science* 196 : 622-629.

Remak, R. (1852), "Über extracellulare Entstehung thierischer Zellen und über Vermehrung derselben durch Theilung", *Archiv für Anatomie, Physiologie und wissenschaftliche Medicin* (*Müllers Archiv*) 19 : 47-72.

Rensch, B. (1939), "Typen der Artbildung", *Biol. Reviews* (Cambridge) 14 : 180-222.

— (1943), "Die biologischen Beweismittel der Abstammungslehre", in G. Heberer, *Evolution der Organismen*, pp. 57-85, Jena, Gustav Fischer.

— (1947), *Neuere Probleme der Abstammungslehre*, Stuttgart, Enke.

— (1968), *Biophilosophie*, Stuttgart, Gustav Fischer.

Rescher, N. (1984), *The Limits of Science*, Berkeley, University of California Press.

— (1987), *Scientific Realism : A Critical Reappraisal*, Dordrecht, Reidel.

Ricklefs, R. E. (1990), *Ecology*, 3ᵉ éd., New York, Freeman (1ʳᵉ éd. 1973).

Ritter, W. E., et E. W. Bailey (1928), "The organismal conception : its place in science and its bearing on philosophy", *Univ. Calif. Pub. Zool.* 31 : 307-358.

Rosen, D. (1979), "Fishes from the upland intermountain basins of Guatemala", *Bull. Amer. Mus. Nat. His.* 162-269-375.

Rosenfield, L. L. (1941) *From Beast-Machine to Man-Machine*, New York, Oxford University Press.

Roux, W. (1883), *Über die Bedeutung der Kerntheilungsfiguren*, Leipzig, Engelmann.

— (1895), *Gesammelte Abhandlungen über Entwicklungsmechanik der Organismen*, 2 vol., Leipzig, Engelmann.

— (1915), "Das Wesen des Legens", *Kultur der Gegenwart* III 4 (1) : 173-187.

Ruse, M. (1979a), *Sociology : Sense or Nonsense ?*, Boston, D. Reidel.

— (1979b), *The Darwinian Revolution*, Chicago, University of Chicago Press.

Russell, E. S. (1916), *Form and Function : A Contribution to the History of Animal Morphology*, Londres, J. Murray.

— (1945), *The Directiveness of Organic Activities*, Cambridge, Cambridge University Press.

Saha, M. (1991), "Spemann seen through a lens", in S. F. Gilbert, éd., *Developmental Biology : A Conceptual History of Modern Embryology*, pp. 91-108, New York, Plenum Press.

Salmon, W. C. (1984), *Scientific Explanation and the Causal Structures of the World*, Princeton, Princeton University Press.

— (1989), *Four Decades of Scientific Explanation*, Minneapolis, University of Minnesota Press.

Sarich, V. M., et A. C. Wilson (1967), "Immunological time scale for hominid evolution", *Science* 158 : 1200-1202.

Sattler, R. (1986), *Biophilosophy*, Berlin, Springer.

Schleiden, M. J. (1838), "Beiträge zur Phytogenesis", *Archiv für Anatomie, Physiologie und wissenschaftliche Medicin (Müllers Archiv)* 5 : 137-176.

— (1842), *Grundzüge der wissenschaftlichen Botanik*, Leipzig.

Schmidt-Nielsen, K. (1990), *Animal Physiology : Adaptation and Environment*, 4ᵉ éd., Cambridge, Cambridge University Press.

Schopf, Thomas J. M., éd. (1972), *Models in Paleobiology*, San Francisco, Freeman.

Schwann, Th. (1839), *Mikroskopische Untersuchungen über die Übereinstimmung in der Struktur und dem Wachstum der Tiere und Pflanzen*, Berlin.

Semper, K. G. (1881), *Animal Life as Affected by the Natural Conditions of Existence*, New York, Appleton.

Severtsoff, A. N. (1931), *Morphologische Gesetzmässigkeiten der Evolution*, Jena, Gustav Fischer.

Shapiro, J. H. (1986), *Origins: A Skeptic's Guide to the Creation of Life on Earth*, New York, Summitt Books.

Shropshire, W., Jr. (1981), *The Joys of Research*, Washington, D.C., Smithsonian Institution Press.

Simpson, G. G. (1944), *Tempo and Mode in Evolution*, New York, Columbia University Press. Trad. fr.: *Rythmes et modalités de l'évolution*, Paris, Albin Michel, 1950.

— (1961), *Principles of Animal Taxonomy*, New York, Columbia University Press.

— (1969), "Biology and ethics", in G. G. Simpson, éd., *Biology and Man*, pp. 130-148, New York, Harcourt, Brace and World.

Singer, P. (1981), *The Expanding Circle*, New York, Farrar, Straus and Giroux.

Slack, J. M., P. W. Holland, et C. F. Graham (1993), "The zootype and the phylotypic stage", *Nature* 361-490-492.

Sloan, P. R. (1986), "From logical universals to historical individuals: Buffon's idea of biological species", in J. Roger et J. L. Fischer, éd., *Histoire des concepts d'espèce dans la science de la vie*, Paris, Fondation Singer-Polignac.

Smart, J. J. C. (1963), *Philosophy and Scientific Realism*, Londres, Routledge & Kegan Paul.

Smuts, J. C. (1926), *Holism and Evolution*, New York, Viking Press, 2e éd. 1965.

Snow, C. P. (1959), *The Two Cultures and the Scientific Revolution*, New York, Cambridge University Press. Trad. fr.: *Les Deux Cultures*, Paris, Jean-Jacques Pauvert, 1965.

Spemann, H. (1901), "Über Correlationen in der Entwicklung des Auges", *Verhandl Anat Ges.* 15 : 15-79.

Spemann, H., et H. Mangold (1924), "Über Induktion von Embryoanlagen durch Implantation artfremder Organisatoren", *Roux's Archiv* 100: 599-638.

Stanley, S. M. (1979), *Macroevolution: Pattern and Process*, San Francisco, W. H. Freeman.

— (1992), "An ecological theory for the origin of Homo", *Paleobiology* 18: 237-257.

Stebbins, G. L. (1950), *Variation and Evolution in Plants*, New York, Columbia University Press.

Stent, G. (1969), *The Coming of the Golden Age: A View of the End of Progress*, New York, Natural History Press.

Stern, C. (1962), "In praise of diversity", *Am. Zool.* 2: 575-579.

— (1965), "Thoughts on research", *Science* 148: 772-773.

Stresemann, E. (1975), *Ornithology: From Aristotle to the Present*, Cambridge, Harvard University Press.

Sulloway, Frank (1996), *Born to Rebel*, New York, Pantheon Press.

Suppé, F., éd. (1974), *The Structure of Scientific Theories*, Urbana, University of Illinois Press, 2ᵉ éd. 1977.

Tansley, A. G. (1935), "The use and abuse of vegetational concepts and terms", *Ecology* 16 : 204-307.

Thagard, P. (1992), *Conceptual Revolutions*, Princeton, Princeton University Press.

Thompson, P. (1988), "Conceptual and logical aspects of the 'new'evolutionary epistemology", *Can. J. Phil.*, vol. suppl. 14 : 235-253.

— (1989), *The Structure of Biological Theories*, Albany, State University of New York Press.

Thoreau, H. D. (1993 [1856-1862]), *Faith in a Seed*, Washington, D.C., Island Press.

Thornton, Ian (1995), *Krakatau : The Destruction and Reassembly of an Island Ecosystem*, Cambridge, Harvard University Press.

Treviño, S. (1991), *Graincollection : Human's Natural Ecological Niche*, New York, Vintage Press.

Treviranus, G. R. (1802), *Biologie, oder Philosophie der lebenden Natur*, vol. 1, Göttingen, J. R. Röwer.

Trigg, R. (1989), *Reality at Risk : A Defense of Realism in Philosophy and the Sciences*, 2ᵉ éd., New York, Harvester Wheatsheaf.

Trivers, R. L. (1985), *Social Evolution*, Menlo Park, Benjamin/Cummings.

Tschulok, S. (1910), *Das System der Biologie in Forschung und Lehre*, Jena, Gustav Fischer.

Van Fraassen, B. C. (1980), *The Scientific Image*, Oxford, Clarendon Press.

Waddington, C. H. (1960), *The Ethical Animal*, Londres, Allen and Unwin.

Walbot, V., et N. Holder (1987), *Developmental Biology*, New York, Random House.

Warming, J. E. B. (1896), *Lehrbuch der ökologischen Pflanzengeographie*, Berlin.

Weismann, A. (1883), *Über die Vererbung*, Jena, Gustav Fischer.

— (1889), *Essays upon Heredity*, Oxford, Clarendon Press.

Weiss, P. (1947), "The place of physiology in the biological sciences", *Federation Proceedings* 6 : 523-525.

— (1953), "Medicine and society : the biological foundations", *J. Mount Sinai Hospital* 19 : 727.

Wheeler, W. H. (1929), "Present tendencies in biological theory", *Sci. Mounthly* 1929-192.

Whewell, W. (1840), *Philosophy of the Inductive Sciences Founded upon Their History*, vol. 1, Londres, J. W. Parker.

White, M. (1965), *Foundations of Historical Knowledge*, New York, Harper and Row.

Wilson, E. B. (1925), *The Cell in Development and Heredity*, 3ᵉ éd., New York, Macmillan.

Wilson, E. O. (1975), *Sociobiology : the New Synthesis*, Cambridge, Harvard University Press. Trad. fr. : *La Sociobiologie : la nouvelle synthèse* (version abrégée), Monaco, Le Rocher, 1987.

Wilson, J. Q. (1993), *The Moral Sense*, New York, Free Press.

Windelband, W. (1894), "Geschichte der alten Philosophie : Nebst einem Anhang : Abriss der Geschichte der Mathematik und der Naturwissenschaften", in *Altertum von Siegmund Günter*, 2 vol., Munich, Beck.

Wolff, C. F. (1774), *Theoria generationis*, Halle.

Woodger, J. H. (1929), *Biological Principles : A Critical Study*, Londres, Routledge and Kegan Paul.

Wynne-Edwards, V. C. (1962), *Animal Dispersion in Relation to Social Behavior*, Edimbourg, Oliver & Boyd.

— (1986), *Evolution through Group Selection*, Oxford, Blackwell Scientific Press.

Glossaire

Adaptation: Adéquation d'une structure ou d'un organisme par rapport à un environnement ou à un mode de vie, résultat d'une sélection passée.

Adéquation adaptative: Aptitude relative d'un organisme à survivre et à transmettre ses gènes à la génération suivante.

Adéquation adaptative globale: Complément à l'adéquation adaptative du génotype d'un organisme individuel, fourni par les génotypes de ses proches apparentés, en particulier ceux de ses descendants.

ADN: acide désoxyribonucléique, la molécule portant et transmettant l'information génétique.

Altruisme: Comportement qui bénéficie à un autre organisme, et implique un certain coût à celui qui le réalise.

Analyse cladistique: Analyse des caractères dérivés des organismes afin d'en déduire l'ordre de détachement des branches dans la phylogenèse, en se fondant exclusivement sur des caractères dérivés.

Animisme: Croyance en des « esprits » habitant les animaux, les plantes et les choses.

Apomorphie: Caractère dont l'état est éloigné de l'état initial, dans une série évolutive de caractères homologues.

Autécologie: Écologie de l'espèce (et des individus).

Autotrophes: Organismes capables d'auto-satisfaire leurs besoins nutritionnels, comme les plantes vertes (avec l'aide de la lumière solaire).

Base (paires de): Paires de base azotées (une purine et une pyrimidine), liées par des liaisons hydrogènes, et grâce auxquelles les deux brins de la molécule d'ADN sont maintenus enroulés en double hélice l'un autour de l'autre.

Bauplan: Type structural, tel que celui d'un vertébré ou d'un arthropode, par *exemple.*

Biota: Ensemble des animaux et des végétaux dans une vaste région donnée.

Caractère: Élément du phénotype.

Caractère polygénique: Trait du phénotype contrôlé simultanément par plusieurs gènes.

Caractères acquis: Caractéristiques qui, dans le phénotype d'un organisme, résultent de l'influence de l'environnement plutôt que de celle de l'hérédité.

Caractères homologues: Traits figurant dans deux taxa (ou plus) et qui proviennent du même trait figurant chez leur plus proche ancêtre commun.

Cartésianisme: Idées, méthodes et philosophie de Descartes.

Catastrophisme: Théorie selon laquelle des événements catastrophiques dans l'histoire de la Terre ont entraîné, à certaines périodes, l'extinction totale ou partielle des biota.

Catégorie: En taxinomie, le niveau (tel qu'espèce, genre, famille, ordre) assigné à un taxon dans la hiérarchie linnéenne.

Catégorie de l'espèce: Catégorie de la hiérarchie linnéenne au niveau duquel les taxa spécifiques sont assignés.

Causes évolutives: Ensemble des facteurs de nature historique parmi tous les facteurs responsables des caractéristiques des organismes individuels ou des espèces, et plus spécifiquement de la composition du génotype (du programme génétique).

Causes fonctionnelles: causes immédiates.

Causes immédiates: Facteurs chimiques et physiques responsables des processus biologiques, autrement dit des activités découlant du décodage du programme génétique.

Causes lointaines: causes évolutives.

Cellule germinale: Ovule ou spermatozoïde.

Choix de la femelle: Hypothèse selon laquelle c'est souvent la femelle qui choisit l'un des mâles disponibles pour l'accouplement, au lieu que ce soit l'inverse. Cette façon de voir fait partie de la théorie moderne de la sélection sexuelle.

Chromatine: Matériel dont sont composés les chromosomes, comprenant notamment de l'ADN et des protéines.

Chromosomes: Structures en filament figurant dans les noyaux des cellules, formées d'ADN et de protéines particulières.

Cladification: Système d'arrangement des organismes dans lequel les items à classer sont les branches d'un arbre phylogénétique (ou cladogramme) ; classification hennigienne.

Cladogramme: Arbre phylogénétique établi grâce à la détermination de l'ordre de détachement successif des branches.

Cladon: Taxon fondé sur les principes de la cladification hennigienne.

Classification (darwinienne): Arrangement des espèces ou des taxa supérieurs en groupes (classes), obtenu en recourant simultanément à deux principes: celui de la ressemblance (degré de divergence évolutive) et celui de la descendance d'ancêtres communs (généalogie).

Code génétique: Code de correspondance grâce auquel l'information génétique enregistrée sous forme d'une séquence de paires de base d'ADN est traduite en une séquence d'acides aminés constitutive d'une protéine.

Concept biologique de l'espèce: Définition de l'espèce en tant que groupe de populations naturelles interfécondes, reproductivement (génétiquement) isolé des autres groupes de populations représentant d'autres espèces.

Concept de l'espèce: Signification du terme d'« espèce » sur le plan biologique.

Concept typologique de l'espèce: Définition de l'espèce sur la base du degré de différence.

Convergence: Acquisition de façon indépendante, au cours de l'évolution, des mêmes traits par deux lignées (ou plus) non apparentées.

Créationnisme: Croyance en la vérité littérale du récit de la Création tel qu'il est rapporté dans le texte biblique de la Genèse.

Cytoplasme: Matériel cellulaire figurant autour du noyau.

Dème: Population locale d'une espèce donnée; communauté des individus susceptibles de se croiser au sein d'une localité donnée.

Dérive génétique: Changements affectant la gamme des allèles représentée dans une population, en conséquence d'événements aléatoires.

Descendance d'ancêtres communs: Phénomène par lequel des espèces ou des taxa de plus haut niveau proviennent d'ancêtres communs.

Déterminisme: Théorie selon laquelle le résultat de tout processus est strictement prédéterminé par des causes définies et des lois naturelles, et donc, en théorie, prédictible.

Développement à régulation: Développement de l'embryon précoce dans lequel l'environnement cellulaire influence chaque cellule.

Développement déterminé: Développement au cours duquel le destin des cellules de l'embryon est déterminé par leur position au sein de l'embryon en cours de développement, et où chaque région de l'embryon se différencie presque indépendamment de toute influence des autres régions; aussi appelé « développement en mosaïque ».

Développement en mosaïque: Dévelopement déterminé.

Diploïde: Se dit d'un organisme individuel qui possède un double jeu de chromosomes, chacun d'eux fourni par l'un de ses deux parents.

Division réductionnelle: L'une des divisions cellulaires de la méiose, durant laquelle le nombre des chromosomes est divisé par deux; autrement dit, cette division conduit d'une cellule diploïde à deux cellules haploïdes.

Dogme central: Thèse maintenant prouvée selon laquelle l'information ne peut pas passer du niveau des protéines à celui des acides nucléiques.

Ectoderme: Feuillet embryonnaire externe, donnant généralement naissance à l'épiderme et au système nerveux.

Émergence: Apparition, au sein de systèmes, de certaines caractéristiques aux niveaux élevés d'intégration, qui ne pourraient pas avoir été prédites d'après la seule connaissance des éléments présents aux niveaux inférieurs.

Empreinte: Processus d'apprentissage particulièrement rapide, dont la trace, largement irréversible, est stockée au sein d'un programme ouvert.

Endoderme: Feuillet embryonnaire interne, donnant généralement naissance au système intestinal.

Épigenèse: Théorie maintenant abandonnée, selon laquelle les nouvelles structures apparaissaient au cours de l'ontogenèse à partir de matériel indifférencié et avec l'aide d'une force vitale; voir « Préformation ».

Espèce (au sens biologique): Ensemble de populations reproductivement isolé d'autres ensembles représentant d'autres espèces; à l'intérieur d'une espèce, les populations peuvent se croiser, parce qu'elles partagent les mêmes mécanismes d'isolement.

Espèce naissante: Population en train de subir le processus d'évolution qui va l'amener à former une espèce séparée.

Espèce polytypique: Espèce composée de plusieurs espèces.

Espèce-souche: Espèce présentant une nouvelle apomorphie, et donnant naissance à un nouveau clade.

Espèces jumelles: Espèces morphologiquement identiques ou presque identiques, mais reproductivement isolées.

Essentialisme: Conception selon laquelle les variations observées dans la nature peuvent être ramenées à un nombre limité de classes fondamentales, représentant des types constants et parfaitement distincts les uns des autres; pensée typologique.

Eucaryotes: Organismes dotés d'un noyau bien défini; tous les organismes au-dessus du niveau des procaryotes.

Évolution neutraliste: Apparition et accumulation de mutations héritables qui ne changent pas l'adéquation adaptative d'un individu ou de ses descendants.

Exclusion compétitive: Principe selon lequel deux espèces requérant les mêmes conditions écologiques ne peuvent pas coexister dans le même lieu; aussi appelé « principe de Gause ».

Exon: Séquence de paires de base dans un gène, participant au codage d'une protéine; voir « Intron ».

Finalisme: Croyance selon laquelle il y aurait, dans la nature, une tendance intrinsèque menant l'évolution des espèces vers un but final ou un dessein, fixé à l'avance, constitué, par exemple, par la perfection; voir « Téléologie ».

Gamète: Cellule germinale (ovule ou spermatozoïde) ne possédant que la moitié du jeu complet de chromosomes d'un organisme donné; plus particulièrement, c'est la cellule germinale mûre capable d'assurer la fécondation; voir « Recombinaison génétique » « Méiose ».

Gène: Au sein d'une molécule d'ADN, séquence de paires de base contenant l'information nécessaire à la construction d'une protéine.

Génome: Totalité des gènes figurant dans un gamète.

Génotype: Totalité des gènes (information génétique) figurant chez un organisme individuel.

Gradualisme: Théorie selon laquelle l'évolution progresse par modification graduelle des populations, et non pas par apparition soudaine de nouveaux types (saltation).

Groupes frères: Groupes issus de la division d'une lignée phylétique.

Guilde: Ensemble d'espèces ayant les mêmes besoins et les mêmes façons de les satisfaire, et ayant donc les mêmes rôles au sein des écosystèmes, en étant éventuellement concurrentes les unes des autres.

Haploïde: Qui ne possède qu'un seul jeu de chromosomes.

Hérédité des caractères acquis: Théorie aujourd'hui abandonnée, selon laquelle les changements provoqués par des facteurs d'environnement dans le phénotype d'un organisme peuvent être transmis à ses descendants par le biais de son matériel génétique.

Hérédité flexible: Notion à présent discréditée selon laquelle les caractères du phénotype acquis par apprentissage peuvent passer dans le génotype; voir « Dogme central ».

Hérédité par mélange: Notion à présent réfutée selon laquelle on croyait autrefois que les matériels génétiques du père et de la mère fusionnaient au cours de la fécondation. Voir « Hérédité particulaire ».

Hérédité particulaire: Théorie aujourd'hui prouvée, selon laquelle les matériels génétiques fournis par chacun des parents ne fusionnent pas lors de la fécondation, mais restent distincts; voir « Hérédité par mélange ».

Hétérotherme: Se dit d'un organisme dont la température est déterminée par celle de l'environnement.

Holophylétique: Se dit de l'ensemble des taxa descendants d'une seule espèce-souche originelle.

Homoplasie: Présence chez deux taxa (ou plus) d'un caractère ne provenant pas de leur plus proche ancêtre commun, mais acquis par le biais de convergence, de parallélisme ou de réversion.

Hybridation de l'ADN: Méthode permettant de tester le degré de parenté de deux taxa.

Interactions épistatiques: Interactions entre différents *loci* génétiques.

Intron: Séquence de paires de base non codantes qui est éliminée avant la traduction de l'information contenue dans les acides nucléiques sous forme de protéine.

Lamarckisme: Théorie évolutionniste de Lamarck, comportant notamment la croyance en l'hérédité des caractères acquis.

Loi de Meckel-Serres: Récapitulation.

Macro-évolution: Évolution au-dessus du niveau de l'espèce, apparition évolutive de taxa de niveau supérieur et production d'innovations évolutives, telles que de nouvelles structures

Macrotaxinomie. Classification des taxa de niveau supérieur.

Mécanismes d'isolement: Caractéristiques (y compris comportementales) présentées par les organismes individuels, dont la fonction est de permettre aux populations de diverses espèces de co exister dans un même lieu sans se croiser.

Méiose: Succession des deux divisions cellulaires particulières que subissent les cellules germinales au cours de leur maturation; ces divisions sont caractérisées par l'appariement et la ségrégation des chromosomes homologues; leur résultat est la formation de cellules germinales haploïdes, c'est-à-dire ne possédant qu'un seul jeu de chromosomes.

Mésoderme: Feuillet embryonnaire moyen, donnant naissance au tissu conjonctif, aux muscles et aux os.

Mésozoïque: Ère géologique qui a duré de – 225 millions d'années à – 65 millions d'années; l'âge des reptiles.

Métazoaire: Animal multicellulaire.

Microtaxinomie: Classification au niveau de l'espèce.

Mimétisme batésien: Phénomène par lequel une espèce susceptible d'être chassée par un prédateur imite la morphologie d'une espèce non comestible ou vénéneuse.

Mitose: Processus par lequel une cellule (y compris son jeu de chromosomes) se divise en deux cellules filles.

Monophylie: Dérivation d'un taxon à partir du taxon ancestral commun le plus proche, de même rang ou de rang inférieur.

Morphotype: Plan structural ou *Bauplan*.

Mutation: Changement spontané ou induit dans la séquence d'ADN d'un gène, chez un organisme individuel; le plus souvent, les mutations résultent d'erreurs dans la réplication de l'ADN.

Niche: Ensemble multidimensionnel des ressources du milieu requises par une espèce; ses besoins écologiques.

Ontogenèse: Développement d'un organisme individuel à partir de l'œuf fécondé (zygote) jusqu'au stade adulte.

Organicisme: Conception selon laquelle les caractéristiques uniques en leur genre des êtres vivants ne sont pas dues à leur composition, mais à leur organisation.

Orthogenèse: Croyance en l'existence d'une force ou tendance intrinsèque conduisant une lignée phylogénétique vers un but prédéterminé ou au moins vers une plus grande perfection.

Pangenèse: Théorie qui essayait jadis d'expliquer l'hérédité des caractères acquis en proposant que des entités particulaires (gemmules, pangènes) migraient de toutes les parties du corps en direction des gonades, où elles s'intégraient dans les gamètes.

Paraphylétique: Se dit d'un taxon qui comprend une lignée menant à un taxon dérivé.

Parcimonie: En taxinomie, principe selon lequel l'arbre le plus restreint est le meilleur; il s'agit, autrement dit, de l'arbre qui a le plus petit nombre de points de branchement (changements de caractères).

Parthenogenèse: Mode de reproduction dans lequel un nouvel organisme se développe à partir d'un œuf non fécondé.

Pensée populationniste: Démarche théorique mettant l'accent sur le caractère unique de tout organisme individuel au sein des populations faisant partie d'une espèce se reproduisant sexuellement; ce type de conception prend donc en compte la variabilité fondamentale existant au sein des populations; elle est donc opposée à l'essentialisme et à la pensée typologique.

Pensée typologique: Essentialisme.

Phénétique: Délimitation et classement des taxa en se fondant strictement sur leur similitude globale et sans tenir compte de la généalogie.

Phénotype: Totalité des caractéristiques d'un organisme individuel, résultant de l'interaction du génotype avec l'environnement.

Phylogenèse: Ordre de succession des espèces d'ancêtres à descendants.

Physicalisme: Mode de conceptualisation fondé prioritairement sur certains principes dominants en physique classique, comme l'essentialisme, le déterminisme, le réductionnisme, etc.

Plasma germinal: Terme tombé en désuétude désignant le matériel génétique des cellules germinales.

Pléiotropique: Se dit d'un gène affectant simultanément plusieurs caractères phénotypiques.

Plésiomorphe: Se dit de l'état initial (primitif, ancestral) d'un caractère.

Polyploïdie: État d'un organisme possédant plus de deux jeux haploïdes de chromosomes.

Ponctuationnisme: Théorie selon laquelle les phénomènes évolutifs les plus importants prennent place durant de brefs épisodes de spéciation; une fois formées, les espèces sont relativement stables, quelquefois pendant de très longues périodes.

Population fondatrice: Population fondée par une unique femelle (ou un petit nombre de congénères) dans une localité située au-delà des limites de l'aire de distribution de l'espèce.

Préformation: Théorie aujourd'hui discréditée selon laquelle l'embryon se développe à partir d'un matériel dans lequel la forme fondamentale de l'adulte est « préformée », autrement dit existe déjà avec ses structures fondamentales; voir « Épigenèse ».

Primate: Membre de l'ordre des mammifères qui comprend les lémuriens, les singes cercopithécoïdes et les grands singes anthropoïdes.

Procaryotes: Organismes dotés d'une cellule dépourvue de noyau structuré; les diverses sortes de bactéries en sont les représentants les plus typiques.

Processus stochastiques: Phénomènes aléatoires.

Processus téléonomiques: Processus ou comportement qui doit son orientation vers un but à la mise en œuvre d'un programme.

Programme adaptationniste: Thème de recherche ayant pour objectif de découvrir la signification adaptative de structures, processus et activités.

Programme génétique: L'information encodée dans l'ADN d'un organisme.

Programme ouvert: Système de prise en compte et de mémorisation d'instructions permettant d'influencer le développement et les fonctions d'un organisme.

Programme somatique: Au cours du développement, information contenue dans les tissus adjacents d'une structure embryonnaire qui peuvent influencer ou déterminer son développement ultérieur.

Protistes: Ensemble hétérogène d'eucaryotes unicellulaires.

Récapitulation: Théorie selon laquelle les organismes récapitulent, au cours de leur ontogenèse, les stades phylogénétiques par lesquels leurs ancêtres ont passé; aussi appelée « loi de Meckel-Serres ».

Recombinaison génétique: Redistribution des gènes d'un organisme au cours de la méiose; elle assure que les chromosomes figurant dans les ovules ou les spermatozoïdes d'un organisme ne sont pas identiques à ceux que ce dernier avait hérités de l'un ou l'autre de ses parents, et qu'ils diffèrent également d'un gamète à l'autre chez le même organisme.

Réductionnisme: Philosophie selon laquelle on ne peut arriver à expliquer les phénomènes complexes (y compris les êtres vivants) qu'en les réduisant à leurs plus petits éléments. En fait, cette philosophie admet aussi que les connaissances accumulées sur ces derniers permettent d'expliquer complètement les niveaux d'intégration les plus élevés de ces systèmes.

Reproduction asexuée: Toute forme de propagation ne résultant pas de la fusion de deux gamètes.

Réversion: Réapparition dans la phylogenèse d'un caractère ancestral, à la suite de la perte d'un caractère évolué (apomorphe).

Saltationnisme: Conception selon laquelle le changement évolutif est le résultat de l'apparition soudaine d'un nouveau type d'individus, devenant les progéniteurs d'une nouvelle espèce.

Scala naturae: Arrangement linéaire des êtres vivants, depuis les plus primitifs, à la limite de l'inanimé, jusqu'aux plus parfaits; la grande chaîne des êtres.

Sélection artificielle: Sélection d'une race ou d'une variété particulière par un éleveur ou un agronome.

Sélection de parentèle: Chez les individus liés par la descendance commune, sélection en faveur des éléments de leur génotype qu'ils partagent.

Sélection naturelle: Survie non aléatoire et succès reproductif d'un petit pourcentage d'individus au sein d'une population, parce qu'ils possèdent, à un moment donné, des caractéristiques augmentant leurs chances de survivre et de se reproduire.

Sélection sexuelle: Sélection en faveur de caractéristiques qui augmentent le succès reproductif.

Sociobiologie: Étude systématique des bases biologiques du comportement social, avec une attention particulière portée au comportement reproducteur.

Spéciation: Apparition rapide d'une nouvelle espèce, grâce à l'évolution d'une population fondatrice péripatrique.

Spéciation allopatrique: Spéciation géographique.

Spéciation dichopatrique: Spéciation accomplie grâce à la scission d'une espèce parentale par une barrière géographique, végétale ou toute autre barrière extrinsèque.

Spéciation géographique: Spéciation se produisant lorsque des populations sont géographiquement isolées; aussi appelée spéciation allopatrique.

Spéciation parapatrique: Divergence progressive de deux populations jusqu'à former deux espèces distinctes; ce processus de divergence s'effectue dans des conditions où les deux populations possèdent des aires de distribution géographiquement contiguës, mais ne s'hybrident pas (ou que très faiblement) dans la zone de contact.

Spéciation péripatrique: Apparition de nouvelles espèces grâce à des modifications survenant dans des populations fondatrices isolées à la périphérie de l'aire de distribution des espèces-souches.

Spéciation sympatrique: Spéciation s'effectuant sans isolement géographique, se réalisant éventuellement au moyen d'une spécialisation écologique. Acquisition de mécanismes d'isolement au sein d'un dème.

Stase: Maintien au cours des temps géologiques d'un phénotype constant par une lignée évolutive.

Stratigraphie : Étude des strates géologiques, de leur histoire, et des fossiles (animaux et végétaux) qu'elles contiennent.

Synécologie : Écologie des communautés et des écosystèmes.

Synthèse évolutive : Synthèse conceptuelle réalisée entre 1937 et 1950, ayant emporté l'union de tous les évolutionnistes, et qui s'est fondée sur un paradigme essentiellement darwinien, faisant appel à la sélection naturelle, l'adaptation et l'étude de la diversité.

Systématique : Science qui étudie la diversité des organismes.

Taxa spécifiques : Populations particulières ou groupes de populations qui obéissent à la définition de l'espèce.

Taxinomie : Théorie et pratique de la classification des organismes.

Taxon : Groupe monophylétique d'organismes qui possèdent un ensemble défini de caractères et sont suffisamment différents d'autres organismes pour mériter un nom formel.

Téléologie : Existence réelle ou apparente de processus dirigés vers un but dans la nature, et leur étude.

Tertiaire : La plus récente des grandes ères géologiques, s'étendant de – 65 millions d'années jusqu'à une date comprise, selon les auteurs, entre – 2 millions d'années et – 500 000 ans.

Théologie naturelle : Étude de la nature ayant pour but de fournir des preuves du pouvoir et de la sagesse du Créateur dans la façon dont il a organisé le monde.

Théories autogénétiques : Théories de l'évolution selon lesquelles il y aurait des forces dirigées vers un but (ou des tendances) dans la nature vivante.

Transposons : Gènes qui se déplacent d'un chromosome à un autre.

Types naturels : Types d'organismes, tels qu'ils sont définis par le concept typologique de l'espèce.

Uniformitarisme : Théorie, mise en avant par le géologue Charles Lyell, selon laquelle les changements dans la nature sont graduels, notamment les changements géologiques ; théorie opposée à celle du catastrophisme.

Variant : Membre d'une population au sein de laquelle règne un phénomène de variabilité.

Vicariance : Existence de formes étroitement apparentées (vicariants) dans des aires géographiques éloignées, ayant été disjointes par la formation de barrières géographiques.

Vitalisme : Croyance selon laquelle les organismes vivants sont caractérisés par une force spéciale dite « vitale » ou par une substance « vitale », ne figurant pas dans la matière inerte.

Zone adaptative : Grand type d'environnement fournissant des ressources particulières à des organismes plus ou moins spécifiquement adaptés à lui.

Zygote : Œuf fécondé ; l'organisme individuel qui résulte de l'union de deux gamètes et de leurs noyaux.

Index

C

D

E

F

I

J

K

L

M

N

O

P

Q

R

T

U

V

W

Y

Z

Remerciements

De nombreux collègues m'ont aidé et encouragé au cours de la réalisation de ce livre qui couvre une grande diversité de sujets. Walter J. Bock a lu complètement l'une des premières versions, ainsi que l'une des dernières, et a fait de nombreuses et précieuses recommandations. Plusieurs chapitres ont beaucoup bénéficié d'un examen critique de la part de David Pilbeam et de Richard Alexander. C'est surtout en philosophie des sciences que j'ai ressenti un grand besoin d'être assisté. Il n'est pas facile, pour un scientifique professionnel, de suivre l'argumentation de diverses écoles d'épistémologie, souvent en désaccord marqué. Les Prs Adolf Grünbaum et John Beatty m'ont patiemment expliqué certains points que je n'avais pas compris jusque-là. J'ai reçu aussi de précieux conseils de la part de David Hull, Michael Ruse et Robert Brandon. Je suis désolé de n'avoir pas pu prendre en compte certaines de leurs suggestions, en raison du manque de place. Je suis profondément redevable à tous ces amis.

Une grande partie de cet ouvrage a été écrite durant mes voyages d'hiver au sud. Je voudrais exprimer ici ma vive reconnaissance au Dr Ira Rubinoff, directeur de l'Institut smithsonien de recherche tropicale (STRI), au Panama, pour m'avoir accepté pendant plusieurs années comme chercheur invité. J'adresse également mes sincères remerciements au Dr John Fitzpatrick et à son équipe pour m'avoir accueilli à la station biologique Archbold de Lake Placid, en Floride. Les Prs Karl Peters et Dan DeNicola m'ont fourni des moyens de travail au département de philosophie et de religion de Rollins College, à Winter Park, en Floride. Je voudrais leur dire de nouveau merci pour la générosité dont ils ont fait preuve à mon égard, ainsi qu'à la présidente de Rollins College, Rita Bornstein, qui m'a attribué la bourse Johnston de chercheur temporaire pour 1995.

Mon dévoué secrétaire, Walter Borawski, aujourd'hui décédé, s'est montré, comme toujours, d'une grande aide dans les premières phases de préparation du manuscrit. J'ai eu la grande chance de voir sa succession assurée par Lisa Reed, une personne remarquablement efficace et travailleuse ; elle a non seulement tapé de nombreuses versions du manuscrit et établi la plus grande partie de la bibliographie, mais aussi préparé de minutieux index des sujets traités, ce qui a permis d'éliminer des répétitions d'un chapitre à l'autre. Chenoweth Moffatt a eu la responsabilité de taper la version finale, d'achever le manuscrit et de le préparer pour l'éditeur. À l'égard de tous ces assistants j'ai une grande dette de gratitude pour leur soutien intelligent et fidèle.

Les membres de l'équipe de Harvard University Press n'ont, de nouveau, pas ménagé leurs efforts pour que ce volume atteigne à la plus grande qualité possible, ce dont je leur suis très reconnaissant. Par-dessus tout, je voudrais remercier Susan Wallace Boehmer, mon éditrice depuis 1982, et dont les bons conseils au cours de l'année écoulée ont permis d'améliorer énormément la lisibilité et l'organisation de ce livre.

J'espère sincèrement que le présent ouvrage aidera à mieux faire comprendre non seulement la biologie, mais aussi la science en général. Il est, en effet, nécessaire que le public arrive à cette compréhension, si l'on veut que se développent les valeurs que ce pays et le monde entier devront prendre en compte pour vivre dans l'avenir.

Table des matières

LE TEMPS DES SCIENCES

Claude ALLÈGRE, *De la pierre à l'étoile.*
Claude ALLÈGRE, *La Défaite de Platon.*
Claude ALLÈGRE, *L'Écume de la Terre.*
Claude ALLÈGRE, *Économiser la planète.*
Claude ALLÈGRE, *Introduction à une histoire naturelle.*
Claude ALLÈGRE, *Écologie des villes, écologie des champs.*
Jacques ARSAC, *La Science et le sens de la vie.*
Jean-Pierre CHANGEUX, *L'Homme neuronal.*
Gilles COHEN-TANNOUDJI et Michel SPIRO, *La Matière espace-temps. La logique des particules élémentaires.*
Yves COPPENS, *Le Singe, l'Afrique et l'homme.*
Antoine DANCHIN, *L'Œuf et la poule. Histoire du code génétique.*
Christian de DUVE, *Poussière de vie.*
Jean-Pierre DIGARD, *L'Homme et les animaux domestiques. Anthropologie d'une passion.*
Pierre DOUZOU, *Le Chaud et le froid. Les conflits du vivant.*
Pierre DOUZOU, *Les Bricoleurs du septième jour. Nouveaux Regards entomologiques.*
John C. ECCLES, *Évolution du cerveau et création de la conscience.*
John C. ECCLES, *Comment la conscience contrôle le cerveau.*
Bernard d'ESPAGNAT et Étienne KLEIN, *Regards sur la matière. Des quanta et des choses.*
Alain FOUCAULT, *Climat. Histoire et avenir du milieu terrestre.*
Stephen Jay GOULD, *Quand les poules auront des dents. Réflexions sur l'histoire naturelle.*
Claude HAGÈGE, *L'Homme de paroles.*
Émile HÉNOCQ, *Un mal étrange : l'allergie.*
François JACOB, *Le Jeu des possibles. Essai sur la diversité du vivant.*
Marc JEANNEROD, *Le Cerveau-machine. Physiologie de la volonté.*
Erwin LASZLO, *Aux racines de l'univers.*
André LEROI-GOURHAN, *Mécanique vivante. Le crâne des vertébrés, du poisson à l'homme.*
André LEROI-GOURHAN, *Le Fil du temps. Ethnologie et préhistoire 1920-1970.*
André LWOFF, *Jeux et combats.*

Paolo MAFFEI, *La Comète de Halley. Une révolution scientifique.*
Philippe MEYER, *L'Homme et le sel.*
Philippe MEYER, *La Révolution des médicaments. Mythes et réalités.*
Claude OLIEVENSTEIN, *Destin du toxicomane.*
Jean-Claude PECKER, *Sous l'étoile Soleil.*
Jean-Jacques PETTER, *L'Esprit de Sarah.*
Jacques RUFFIÉ, *Traité du vivant.*
Jacques RUFFIÉ et Jean-Charles SOURNIA, *La Transfusion sanguine.*
Émilio SEGRÉ, *Les Physiciens classiques et leurs découvertes. De la chute des corps aux ondes hertziennes.*
Émilio SEGRÉ, *Les Physiciens classiques et leurs découvertes. Des rayons X au quarks.*
Pierre THUILLIER, *D'Archimède à Einstein. Les faces cachées de l'invention scientifique.*
Pierre THUILLIER, *Les Passions du savoir. Essais sur les dimensions culturelles de la science.*
TRINH XUAN THUAN, *Le Chaos et l'harmonie.*
TRINH XUAN THUAN, *La Mélodie secrète.*
Jean-René VANNEY, *Le Mystère des abysses. Histoires et découvertes des profondeurs océaniques.*
Daniel WIDLÖCHER, *Les Logiques de la dépression.*
Bernard PULLMAN, *L'Atome dans l'histoire de la pensée humaine.*

www.ingramcontent.com/pod-product-compliance
Lightning Source LLC
LaVergne TN
LVHW011436061026
849535LV00004BA/834

* 9 7 8 2 2 1 3 6 0 0 8 4 0 *